"十三五"国家重点出版物出版规划项目
现代机械工程系列精品教材

电子工程与自动化实践教程

主编　胡庆夕　赵耀华　张海光
参编　李　晋　李颖芝　饶　珺
　　　林　佳　张一帆

机 械 工 业 出 版 社

本书根据学生认知水平，以实践活动为主线，将理论知识与技能训练有机结合，突出综合工程能力培养。

本书内容包括电子工程与自动化实践须知与考评标准、电子产品生产工艺、电子产品常用元器件、收音机的原理与调试、单片机设计基础、电子仿真软件——Multisim 10、应用软件——Protel 99 SE、PLC 的简介和应用以及电子系统设计等，后面附有电子工程与自动化实践项目对应的实践报告，并附常用电子仪器仪表。

本书可作为高等院校机械、材料、自动化、计算机、通信等理工科各相关专业学生了解电子工程及自动化技术方面的工程训练教材，也可作为工程技术人员了解工程训练的参考教材。

图书在版编目（CIP）数据

电子工程与自动化实践教程/胡庆夕，赵耀华，张海光主编. —北京：机械工业出版社，2020. 4

“十三五”国家重点出版物出版规划项目　现代机械工程系列精品教材

ISBN 978-7-111-64978-6

Ⅰ. ①电…　Ⅱ. ①胡…　②赵…　③张…　Ⅲ. ①电子技术-高等学校-教材　②自动化技术-高等学校-教材　Ⅳ. ①TN②TP2

中国版本图书馆 CIP 数据核字（2020）第 037654 号

机械工业出版社（北京市百万庄大街 22 号　邮政编码 100037）

策划编辑：丁昕祯　责任编辑：丁昕祯　于苏华

责任校对：杜雨霏　封面设计：张　静

责任印制：郜　敏

涿州市京南印刷厂印刷

2020 年 5 月第 1 版第 1 次印刷

184mm×260mm · 18. 75 印张 · 454 千字

标准书号：ISBN 978-7-111-64978-6

定价：49. 00 元

电话服务

客服电话：010-88361066

010-88379833

010-68326294

网络服务

机　工　官　网：www. cmpbook. com

机　工　官　博：weibo. com/cmp1952

金　　书　　网：www. golden-book. com

机工教育服务网：www. cmpedu. com

前言

电子工程与自动化技术是一门实践性强、理论贯穿其中的技术基础课，是理工科类院校学生了解电子工程与自动化技术的概念，掌握电子与自动化基本工艺及其相互关系，以及培养学生的工程意识、动手能力、团队素质、创新精神的必修课程，为学习电子、自动化后续专业知识奠定基础。

本书以工程训练为主，注重实践，本着循序渐进的原则，由浅入深、重点突出，通俗易懂。各章节内容相对独立，既可以通读，也可根据实际需要选读。

全书共分9章，主要包括4个方面内容：①实践的安全及要求部分，即第1章主要介绍电子工程与自动化实践中应该注意的安全知识；②电子技术的综述部分，即第2章主要介绍电子产品的焊接和装配工艺，第3章主要介绍常用电子元器件的分类、型号命名和主要参数，第4章主要介绍收音机的原理和调试；③自动化部分，即第5章主要介绍单片机的结构、开发和应用，第6章主要介绍电路设计、仿真和分析（Multisim 10），第7章主要介绍印制电路板设计（Protel 99 SE），第8章主要介绍可编程控制器的分类、结构和应用，第9章主要介绍电子系统设计的基本方法和步骤；④电子及自动化工程训练实践报告。

本书由上海大学工程训练国家级实验教学示范中心胡庆夕、赵耀华和张海光任主编，本书编写人员不仅具有多年电子工程与自动化的实践教学经验，也是有几十年丰富制造经验和实际加工经验的一线教师。其中多名编者在教育部工程训练综合能力大赛上多次获得大奖。

在本书编写过程中，参考了部分相关著作和文献资料，在此谨向有关作者表示诚挚的谢意。

由于电子工程与自动化实践涉及内容较多，限于作者水平，书中内容难免有不妥和错误之处，敬请读者批评指正。

编　者

目录

第1章

电子工程与自动化实践须知与考评标准

1.1 电子工程与自动化实践须知

1.1.1 工程训练中心安全注意事项

工程训练是学校培养具有工程意识、创新意识和工程实践综合能力高素质人才的重要实践教学环节。作为主动实践、开阔视野的重要环节，学生必须亲自动手操作各种设备和仪器来提高动手能力。为了保障学生实践操作中自身和设备的安全，防范安全事故的发生，切实有效降低和控制事故危害，要求学生进入工程训练中心进行电子实践时，必须遵守以下安全规则：

1）禁止携带危险品进入训练室，训练场所禁止吸烟。

2）进入训练场所的人员不准穿拖鞋，不准穿短裤、短裙、吊带背心等。

3）严格遵守工程训练中心的各项规章制度和安全操作规程。严禁违规操作，必须听从指导老师的指导，未经指导老师许可，不得擅自操作任何仪器设备，不听劝阻者将取消训练资格。

4）学生如因违反训练纪律和安全规则而造成人身损伤、设备事故以及出现重大事故或造成严重后果，按其程度严肃处理，并追究相应的经济和法律责任。

5）出现各种事故时必须保护好现场，并立即报告指导老师，若故意破坏现场，必须承担相应责任。

6）按照操作规程，合理安全地使用电源、水源和各类化学试剂，严禁湿手操作各种带电仪器设备，确保人身安全。

7）仪器设备运行过程中，发现设备有异常声音或出现异味等故障时，应立即关机并切断电源，及时报告指导老师，严禁带故障操作或擅自处理。

8）电烙铁必须放在烙铁架正确位置，以免烫伤或损坏桌子、元器件和导线。

9）一旦发生火灾，首先切断火源或电源，尽快使用有效的灭火设施灭火，同时迅速从安全通道撤离，拨打“119”火灾报警电话。

10）指导老师在讲解仪器设备操作时，在未经指导老师允许的情况下，不得随意触摸仪器设备上的任何按键。

1.1.2 注意事项

1）参加实训前必须提交学校“实验室安全知识考试合格证书”及“安全承诺书”，后续实习成绩方可有效。

2）在训练期间注意爱护和保养仪器设备、工具等国家财产，保持工位整洁，工具放置规范，不得乱拿工具，不得将公物占为己有，损坏公物照价赔偿。

3）文明训练，进出训练场所时不得大声喧哗和嬉戏打闹，禁止乱扔杂物，不得将食物带入工程训练场所，保持良好的实训环境。

4）实践过程中不得做与训练内容无关的任何事情，如玩手机、听音乐等，不听劝告者将取消其项目资格，对造成恶劣影响的，直至取消所有项目训练资格，并严肃处理。

5）学生因病请假，必须持校医院或挂钩医院的病假单、病例本和缴费单（急诊可先行请假，事后补假），事假、公假必须持有关院系的证明，否则一律作旷课处理，成绩计为不及格。

6）学生按照实践计划的要求全面完成训练任务，因病、事假所漏缺的实践内容必须补足，当病事假天数超过实践总天数的1/4，训练项目成绩作不及格处理。

7）在实践过程中应严格遵守训练中心的各项规章制度，遵守实践时间，按时上下班，不得迟到和早退，擅自离岗和串岗超过10min，该训练项目成绩计为不及格。

8）训练结束后，应做好仪器设备和环境的清洁和整理工作，拒不执行的按照未完成训练任务处理。

1.2 考评标准

实践教学的考评必须坚持公平、公开、公正的基本原则，要客观、全面地评价学生的训练质量，要注重实践能力，兼顾理论。学生工程训练评价满分为100分，其中基础训练占80分，实践报告占20分。工程训练总成绩主要包括训练任务、操作技能、安全规范、劳动态度、纪律执行及工程训练报告六个方面；各实践项目和实践报告成绩均按照百分制评价，基础训练考评准则见表1-1。

表1-1 基础训练考评准则

序号	评价项目	分数	评价内容	给分要点
1	训练任务	35	1)按时按量完成任务，且90%及以上的任务完成质量好	35
			2)按时按量完成任务，且80%及以上的任务完成质量好	25
			3)按时按量完成任务，且70%及以上的任务完成质量好	20
			4)按时按量完成任务，且60%及以上的任务完成质量好	10
			5)按时按量完成任务，且低于60%的任务完成质量好	5
			6)未完成基本教学任务	0
2	操作技能	20	1)操作熟练、工具使用正确，独立完成	20
			2)操作一般、工具使用比较正确，在教师指导下独立完成	15
			3)需重点指导操作、工具使用，动手能力较弱	10
			4)动手能力较差，问题较多	5
3	安全规范	10	1)完全按照安全操作要求，无事故	10
			2)不完全按照操作要求，无事故	5
			3)出现小事故(设备、工具或人身)	0

（续）

序号	评价项目	分数	评价内容	给分要点
4	劳动态度	5	1）仪器干净、工作场地清洁、工具干净整齐	5
			2）仪器、工作场地、工具清理一般	3
			3）不整理、不清理、不打扫	0
5	纪律执行	10	1）不迟到、不早退，遵守规章制度，听从教师指导	10
			2）迟到或早退在10min以内或不听从教师指导	5
			3）违反课堂纪律（包括使用手机、计算机等，以及睡觉、上课交头接耳等）	0
6	工程训练报告	20	按照报告评分要求	20

1.3 思考题

1）工程训练为什么要强调安全要求？

2）安全注意事项与训练注意事项有何区别？各自的目的是什么？

3）实践中如何防范事故发生？

第2章 电子产品生产工艺

2.1 电子产品生产的基本知识

2.1.1 生产工艺的重要性

电子产品的内涵极为广泛，既包括电子材料、电子元器件，又包括将它们按照既定的装配工艺程序、设计装配图和接线图，按一定的精度标准、技术要求、装配顺序安装在指定的位置，再用导线把电路各部分相互连接起来，组成具有独立性能的整体。

一台完善、优质、使用可靠的电子产品（整机），除了要有先进的线路设计、合理的结构设计、采用优质可靠的电子元器件及材料之外，如何制订合理、正确、先进的装配工艺，以及操作人员根据预定的装配程序，认真细致地完成装配工作都是非常重要的。

2.1.2 电子产品装配步骤

电子产品装配工作主要是指钳装、电气安装和装配后质量检验。生产实践证明，良好的电接触是保证电子产品质量和可靠性的重要因素，电子产品发生故障和电气安装质量有密切的关系。例如，焊接时若出现假焊、虚焊、错焊和漏焊，将会造成接线松脱、接点短路和开路；高频装置中如果接线过长、布线不合理，将会造成高频电路工作不稳定或不正常。因此，要使装配出来的产品达到预期的设计目的，务必要十分注重装配质量，生产操作人员必须严肃认真地做好每一道细小的生产环节。

装配工作是一项复杂而细致的工作。电子产品装配原则是先轻后重、先铆后装、先里后外、先平后高，上道工序不得影响下道工序。

1. 装配前的技术准备和生产准备

（1）技术准备工作　技术准备工作主要是指阅读、了解产品的图样资料和工艺文件，熟悉部件、整机的设计图样、技术条件及工艺要求等。

（2）生产准备工作。

① 工具、夹具和量具的准备。

② 根据工艺文件中的明细表，备好全部材料、零部件和各种辅助用料。

2. 装配操作的基本要求

（1）零件和部件应清洗干净，妥善保管待用。

（2）备用的元器件、导线、电缆及其他加工件，应满足装配时的要求。例如，元器件引出线校直、弯脚等。

（3）采用螺钉连接、铆接等机械装配的工作应按质按量完成，防止松动。

（4）采用锡焊方法安装电器时，应将已备好的元器件、引线及其他部件焊接在安装底板所规定的位置上，然后清理一切多余的杂物和污物，送交下道工序。

3. 电子产品装配工艺的技术总要求

技术总要求包括机械装配工艺要求和电气安装工艺要求两个方面。

（1）机械装配的工艺要求

1）螺钉连接。根据安装图样及说明书，选用规定的螺钉、垫圈，采用合适工具把它拧紧在指定的位置上。

2）铆钉连接。装配图样上一些需要连接并不再拆动的地方常采用铆钉连接。在铆接前应按图样要求选用铆钉，铆接时应符合铆加工的质量标准。

3）胶接及其他。对需要胶接的部件，要选用符合胶接的黏结剂，并按黏结剂工艺要求胶接好连接件。

（2）电气安装的工艺要求　电气安装应确保产品电气性能可靠、外形美观而且整齐、一致性好。

1）对电气安装所用的材料、元器件、零部件和整件均应有产品合格证；对部分元器件应按抽检规定进行抽检，在符合要求的情况下才允许使用，否则不得用于安装使用。

2）装配时，所有的元器件，应做到方向一致、整齐美观；标志面应朝外，以便于观察检验。

3）被焊接的引出线、导线的芯线与接头，在焊接前应根据整机工艺文件要求，分别采用插接、搭接或绕接等方式固定。对于一般家用电器，较多使用插接方式焊接。

4）元器件引出线、裸导线不应有切痕或钳伤。如需要套绝缘套管，应在引线上套上适当长度和大小的套管。多股导线的芯线加工后不应有断股出现。

2.1.3　工具的使用及维护

使用合适的工具，可以大大提高装配工作的效率和产品质量。

电子产品装配常用的工具有：电烙铁、尖嘴钳、斜口钳、镊子、剪子、旋具（大中小各一件）、钢皮尺、扳手等普通工具。专用工具有导线剥头钳和开口螺钉旋具等。

电烙铁是手工施焊的主要工具，是电子产品装配人员常用工具之一，选择合适的电烙铁，合理使用是保证焊接质量的基础。

按照用途、结构的不同，电烙铁种类较多：按加热方式分，有直流式、感应式、气体燃烧式等；按电烙铁发热能力分，有20W、30W、……；按功能分，有单用式、两用式、调温式等。最常用的是单一焊接用的直热式电烙铁。

1. 电烙铁的种类

（1）直热式电烙铁　直热式电烙铁有内热式电烙铁和外热式电烙铁两种。其特点如下：

1）内热式电烙铁。内热式电烙铁具有发热快（通电2min后即可使用）、体积小、重量轻和耗电省、热效率高等优点，因此获得广泛使用。由于它的发热器件装在烙铁头内部，热量利用率可达到85%~90%。此种电烙铁的常用规格为20W、50W等，由于它的热效率高，20W内热式电烙铁相当于25~45W外热式电烙铁。内热式电烙铁比较适用于晶体管等小型电子元器件和印制电路板的焊接。

内热式电烙铁的烙铁芯是用比较细的镍铬电阻丝绕在瓷管上制成的，其电阻约为2.5kΩ(20W)，烙铁的温度一般可达350℃左右。

2）外热式电烙铁。外热式电烙铁具有功率范围大但发热慢的特点。这种电烙铁头是安装在烙铁芯里面的，常用规格为25W、45W、75W和100W等。烙铁芯的功率不同，其内阻也不同。25W烙铁的阻值约为2kΩ，45W烙铁的阻值约为1kΩ，75W烙铁的阻值约为0.6kΩ，100W烙铁的阻值约为0.5kΩ。

外热式电烙铁的烙铁芯是将电热丝平行地绕在一根空芯瓷管上，中间由云母片绝缘，并引出两根导线与220V交流电源连接。

（2）恒温电烙铁　恒温电烙铁升温时间快，只需40~60s。它是借助于电烙铁内部的磁性开关而达到恒温的目的，由于是断续加热，可比普通电烙铁省电1/2左右。它的烙铁头始终保持在适于焊接的温度范围，焊接不易氧化，可减少虚焊，提高焊接产品质量。又由于它的温度变化范围很小，电烙铁不会发生过热现象，从而延长了使用寿命，同时也能防止被焊接的元器件因温度过高而损坏。

恒温烙铁头采用镀铁镍新工艺，使用寿命长，节约铜材，节省修整烙铁头的工时。此外，恒温电烙铁还有体积小、重量轻的优点，可以减轻操作者的劳动强度。

（3）吸锡电烙铁　吸锡电烙铁是将活塞式吸锡器与电烙铁熔为一体的拆焊工具。它具有加热、吸锡两种功能。这种电烙铁的不足之处是每次只能对一个焊点进行焊接。吸锡器也可单独作为一种工具，使用时要及时清除吸入的锡渣，保持吸锡孔通畅。

（4）气焊烙铁　气焊烙铁是采用液化气、甲烷等气体燃烧加热烙铁头的烙铁，适合在供电不方便的地方使用。

2. 电烙铁的组成与规格

电烙铁一般由烙铁头、烙铁芯、烙铁身、烙铁手柄、电源引线及插头等部分组成。

电烙铁有20W、25W、45W、75W、100W等规格。电烙铁上标出的功率，实际上是单位时间内消耗电源的能量，而并非电烙铁的实际功率。一般功率越大，烙铁的温度越高(在相同加热条件下)。

3. 电烙铁的检查

（1）使用前的检查　使用前应检查电源线有无破损，手柄和烙铁头不能松动。

（2）用万用表检查　用万用表欧姆挡测量电烙铁插头电源端，内阻应为0.5~2kΩ，功率越大，电热丝内阻越小。检查电烙铁的绝缘电阻应是大于2MΩ，基本处于绝缘状态。

4. 使用注意事项

1）电烙铁头初次通电升温时，应先浸上松香再把焊锡均匀熔化在烙铁头上，即进行搪锡或上锡。

2）电烙铁内的加热芯在加热状态下应避免振动，使用时应轻拿轻放，不能敲击。

3）使用电烙铁时应握持其手柄部位，常用的握持方法有握笔型、反握型和正握型等三种。

① 握笔型。此法适用于小功率的电烙铁，焊接散热量小的被焊件，如焊接收音机、电

视机的印制电路板及其维修（图 2-1a）。

② 反握型。就是手心朝上握住手柄，此法适用于大功率电烙铁，焊接散热量较大的被焊件。这种握法需要一段时间才能适应，但是动作稳定，不易疲劳（图 2-1b）。

③ 正握型。就是手心朝下握住手柄，此法使用的电烙铁也比较大，且多为弯形烙铁头，使用弯把烙铁时一般用此种握法（图 2-1c）。

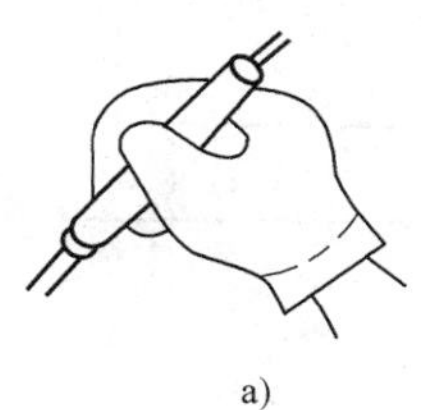

a)

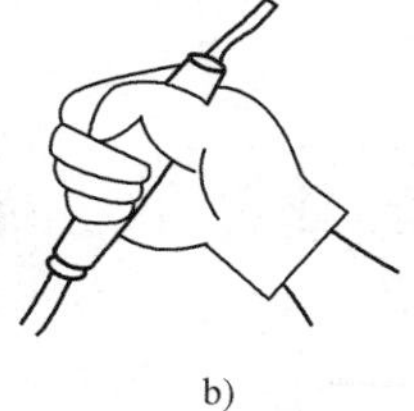

b)

c)

图 2-1 电烙铁握持方式

a）握笔型 b）反握型 c）正握型

4）电烙铁金属管的温度很高，一般大于 200℃，因此千万不可直接用手接触。

5）停止使用时，应将电源插头拔出。

6）电烙铁头要经常保持清洁，间隔一定的时间应将烙铁头取出，倒去氧化物，重新插入拧紧，防止烙铁头与加热芯烧结在一起。

7）不可将烙铁头上多余的锡乱甩，应注意周围人员的安全。

8）烙铁头应经常保持清洁，可以蘸一些松香清洁，也可用湿的耐高温海绵擦除烙铁头上的脏物。

5. 烙铁头的形状及加工

（1）烙铁头的形状 烙铁头通常用纯铜棒锉成不同的形状，供各种焊接使用。直热式烙铁头多制成錾式，角度有 45°、10°~25°等几种，宽窄亦不同，如图 2-2a 所示。图 2-2b 和图 2-2d 所示为内热式烙铁头，图 2-2a、图 2-2c、图 2-2e 为外热式烙铁头。在焊接装配密度较大的产品时，为了避免烫伤周围的元器件及导线，便于接近深处的焊接点，可使用如图 2-2b 所示的加长錾式烙铁头。

对于錾式烙铁头，角度大的烙铁头，其热量比较集中，温度下降较慢，适用于焊接一般焊接点；角度小烙铁头，其温度下降快，适合于焊接温度比较敏感的元器件。

焊接精密电子器件的小型焊接点时，烙铁头常做成锥形，如图 2-2c 所示。

焊接印制电路板或一般焊接点时，宜使用内热式圆斜面的烙铁头，如图 2-2d 所示。

焊接印制电路板时，还可使用图 2-2e 所示的凹烙铁头和图 2-2f 所示的空芯烙铁头。使用这两种烙铁头可使焊接更为方便，但维修这两种烙铁头较麻烦。

（2）烙铁头的修理和镀锡 烙铁头使用一段时间后，表面有黑灰色氧化层而影响上锡时，要用砂纸去掉；轻度磨损时，可用剪刀剪去尖脚；磨损厉害凹凸不平时，应用锉刀进行修整（断电操作，重新镀锡）。

修整后的烙铁应立即镀锡，方法是将烙铁头装好通电，烙铁蘸上锡后在松香中来回摩擦，直到整个烙铁修整面均匀镀上一层锡。应该注意，烙铁通电后一定要立即蘸上松香，否则表面会生成难镀锡的氧化层。

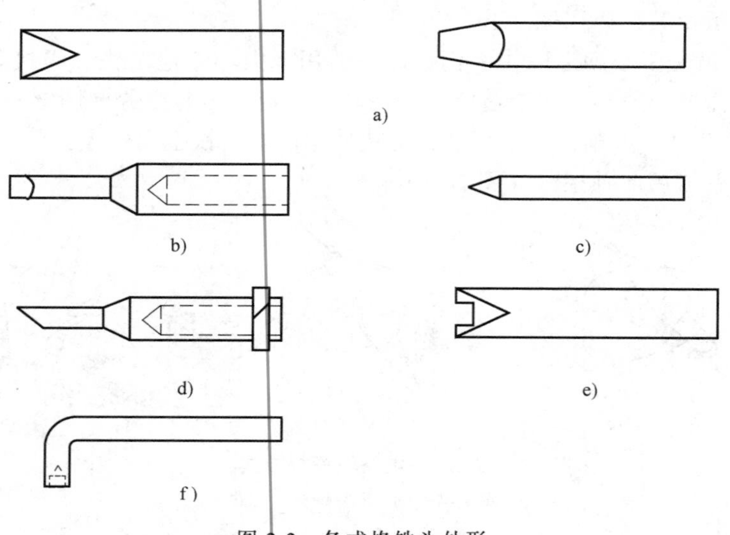

图 2-2 各式烙铁头外形

a) 錾式烙铁头 b) 加长錾式烙铁头 c) 锥形烙铁头 d) 圆斜面烙铁头
e) 凹烙铁头 f) 空芯烙铁头

2.2 传统电子产品生产工艺

2.2.1 电子产品机械装配工艺

电子产品安装时需要先将各种零件固定在底座或底板上，然后才能进行电气安装。零件的固定方法通常有螺钉连接、铆钉连接、焊接及粘接等几种形式。电子产品在不同的环境中，可能受到振动、冲击等机械力作用，因此装配必须牢固、可靠。

1. 螺钉连接

螺钉连接是指采用螺钉、螺栓、螺母及各种垫圈（平垫圈、弹簧垫圈、内齿弹性垫圈、外齿弹性垫圈、波形垫圈等），将各类元器件和零部件紧固地安装在机器规定位置上的过程。电子产品装配中螺钉连接应用很多，它具有装拆简单、连接牢靠、调节更换方便等优点。

（1）元器件安装事项　安装时应按工艺顺序进行并符合图样规定。当安装部位全是金属件时，应使用平垫圈，其目的是保护安装表面不被螺钉或螺母擦伤，增加螺母的接触面积，减小连接件表面的压强。

紧固成组螺钉时，必须按照一定的顺序，交叉、对称地逐个拧紧。若把某一个螺钉拧得很紧，就容易造成被紧固件倾斜或扭曲；再拧紧其他螺钉时，会使强度不高的零件（如塑料、陶瓷和胶木件等）碎裂。

螺钉拧紧程度和顺序对装配精度和产品寿命有很大关系，切不可忽视。

（2）防止紧固件松动的措施　为了防止紧固件松动或脱落，应采取相应的措施，如图 2-3 所示。图 2-3a 所示为利用双螺母互锁起制动作用，一般在机箱接线柱上用得较多；图 2-3b 所示为用弹簧垫圈制止螺钉松动，常用于紧固部件为金属的元器件；图 2-3c 所示为靠橡皮垫圈起制动作用；图 2-3d 所示为用开口销钉制动，多用于有特殊要求的器件的大螺母上。

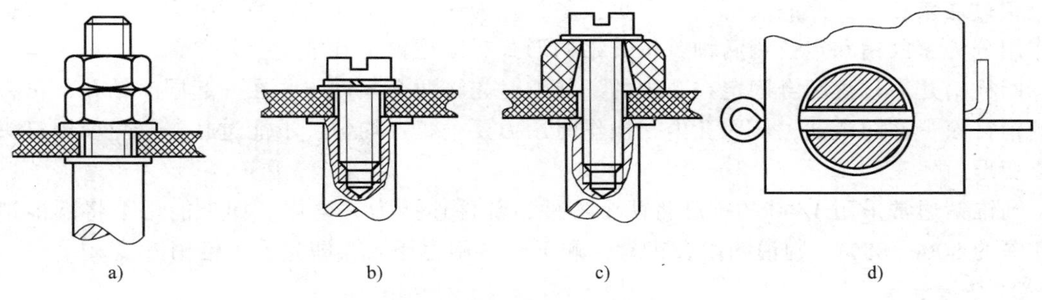

图 2-3 紧固件防松动措施
a）双螺母 b）弹簧垫圈 c）橡皮垫圈 d）开口销钉

（3）常用元器件的安装

1）胶木件和塑料件的安装。胶木件脆而易碎，安装时应在接触位置上加软垫（如橡皮垫、软木垫、铝垫、石棉垫等），以便其承受压力均匀，切不可使用弹簧垫圈。

塑料件一般较软、易变形，可采用大外径钢垫圈，以减小单位面积的压力。

2）大功率晶体管散热片的安装。大功率晶体管都应安装散热片。散热片有些在出厂时已安装好，有些则要在装配时将散热片装在管子上，如图 2-4 所示。安装时，散热片与晶体管应接触良好，表面要清洁。如果在两者之间加云母片，需在云母片两面涂上硅脂，使接触面密合，提高散热效率。

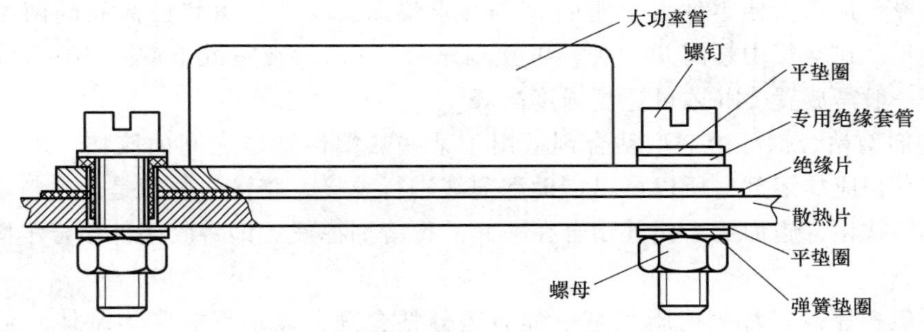

图 2-4 大功率晶体管散热片的安装

3）屏蔽件的安装。电子产品中有些器件需要加屏蔽罩，有些单元电路需用屏蔽盒，有些部件需要加隔离板，有些导线要采用金属屏蔽线。采用这些屏蔽措施是为了防止电磁能量的传播或将电磁能量限制在一定的空间范围之内。

在用铆接与螺钉装配的方式安装屏蔽件时，安装位置一定要清洁，可用酒精或汽油清洗干净，漆层要刮净。如果接触不良，产生缝隙分布电容，就起不到良好的屏蔽效果。

2. 铆装和销钉连接

用各种铆钉将零件、部件连接在一起的过程称为铆接。铆装属于不可拆卸的安装。电子产品装配用的铆钉是铜或铝制作的，其类型有半圆头铆钉、平锥头铆钉、沉头铆钉和空心铆钉等。铆件成形后不应有歪、偏、裂、不光滑、圆弧度不够等现象，更不允许出现被铆件松动的情况。

电子产品中，铆钉连接应用十分广泛，如固定冲制焊片的冲胀铆、小型电子管固定夹与壁板的翻边铆、薄壁零件间的成形铆等。

销钉连接在电子产品装配中应用也较多，因为这种连接安装方便，拆卸容易。通常，按其作用分为紧固销和定位销两种，按其结构形式有圆柱销、圆锥销及开口销。

圆柱销是靠过盈配合固定在孔中的。装配时先将两个零件压紧在一起同时钻孔，再将合适的销钉涂少许润滑油，压入孔内，操作时用力要垂直、均匀、不能过猛，以免使销钉头镦粗或变形。

圆锥销通常采用1/40的锥度将两个零件、部件连接为一整体。如果能用手将圆锥销塞进孔深的80%~85%，则说明配合正常，剩下长度用力压入，即完成了锥销连接。

3. 粘接连接

将两个元器件用适当粘合剂粘接在一起的装配方法称为粘接（或胶接）。在电子产品中通常采用粘合剂粘接较轻的器件及不便于螺装和铆装的器件。粘接具有方法简便、成本低廉、设备简单、重量轻、密封性好、机械强度较高（如果粘接得好，其强度甚至比材料本身强度还要好）、电气绝缘性能良好和高频损耗较小等优点。

粘合剂的种类很多，应用范围日趋广泛，下面介绍常用粘合剂的有关性质。

（1）KH-501常温快速粘合剂　KH-501胶在室温下能迅速固化，无需加热加压，使用非常方便。它对金属、陶瓷、玻璃、塑料、橡胶等材料都具有良好的胶接性能，特别适用于表面光滑无孔的小型零件的胶接和固定。

具体操作方法是将胶接件表面用砂纸（细）打磨后用丙酮、甲苯溶剂除去表面油污，把501胶涂在胶接零件的一个表面上，然后将两胶接面相互研摩，使胶液均匀分布在两个面上，对准位置稍加压力使零件自重压固（若要求快速胶接，则可将已涂胶的两零件研磨几下后立即分开，在空气中暴露几秒钟，再立刻贴合），最后在室温下静置10~30min即可粘合牢靠，但一般需放置24h才可达到强度高峰。

（2）溶剂型粘合剂　溶剂型粘合剂适用于某些热塑性塑料之间的胶接。因为热塑性塑料大部分都有相应的溶剂，所以可以借助溶剂液进行胶接。胶接的原理是两塑料零件在溶剂中局部溶解、软化，施加压力使其贴合在一起，待溶剂挥发后即将胶接件粘合牢固，这种胶接的强度较小。

（3）环氧树脂胶　环氧树脂胶是一种多组分粘合剂，以环氧树脂为基体，加入一定数量的固化剂配制而成。可用于胶接铝、铜、钢等各种金属以及橡胶、塑料（聚乙烯、聚苯乙烯、聚四氟乙烯、有机硅树脂除外）、陶瓷、玻璃、木材及云母等各种非金属材料。它是一种高强度粘合剂，并有良好的绝缘性能和力学性能，属于结构型粘合剂，可用于受力部位的胶接，它在电子产品装配、检修中应用相当广泛。

2.2.2 电气安装工艺

电气安装准备工艺与装配，以及元器件、导线、电缆装配前的加工处理统称为电气安装的准备工艺。准备工艺是产品安装的重要工序，有了良好的准备工艺，才可能有优质、可靠的电气连接质量。电气安装的准备工艺主要包括有焊料与焊剂准备，导线加工及引出线处理、屏蔽导线的加工、导线的走线及安装、元器件装配工艺、焊接技术等内容。

1. 焊料与焊剂准备

(1) 焊料 凡是用来熔合两种或两种以上的金属面，使之成为一个整体的金属或合金都叫焊料。按焊料的组成不同可分为锡铅焊料、银焊料和铜焊料，在锡铅焊料中，熔点在450℃以上的称为硬焊料，熔点在450℃以下的称为软焊料，在电子装配中多用锡铅焊料(简称焊锡)。

焊锡由二元或多元合金组成。通常所说的焊锡是指锡和铅的二元合金，即锡铅合金，它是软焊料。图2-5给出了锡铅合金熔化温度随锡含量变化的情况，称为锡铅合金相图，由此可见，*B*点合金可由固体直接变成液体或从液体直接冷却成固体，中间不经过半液体状态，因此称*B*点为共晶点。按共晶点配比的合金称为共晶合金。共晶合金是合金焊料中较好的一种，其优点是熔点最低、结晶间隔很短、流动性好、机械强度高，所以，电子产品的焊接均采用这种比例的焊锡。

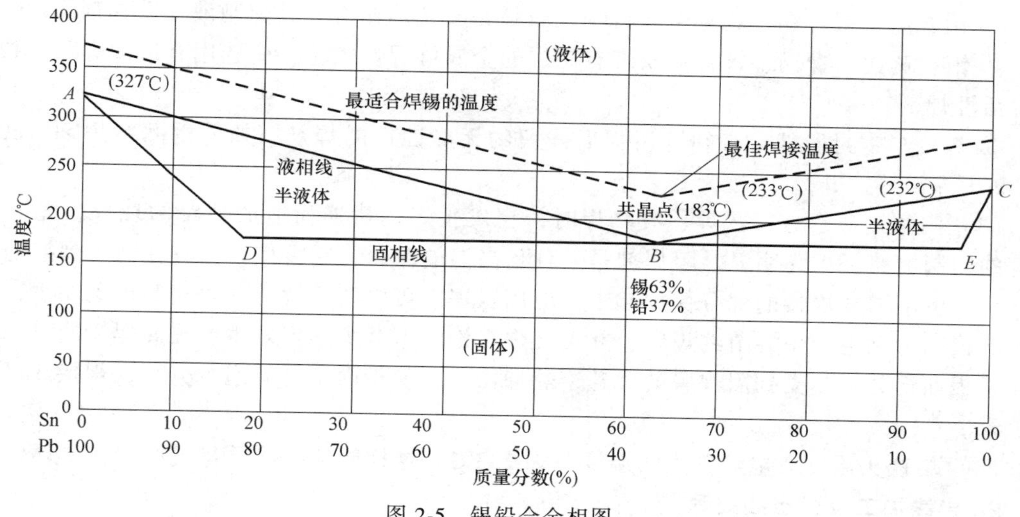

图2-5 锡铅合金相图

共晶锡铅合金中，$w(\mathrm{Sn})=63\%$，$w(\mathrm{Pb})=37\%$，按此配比的焊锡叫共晶焊锡，其熔化温度为183℃。

焊料的形状有管状、扁带状、球状、饼状和圆片等几种。常用的焊锡丝，在其内部夹有固体焊剂松香。常用焊锡丝直径有1.2mm、1.5mm、2.0mm、2.5mm、3.0mm等多种规格。

(2) 助焊剂 焊接时，为了使熔化的焊锡能粘结在被焊金属表面，就必须借助化学的方法将金属表面的氧化物除去，使金属表面显露出来，凡是具有这种作用的化学品，称为助焊剂。电子装配时常用焊接方法实施电的连接，而助焊剂便成为获得优质焊接点的必要工艺措施。

1) 助焊剂的作用

① 除去氧化膜与杂质。助焊剂中的氮化物、酸类同氧化物发生还原反应，从而除去氯化膜，反应后的生成物变成悬浮的渣，漂浮在焊料表面。

② 防止氧化。由于焊接时必须把被焊金属加热到使焊料润湿并发生扩散的温度，但是随着温度的升高，金属表面的氧化就会加剧，而助焊剂此时就在整个金属表面形成一层薄膜，包住金属使其同空气隔绝，从而起到加热过程中防止氧化的作用。

③ 减小表面张力，增加焊锡流动性，有助于焊锡润湿焊件。当焊料熔化后，贴附于金属表面的焊料，由于焊料本身表面张力作用使其变成球状，从而减小了焊料的附着力，而助焊剂则可以减小表面张力，增加流动，故焊料附着力增强，使焊接质量得到提高。

2）对助焊剂的要求

① 熔化温度必须低于锡的熔化温度，并在焊接温度范围内具有足够稳定性。

② 应有很强的去金属表面氧化物的能力，并有防止再氧化的作用。

③ 在焊接温度下能降低焊锡的表面张力，增强浸润性，提高焊锡的流动性能。

④ 残余物易清除，并无腐蚀性。

⑤ 焊接时，助焊剂不宜产生过多的挥发性气体，尤其不应产生有毒或刺激性的气体。

⑥ 助焊剂的配制过程应简单。

3）助焊剂的选用。一般应根据金属的焊接性能来选用相应的助焊剂。

① 铂、金、银、铜、锡等金属可焊性较强，多选用松香及其配制液作助焊剂。

② 铂、黄铜、青铜、铍青铜及带有镍层的金属可焊性较差，应选用有机助焊剂、120 焊剂等活性焊剂。

③ 焊接半密封器件，必须选用焊后残留物无腐蚀性的焊剂，如松香酒精焊剂、601 焊剂、701 焊剂等。

（3）阻焊剂　在进行浸焊、波峰焊时，会发生焊锡桥连而造成短路的现象，尤其是高密度的印制电路板更为明显。阻焊剂是一种耐高温的涂料，它可使焊接只在需要焊接的点上进行，而将不需要焊接的部分保护起来。应用阻焊剂可以防止桥连、短路等现象发生，减少返修，提高劳动生产率，节约焊料，并可使焊点饱满，减少虚焊发生，提高焊接质量。印制电路板板面部分由于受到阻焊膜的覆盖，热冲击小，使板面不易起泡、分层，焊接成品合格率上升。

（4）烙铁头温度　电烙铁头的温度应为 233℃，这样能使焊接质量最好。

2. 导线加工及引出线处理

绝缘导线的加工过程可分为：剪线、剥头、捻头（指多股芯线）、搪锡和清洁等。正确的导线线头加工，可提高安装工作的生产效率并改善产品焊接质量。

（1）剪线　绝缘导线在加工时，应先剪长导线，后剪短导线，这样可节约线材。手工剪切绝缘导线时要先拉直再剪，细裸铜导线可用人工拉直再剪。剪线要按工艺文件的导线加工表所规定的要求进行，长度要符合公差要求，而且不允许损坏绝缘层。如无特殊公差要求，则可按表 2-1 所示选择长度公差。

表 2-1　绝缘导线长度公差

长度/mm	>50	>50~100	>100~200	>200~500	>500~1000	>1000
公差/mm	+3	+5	+5~+10	+10~+15	+15~+20	+30

剪线工具和设备有剪刀、斜口钳、钢丝钳、自动剪线机和半自动剪线机等。

（2）剥头　剥头是把绝缘线两端各去掉一段绝缘层，而露出芯线的过程。使用剥头钳时要对准所需要的剥头距离，选择粗细相配的钳口。腊克线、塑胶线可用电剥头器剥头，剥头长度应符合工艺文件（导线加工表）的要求。无特殊要求时，可按照表 2-2 选择剥头长度，如图 2-6 所示。

表 2-2 导线剥头长度

芯线截面积/mm^2	≤1	1.1~2.5
剥头长度/mm	8~10	10~14

剥头所使用的工具有剪刀、剥头钳、电剥头器和剥头机等。

(3) 捻头　多股芯线经过剥头以后，芯线有松散现象，必须再一次捻紧，以便浸锡及焊接。捻线时用力不宜过猛以免细线捻断。捻线角度一般为 30°~45°，如图 2-7 所示。捻线可采用捻头机或用手工捻头。

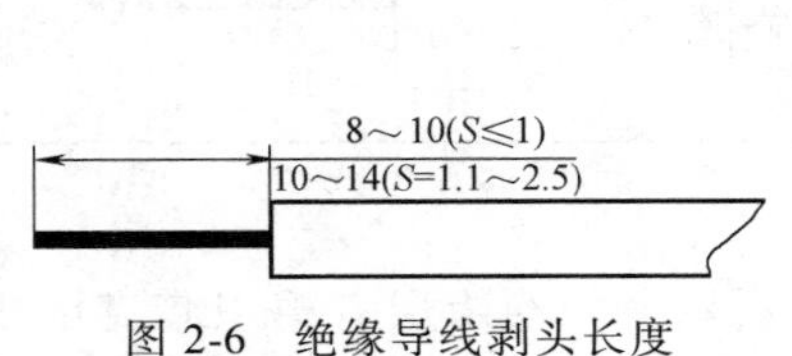

图 2-6　绝缘导线剥头长度

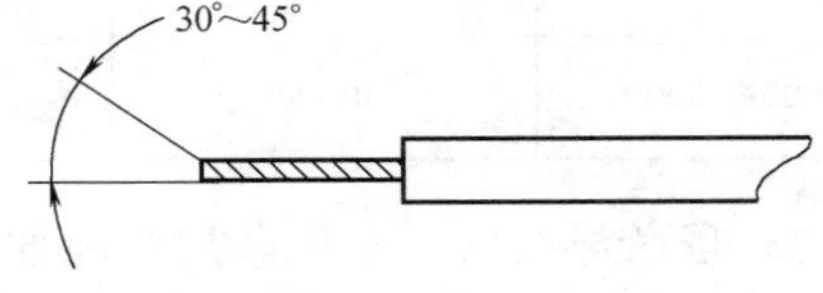

图 2-7　多股芯线的捻线角度

(4) 搪锡（浸锡）

1) 芯线浸锡。经过剥头和捻头后的绝缘导线应在较短时间内进行浸锡。否则会使剥头、捻头的芯线重新氧化，造成浸锡不良，尤其是梅雨季节，更应尽量缩短剥头到浸锡的间隔时间。当芯线浸锡时不能触到绝缘层端头，应距端头 2mm 左右，浸锡时间一般为 1~3s。

2) 裸导线浸锡。凡要进行浸锡的裸导线、铜带、扁铜带等都要经过去氧化层污垢处理，可用刀具、砂纸刮磨，或在专用设备上清除，然后再蘸上助焊剂去浸锡。镀银线浸锡时，操作人员应戴工作手套，以保护被镀银层。

3) 元器件引线、焊片的浸锡。各种元器件需要浸锡时，都要去掉氧化层和油污。无孔焊片浸锡的深度要根据焊点大小或工艺的规定；有孔的小型焊片浸锡要浸过孔 2~5mm。浸完锡不要将孔堵塞，如孔堵了可重浸一次甩去多余锡，否则芯线将无法穿过焊片孔进行绕接。

电阻器、电容器、电感器和晶体管的引出线如果不直，可用平口钳或在专用调直机上调直，然后用细砂纸或刀具清除氧化层。操作时应在距器件根部 2~5mm 处开始去除氧化层。去除表面氧化层时，只要见到金属本色即可。从去氧化层到浸锡的间隔时间要短，最长不超过几个小时。一般浸锡时间为 2~5s，过长易造成元器件引出线脱落和器件损坏，过短易产生预热不充分而浸锡不良。晶体管、集成电路或其他怕热器件，浸锡时最好用易散热工具夹持其引线上端，这样可防止大量热量传导到器件内部而造成损坏。浸锡以后应立即浸入酒精散热。

已经浸过锡的焊片、引线等，其锡层要光亮、均匀、牢固、无气孔状和锡瘤物。

浸锡的工具和设备有刀具、钳子、电炉、锡锅或超声波锡锅。焊料可选用 HLSnPb39 铅锡焊料，它的熔化温度较低（183℃）。助焊剂可采用中性松香酒精焊剂（体积比为 3∶7）。电子产品不准使用酸性或碱性助焊剂。

3. 屏蔽导线的加工

为了防止因导线电场或磁场的干扰而影响电路正常工作，可在导线外加上金属屏蔽层，这样就构成了屏蔽导线。屏蔽导线端头外露长度直接影响到屏蔽效果，因此对屏蔽导线加工必须按工艺文件执行。

(1) 屏蔽导线端头去除屏蔽层长度　屏蔽导线的屏蔽层到绝缘层端头的距离应根据导线工作电压而定，一般可按表 2-3 所示选用。

表 2-3　屏蔽导线端头去除屏蔽层长度

工作电压/V	去除长度 L/mm	图例：
600 以下	10~20	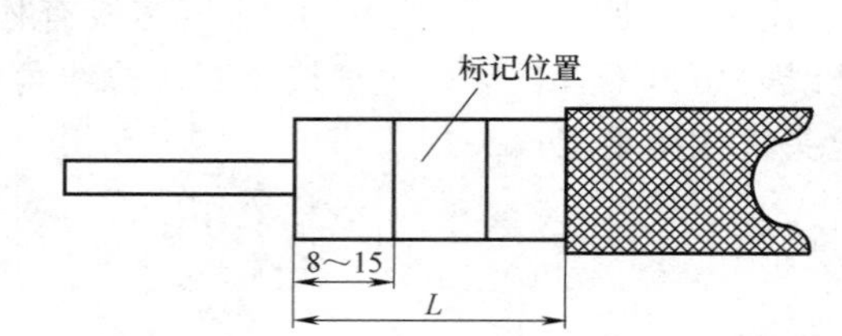
600~3000	20~30	
>3000~10000	30~50	

(2) 屏蔽导线端头和屏蔽层中间抽头处理方法

① 屏蔽导线的端头处理方法。处理方法如图 2-8 所示。如绝缘层有棉织腊克层或塑胶层，应先剪去适当长度的屏蔽层后，在屏蔽层内套一黄蜡管或缠黄绸布 2~3 层，再在它上面用 ϕ0.3~ϕ0.5mm 的镀银铜线密绕数圈，长度为 2~6mm；然后将密线的铜线焊在一起(应焊一圈)，焊接时间要快，以免烫伤绝缘层；最后留出一定长度作为接地线。

② 屏蔽层中间抽头。其方法如图 2-9 所示，即应先用划针在屏蔽层的适当位置拨开一小槽，用镊子（或穿针）抽出绝缘线，将屏蔽层拧紧，并在屏蔽层端部浸锡。注意浸锡时应用尖嘴钳夹持，不让锡渗冷却而形成硬结。

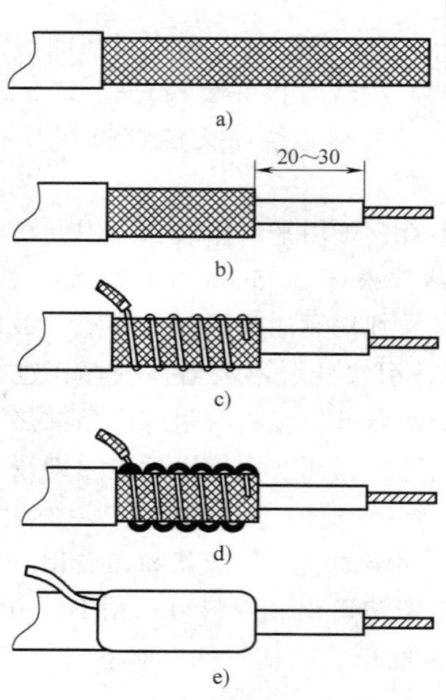

图 2-8　屏蔽导线端头处理方法

a）剥外绝缘层　b）剥线　c）绕线　d）焊接　e）加套管

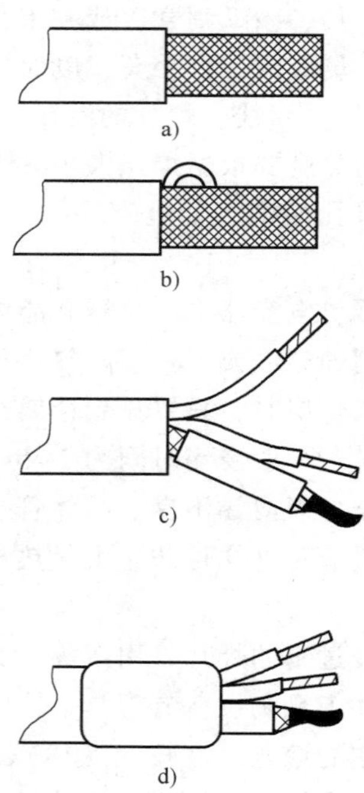

图 2-9　屏蔽层中间抽头方法

a）剥外绝缘层　b）挑内线　c）剥线、屏蔽层捻头、上锡、加套管　d）加外套管

4. 导线的走线及安装

生产电子产品时，为得到有一定强度和焊接质量的焊接点，在焊接前都要进行可靠的连接。由于各类产品的结构形式与使用要求不同，焊接前各种连接点的结构及外形又有很大的差异，所以被焊接在这些接点上的元器件的安装方法是不相同的。

（1）走线

1）走线原则。①以最短距离连线；②直角连线；③平面连线；④导线根部不能受力，并且要顺着接线端子的方向走线，焊接后再改变走线方向会使导线从根部折弯，造成导线断线。

这些原则有相互矛盾的地方，在坚持原则的情况下，可根据具体的情况灵活掌握。另外，对于走线来说，并不是光靠连线就可以解决的，必须把它同元器件的排列方式一起考虑。以最短距离连线，是解决交流声和噪声的重要手段，但在连线时则需要松一些，以在拉动端子时导线的细弱处受力被扯断。此外，导线要留有充分的余量，以在组装检验及维修时备用。

2）走线要领。①沿接地线走；②电源（交流电源）线和信号线不要平行；③接地点集中在一起；④不要形成环路；⑤离开发热体；⑥不能在元器件上走线。

（2）扎线　所谓扎线，就是把导线捆扎起来，这样做一方面可以将连线整齐地归纳在一起，少占空间；另一方面也利于稳定质量。

1）扎线要领。①导线的确认；②不能将力量集中在一根线上；③不能扎得太松。

2）扎线用品。①捆扎线；②扎线带；③线卡。

3）制造要领。①要求线端图有一定的长度，应从线端开始扎线；②重点在于走线和外观，应排列整齐，而且要有棱有角；③为防止连线错误，可按各分支扎线；④扎线的间距标准为50mm，可根据连线密度及分支数量改变。如图2-10所示。

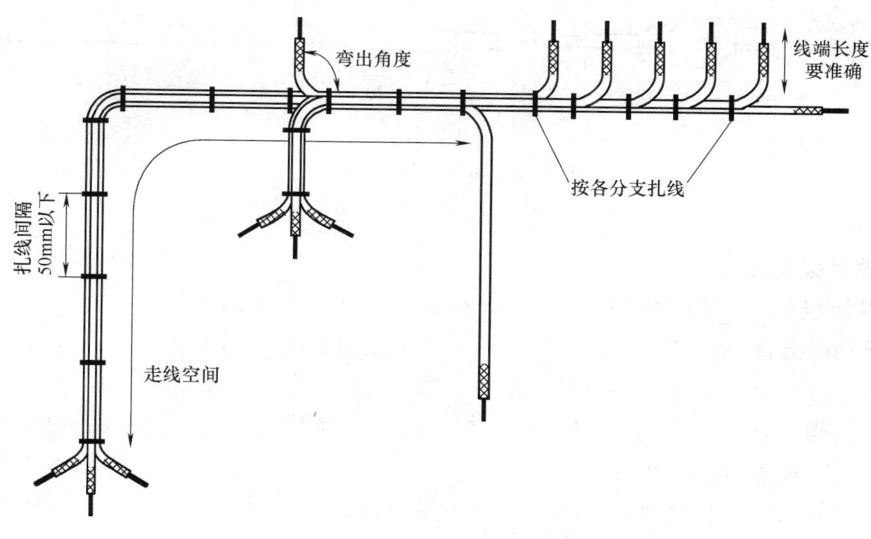

图2-10　扎线制造要领

（3）导线的安装

1）导线同接线端子的连接，如图2-11a所示，主要连接方式有线焊、绕焊、钩焊和搭焊。

① 线焊。把经过上锡的导线端头与端子绑在一起再进行焊接，如图 2-11b 所示。

② 绕焊。把经过上锡的导线端头在接线端子上缠绕一圈，用钳子拉紧缠牢后进行焊接。如图 2-11c 所示。注意导线一定要紧贴端子，一般 $L=1\sim3\text{mm}$ 为宜，该连接可靠性最好。

③ 钩焊。把经过上锡的导线端头弯成钩形，钩在接线端子上并用钳子夹紧后施焊，如图 2-11d 所示。端头处理与绕焊相同，这种方法强度低于绕焊，但操作简便。

④ 搭焊。把经过上锡的导线端头搭在接线端子上施焊，如图 2-11e 所示，这种连接最方便，但强度可靠性最差，仅用于临时连接或不便于缠与钩的地方及某些接插件上。

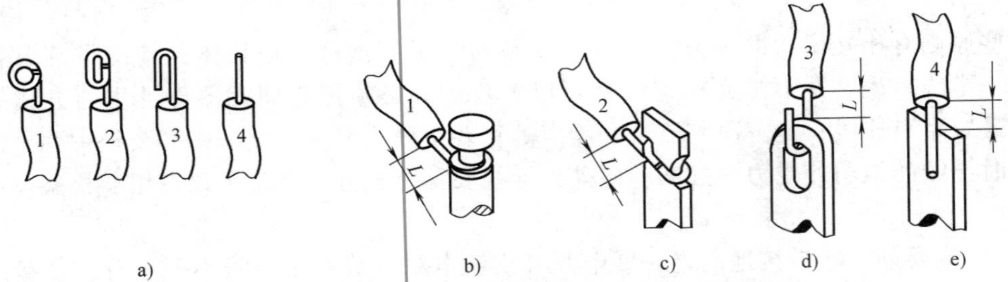

图 2-11　导线与接线端子连接图

a）导线弯曲形状　b）线焊　c）绕焊　d）钩焊　e）搭焊

2）导线与导线的连接。导线之间的连接以绕接为主，如图 2-12 所示。

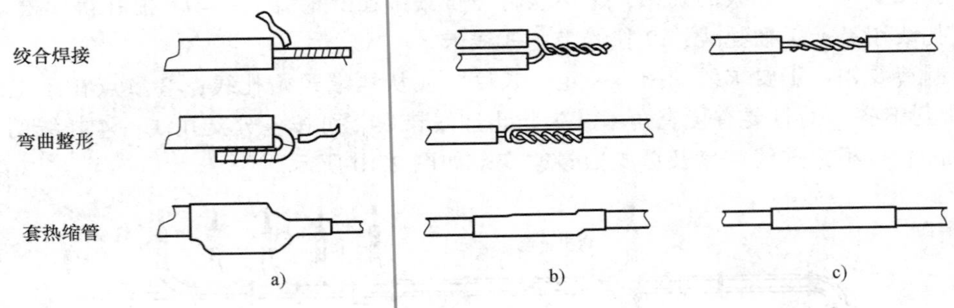

图 2-12　导线与导线连接图

a）粗细不同　b）相同　c）简化接头

5. 元器件装配工艺

（1）引线成型　元器件引线成型是指小型元器件，它可用跨接、立、卧等方法焊接，并要求受振动时器件原位置不变动。如果是大型元器件，必须用支架、卡子等固定在安装位置上，不可能像小型元器件悬浮跨接，单独立放。

以元器件脚高度为例，一般晶体管：5~10mm，瓷片电容：2~5mm；电解电容：0~5mm。电阻可卧底或抬起一些高度等。

引线折弯成型要根据焊点之间的距离做成需要的形状，图 2-13 所示为引线成形后的各种形状，引线折弯时要在离其根部 2mm 外进行。

（2）元器件装配的主要技术要求

① 标记安装时，字体应向上或向外，便于目视。

② 中频变压器要与底板吻合。

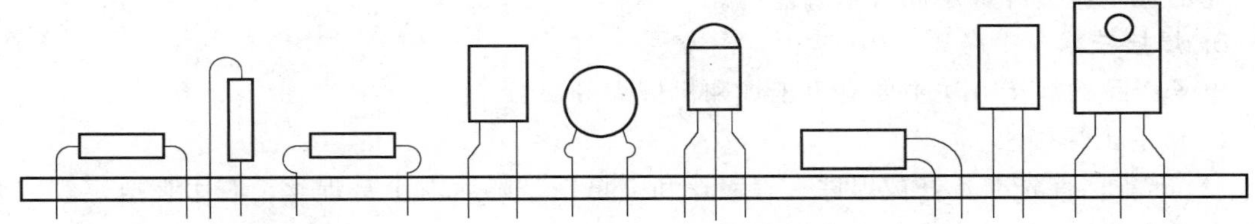

图 2-13 元器件引线成形图

③ 应上下水平、垂直对称，要做到美观、整齐，同一类元器件高低应一致。

④ 元器件、导线绕头一般一圈到底，并用尖嘴钳夹紧。

⑤ 元器件的放置要平稳，支承力尽可能相等，弯脚应成圆弧形，并不可齐根弯。

⑥ 晶体管、集成电路焊接速度要快，要注意引脚的极性。

（3）接点的焊接　在焊接时焊点会出现如图 2-14 所示的几种情况。

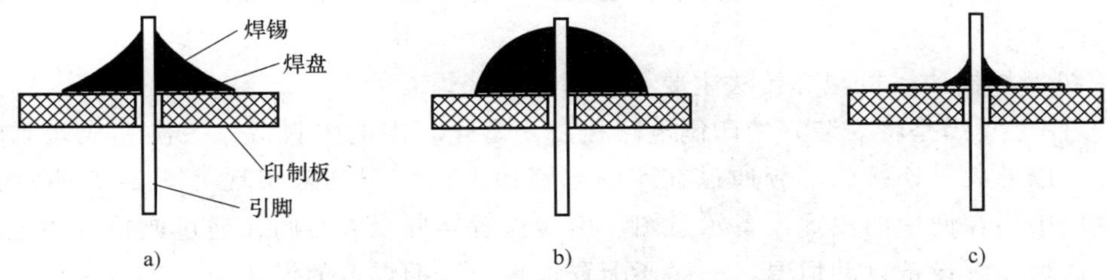

图 2-14 焊点分析图

a）标准焊接点　b）焊点过大　c）焊点过小

1）对焊接点的技术要求

① 焊接点要牢固，具有一定的强度。

② 接触电阻要小，吃锡透彻，无虚焊、假焊及漏焊。

③ 焊点大小均匀、圆滑，应满焊、无生焊。

④ 焊接点表面要整洁、无杂物残留。

⑤ 焊点之间不应搭焊、碰焊，以防短路。

⑥ 焊点表面应有良好的光泽，无毛刺、无拖锡，防止尖端放电。

2）焊接注意事项

① 烙铁头温度（233℃）掌握要适当。

② 焊接时间要适当。

③ 焊料与焊剂使用要适量。

④ 焊点未冷却前不准摇动焊接物，以防焊点表面粗糙及虚焊。

⑤ 不应烫伤周围的元器件及导线。

3）焊接 MOS 集成电路应注意事项

① 使用的仪器和工具都必须接地良好。

② 焊接时宜使用 20W 的内热式电烙铁；若用普通电烙铁，则烙铁头应接地。

③ 焊接时间不要超过 5s，不允许在一个焊点上连续焊多次。

④ 焊接电路板时，插脚应全部短路，并一次性将整个电路板焊完。如有困难时，可将

焊不完的板子包上屏蔽层放入金属盒内。

6. **焊接技术**

电子产品的焊接方法主要有手工焊和机械焊等。

（1）手工焊接法

1）准备。首先准备好被焊件、焊锡丝和电烙铁，随后左手拿焊丝，右手握电烙铁（烙铁头上已上锡），随时准备进入焊接状态。

2）加热被焊件。把烙铁头放在接线端子和引线上进行加热。

3）放上焊锡丝。被焊件经过加热达到一定温度后，立即将左手的焊锡丝放到被焊件上熔化适量的焊料，而不是直接加在烙铁头上。

4）移开焊锡丝。当焊锡丝熔化一定量（焊锡不能太多）后，迅速移开焊锡丝。

5）移开烙铁。当焊料的扩散范围达到要求后，移开电烙铁。撤离烙铁的方向和速度的快慢与焊接质量有关，操作时应特别注意。

完成上述五个步骤后，在焊料尚未安全凝固以前，不能改变被焊件的位置，以防焊点虚焊、粗糙。

（2）机械焊接法　机械焊接法主要有浸焊和波峰焊。

1）浸焊。浸焊是将安装好的印制电路板浸入熔化状态的焊料液，一次完成印制电路板焊接，焊点以外无需连接的部分通过在印制电路板上的阻焊剂来实现。图 2-15 所示为现在小批量生产中仍在使用的浸焊设备示意图。由操作者掌握浸入时间，通过调整机构可调节浸入角度，这种浸焊设备自动恒温，一般还配置预热及涂助焊剂的设备。

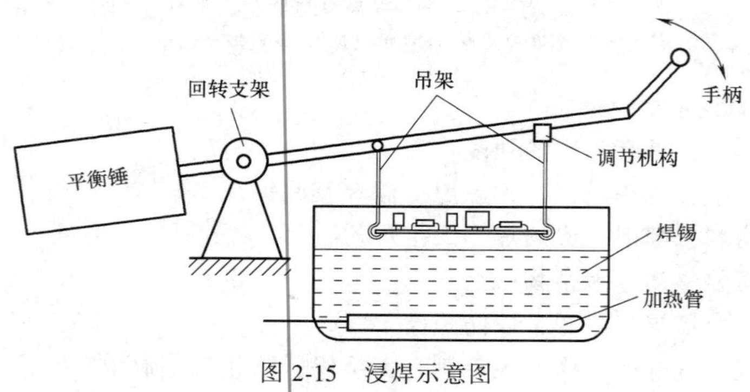

图 2-15　浸焊示意图

2）波峰焊。对大批量印制电路板的自动焊接常采用波峰焊。图 2-16 所示为波峰焊示意图，波峰由机械或电磁泵产生，并可控制。印制电路板由传送带按一定速度和倾斜度通过波峰完成焊接。图 2-17 所示为两种目前常用的波峰焊接机的示意图。

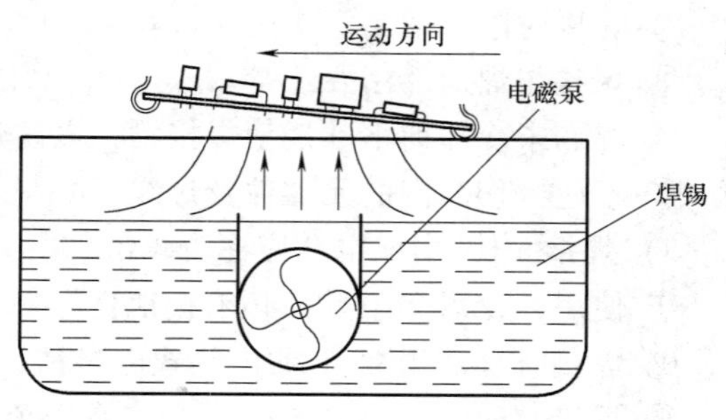

图 2-16　波峰焊示意图

波峰焊时，应考虑解决以下的工艺技术问题：

1）选择助焊剂。

2）选择预热温度。

3）选择传送倾斜度。

4）选择传送速度。

5）选择锡焊温度。

6）选择波峰高度及形状（有双峰、Ω 峰、喷洒峰、气泡峰等）。

7）选择冷却方式（有自然冷却、风冷、汽冷等）及冷却速度。

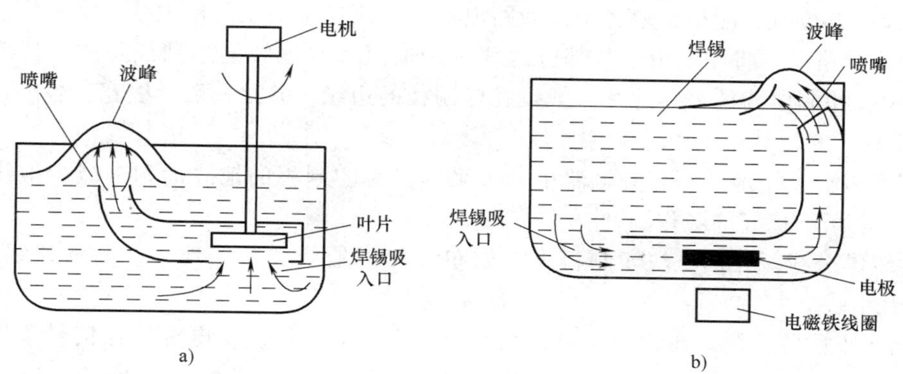

图 2-17 波峰焊机示意图

a）机械泵式 b）电磁泵式

2.2.3 印制电路板

印制电路板是以绝缘板为基材，切成一定尺寸，并按预定设计形成印制器件或印刷线路以及两者结合的导电图形的印制板。印制电路板布有多个孔包括元件孔、紧固孔、金属化孔等，以此代替以往装置电子元器件的底盘，实现元器件之间的相互连接，这种布线板称为印制电路板（PCB，简称印制板）。常用印制板标称厚度有 0.2mm、0.3mm、0.5mm、0.7mm、0.8mm、1.2mm、1.5mm、2mm、2.5mm、3mm 等，对于插入式印制板，一般厚度选 1.5mm；多层板的厚度选用 0.2mm、0.3mm、0.5mm 等。铜箔厚度系列为 18μm、25μm、35μm、50μm、70μm、105μm，误差不大于±5μm，一般最常用的为 35μm 和 50μm。

1. 印制电路板的分类

（1）按结构分类

1）单面印制板。单面印制板在厚度为 1~2mm 绝缘基板的一面敷有铜箔。

2）双面印制板。双面印制板在厚度为 1~2mm 绝缘基板的两面均敷有铜箔。

3）多层印制板。多层印制板由几层较薄的单面板或双面板叠合而成，厚度一般为 1.2~2.5mm，常用的有 4~6 层。

4）软性印制板。软性印制板以厚度为 0.25~1mm 的软质绝缘材料作为基材，在其一面或两面敷有铜箔。

（2）按加工工艺分类

1）先在绝缘底板（也称为基板）上敷满金属箔，然后用某种方法有选择性地除去部分金属箔而形成所需的电路。目前普遍采用的是腐蚀去箔法，最常用的腐蚀液是 $FeCl_3$，其原理为氧化-还原反应，反应式为

$$2FeCl_3+Cu=2FeCl_2+CuCl_2$$

2）直接在绝缘底板上制作金属电路，如金属箔冲压法、银浆印刷法和电镀法等。

3）印制板绝缘底板和电路一次制成法。

2. 印制板的排版设计

（1）印制板中的干扰及其抑制

1）地线的共阻抗干扰及抑制。产生此类干扰的原因在于两个或两个以上回路公用一段地线。设计印制板时，应尽量避免不同回路电流同时流经某一段公用地线，常采用：

① 并联分路式。将印制板上几部分地线分别通过各自地线汇总到线路的总接地点。在实际设计中，印制电路的公共地线一般设在印制板的边缘，并比一般导线宽，各级电路就近并联接地。

② 大面积覆盖接地。在高频电路中，可采用扩大印制板的地线面积来减少地线中的感抗，同时对电场干扰起屏蔽作用。

③ 地线的分线。在同一块印制板上，如布设模拟地线和数字地线，两种地线要分开，以防止相互干扰。

2）电源干扰的抑制。布线时，电源线不走平行、大环行线；电源线与信号不要太近且避免平行。

3）磁场干扰的抑制。布设时应尽量减少磁力线对印制导线的切割，两磁性元件相互垂直以减少相互耦合，对干扰源进行屏蔽。

4）热干扰的抑制。布局时尽量使电源变压器、功率器件、大功率电阻等发热元器件（即热源）置于容易散热的位置，怕热及热敏感元器件应远离热源，并加装散热片及屏蔽。

（2）元器件的布局与排列

1）元器件布局原则

① 元器件在整个版面布局均匀，疏密一致。

② 元器件不要占满板面，四周留边，便于安装固定。

③ 元器件布设在板的一面，每个引脚单独占用一个焊盘。

④ 元器件设局不可上下交叉，相邻元器件保持一定间距，注意安全间隙电压200V/mm。

⑤ 元器件安装高度应尽量低，以提高稳定性和防止相邻元件碰撞。

⑥ 根据整机中安装状态不同确定元器件轴向位置，为提高元件在板上稳定性，使元件轴向在整机内处于竖立状态。

⑦ 元器件两端跨距应稍大于轴向尺寸，弯脚应留出距离，防止齐根弯曲损坏元件。

2）元器件的排列方式

① 不规则排列。这种排列方式一般元件以立式固定为主，元件排列杂乱无章，但印制导线布设方便，印制导线短而少，可减少电路板的分布参数，抗干扰能力强，适用于高频电路中。

② 规则排列。元器件轴线方向与印制板四边并行成垂直，一般元件以卧式固定为主，这种排列整齐美观，便于安装、调试、维修。

3. 印制板草图绘制

排版设计不是单纯地按照原理图连接起来，而是采取一定的抗干扰措施，遵循一定的设计原理，合理地进行布局，使整机安装方便、维修容易。因此，无论是手工排版还是利用计算机布线，都要经过草图设计这一环节。

(1) 焊盘及印制导线

1) 焊盘、过孔及钻孔的尺寸。焊盘的尺寸与钻孔孔径、最小孔环宽度等因素有关。为保证焊盘上基板连接的可靠性，应尽量增大焊盘尺寸，但同时还要考虑布线密度。一般焊盘的环宽不小于0.3mm，焊盘的尺寸不小于ϕ1.3mm。实际焊盘的大小一般按表2-4所示的推荐来选用。焊盘、过孔一般必须在印制电路网络线的交点位置上；金属化孔壁厚0.2mm左右。

表2-4 钻孔孔径与最小焊盘直径

钻孔直径/mm	精度等级	0.4	0.5	0.6	0.8	0.9	1.0	1.3	1.6	2.0
最小焊盘直径/mm	Ⅰ级①	1.2	1.2	1.3	1.5	1.5	2.0	2.5	2.5	3.0
	Ⅱ级②	1.3	1.3	1.5	2.0	2.0	2.5	3.0	3.5	4.0

① 允许偏差±0.05~±0.1mm，数控钻孔；

② 允许偏差±0.10~±0.15mm，手工钻孔。

2) 焊盘的形状。焊盘的形状有圆形、方形、卵圆形、长方形、椭圆形、切割圆形等，如图2-18所示。

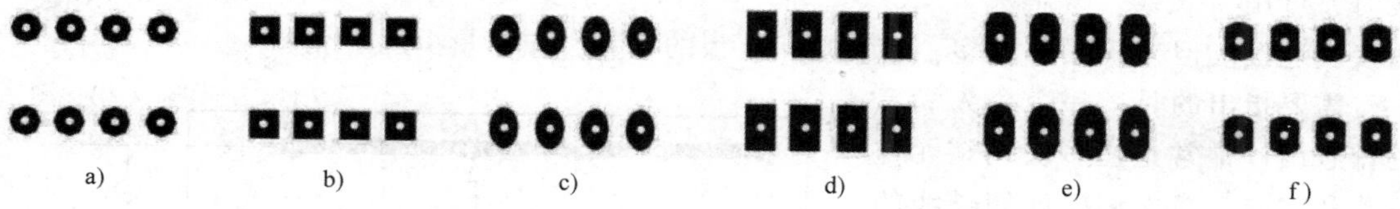

a) b) c) d) e) f)

图2-18 焊盘图形

a) 圆形 b) 方形 c) 卵圆形 d) 长方形 e) 椭圆形 f) 切割圆形

圆形焊盘外径一般为2~3倍的孔径，孔径大于引线0.2~0.3mm；其余形状的焊盘应控制钻孔与焊盘边界的最小距离尺寸。

3) 印制导线

① 输入输出端用的导线应尽量避免相邻平行。最好加线间地线，以免发生反馈耦合。

② 印制板导线的最小宽度主要由导线与绝缘基板间的黏附强度和流过它们的电流所决定。当铜箔厚度为0.05mm、宽度为1~15mm时，通过2A的电流，温度不会升高超过3℃。因此，导线宽度为1.5mm即可满足要求，一般导线的宽度为0.3~1.5mm，电源线、接地线一般取1.5~2mm，线间距离考虑安全间隙电压为200V/mm，最小间隙大于0.3mm，一般宽度与间隙均大于1mm。对于集成电路，尤其是数字电路，通常选0.02~0.3mm导线宽度。当然只要允许，还是尽可能用宽线，尤其是电源线和地线。导线的最小间距主要由最坏情况下的线间绝缘电阻和击穿电压决定。对于集成电路，尤其是数字电路，只要工艺允许，可使间距小至5~8mm。

③ 印制导线拐弯处一般取圆弧形，因为直角或夹角在高频电路中会影响电气性能。此外，应尽量避免使用大面积铜箔，避免长时间受热发生铜箔膨胀和脱落。如果必须使用大面积铜箔，最好用栅格状，这样有利于排除铜箔与基板间粘合剂受热产生的挥发性气体。

(2) 草图的绘制

1) 分析原理图。分析原理图的目的是为了在设计过程中掌握更大的主动性，且要达到如下目的：

① 理解原理图的功能原理，找出可能引起干扰的干扰源，并采取相应的抑制措施。

② 熟悉原理图中的每个元器件，掌握各元器件的外形尺寸、封装形式、引线方式、排列顺序、各管脚功能，确定发热元件所安装散热片的面积，以及确定哪些元器件在板上、哪些在板外。

③ 确定印制板参数，根据线路的复杂程度来确定印制板应采取单面还是双面；根据元器件尺寸，元器件在板上的安装方式、排版方式和印制板在整机内的安装方式综合确定印制板的尺寸和厚度等参数。

④ 确定对外连线方式，根据布置在面板、底板、侧板上的元器件的位置来具体确定。

2）单面板的排版设计。排版设计是一项十分灵活的工作，一般遵循以下原则：

① 根据与面板、底板、侧板等的连接方式，确定与之有关的元器件在印制板上的具体位置，然后决定其他元器件的布局。布局要均匀，有时为了排列美观和减少空间，将具有相同性质的元器件布设在一起，由此可能会增加印制导线的长度。

② 元器件在纸上位置被安放后，就可以开始布设印制导线，如图 2-19 所示。布设导线时，要尽量走线短、少。线路中，由于解决交叉现象而导致印制导线变得很长而可能产生干扰时，可用“飞线”来解决。“飞线”即在印制导线的交叉处切断一根，从板的元件面用一短接线连接。但“飞线”过多，会影响印制板的质量，应尽量少用。

需要指出的是，一个令人满意的排版设计常常是经多次调整元件位置和方向、多次调整印制导线的布局后才能最终确定，因此要反复推敲、斟酌。

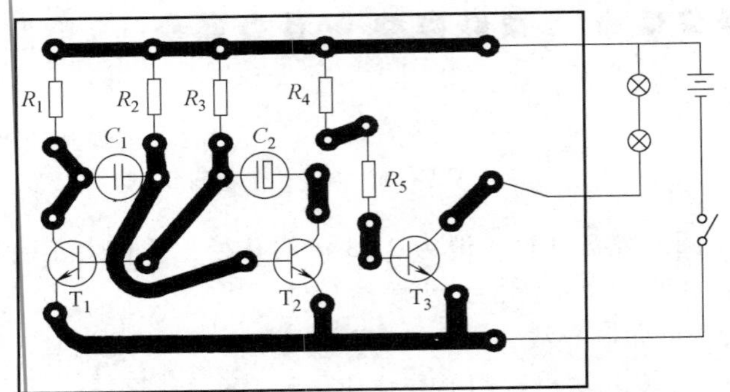

图 2-19　单线不交叉草图

3）正式排版草图的绘制。为了制作照相底图而必须绘制一张正式排版草图。草图要求排版尺寸、焊盘位置、印制导线的连接与布设、板上各孔的尺寸与位置均和实际板相同并标出，同时应注明电路板的技术要求。根据印制板的图形密度与精度，图的比例取 1∶1、2∶1、4∶1 等不同比例。

图 2-20 所示为草图的具体绘制步骤。技术要求包括：焊盘的内、外径，线宽，焊盘间距及公差，板料及板厚，板的外形尺寸及公差，板面镀层要求，板面助焊、阻焊要求等。

4）双面板排版草图设计与绘制。除与上述单面板设计绘制过程相同外，还应考虑以下几点：

① 元器件布在一面，主要印制导线布在另一面，两面印制导线尽量避免平行布设，力求相互垂直，以减少干扰。

② 两面印制导线最好分布在两面，如在一面绘制，则用双色区别，并注明对应层颜色。

③ 两面焊盘严格对应。

④ 两面彼此连接的印制线，需要金属化孔实现。

（3）照相底图的绘制　照相底图是用来照相制版的比例精确的图样，也叫黑白图，它是依据预先设计的布线草图绘制而成的。制作一块标准印制板，一般需绘制三种照相底图

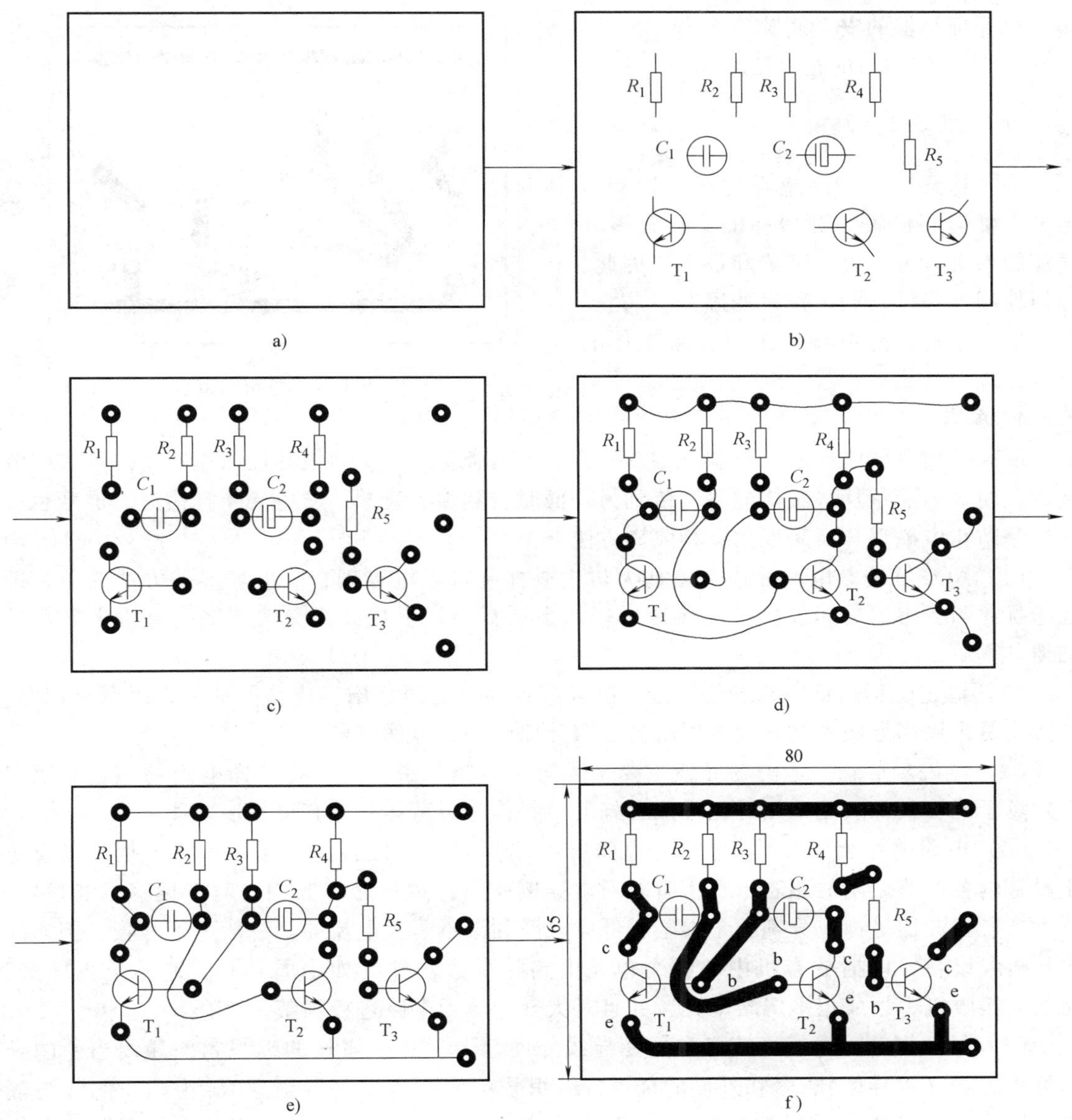

图 2-20 草图绘制过程

a）画轮廓尺寸 b）布元器件画外形 c）确定焊盘位置 d）勾画印制导线 e）整理印制线 f）标尺寸及技术要求

（见图 2-21）：①导电线底图；②印制板表面阻焊层底图；③标志有印制板上所装所连元器件位置及名称等文字符号的底图。对结构简单、元器件较少的印制板或元器件有规则排列的印制板，有时可将文字符号底图与导线图形合并，与导电图一起蚀刻在印制板上，或干脆省略文字符号底图。

绘制照相底图要求：

① 一般绘制成与布线草图相同的照相底图，对高要求的场合，可按适当比例放大。

② 印制焊盘、导线均按草图标志尺寸绘制。

③ 版面清洁，焊盘、导线光滑，无毛刺，要保证足够的安全间隙。

④ 注明印制板的技术要求。

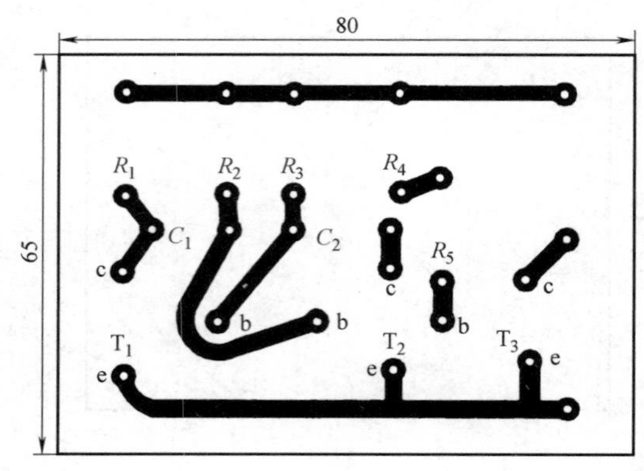

图 2-21 照相底图

2.2.4 屏蔽与散热

为了达到电子产品或系统某一性能指标，常常需要设置为数较多的，具有多种功能的系统、分系统、装置和设备。因此，如何控制、降低它们工作时的温升，防止、减少电磁干扰，是设备或系统正常工作的重要保证。

1. 屏蔽

屏蔽是用导电或导磁材料制成的盒、壳、屏、板等形式，将电磁能限制在一定的空间范围内，使场的能量从屏蔽体的一面传到另一面时受到很大衰减的防电磁干扰措施。屏蔽也可认为是防止电磁耦合所采取的一种隔离方法。

(1) 电场屏蔽　电场屏蔽主要是为防止或抑制寄生电容耦合。电场屏蔽方法简单，即在干扰源与受感器之间放置一块接地良好的金属板，把干扰源与受感器之间寄生电容短接到地。

(2) 恒定磁场和低频磁场的屏蔽　磁屏蔽主要是为防止磁感应，即抑制寄生电感耦合。其方法是采用高导磁率材料制成屏蔽盒起磁分路作用，以达到屏蔽效果。

(3) 电磁场屏蔽　电磁场屏蔽主要是为防止高频电磁场的干扰，即电磁场耦合和辐射电磁场干扰。其方法是采用导电性能良好的材料作为屏蔽体，并有良好接地即可。

(4) 电路的屏蔽　为了防止外界电磁场（波）对电子设备内的电路进行干扰，以及防止设备内各电路之间的相互干扰，有时对电路需实行电磁屏蔽。其中，对于振荡、混频器、放大器、滤波器等都应分别给予屏蔽，低频电路如果不是大电流的，一般可不屏蔽。例如同样是接收设备，广播放音机中的各个单元电路除少数器件（如中周）外，基本上不屏蔽；而通信接收机中划成很多屏蔽单元，并且对大部分单元电路进行屏蔽。

(5) 导线屏蔽　导线屏蔽通常是在导线外面套上一层金属丝的编织物，导线当中的导体称为芯线（内导体），套在外面的金属丝编织物称为隔离皮（屏蔽层），为防止芯线与隔离皮短路，它们之间衬有绝缘材料。这种有隔离皮的导线，较细者称为屏蔽线，较粗者称为隔离电缆。

使用屏蔽线和隔离电缆时，屏蔽层（隔离皮）必须接地，否则不具有屏蔽作用。屏蔽层接地有两种方式，一种是隔离皮一端接地，它可以起到电场屏蔽效果；另一种是隔离皮两端接地，它可以屏蔽电磁场。

2. 散热

电子元器件的故障率随元器件的温度升高呈指数关系增加，电子设备温度升高会使内电路的性能急剧下降。因此，为了提高电子设备的性能和可靠性，在电子设备结构设计时，必须对设备和元器件的热特性进行分析和讨论，采取各种结构措施控制电子设备的温度。

电子元器件（或设备）产生的热量可以用各种方法散热，单独地或由几种散热方法联合作用，将热量从元器件上（或设备中）带走，或传递到设备外的周围空气中去。电子元器件的散热措施有两种，一种是自然散热，另一种是人工散热，而人工散热又有强迫散热和蒸发散热等方式。

（1）自然散热　目前，绝大部分热功率密度不大的电子设备及终端设备，几乎全部采用自然散热。自然散热是电子元器件及设备的基本散热方式。通过合理的结构设计可保证电子设备在允许的温度范围内可靠地工作。自然散热不但可靠性高，而且非常经济，又无噪声，所以被广泛使用。

（2）人工散热　某些大中功率电子设备或元器件必须采用人工散热，即强化对流散热，以控制设备温升，保证设备（或大功率元器件）可靠地进行工作，人工散热一般使用风机冷却。

2.3 先进电子产品生产工艺（SMT）

2.3.1 表面组装技术概述

当前电子产品生产组装行业中最流行的一种技术和工艺是表面组装技术（Surface Mount Technology，SMT），是继手工装联、半自动插装、自动插装后的第四代电子装联技术。表面组装技术是在20世纪60年代中期开发，到20世纪70年代得到实际应用，它改变了传统的通孔插装技术，被誉为电子组装技术的一次革命，使电子产品微型化、轻量化成为可能。

图2-22所示为表面组装技术示意图。表面组装技术是通过波峰焊、再流焊等方法，将片式元器件安装在印制电路板或其他基板表面上的一种新型组装技术。

1. 表面组装技术的组成

表面组装技术是一项综合性工程科学技术，涉及的技术比较广泛。其技术内容包括表面组装元器件、组装基板、组装材料、组装工艺、组装设计、组装测试与检测技术、检测设备和管理等，如图2-23所示。

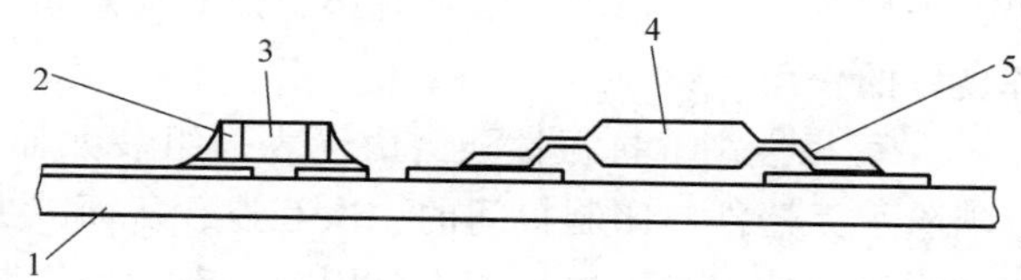

图2-22　表面组装技术示意图

1—电路基板　2—金属化端　3—元件　4—器件　5—短引线

2. 表面组装技术的应用

表面组装技术广泛应用于消费类电子产品和军事尖端电子产品的制造和装联中。当今电子产品追求小型化，传统的穿孔插件技术已无法满足，特别是大规模、高集成电路。尤其在信息时代的今天，通信设备已成为必需品，表面组装技术使得电子通信设备的体积越来越小，越来越轻便。除此之外，表面组装技术还广泛应用于航空航天和雷达设备等。

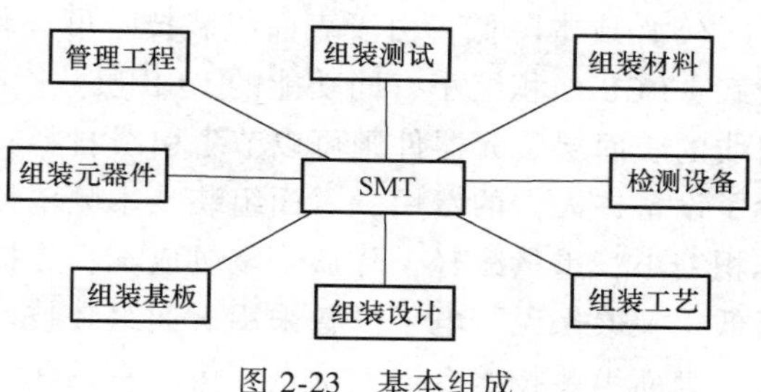

图2-23　基本组成

2.3.2 表面组装技术特点

表面组装技术组装密度较高，组装后的

电子产品体积小、重量轻，贴片元件的体积和重量约为传统插装元件的1/10左右。采用表面组装技术后，电子产品体积可缩小40%~60%，重量也可减轻60%~80%。表面组装技术可靠性高，抗振能力强，焊点缺陷率低，高频特性好。能有效减少电磁和射频干扰，易于实现自动化，提高生产效率，可降低30%~50%的生产成本，同时节省材料、能源、设备、人力和时间等。与传统通孔插装技术相比，具体特征如下：

(1) 组装密度高、体积小、重量轻　表面组装元器件的体积和重量约为传统插装元器件的1/10左右，表面组装时不受引线间距、通孔间距的限制，可以在基板的两面进行贴装或与有引线的元器件混合组装，大大提高了电子产品的组装密度，见表2-5。

目前较多的是表面组装技术与通孔插装技术的混合应用，因此，电子产品的体积缩小、重量减轻程度取决于表面组装元器件与传统通孔插装元器件选用的数量。一般，采用表面组装技术后可使电子产品体积缩小40%以上，重量减轻60%以上。

表2-5　组装形式与组装密度

组装形式		组装密度/(只/cm^3)
通孔组装		2~4
表面组装	单面表面组装	3~6
	单面混合组装	4~8
	双面混合组装	5~9
	双面表面组装	6~12

(2) 电性能优异　由于表面组装采用无引线或短引线的元器件，减少了引线分布特性的影响，而且在PCB表面贴焊牢固，因此大大降低了寄生电容和引线间的寄生电感，很大程度地减少了电磁干扰和射频干扰，改善了高频性能。另外，由于表面组装元器件的自身噪声小、去耦效果好、信号传输延时小，因此在高频、高性能的电子产品中，表面组装技术可发挥良好的作用。

(3) 可靠性高、抗振性强　由于表面组装元器件小而轻，其端电极直接平贴在印制板上，消除了元器件与印制板间的二次互连，从而减少了因连接而引起的故障。直接贴装具有良好的耐机械冲击和耐振动能力，因此一般表面组装技术的焊点缺陷率较低。

(4) 生产率高、易于实现自动化　通孔插装元器件的引线种类较多，因此自动插装时需要多种插装机，且每一台机器还需要调整准备时间。表面组装技术用一台取放机配置不同的上料架和取放头，就基本可以安装大多类型的表面组装元器件，因此大大减少了调整准备时间和维修工作量。另外，表面组装元器件外形规则、小而轻，贴装机的自动吸装系统利用真空吸头吸取元器件，既可提高组装密度，又易于实现自动化。

(5) 成本降低　由于表面组装技术可以使PCB的布线密度增加、钻孔数量减少、孔径变细、PCB面积缩小、同功能的PCB层数减少，这就使制造PCB的成本降低。无引线或短引线的表面组装元器件则可以节省引线材料。表面组装技术省略了剪线、打弯工序，因此减少了设备、人力的费用。表面组装技术频率特性的提高，减少了射频调试费用；电子产品的体积缩小，重量减轻，降低了整机成本；焊接可靠性的提高，减少了二次焊接，使返修成本降低。一般来说，电子设备采用表面组装技术后，可使产品总成本降低30%以上。

表面组装技术有以上优点，但还有一些待提高和解决的问题。国际上还缺乏表面组装元器件的统一标准，表面组装元器件的品种、规格不够齐全，产量不大，因此价格比通孔插装元器件高。另外，表面组装技术使用的元器件是直接焊接在 PCB 表面上，受热后由于元器件与基板的热膨胀系数不一致，容易引起焊处开裂。采用表面组装技术的 PCB 板，单位面积功能强、功率密度大，使散热问题更复杂；PCB 布线密，间距小，易造成信号交叉耦合。此外，还有塑封器件的吸潮问题等需要解决。

2.3.3 表面组装技术工艺流程

1. 片式元器件单面贴装工艺

如图 2-24 所示，单面贴装是元件安装在基板一侧，具体步骤如下：

1）检查元件、焊盘、焊膏是否氧化，焊锡成分是否匹配，集成电路引脚及其共面性。

2）通过焊膏印刷机或 SMT 焊膏印刷台、印刷专用刮板及 SMT 漏板将 SMT 焊膏漏印到 PCB 的焊盘上。

3）检查所印电路板焊膏是否有漏印、粘连，焊膏量是否合适等。

4）由贴片机或真空吸笔、镊子等完成贴装。

5）检查所贴元件是否放偏、放反或漏放，并修复窄间距元件需用显微镜实体检查。

6）检查回流焊的工作条件，如电源电压、温度曲线设置等。

7）通过 SMT 回流焊设备进行回流焊接。

8）检查有无焊接缺陷，并修复。

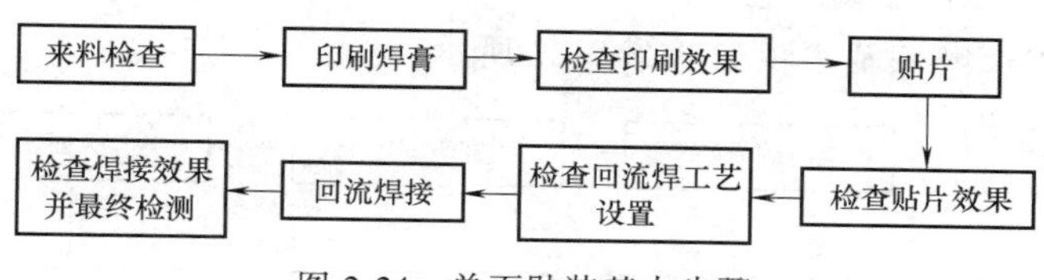

图 2-24 单面贴装基本步骤

2. 片式元器件双面贴装工艺

如图 2-25 所示，双面贴装是元件安装在基板的两面，具体步骤如下：

1）A、B 面的区分是线路板中元器件少而小的为 A 面，元器件多而大的为 B 面。

2）如果两面都有大封装元器件，需要使用不同熔点的焊膏，即 A 面用高温焊膏，B 面用低温焊膏。

3）如果没有不同温度的焊膏，就需要增加一个步骤，即在步骤 1 完成后，需要将 A 面大封装元器件用贴片红胶粘住，再进行 B 面的操作。

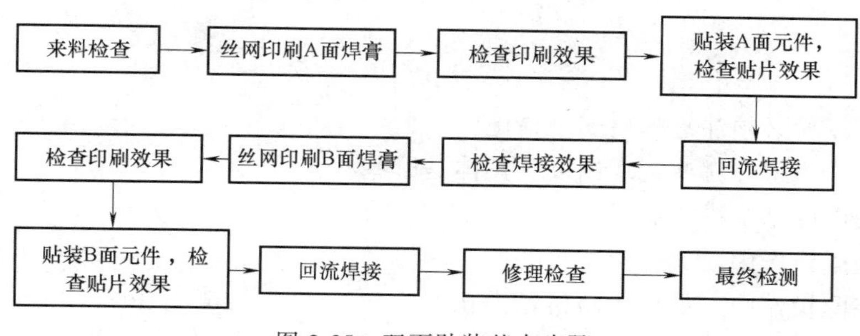

图 2-25 双面贴装基本步骤

4）其他步骤操作同工艺 1。

3. 混装板贴装工艺

如图 2-26 所示，具体步骤如下：

1）检查元件、焊盘、焊膏是否氧化，焊锡成分是否匹配，集成电路引脚及其共面性。

2）用 SMT 焊膏分配器、空气压缩机将 SMT 针筒装焊膏中的焊膏滴涂到 PCB 焊盘上。

3）检查所滴涂的焊膏量是否合适，是否有漏涂或粘连。

4）由真空吸笔或镊子等配合完成。

5）检查所贴元件是否放偏、放反或漏放，并修复。

6）通过 HT 系列台式小型 SMT 回流焊设备进行回流焊接。

7）检查有无焊接缺陷，并修复。

8）由电烙铁、焊锡丝和助焊剂配合完成。

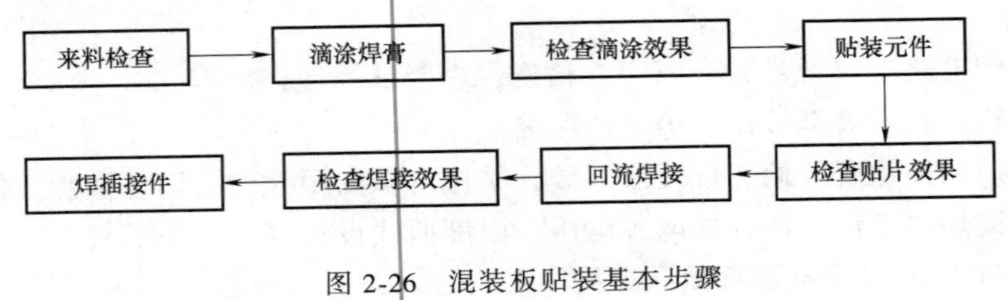

图 2-26 混装板贴装基本步骤

4. 双面混装批量生产贴装工艺

双面混装批量生产贴装基本步骤如图 2-27 所示。

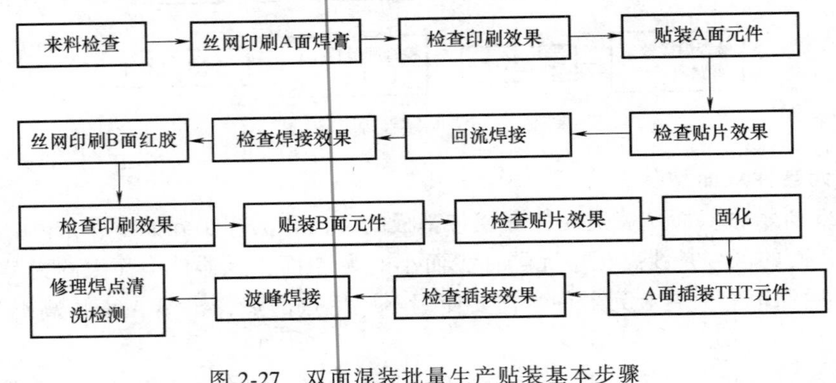

图 2-27 双面混装批量生产贴装基本步骤

2.4 思考题

1）在用电场所必须注意哪些安全措施？

2）安全操作应遵守哪些规章制度？具体是哪些？

3）安全用电的基本措施有哪些？

4）电子装配操作中，如何预防烫伤？

5）电子装配操作中，如何预防机械损伤？

6）如遇触电事故，应如何正确进行急救？

7）电子装配操作前如何对电烙铁进行检查？

8）使用电烙铁常用的握持方法有哪几种？

9）我们常用的锡铅合金中，锡、铅的含量各为多少？其液相熔点温度是多少？

10）在焊接常用的锡铅合金时，电烙铁的温度最佳应是多少度？

11）导线与接线端子连接的方法有哪几种？

12）为了焊接方便，焊锡丝中被人为地加入了何种物质？

13）电子装配的主要技术要求是什么？

14）电子装配中对焊接点的技术要求是什么？

15）我们在焊接时应注意哪些事项？

16）我们在焊接 COMS 集成电路时应注意哪些事项？

17）印制电路板按结构分为哪几类？

18）印制板在排版设计时应注意哪些？

19）什么是自然散热？什么是人工散热？

20）为了观察一个频率为 1kHz，电压峰峰值为 70mV 的正弦波信号，示波器水平扫描时间应选择 50μs/DIV、100μs/DIV、250μs/DIV、500μs/DIV、1μs/DIV 中的哪个较合理？垂直灵敏度应选择 500μs/DIV、1mV/DIV、10mV/DIV、100mV/DIV 中的哪个较合理？如果是一个频率为 5KHz、电压峰峰值为 50mV 的矩形波信号该如何选择？

21）为了观察一个频率为 800Hz、电压峰峰值为 4V 的正弦波信号，示波器的垂直灵敏度和水平扫描时间应选择什么档比较合理？

22）为了观察一个频率为 200Hz、电压峰峰值为 6V 的正弦波信号，示波器的垂直灵敏度和水平扫描时间应选择什么档比较合理？

23）使用示波器检测波形，遇到被测波形不能同步时，需要如何操作才能解决问题？

24）表面贴装技术的主要使用范围有哪些？

25）表面贴装技术由哪些技术组成？

26）表面贴装技术的优缺点有哪些？

第3章

电子产品常用元器件

电子元器件是在电路中具有独立电气功能的基本单元，是组成电子产品的基础。电子元器件的品种、型号、规格众多，而电子产品性能的优劣，不仅与电路的设计、结构和工艺水平有关，而且与正确选用电子元器件也有很大的关系，因此，了解常用电子元器件的种类、结构、特点、使用方法及注意事项等基础知识，是学习、掌握电子技术的基础。

随着科学技术的发展和电子工艺水平的提高，以及电子产品体积的微型化、性能和可靠性的进一步提高，电子元器件由大、重、厚向小、轻、薄方向发展，出现了片式元器件（SMC 和 SMD）。片式元器件是无引线或短引线的新型微小元器件，适合在没有穿通孔的印制板上安装，是 SMT（表面贴装技术）的专用元器件。

常用电子元件包括电阻器、电容器、电感器、开关和接插件等。

常用电子器件包括电子管、晶体二极管、晶体管和集成电路等。

3.1 电阻器

3.1.1 概述

各种材料对电流的阻碍作用就叫电阻。

用电阻材料制成的，具有一定阻值、结构形式、技术性能的，在电路中起电阻作用的元件叫作电阻器（简称电阻），用符号“R”或“r”表示。电阻是组成电路的基本元件，也是所有电子电路中使用最多的元件。电阻的主要物理特征是变电能为热能，即它是一个耗能元件，电流经过它就产生内能。电阻在电路中通常起分压或分流的作用，也可作为电路匹配负载，根据电路要求还可用于放大电路的反馈、电压-电流转换、输入过载时的电压或电流保护元件，又可组成 *RC* 电路作为振荡、滤波、旁路、微分、积分和时间常数元件等。对信号来说，交流与直流信号都可以通过电阻来实现。

电阻器都有一定的阻值，其大小一般与温度、材料、长度还有横截面积有关，它代表这个电阻器对电流流动阻挡力的大小。电阻器的单位是欧姆，用符号“Ω”表示。欧姆是这样定义的：当在一个电阻器的两端加上 1V 的电压时，如果在这个电阻器中有 1A 的电流通过，则这个电阻器的阻值为 1Ω。

电阻的基本单位：Ω（欧姆）、kΩ（千欧）、MΩ（兆欧）。

电阻的换算关系：$1\text{M}\Omega = 10^3\text{k}\Omega = 10^6\Omega$。

3.1.2 电阻器分类

电阻器的种类有很多，通常分为两大类：普通电阻器和特种电阻器。

普通电阻器按其阻值能否调节分为固定电阻器、可变电阻器和半可变电阻器。

特种电阻器分为熔断电阻器和敏感电阻器。

熔断电阻器又叫保险电阻，在正常情况下起电阻和熔丝的双重作用，当电路出现故障而使其功率超过额定功率时，它会像熔丝一样熔断，使连接电路断开。

敏感电阻器是指其电阻值对于某种物理量（如温度、湿度、光照、电压、机械力以及气体浓度等）具有敏感特性，当这些物理量发生变化时，敏感电阻的阻值就会随之发生改变，呈现不同的电阻值。根据对不同物理量敏感不同，敏感电阻器可分为热敏、湿敏、光敏、压敏、力敏、磁敏和气敏等类型。敏感电阻器所用的材料几乎都是半导体材料，因此这类电阻器也称为半导体电阻器。

3.1.3 电阻器外形

电阻器外形示例如图 3-1 所示。

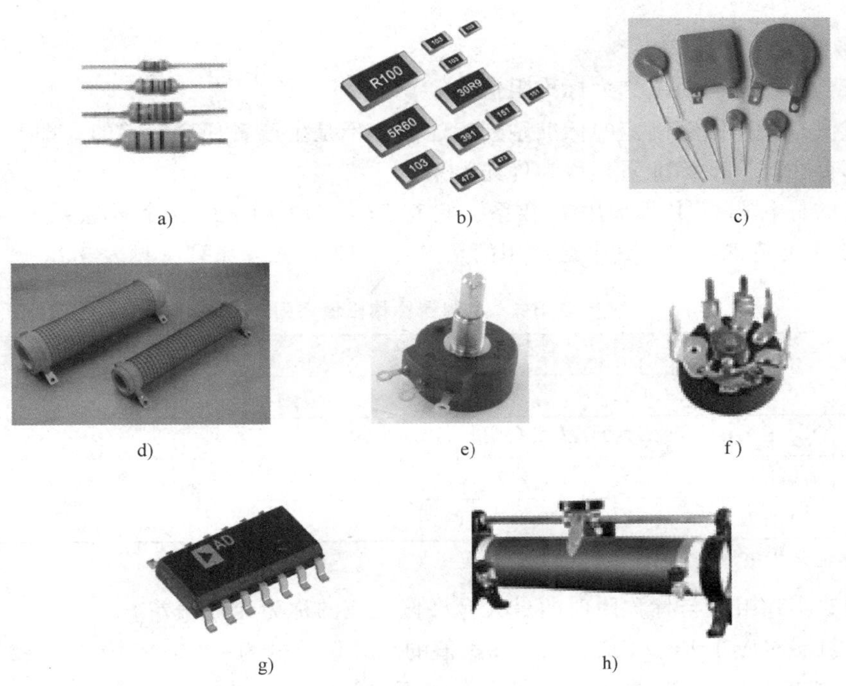

图 3-1 电阻器外形示例

a）色环电阻 b）贴片电阻 c）敏感电阻器 d）线绕电阻 e）电位器 f）带开关电位器 g）数字电位器 h）滑动电阻器

3.1.4 电阻器图形符号

电阻器图形符号如图 3-2 所示。

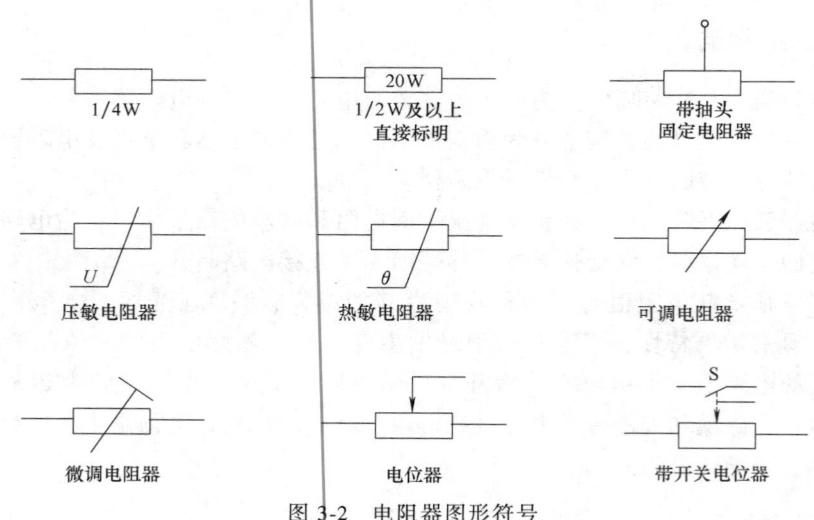

图 3-2　电阻器图形符号

3.1.5　电阻器主要参数

1. 标称阻值和允许偏差

标注在电阻器上的阻值称为标称阻值。

标称阻值是根据国家制定的标准系列标注的，不是生产者任意标定的，即不是所有阻值的电阻器都存在。这个标准系列称为优先数系。

电阻器的标称阻值主要采用 E 数系，它有 E6、E12 和 E24 3 个普通系列，还有 E48、E96 和 E192 3 个精密系列，其中最常用的是 E6、E12 和 E24 系列，见表 3-1。

表 3-1　电阻器标称阻值系列

标称值系	标 称 阻 值
E6	1.0,1.5,2.2,3.3,4.7,6.8
E12	1.0,1.2,1.5,1.8,2.2,2.7,3.3,3.9,4.7,5.6,6.8,8.2
E24	1.0,1.1,1.2,1.3,1.5,1.6,1.8,2.0,2.2,2.4,2.7,3.0,3.3,3.6,3.9
	4.3,4.7,5.1,5.6,6.2,6.8,7.5,8.2,9.1

注：表中数值乘以 10^n（n 为正整数或负整数）。

电阻器的实际阻值与标称阻值的最大允许偏差范围称为允许偏差。

普通电阻器对应于 E6、E12、E24 标称值的允许偏差分为±20%、±10%、±5%；精密电阻器对应于 E48、E96、E192 标称值的允许偏差分为±2%、±1%、±0.5%、±0.25%、±0.1%。一般来说，误差小的电阻器温度系数小，阻值稳定性高。在电阻器的使用中，根据实际需要选用不同精密度的电阻，各级精度常用标准符号来代表，见表 3-2。

表 3-2　电阻器常用偏差、精度等级和标准符号

允许偏差	±0.1%	±0.25%	±0.5%	±1%	±2%	±5%	±10%	±20%
精度等级	—	—	005	01	02	Ⅰ	Ⅱ	Ⅲ
符号	B	C	D	F	G	J	K	M

2. 额定功率

额定功率指电阻器在直流或交流电路中，长期连续工作所允许消耗的最大功率，单位为W（瓦）。常见的有1/8W、1/4W、1/2W、1W、2W、5W、10W，功率较大的电阻一般直接用数字将额定功率标注在电阻体上。

3. 噪声电动势

导体内的自由电子在一定温度下总是处于无规则的热运动状态之中，从而在导体内部形成了方向及大小都随时间不断变化的无规则电流，并在导体的等效电阻两端产生了噪声电动势，通常是由热噪声和电流噪声两部分组成。

电阻器噪声电动势在一般电路中可不予考虑，但在弱信号系统中则不可忽视。

1）低噪声电阻器。有金属膜电阻器、金属氧化膜电阻器、线绕电阻器。

2）高噪声电阻器。有实芯电阻器、合成膜电阻器。

4. 电阻温度系数

在规定的环境温度范围内，温度每改变1℃，电阻值的平均相对变化量，称为电阻温度系数，用ppm/℃表示。

电阻温度系数有负温度系数、正温度系数及在某一特定温度下电阻只会发生突变的临界温度系数。

5. 老化系数

电阻器在额定功率下长期负荷时，阻值相对变化的百分数，是表示电阻器寿命长短的一个参数。老化系数越小，电阻器的使用寿命越长。

6. 电压系数

在规定的电压范围内，电压每改变1V，电阻值的相对变化量。

电压系数最小的为线绕电阻器；电压系数最大的为碳膜合成电阻器和实芯电阻器。

7. 高频特性

电阻器在高频场合下使用时，必须考虑电阻器固有电感和固有电容的影响。此时电阻器的等效电路相当于一个直流电阻 R 与分布电感 L 串联，然后再与分布电容 C 并联，如图3-3所示。

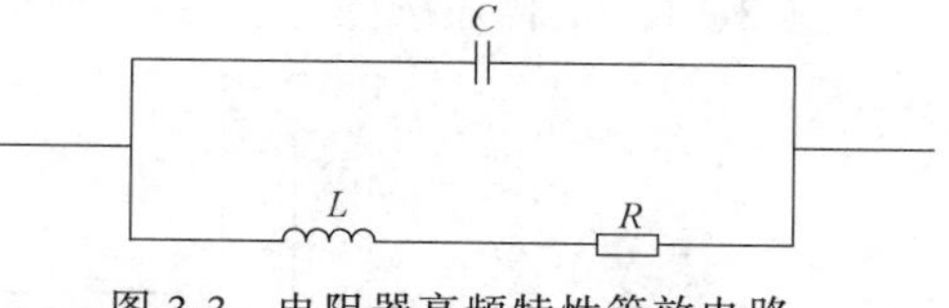

图3-3 电阻器高频特性等效电路

3.1.6 电阻器型号命名及填写示例

1. 电阻器型号命名

电阻器型号命名由主称、材料、分类、序号4部分组成。

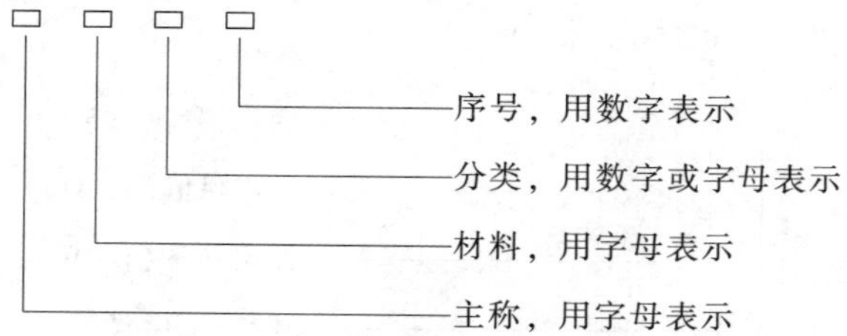

电阻器型号命名见表3-3。

表 3-3 电阻器型号命名

第一部分：主称		第二部分：材料		第三部分：分类		第四部分：序号
字母	含义	字母	含义	符号	类型	
R	电阻器	T	碳膜	1	普通型	个位数表示
RP	可调电阻器	H	合成膜	2	普通型	
		S	有机实芯	3	超高频	
		N	无机实芯	4	高阻	
		J	金属膜	5	高阻	
		Y	金属氧化膜	6	—	
		C	化学沉积膜	7	精密型	
		I	玻璃釉膜	8	高压型	
		X	线绕	9	特殊型	
				G	高功率	
				W	微调	
				T	可调	
				D	多圈	

示例 1：RJ71 精密金属膜电阻器

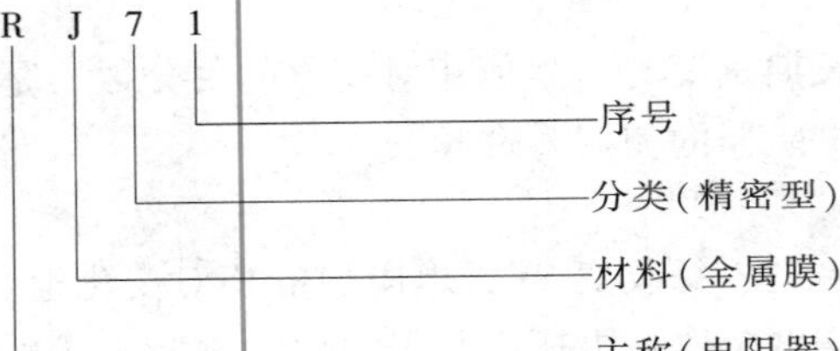

示例 2：RT11 普通碳膜电阻器

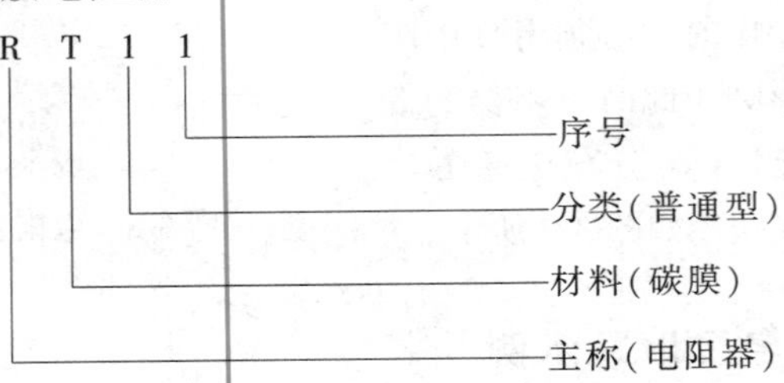

2. 电阻器填写示例

在电阻器生产厂的工艺单、明细表及商店标牌上，应标明电阻器的型号规格。

示例 1：

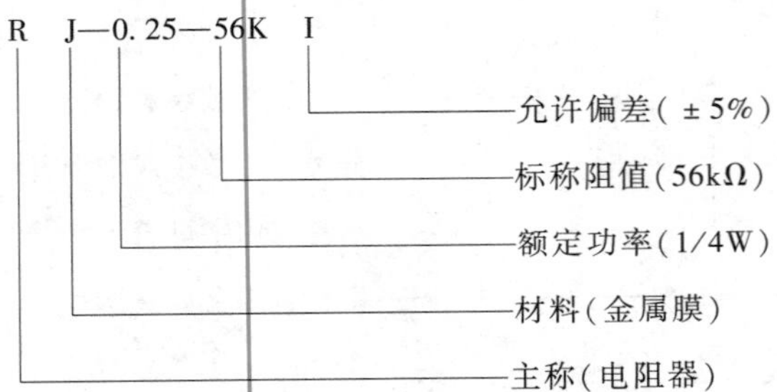

示例 2：

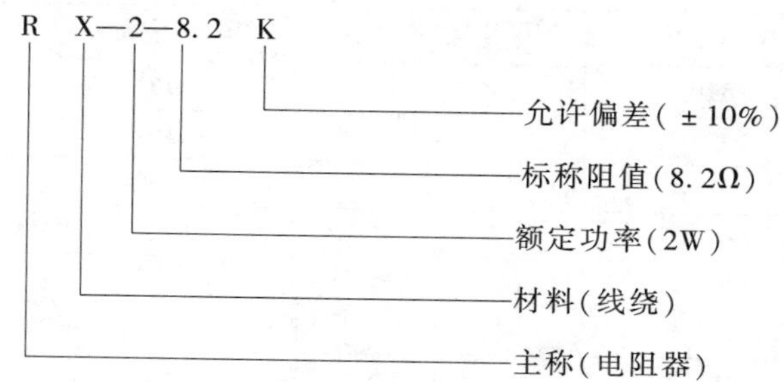

3.1.7 电阻器标志方法

为了区分和准确选用电阻器，出厂时必须在电阻器表面标明阻值、允许偏差等主要参数。电阻器标志方法有以下几种。

1. 直接标志法

直接标志法是将电阻器的阻值、额定功率、允许偏差等主要参数直接印在电阻器表面，如图 3-4 所示。

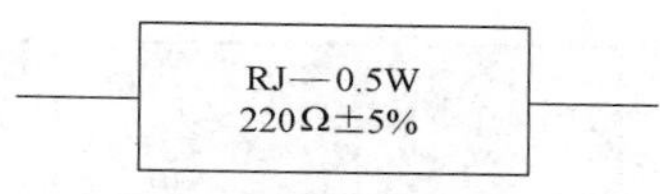

图 3-4 电阻器直接标志法

2. 文字符号法

文字符号法是将电阻器的阻值、允许偏差用数字和文字符号有规律地组合起来印在电阻器表面。其组合形式为：

整数部分+阻值单位+小数部分+允许偏差

示例：Ω33K——0.33Ω±10%（K 是允许偏差）

3K3J——3.3kΩ±5%（J 是允许偏差）

6M8K——6.8MΩ±10%（K 是允许偏差）

3. 数码标志法

数码标志法是用三位数字表示阻值大小的一种标志方法。第一、第二位数表示该电阻器阻值的有效数，第三位数表示有效数后面加“0”的个数（第三位数若为 9，则是特例，表示 10^{-1}）。

示例：101M——100Ω±20%（M 是允许偏差）

473J——47kΩ±5%（J 是允许偏差）

4. 色环标志法

色环标志法是用不同颜色的色环表示电阻器的阻值、允许偏差。色环颜色与数字对应关系见表 3-4 和表 3-5。

1）四环电阻。主要适用于普通电阻器。

2）五环电阻。主要适用于精密电阻器。

表 3-4 四环标志法

颜色	第一环有效数字	第二环有效数字	倍乘数	允许偏差
黑	0	0	10^0	—
棕	1	1	10^1	—
红	2	2	10^2	—

（续）

颜色	第一环有效数字	第二环有效数字	倍乘数	允许偏差
橙	3	3	10^3	—
黄	4	4	10^4	—
绿	5	5	10^5	—
蓝	6	6	10^6	—
紫	7	7	10^7	—
灰	8	8	10^8	—
白	9	9	10^9	—
金	—	—	10^{-1}	±5%
银	—	—	10^{-2}	±10%
无色	—	—	—	±20%

示例：$56\times10^2\Omega\pm10\%$ 电阻器。

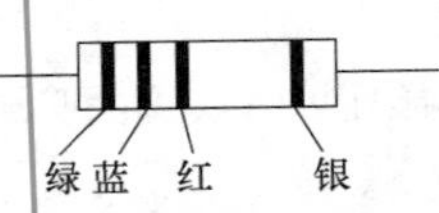

表 3-5　五环标志法

颜色	第一环有效数字	第二环有效数字	第三环有效数字	倍乘数	允许偏差
黑	0	0	0	10^0	—
棕	1	1	1	10^1	±1%
红	2	2	2	10^2	±2%
橙	3	3	3	10^3	—
黄	4	4	4	10^4	—
绿	5	5	5	10^5	±0. 5%
蓝	6	6	6	10^6	±0. 25%
紫	7	7	7	10^7	±0. 1%
灰	8	8	8	10^8	—
白	9	9	9	10^9	—
金	—	—	—	10^{-1}	±5%
银	—	—	—	10^{-2}	±10%
无色	—	—	—	—	±20%

示例：$270\times10^2\Omega\pm2\%$ 电阻器。

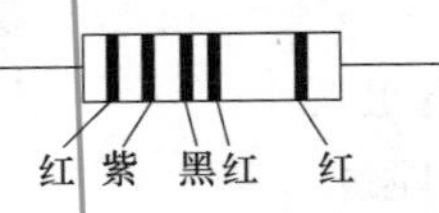

3. 1. 8　电阻器质量判别及选用

1. 质量判别

（1）外观观察　外观观察应观察电阻器是否有断裂破碎、烧焦炭黑及引脚锈断等。

（2）万用表测量　电阻器内部断路或电阻值变化从外表上看不出有任何迹象，因此只能用万用表来测量，以判断电阻器是否损坏。

（3）摇动检查 接触不良的电阻器，如果边测量边摇动，就能发现阻值不稳定，表明电阻器引脚或导电层将断未断。

2. 选用原则

（1）电阻器阻值接近电路中计算值的一个标称值，应优先选用标准阻值系列。

（2）电阻器的额定功率应为实际承受功率的1.5~2倍。

（3）精密仪器及特殊电路应选用精密电阻器。

（4）高频电路应选用分布电感和分布电容小的电阻器。

（5）高增益小信号放大电路应选用低噪声电阻器。

3.1.9 电位器

电位器是具有3个引出端，阻值可按某种变化规律调节的电阻元件，实际上是一种可变电阻器。电位器通常由电阻体和可移动的电刷组成。当电刷沿电阻体移动时，在输出端即获得与位移量成一定关系的阻值或电压。

电位器按阻值的变化规律可分为线性式（直线式）电位器、指数式电位器和对数式电位器。如图3-5所示。

1）X为线性式，阻值随旋转角度均匀变化。

2）D为对数式，阻值随旋转角度按对数关系变化。

3）Z为指数式，阻值随旋转角度按指数关系变化。

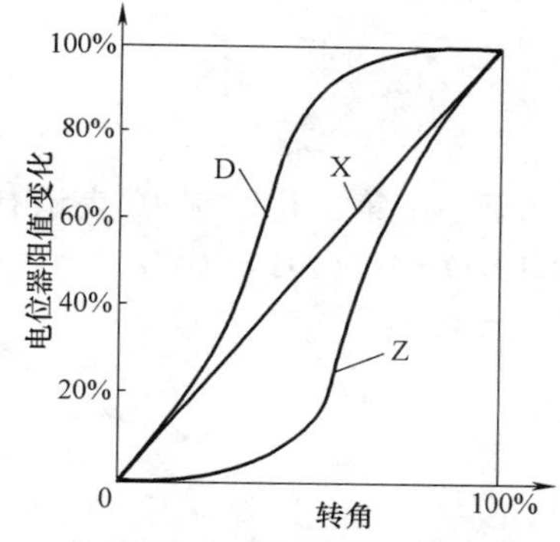

图3-5 电位器阻值与转角关系

1. 电位器质量判别

将万用表一只表笔接电位器滑动端，另一只表笔接电位器的任一固定端，缓慢旋动轴柄，观察表针是否平稳变化。当从一端旋向另一端时，阻值无跳变或抖动等现象，则说明电位器正常；若阻值为无限大或为零，或超过允许偏差范围，则说明电位器已损坏。

2. 电位器选用

1）线性式一般用于分压、分流、音调控制电路中。

2）对数式一般用于电视机、示波器的对比度和亮度调节。

3）指数式一般用于收音机、扩音机低放电路中的音量调节。

3. 数字电位器

数字电位器又称数控可编程电阻器，是一种代替传统机械电位器（模拟电位器）的新型CMOS数字、模拟混合信号处理的集成电路。数字电位器由数字输入控制，产生一个模拟量的输出。

数字电位器是一种颇具发展前景的新型电子器件，具有使用灵活、调节精度高、无触点、低噪声、不易污损、抗振动、抗干扰、体积小、寿命长等显著优点，广泛应用于仪器仪表、计算机及通信设备、家用电器、工业控制等领域。

3.1.10 片式固定电阻器

片式固定电阻器，俗称贴片电阻，是将金属粉和玻璃铀粉混合，采用丝网印刷法印在基板上制成的电阻器，是金属玻璃铀电阻器中的一种。

1. 国内贴片电阻命名方法

5%精度的命名：RS—05K102JT

1%精度的命名：RS—05K1002FT

其中，R 表示电阻；S 表示功率：0402 $\left(\frac{1}{16}\text{W}\right)$、0603 $\left(\frac{1}{10}\text{W}\right)$、0805 $\left(\frac{1}{8}\text{W}\right)$、1206 $\left(\frac{1}{4}\text{W}\right)$、1210 $\left(\frac{1}{3}\text{W}\right)$、1812 $\left(\frac{1}{2}\text{W}\right)$、2010 $\left(\frac{3}{4}\text{W}\right)$、2512（1W）；05 表示尺寸（英寸）：02（0402）、03（0603）、05（0805）、06（1206）、1210（1210）、1812（1812）、10（2010）、12（2512）；K 表示温度系数为 100ppm/℃；102 表示 5%精度阻值表示法，常规是用 3 位数来表示。1002 表示 1%精度阻值表示法，常规是用 4 位数来表示；J 表示精度为±5%；F 表示精度为±1%；T 表示编带包装。

贴片电阻阻值误差精度有±0.01%、±0.05%、±0.1%、±0.25%、±0.5%、±1%、±2%、±5%和±10%，常用的是±1%和±5%。

2. 贴片电阻阻值识别

示例 1：

第一、第二位数字 10 表示有效数字，第三位数字 3 表示倍率，即 10^3，所以 103 阻值为 $10\times10^3\Omega=10000\Omega=10\text{k}\Omega$，精度为±5%。

示例 2：

前三位数字 150 表示有效数字，第四位数字 2 表示倍率，所以 1502 阻值为 $150\times10^2\Omega=15000\Omega=15\text{k}\Omega$，精度为±1%。

示例 3：

R 所在的位置表示小数点的位置，R047 表示 0.047Ω 的电阻。

3.2 电容器

3.2.1 概述

电容器是由两块金属电极之间夹一层绝缘电介质构成。当在两金属电极间加上电压时，电极上就会存储电荷，所以电容器是储能元件，任何两个彼此绝缘又相距很近的导体，都会组成一个电容器。

电容器所带电量 Q 与电容器两极间的电压 U 的比值，叫电容器的电容量。一个电容器，如果带 1 库仑（C）的电量时，两极间的电位差是 1V，这个电容器的电容量就是 1 法拉

（F），即：$C=Q/U$。

电容量的基本单位：F（法）、mF（毫法）、μF（微法）、nF（纳法）、pF（皮法）。

电容量的换算关系：$1F=10^3mF=10^6\mu F=10^9nF=10^{12}pF$。

电容器是组成电路的基本电子元件之一，广泛应用于电路中隔直流、旁路、滤波、耦合、调谐回路等方面。

3.2.2 电容器分类

电容器种类繁多，分类方式也多种多样。

1）按其电容量能否调节可分为固定电容器、可调电容器、半可调电容器。

2）按其介质材料不同可分为有机介质电容器、无机介质电容器、电解电容器、气体介质电容器。

3.2.3 电容器外形

电容器外形如图 3-6 所示。

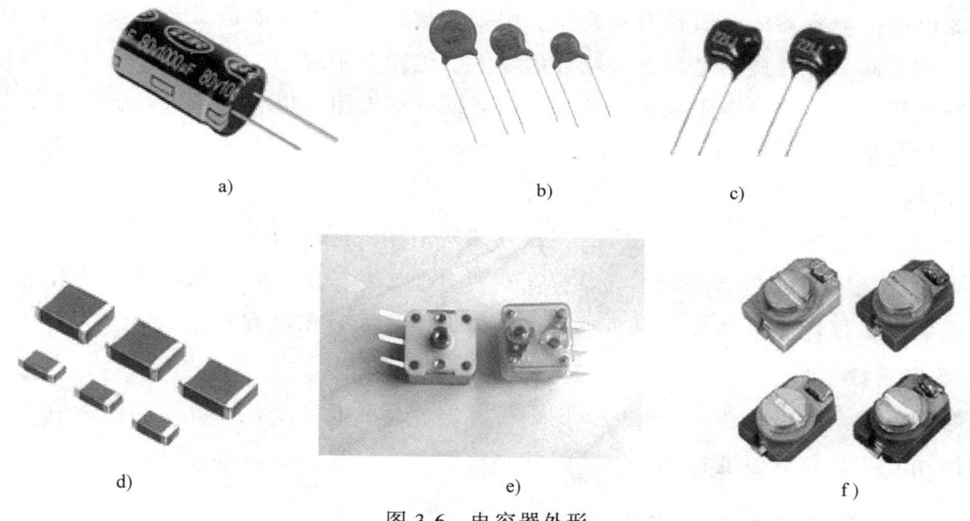

a) b) c) d) e) f)

图 3-6 电容器外形

a）电解电容 b）瓷片电容 c）云母电容 d）贴片电容 e）双联可调电容 f）可调电容

3.2.4 电容器图形符号

电容器图形符号如图 3-7 所示。

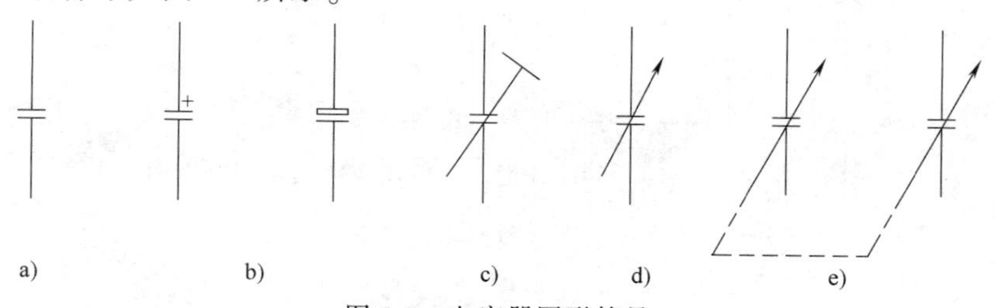

a) b) c) d) e)

图 3-7 电容器图形符号

a）电容 b）极性电容 c）半可调 d）可调 e）双联可调

3.2.5 电容器主要参数

1. 标称电容量及允许偏差

标称电容量是标志在电容器上的电容量。

电容器的实际电容量与标称电容量的允许最大偏差范围称为电容器的允许偏差，一般电容器常用Ⅰ级表示±5%、Ⅱ级表示±10%、Ⅲ级表示±20%，也可用 J、K、M 来表示允许偏差。

2. 额定工作电压

电容器在额定环境温度下连续工作而不被击穿，所能承受的最高电压称为额定工作电压（俗称耐压）。

3. 绝缘电阻

绝缘电阻的值等于加在电容器两端的电压（直流）与通过电容器的漏电电流的比值。

绝缘电阻与电容器的介质材料和面积、引线的材料和长短、制造工艺、温度和湿度等因素有关。对于同一种介质的电容器，电容量越大，绝缘电阻越小。

电容量较小时，绝缘电阻取决于电容器的表面绝缘电阻；电容量较大时，取决于电容器的介质绝缘电阻。

4. 损耗

电容器在电场作用下，在单位时间内因发热所消耗的能量叫作电容器的损耗。

电容的损耗主要由介质损耗、电导损耗和所有金属部分的电阻损耗组成，一般用损耗角正切值来表示。损耗能量越大，发热越严重，传递能量的效率也就越差。

5. 温度系数

电容的温度系数是指在一定温度范围内，其电容量受温度变化而改变的比例值。它取决于电容所用介质材料的温度特性及电容器的结构。

3.2.6 电容器型号命名及填写示例

1. 电容器型号命名

电容器型号命名由主称、材料、分类、序号 4 部分组成。

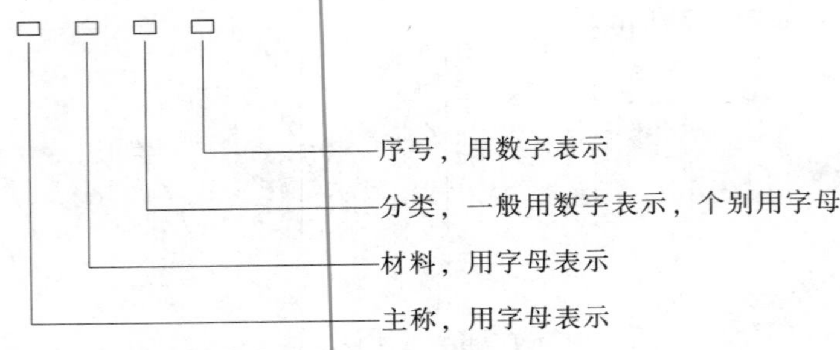

电容器型号命名和分类代号见表 3-6、表 3-7。

表 3-6 电容器型号命名

第一部分:主称		第二部分:材料		第三部分:分类	第四部分:序号
符号	含义	符号	意义		
C	电容器	C	瓷介	表 3-7	常用数字表示
		Y	云母		
		I	玻璃釉		
		B	聚苯乙烯		
		L	涤纶电容		
		Z	纸介		
		D	铝电解		
		A	钽电解		
		N	铌电解		
		T	钛电解		

表 3-7 电容器分类代号

数字或字母	瓷介电容器	云母电容器	有机介质电容器	电解电容器
1	圆形	非密封	非密封(金属箔)	箔式
2	管形(圆柱)	非密封	非密封(金属化)	箔式
3	叠片	密封	密封(金属箔)	烧结粉非固体
4	多层(独石)	独石	密封(金属化)	烧结粉固体
5	穿心	—	穿心	—
6	支柱	—	交流	交流
7	交流	标准	片式	无极性
8	高压	高压	高压	—
9	—	—	特殊	特殊
G	高功率	—	—	—

示例 1：CCG1 圆片形高功率瓷介电容器

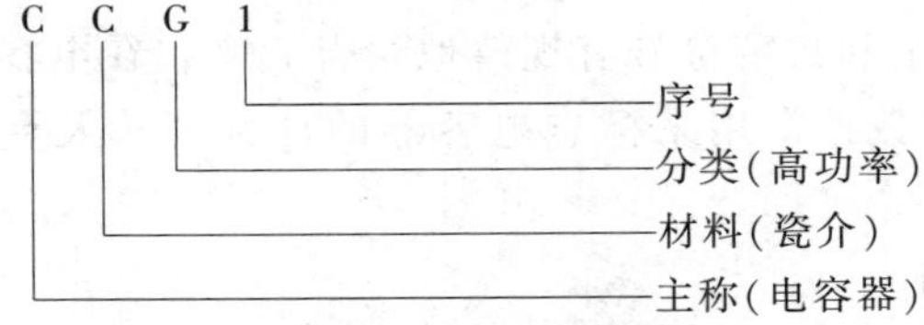

示例 2：CN11 箔式铌电解电容器

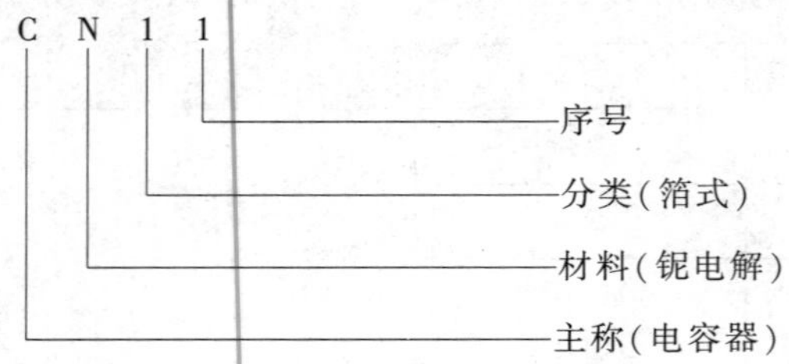

2. 电容器填写示例

在电容器生产厂的工艺单、明细表及商店标牌上，填写电容器的型号规格时，应标明电容器的类型、额定工作电压、标称容量、允许偏差级别等主要内容。

示例 1：680pF 耐压 250V 涤纶电容器

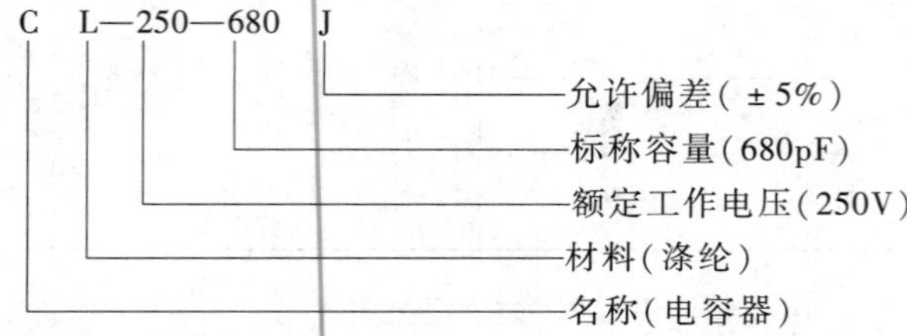

示例 2：47μF 耐压 16V 铝电解电容器

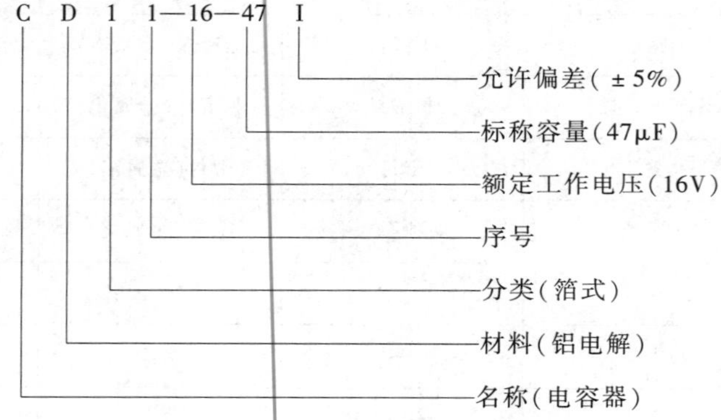

3.2.7 电容器标志方法

电容器的标志方法有直接标志法、文字符号法、数码标志法、色码标志法 4 种。

1. 直接标志法

直接标志法是在电容器表面上直接标出电容器主要参数的一种标志方法，对某些体积小的电容器，有时只标出电容量及允许工作电压，如图 3-8 所示。

2. 文字符号法

文字符号法就是将文字和数字符号有规律地组合起来，在电容器表面上标志出主要特性参数，常用来标志电容器的标称容量及允许偏差。

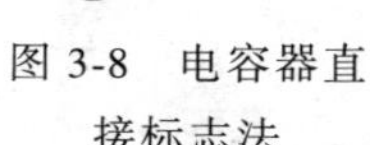

图 3-8 电容器直接标志法

示例：P68——0. 68pF

3P3——3. 3pF

4n7——4700pF

4μ7——4.7μF

2m2——2200μF

3. 数码标志法

数码标志法是用3位数字表示电容量的大小，其单位为pF。第1、2位表示电容器容量值的有效数字，第3位表示倍乘数，即有效数字后面“0”的个数（第3位数若为9，则是特例，表示10^{-1}），如图3-9所示。

示例：100J——10pF±5%

101K——100pF±10%

223J——22000pF±5%

333K——33000pF±10%

479M——4.7pF±20%

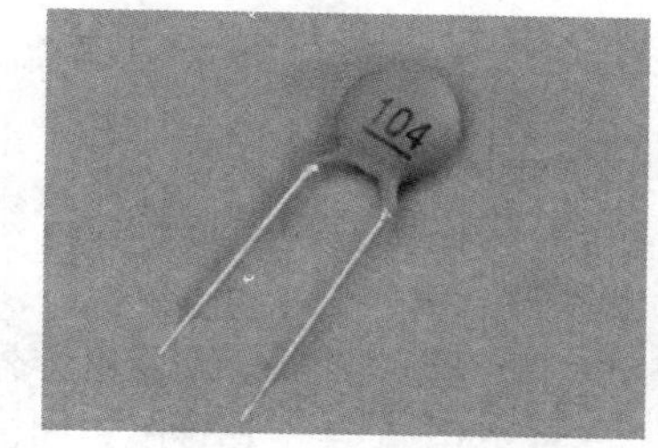

图3-9 电容器数码标志法

4. 色码标志法

色码标志法是用不同颜色的色带或色点，按规定的方法在电容器表面上标志出其主要参数的标志方法，如图3-10所示。

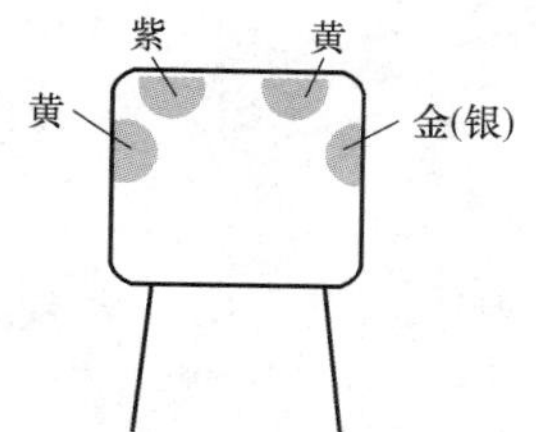

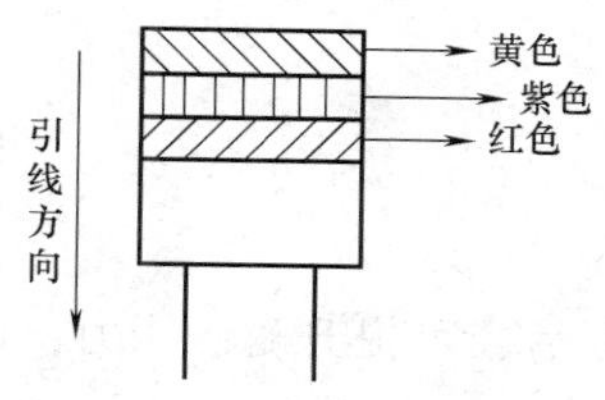

图3-10 电容器色码标志法

3.2.8 电容器质量判别及选用

1. 电容器质量判别

（1）固定电容器 对电容量大于5000pF的电容器，用万用表测量，红、黑表笔接通瞬间，万用表的指针向右微小摆动，然后回到无穷大处。调换表笔再次测量，指针又重复上述过程，则可以判断该电容器正常。

（2）电解电容器 万用表的红表笔接的电容器的负极，黑表笔接的电容器的正极。在接通的瞬间，万用表指针应向右偏转较大角度，然后逐渐向左返回，直到停在某一位置，此时的阻值便是电解电容的正向绝缘电阻，一般应在几百千欧以上。调换表笔测量，指针重复上述现象，最后指示的阻值是电解电容的反向绝缘电阻，应略小于正向绝缘电阻。

1）正接漏电小⟶阻值大⟶黑表笔接正极，红表笔接负极。

2）反接漏电大⟶阻值小⟶黑表笔接负极，红表笔接正极。

（3）可调电容器 可调电容器旋动时应感觉圆滑，没有松紧现象。用万用表测量动、定片间电阻时，表针应不动。

2. 电容器选用原则

1）一般级间耦合应选用纸介电容器、涤纶电容器、铝电解电容器。

2）电源滤波、低频旁路应选用铝电解、钽电解电容器。

3）高频电路应选用瓷介、云母、聚苯乙烯、玻璃釉电容器。

4）调谐回路应选用可调电容器。

5）收音机输入、本振、中频回路应选用高频特性好、温度系数小的电容器。

3. 电容器代用原则

1）代用电容器额定电压必须高于或等于原电容器额定电压，或高于实际电路工作电压。

2）代用电容器标称值可比原电容器标称值有±10%浮动，但对于有些电路，电容器代换时必须按原标称值。

3）代用电容器频率特征必须符合实际电路频率条件，或用高频特征电容器代换低频特征电容器。

4）云母电容器、瓷介电容器可代换纸介电容器。

5）可用两只以上耐压相同的电容器并联代替一只电容器，见式（3-1）。

$$C_{并}=C_1+C_2+\cdots+C_n \tag{3-1}$$

电容器并联后，可提升电容量，但不能提升耐压能力。

6）可用两只以上电容器串联代替一只电容器，见式（3-2）。

$$C_{串}=\frac{1}{\frac{1}{C_1}+\frac{1}{C_2}+\cdots+\frac{1}{C_n}} \tag{3-2}$$

电容器串联后，可提升耐压能力，但电容量要减小。

3.2.9 可调电容器

可调电容器是一种电容量可以在一定范围内调节的电容器，通过改变极片间相对的有效面积或片间距离，它的电容量就相应地变化。

1. 可调电容器分类

可调电容器按其使用的介质材料可分为：空气介质可调电容器和固体介质可调电容器。

（1）空气介质可调电容器　其电极由两组金属片组成。两组电极中固定不变的一组为定片，能转动的一组为动片，动片与定片之间以空气作为介质。当转动空气介质可调电容器的动片使之全部旋进定片之间时，其电容量最大；反之，将动片全部旋出定片之间时，电容量最小。

（2）固体介质可调电容器　其动片与定片（动、定片均为不规则的半圆形金属片）之间加云母片或塑料（聚苯乙烯等材料）薄膜作为介质，外壳为透明塑料。双联可调电容器（有两组动片、定片及介质，可同轴同步旋转）用于晶体管收音机中。

2. 可调电容器检测

1）用手轻轻旋动转轴，应感觉十分平滑，不应感觉有时松时紧甚至有卡滞的现象。

2）用一只手旋动转轴，另一只手轻摸动片组的外缘，不应感觉有任何松脱现象。

3）将万用表置于 R×10k 档，两表笔分别接可调电容器的动片和定片的引出端，缓缓旋动转轴几个来回，万用表指针都应在无穷大位置不动。在旋动转轴的过程中，如果指针有时指向零，说明动片和定片之间存在短路点；如果碰到某一角度，万用表读数不为无穷大而是出现一定阻值，说明动片与定片之间漏电。

3.2.10 片式电容

片式电容全称为：多层（积层，叠层）片式陶瓷电容器，也称为贴片电容、片容。

1. 贴片电容命名

贴片电容命名所包含的参数有贴片电容的尺寸和所用的材质、要求达到的精度、电压、容量，以及对端头和包装的要求。

示例：0805CG102J500NT

0805是指贴片电容的尺寸大小，08表示长度是0.08in，05表示宽度为0.05in。

CG是表示这种电容所用的材质，这个材质一般适合10000pF以下的电容。

102是指电容容量，前面两位是有效数字，第三位数字2表示倍率，$102=10\times10^2$pF，即1000pF。

J是指贴片电容的容量误差精度为±5%。

500是指电容承受的耐压为50V。前面两位是有效数字，后面是指有多少个0。

N是指端头材料，现在一般的端头都是指3层电极（银/铜层、镍、锡）。

T表示编带包装。

2. 贴片电容尺寸表示方法

贴片电容有两种尺寸表示方法，一种以英寸（in）为单位来表示，另一种以毫米（mm）为单位来表示。贴片电容的系列型号有0402、0603、0805、1206、1210、1808、1812、2010、2225、2512，这些是英寸（in）表示法，04表示长度是0.04in，02表示宽度是0.02in。

3. 贴片电容容值识别

贴片电容的容值并没有直接标在电容的表面，而是标在了包装的上面，贴片电容的表面什么都没有（这也是区分贴片电阻和贴片电容的一种方法）。但是其读法和贴片电阻一样，只是单位不一样而已。

例：$104=10\times10^4$pF$=100000$pF $=100$nF $=0.1\mu$F

4. 贴片电容封装

贴片电容可分为无极性和有极性两类。无极性电容下述两类型号最为常见，即0805、0603；有极性电容也就是平时所称的电解电容，常见的为铝电解电容，但是由于其电解质为铝，所以温度稳定性以及精度都不是很高，而贴片元件由于其紧贴电路板，温度稳定性要求高，所以贴片电容以钽电容为多。

3.3 电感器

3.3.1 概述

电感器是能够把电能转化为磁能而存储起来的元件，用符号L表示。

电感器一般由骨架、绕组、屏蔽罩、封装材料、磁心或铁心等组成。

用导线绕成一匝或多匝以产生一定自感量的电子元件，常称电感线圈或简称线圈。电感器的结构类似于变压器，但只有一个绕组。电感器在电子电路中应用广泛，是实现振荡、调谐、耦合、滤波、延迟、偏转的主要元件之一。

电感量的基本单位：H(亨利)、mH(毫亨)、μH(微亨)。

电感量的换算关系：$1\text{H}=10^3\text{mH}=10^6\mu\text{H}$。

3.3.2 电感器分类

1）按其电感量能否调节可分为固定电感器、可调电感器和微调电感器。

2）按导磁体性质分类可分为空心线圈、铁氧体线圈、铁心线圈和铜心线圈。

3）按工作性质分类可分为天线线圈、振荡线圈、扼流线圈、陷波线圈和偏转线圈。

4）按绕线结构分类可分为单层线圈、多层线圈和蜂房式线圈。

3.3.3 电感器外形

电感器外形如图 3-11 所示。

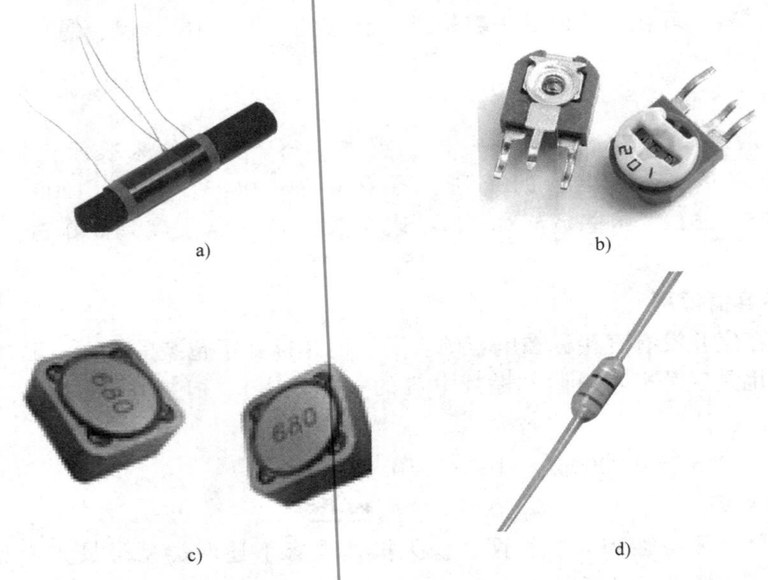

a)　b)　c)　d)

图 3-11　电感器外形

a）天线线圈　b）可调电感器　c）贴片电感器　d）色码电感器

3.3.4 电感器图形符号

电感器图形符号如图 3-12 所示。

3.3.5 电感器主要参数

1. 标称电感量

电感器上标注的电感量大小，表示线圈本身固有特性，与电流大小无关，反映电感线圈存储磁场能的能力，也反映电感器通过变化电流时产生感应电动势的能力。电感量的大小，主要取决于线圈的圈数（匝数）、绕制方式、有无磁心及磁心的材料等。通常线圈圈数越多、绕制的线圈越密集，电感量就越大；有磁心的线圈比无磁心的线圈电感量大；磁心磁导率越大的线圈，电感量也越大。

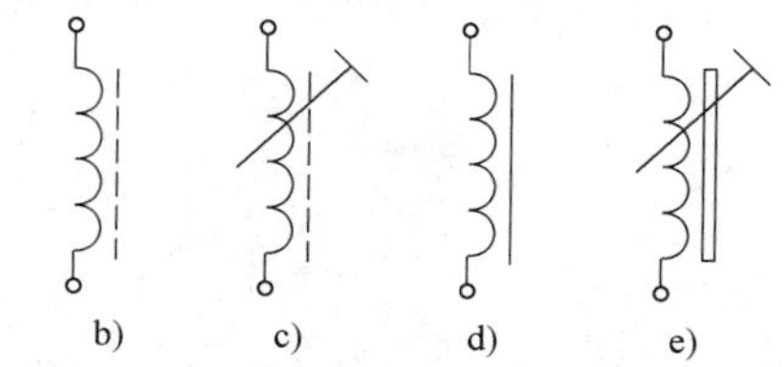

图 3-12 电感器图形符号
a）空心 b）磁心 c）磁心可调
d）铁心 e）铜心可调

2. 允许误差

电感的实际电感量相对于标称值的最大允许偏差范围称为允许误差。

一般用于振荡或滤波等电路中的电感器要求精度较高，允许偏差为±0.2%～±0.5%；而用于耦合、高频等线圈的精度要求不高，允许偏差为±10%～±15%。

3. 品质因数

品质因数是衡量电感器件的主要参数。是指电感器在某一频率的交流电压下工作时，所呈现的感抗与其等效损耗电阻之比，即 $Q=\omega L/R=1/(\omega RC)$。电感器的 Q 值越高，其损耗越小，效率越高。

4. 额定电流

额定电流是指电感器在允许的工作环境下能承受的最大电流值。若工作电流超过额定电流，则电感器就会因发热而使性能参数发生改变，甚至还会因过电流而烧毁。

5. 分布电容

分布电容是指线圈的匝与匝之间、线圈与磁心（或线心）及其他金属之间、线圈与地之间都存在的电容。电感器的分布电容越小，其稳定性越好。

3.3.6 电感器型号命名

电感器型号命名由主称、特征、型号、区别代号 4 部分组成。

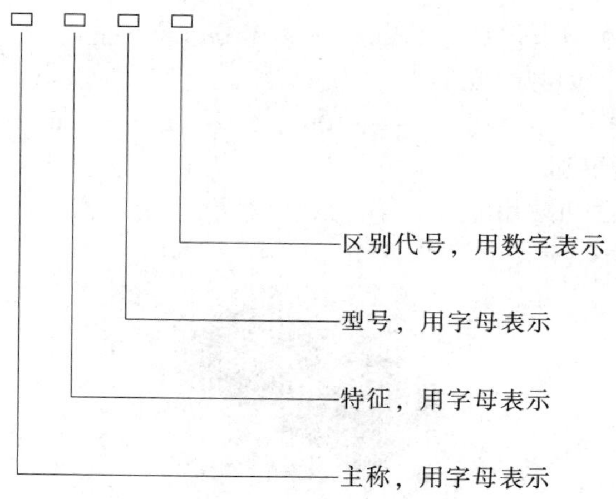

示例：LGX1 小型高频电感线圈

3.3.7 电感器标志方法

电感器的标志方法与电容器的标志方法相同。

3.3.8 电感器质量判别及注意事项

对于电感线圈匝数较多，线径较细的线圈，匝数会达到几十到几百，通常情况下线圈的直流电阻只有几欧姆或更小。损坏表现为发烫或电感磁环明显损坏，若电感线圈不是严重损坏，而又无法确定时，可用电感表测量其电感量或用替换法来判断。

电感类元件，其铁心与线圈容易因温升效果产生电感量变化，需注意其本体温度必须在使用规格范围内。

电感器的线圈，在电流通过后就形成电磁场。在元件位置摆放时，需注意使相邻的电感器彼此远离，或线圈组互成直角，以减少相互间的感应量。

电感器各层线圈间，尤其是多圈细线，也会产生间隙电容量，造成高频信号旁路，降低电感器的实际滤波效果。

用仪表测试电感值与 Q 值时，为求数据正确，测试引线应尽量接近被测电感元件。

3.3.9 贴片电感

贴片电感又称为功率电感、大电流电感和表面贴装高功率电感。

一般电子电路中的电感是空心线圈，或带有磁心的线圈，只能通过较小的电流。而功率电感主要特点是用粗导线绕制，可承受较大电流。

1. 贴片电感命名

贴片电感生产厂家不同，其命名方法也有所不同。

示例：CDRH125—221M

CDRH 为产品系列型号。

125 为产品尺寸，12 表示直径为 12mm，5 表示高度为 5mm。

221 为产品电感量，221 为 220μH。

M 为电感值误差，J——±5%，K——±10%，L——±15%，M——±20%，N——±30%。

2. 贴片电感电感量识别

贴片电感电感量读法和贴片电阻一样，只是单位不同。

示例：

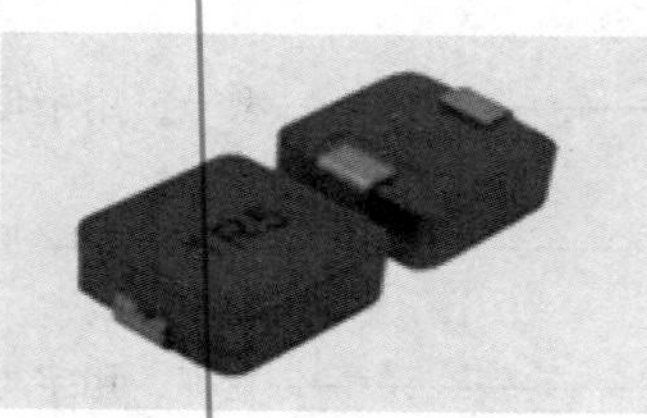

R 所在的位置表示小数点的位置，1R5 表示电感量为 1.5μH。

3.4 电声器件

3.4.1 概述

电声器件是指利用电磁感应、静电感应或压电效应等来完成电能和声能相互转换的器件。

3.4.2 电声器件型号命名

电声器件型号命名由主称、分类、特征和序号 4 部分组成。

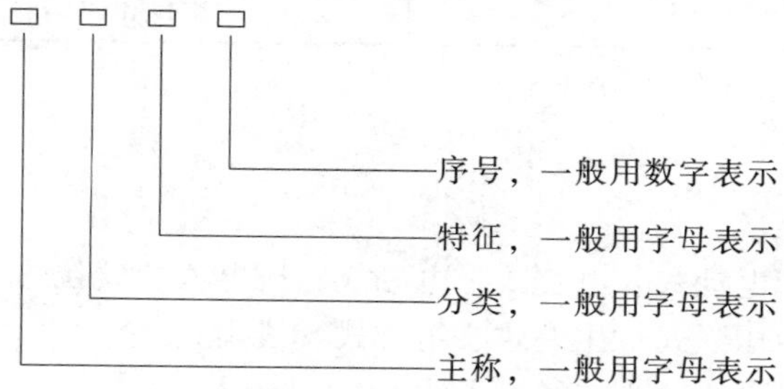

电声器件主称部分代号见表 3-8。

表 3-8 电声器件主称部分代号

主称	代号	主称	代号
扬声器	Y	两用换能器	H
传声器	C	(扬声器)声柱	YZ
耳机	E	扬声器系统	YX
送话器	O	复合扬声器	YF
受话器	SN	号筒式组合扬声器	HZ
送话器组	N		

电声器件分类部分代号见表 3-9。

表 3-9 电声器件分类部分代号

分类	代号	分类	代号
电磁式	C	电容式(静电式)	R
动圈式(电动式)	D	驻极体式	Z
带式	A	碳粒式	T
等电动式	E	气流式	Q
压电式	Y		

电声器件特征 1 和特征 2 代号见表 3-10 所示。

表 3-10　电声器件特征 1 和特征 2 代号

特征 1	代号	特征 2	代号
号筒式	H	高频	G
椭圆式	T	中频	Z
球顶式	Q	低频	D
接触式	J	立体声	L
气导式	I	抗器声	K
耳塞式	S	测试用	C
耳挂式	G	飞行用	F
听诊式	Z	坦克用	T
头戴式	D	舰艇用	J
手持式	C	炮兵用	P

3.4.3　电声器件分类

1. 传声器

1）按换能原理分为电动式、电容式、电磁式、压电式、碳粒式、半导体式。

2）按声场作用分为压强式、压差式、组合式、线列式。

3）按电信号的传输方式分为有线、无线。

4）按用途分为测量、人声、乐器、录音。

5）按指向性分为心型、锐心型、超心型、双向、无指向。

2. 拾音器

1）电磁式。可变磁组式、动圈式。

2）压电式。晶体式、陶瓷式。

3）感光式。激光式。

3. 扬声器

1）按换能原理分为电动式、静电式、电磁式、压电式。

2）按声辐射材料分为纸盆式、号筒式、膜片式。

3）按纸盆形状分为圆形、椭圆形、双纸盆和橡皮折环。

4）按工作频率分为低音、中音、高音。

5）按音圈阻抗分为低阻抗和高阻抗。

6）按效果分为直辐和环境声。

3.4.4　电声器件外形

电声器件外形如图 3-13 所示。

3.4.5　电声器件图形符号

传声器图形符号如图 3-14 所示。拾音器图形符号如图 3-15 所示。扬声器图形符号如图 3-16 所示。耳机图形符号如图 3-17 所示。

a) b) c) d)

e) f) g) h)

i) j)

图 3-13 电声器件外形图

a）动圈式拾音器 b）电容式拾音器 c）驻极体拾音器 d）拾音器 e）激光拾音器 f）数字拾音器 g）动圈式扬声器 h）号筒式扬声器 i）耳机 j）头戴式耳机

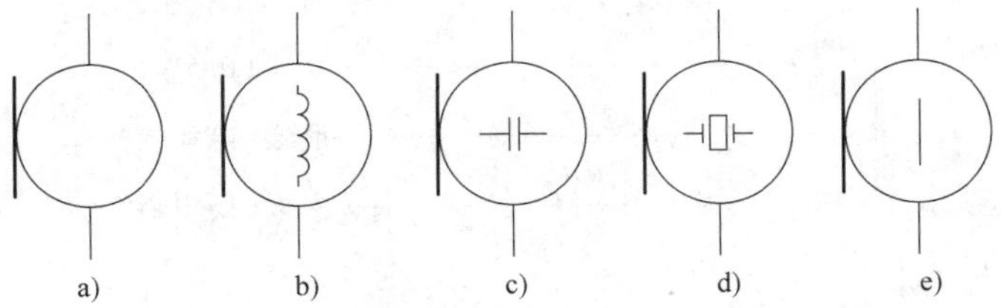

图 3-14 传声器图形符号

a）一般符号 b）动圈式 c）电容式 d）晶体式 e）铝带式

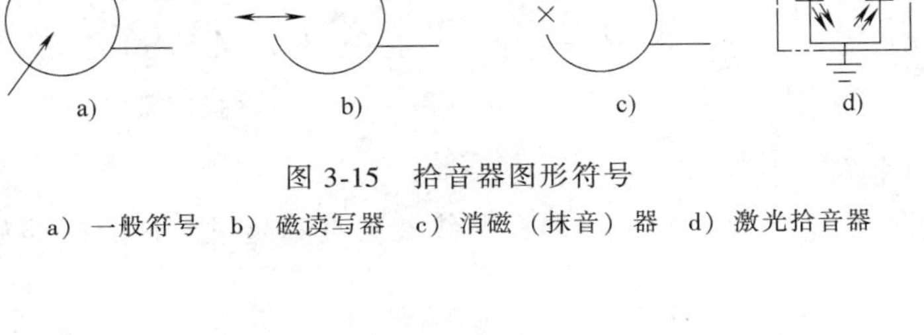

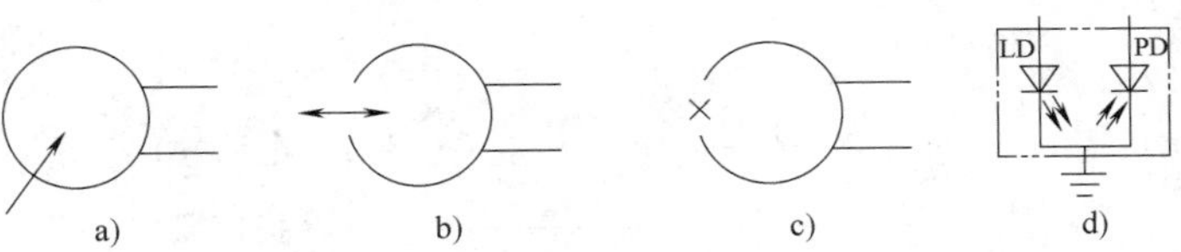

图 3-15 拾音器图形符号

a）一般符号 b）磁读写器 c）消磁（抹音）器 d）激光拾音器

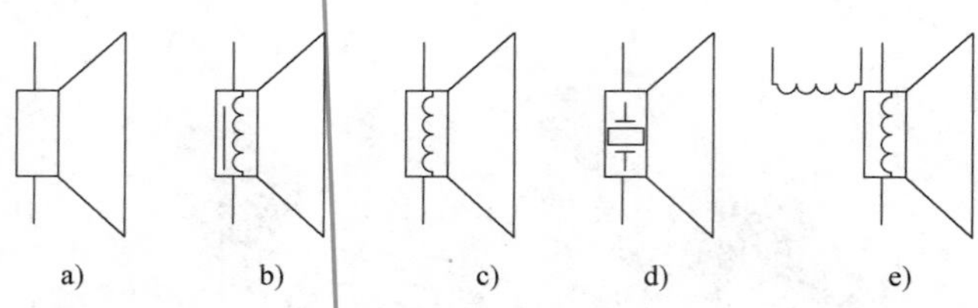

图 3-16　扬声器图形符号

a）一般符号　b）舌簧式　c）动圈式　d）晶体式　e）励磁动圈式

3.4.6　扬声器

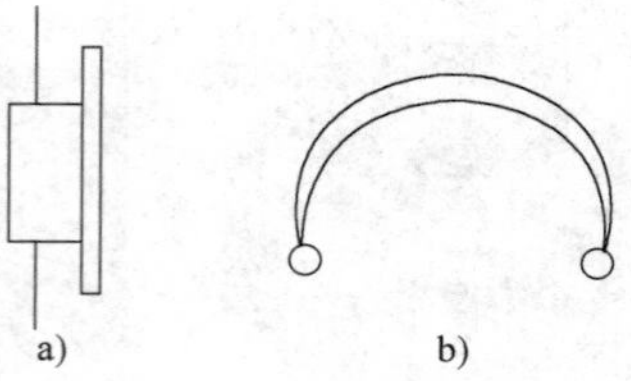

图 3-17　耳机图形符号

a）一般符号　b）头戴式

扬声器又称喇叭，是把声频电信号转换为声波的电声换能器，扬声器有电动式、电磁式、压电式多种。

1. 扬声器型号命名

扬声器型号命名由主称、形式、标称功率或口径、序号4部分组成。

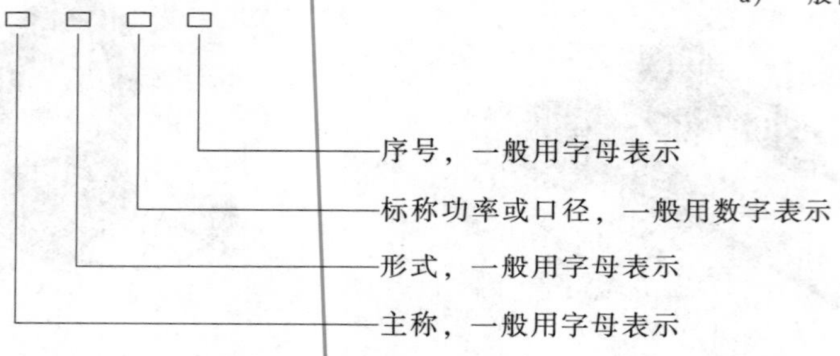

示例 1：

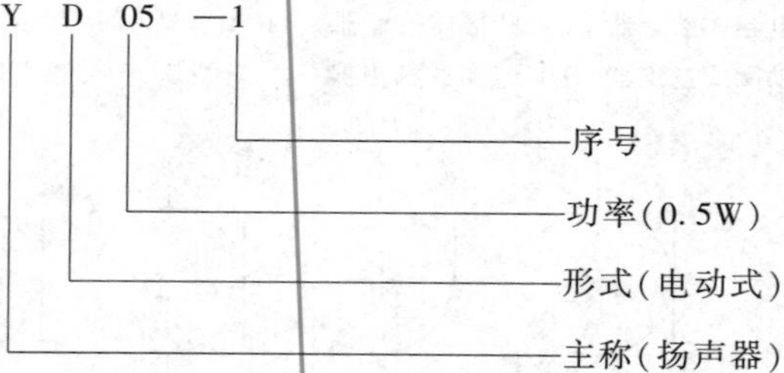

示例 2：

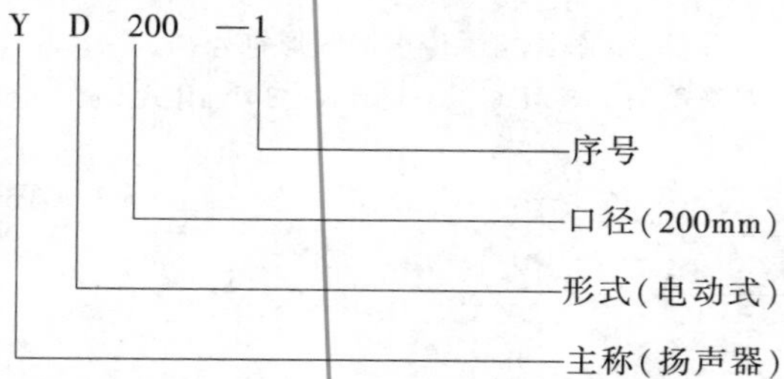

2. 扬声器性能指标

(1) 额定功率　额定功率是指扬声器在非线性失真不超过允许的标准范围内的最大输入

功率，在扬声器的商标、技术说明书上标注的功率即为该功率值。最大功率是指扬声器在某一瞬间所能承受的峰值功率，为保证扬声器工作的可靠性，要求扬声器的最大功率为标称功率的 2~3 倍。

(2) 阻抗　阻抗是指扬声器在工作时所呈现的阻抗，它随着输入信号的频率而变化。扬声器上标明的阻抗是在频率为 400Hz 时测得的阻抗值，一般是音圈直流电阻的 1.2~1.5 倍。动圈式扬声器常见的阻抗有 4Ω、8Ω、16Ω、32Ω 等。

(3) 灵敏度　灵敏度是指输入扬声器的功率为 1W 时，在轴向 1m 处测出的平均声压。

(4) 频率响应　频率响应是指在振幅允许的范围内音响系统能够重放的频率范围，以及在此范围内信号的变化量。理想的扬声器频率响应为 20Hz~20kHz，这样就能把全部音频均匀地重放出来。然而这是做不到的，每一只扬声器只能较好地重放音频的某一部分。

(5) 失真　扬声器不能把原来的声音逼真地重放出来的现象叫失真。失真有两种：频率失真和非线性失真。频率失真是由于对某些频率的信号放音较强，而对另一些频率的信号放音较弱造成的，失真破坏了原来高低音响度的比例，改变了原声音色。而非线性失真是由于扬声器振动系统的振动和信号的波动不完全一致造成的，在输出的声波中增加一新的频率成分。

(6) 指向特性　指向特性用来表征扬声器在空间各方向辐射的声压分布特性，频率越高指向性越弱，纸盆越大指向性越强。

3.5 变压器

3.5.1 概述

变压器是利用电磁感应原理来改变交流电压的器件，主要功能有：电压变换、电流变换、阻抗变换、隔离、稳压（磁饱和变压器）等。

变压器由铁心（或磁心）和绕组组成，绕组有两个或两个以上，其中接电源的绕组叫一次绕组，其余的绕组叫二次绕组。当变压器一次绕组施加交流电压 U_1，流过一次绕组的电流为 I_1，则该电流在铁心中会产生交变磁通，使一次绕组和二次绕组发生电磁联系，根据电磁感应原理，交变磁通穿过这两个绕组就会感应出电动势，其大小与绕组匝数以及主磁通的最大值成正比，绕组匝数多的一侧电压高，绕组匝数少的一侧电压低，如图 3-18 所示。

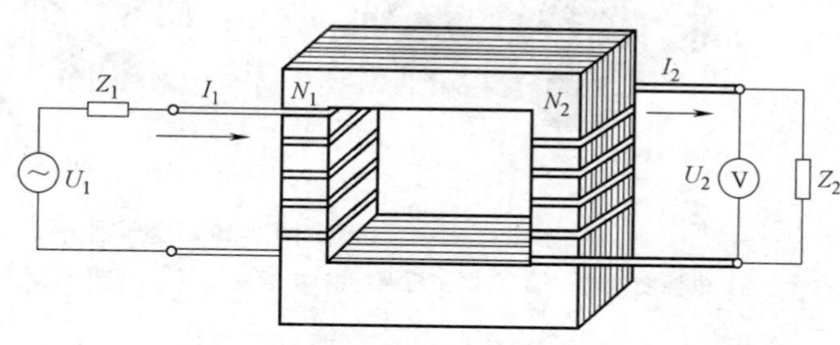

图 3-18　变压器工作原理图

3.5.2 变压器分类

变压器种类很多，可按以下方式进行分类。

(1) 按冷却方式分　可分为干式（自冷）变压器、油浸（自冷）变压器、氟化物（蒸发冷却）变压器。

（2）按防潮方式分　可分为开放式变压器、灌封式变压器、密封式变压器。

（3）按铁心或线圈结构分　可分为心式变压器（插片铁心、C 形铁心、铁氧体铁心）、壳式变压器、环形变压器、金属箔变压器。

（4）按电源相数分　可分为单相变压器、三相变压器、多相变压器。

（5）按用途分　可分为电源变压器、调压变压器、音频变压器、中频变压器、高频变压器、脉冲变压器。

常见的高频变压器有半导体收音机中的天线线圈、电视接收机中的天线阻抗变换器等；中频变压器在半导体收音机、电视接收机中都有应用；低频变压器则包括输入变压器、输出变压器、级间耦合变压器。

电源变压器是一种软磁电磁元件，功能是功率传送、电压变换和绝缘隔离，在电源技术和电力电子技术中得到广泛的应用。

3.5.3　变压器外形

变压器外形如图 3-19 所示。

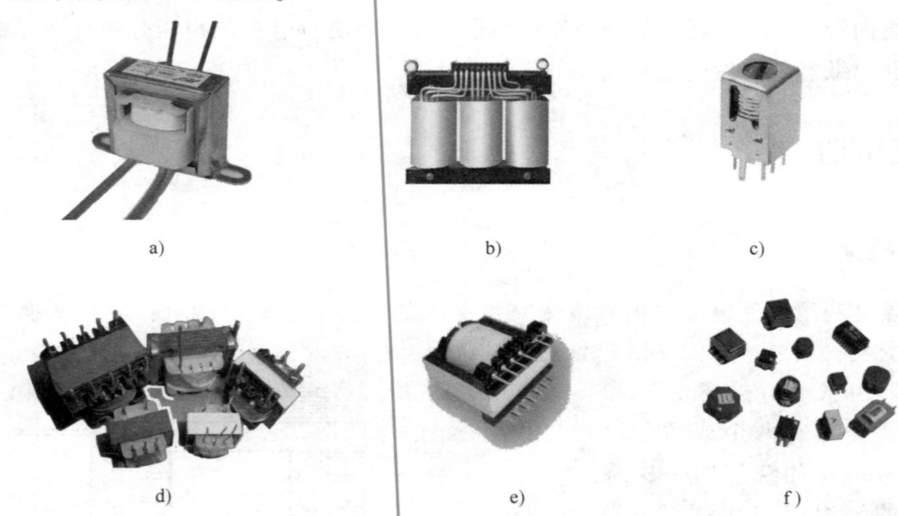

图 3-19　变压器外形

a）电源变压器　b）自耦变压器　c）中频变压器　d）音频变压器　e）高频变压器　f）贴片变压器

3.5.4　变压器图形符号

变压器图形符号如图 3-20 所示。

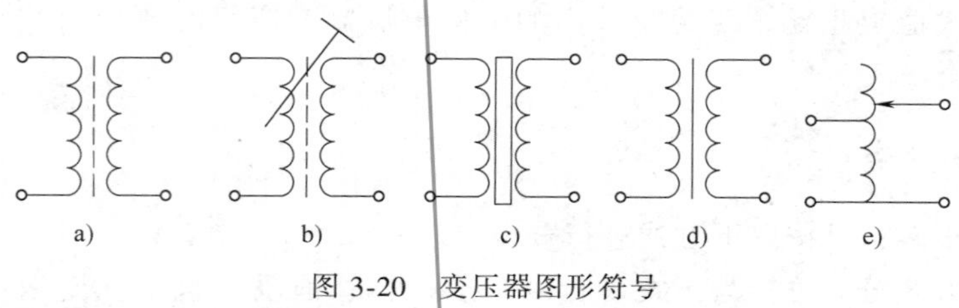

图 3-20　变压器图形符号

a）磁心　b）磁心可调　c）铜心　d）铁心　e）自耦

3.5.5 变压器主要技术参数

对不同类型的变压器都有相应的技术要求，可用相应的技术参数表示。如电源变压器的主要技术参数有：额定功率、额定电压和电压比、额定频率、工作温度等级、温升、电压调整率、绝缘性能和防潮性能。对于一般低频变压器的主要技术参数有：电压比、频率特性、非线性失真、磁屏蔽和静电屏蔽、效率等。

1. 电压比

变压器有两组绕组，匝数分别为 N_1 和 N_2，N_1 为一次绕组，N_2 为二次绕组。在一次绕组上加一交流电压，在二次绕组两端就会产生感应电动势，变压比就是指一次绕组与二次绕组之间的电压比，用 k 表示，即 $k=U_1/U_2=N_1/N_2$。

当 $k>1$ 时，则 $N_1>N_2$、$U_1>U_2$，其感应电动势要比一次绕组所加的电压低，这种变压器称为降压变压器；当 $k_1<1$ 时，则 $N_1<N_2$、$U_1<U_2$，其感应电动势要比一次绕组所加的电压还要高，这种变压器称为升压变压器；当 $k=1$ 时，则 $N_1=N_2$、$U_1=U_2$，这种变压器称为耦合变压器（即隔离变压器）。

2. 变压器的效率

在额定负载时，变压器的输出功率和输入功率的比值，称为变压器的效率，见式（3-3）。

$$\eta=\frac{P_2}{P_1}\times 100\% \tag{3-3}$$

式中，η 为变压器的效率；P_1 为输入功率；P_2 为输出功率。

当 $P_2=P_1$ 时，$\eta=100\%$，变压器将不产生任何损耗。但实际上这种变压器是没有的，变压器传输电能时总要产生损耗，这种损耗主要有铜损和铁损。铜损是指变压器绕组电阻所引起的损耗，当电流通过绕组电阻发热时，一部分电能就转变为热能而损耗，由于绕组一般都由带绝缘的铜线缠绕而成，因此称为铜损。

变压器的铁损包括两个方面：①磁滞损耗，当交流电流通过变压器时，通过变压器铁心磁力线的方向和大小随之变化，使得铁心内部分子相互摩擦，放出热能，从而损耗了一部分电能，这便是磁滞损耗。②涡流损耗，当变压器工作时，铁心中有磁力线穿过，在与磁力线垂直的平面上就会产生感应电流，由于此电流自成闭合回路形成环流，且成旋涡状，故称为涡流。涡流的存在使铁心发热，消耗能量，这种损耗称为涡流损耗，为了减少铁损，变压器铁心应由高导磁率的材料制成。

变压器的效率与变压器的功率等级有密切关系，通常功率越大，损耗与输出功率比就越小，效率也就越高。反之，功率越小，效率也就越低。

变压器的效率还与负载有关，同一台变压器在不同负载下的效率也不同，一般在40%~60%额定负载时效率最高，轻载时效率很低，因此应合理选用变压器的容量，避免长期轻载或空载运行。

3. 频率特性

频率特性是指变压器有一定工作频率范围，不同工作频率范围的变压器，一般不能互换使用。因为变压器在其频率范围以外工作时，会出现温度升高或不能正常工作等现象。

4. 额定功率

额定功率是指变压器在规定的工作频率和电压下，能长期工作而不超过规定温升时的输出功率。

5. 额定电压

额定电压是指在变压器的绕组上所允许施加的电压，工作时不得高于规定值。

6. 空载电流

变压器二次侧开路时，仍有一定的电流，这部分电流称为空载电流。空载电流由磁化电流（产生磁通）和铁损电流（由铁心损耗引起）组成。

7. 空载损耗

变压器二次侧开路时，在一次侧测得功率损耗。主要损耗是铁心损耗，其次是空载电流在一次绕组直流电阻上产生的损耗（铜损）。

8. 绝缘电阻

绝缘电阻表示变压器各绕组之间、各绕组与铁心之间的绝缘性能。绝缘电阻的高低与使用的绝缘材料性能、温度和潮湿程度有关。

3.5.6 变压器型号命名

变压器型号命名由主称、功率、序号 3 部分组成。

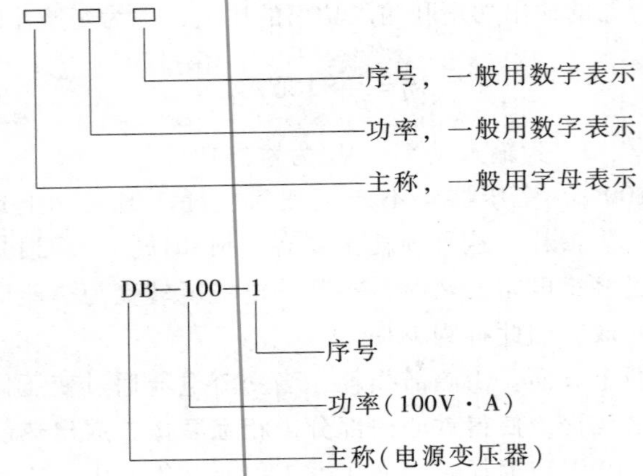

3.5.7 电源变压器

电子设备用交流电作为电源时，通常用变压器将市电电压变换为各种不同的电压，以供整流电路去转换成直流电压或直接给负载作为电源。

根据传送功率的大小，电源变压器可以分为几档：10kV · A 以上为大功率；10~0.5kV · A 为中功率；0.5kV · A~25V · A 为小功率；25V · A 以下为微功率。

3.5.8 低频变压器

低频变压器用来传送信号电压和信号功率，还可实现电路之间的阻抗匹配，对直流电具有隔离作用。

低频变压器按用途可分为级间耦合变压器、输入变压器和输出变压器，外形与电源变压器相似。

低频变压器与电源变压器的区别主要是：低频变压器的输入信号电压不为固定值，信号电压的幅度通常有较大的变化；输入信号的频率也不单一，有很宽的工作频带；不少低频变压器在传送信号的同时还有直流磁化电流流过。因此，选用低频变压器时，应着重考虑在工作频率范围内保证阻抗匹配，以获得最大的输出功率和最小失真。

3.5.9 中频变压器

中频变压器（又称中周变压器）不仅具有一般变压器变换电压、电流及阻抗的特性，还具有谐振于某一固定频率的特性，在超外差式收音机中起选频和耦合的作用，这在很大程度上决定了灵敏度、选择性、通频带等指标。其谐振频率（中频工作频率）在调幅收音机中为465kHz，在调频收音机中为10.7MHz，适用频率范围从几kHz到几十MHz。

中频变压器一般与电容搭配，组成调谐回路，中频变压器分成单调谐和双调谐两种。只有一次绕组和电容组成一个调谐回路的叫单调谐中频变压器，如果调谐回路之间用电容或电感耦合的叫双调谐中频变压器。收音机中的中频变压器大多是单调谐式，结构较简单，占用空间较小。

中频变压器一般采用工字形或螺纹调杆形结构，下有引出脚，上有调节孔。一、二次绕组的线圈绕在磁心上，磁帽罩在磁心外面，磁帽上有螺纹，能在尼龙支架上旋转，整个结构装在金属屏蔽罩中。调节磁帽和磁心的间隙可以改变线圈电感量。具有 Q 值高、体积小等特点。

3.5.10 高频变压器

高频变压器与低频变压器的原理没有区别，但由于两者频率不同，变压器所用的铁心也不同。低频变压器一般用高磁导率的硅钢片，高频变压器则用高频铁氧体磁心，如收音机天线线圈。

3.6 半导体器件

3.6.1 概述

半导体是指常温下导电性能介于导体与绝缘体之间的材料，或者指电阻率介于导体与绝缘体之间的物质。常见的半导体材料有硅、锗、砷化镓等。导体的电阻率很小，为 10^{-6} ~ $10^{-3}\Omega\cdot cm$，绝缘体的电阻率很大，为 10^{6} ~ $10^{18}\Omega\cdot cm$，而半导体的电阻率为 10^{-5} ~ $10^{7}\Omega\cdot cm$。温度升高时电阻率指数则减小。半导体除了在导电性能上和导体与绝缘体有所区别外，还具有一些特殊性质，如利用半导体电阻率与温度的关系可制成热敏元件；利用半导体光敏特性可制成光敏元件；如果在纯净的半导体物质中适当地掺入微量杂质，其导电能力将会成百万倍地增加，利用这一特性可制成各种不同用途的半导体器件，如半导体二极管、晶体管等。

3.6.2 P型和N型半导体

1. 本征半导体

本征半导体是指完全不含杂质且无晶格缺陷的纯净半导体，目前应用最多的是硅和锗这两种半导体材料。在极低温度下，半导体的价带是满带，受热激发后，价带中的部分电子会越过禁带进入能量较高的空带，空带中存在电子后成为导带，价带中缺少一个电子后形成一个带正电的空位，称为空穴。空穴导电并不是实际运动，而是一种等效运动。电子导电时等电量的空穴会沿其反方向运动。它们在外电场作用下产生定向运动而形成宏观电流，分别称为电子导电和空穴导电。这种由于电子-空穴对的产生而形成的混合型导电称为本征导电。导带中的电子会落入空穴，电子-空穴对消失，称为复合。复合时释放出的能量变成电磁辐射（发光）或晶格的热振动能量（发热）。在一定温度下，电子-空穴对的产生和复合同时存在并达到动态平衡，此时半导体具有一定的载流子密度，从而具有一定的电阻率，温度升高时，将产生更多的电子-空穴对，载流子密度增加，电阻率减小。常温下本征半导体的电导率较小，载流子浓度对温度变化敏感，所以很难对半导体特性进行控制，因此实际应用不多。

2. 杂质半导体

掺入杂质的本征半导体称为杂质半导体，一般可分为N型半导体和P型半导体。

（1）N型半导体　半导体中掺入微量杂质时，杂质原子附近的周期势场受到干扰并形成附加的束缚状态，在禁带中产生附加的杂质能级。能提供电子载流子的杂质称为施主杂质，相应能级称为施主能级，位于禁带上方靠近导带底附近。例如四价元素锗或硅晶体中掺入五价元素磷、砷、锑等杂质原子时，杂质原子作为晶格的一分子，其五个价电子中有四个与周围的锗（或硅）原子形成共价键，多余的一个电子被束缚于杂质原子附近，产生类氢浅能级——施主能级。施主能级上的电子跃迁到导带所需能量比从价带激发到导带所需的能量要小得多，很易激发到导带成为电子载流子，因此对于掺入施主杂质的半导体，导电载流子主要是被激发到导带中的电子，属电子导电，称为N型半导体。在N型半导体中电子是多数载流子，空穴是少数载流子。

（2）P型半导体　半导体中掺入微量杂质时，杂质原子附近的周期势场受到干扰并形成附加的束缚状态，在禁带中产生附加的杂质能级。能提供空穴载流子的杂质称为受主杂质，相应能级称为受主能级，位于禁带下方靠近价带顶附近。例如在锗或硅晶体中掺入微量三价元素硼、铝、镓等杂质原子时，杂质原子与周围四个锗（或硅）原子形成共价结合时尚缺少一个电子，因而存在一个空位，与此空位相应的能量状态就是受主能级。由于受主能级靠近价带顶，价带中的电子很容易激发到受主能级上以填补这个空位，使受主杂质原子成为负电中心。同时价带中由于电离出一个电子而留下一个空位，形成自由的空穴载流子，这一过程所需电离能比本征半导体情形下产生电子空穴对要小得多。因此这时空穴是多数载流子，杂质半导体主要靠空穴导电，即空穴导电型，称为P型半导体。在P型半导体中空穴是多数载流子，电子是少数载流子。

3. PN结的形成及单向导电性

（1）PN结的形成　采用不同的掺杂工艺，通过扩散作用，将P型半导体与N型半导体制作在同一块半导体（通常是硅或锗）基片上，在它们的交界面形成空间电荷区称为PN结。在P型半导体和N型半导体结合后，由于N型区内自由电子为多子，空穴几乎为零称为少子，而P型区内空穴为多子，自由电子为少子，在它们的交界处就出现了电子和空穴的浓度差。由于自由电子和空穴浓度差的原因，有一些电子从N型区向P型区扩散，也有一些空穴要从P型区向N型区扩散。它们扩散的结果就使P区一边失去空穴，留下了带负电的杂质离子，N区一边失去电子，留下了带正电的杂质离子。开路中半导体中的离子不能任意移动，因此不参与导电。这些不能移动的带电粒子在 P 区和 N 区交界面附近，形成了一个空间电荷区，空间电荷区的薄厚和掺杂物浓度有关。在空间电荷区形成后，由于正负电荷之间的相互作用，在空间电荷区形成了内电场，其方向是从带正电的 N 区指向了带负电的 P 区。显然，这个电场的方向与载流子扩散运动的方向相反，阻止扩散。另一方面，这个电场将使 N 区的少数载流子空穴向 P 区漂移，使 P 区的少数载流子电子向 N 区漂移，漂移运动的方向正好与扩散运动的方向相反。从 N 区漂移到 P 区的空穴补充了原来交界面上 P 区所失去的空穴，从 P 区漂移到 N 区的电子补充了原来交界面上 N 区所失去的电子，这就使空间电荷减少，内电场减弱。因此，漂移运动的结果是使空间电荷区变窄，扩散运动加强。最后，多子的扩散和少子的漂移达到动态平衡。在 P 型半导体和 N 型半导体的结合面两侧，留下离子薄层，这个离子薄层形成的空间电荷区称为 PN 结。

（2）PN 结的单向导电性　如果电源的正极接 P 区，负极接 N 区，外加的正向电压有一部分降落在 PN 结区，PN 结处于正向偏置。电流便从 P 型一边流向 N 型一边，空穴和电子都向界面运动，使空间电荷区变窄，电流可以顺利通过，方向与 PN 结内电场方向相反，削弱了内电场。于是，内电场对多子扩散运动的阻碍减弱，扩散电流加大。扩散电流远大于漂移电流，可忽略漂移电流的影响，PN 结呈现低阻性。

如果电源的正极接 N 区，负极接 P 区，外加的反向电压有一部分降落在 PN 结区，PN 结处于反向偏置。则空穴和电子都向远离界面的方向运动，使空间电荷区变宽，电流不能流过，方向与 PN 结内电场方向相同，加强了内电场。内电场对多子扩散运动的阻碍增强，扩散电流大大减小。此时 PN 结区的少子在内电场作用下形成的漂移电流大于扩散电流，可忽略扩散电流，PN 结呈现高阻性。

由此可以得出结论：PN 结具有单向导电性。当 PN 结加正向电压时，呈现低电阻，具有较大的正向扩散电流；当 PN 结加反向电压时，呈现高电阻，具有很小的反向漂移电流。

（3）电容特性　PN 结加反向电压时，空间电荷区中的正负电荷构成一个电容性的器件，它的电容量随外加电压改变，主要有势垒电容（CB）和扩散电容（CD），势垒电容和扩散电容均为非线性电容。

（4）应用　根据 PN 结的材料、掺杂分布、几何结构和偏置条件的不同，利用其基本特性可以制造多种功能的晶体二极管。如利用 PN 结单向导电性可以制作整流二极管、检波二极管和开关二极管；利用击穿特性制作稳压二极管和雪崩二极管；利用高掺杂 PN 结隧道效应制作隧道二极管；利用结电容随外电压变化效应制作变容二极管；利用前向偏置异质结的载流子注入与复合可以制造半导体激光二极管与半导体发光二极管；利用光辐射对 PN 结反向电流的调制作用可以制成光电探测器；利用光生伏特效应可制成太阳电池。

3.6.3 半导体分立器件分类

半导体器件是指利用半导体材料特殊电特性来完成特定功能的电子器件，可用来产生、控制、接收、变换、放大信号和进行能量转换，半导体分立器件泛指半导体晶体二极管，晶体管及半导体特殊器件。

半导体分立器件的分类如表 3-11 所示。

表 3-11　半导体分立器件分类

晶体二极管	普通二极管		整流二极管、检波二极管、稳压二极管、开关二极管
	特殊二极管		微波二极管、变容二极管、触发二极管、隧道二极管
	敏感二极管		光敏二极管、压敏二极管、磁敏二极管
	发光二极管		
	锗管		高频小功率 低频大功率
晶体管	硅管		低频大功率管、大功率高压管 高频小功率管、超高频小功率管 高频大功率管、微波功率管、高速开关管 低噪声管、微波低噪声管、超 β 管 专用器件:单结晶体管、可编程序单结晶体管
晶闸管	单向晶闸管		普通晶闸管、高频晶闸管
	双向晶闸管		
	可关断晶闸管		
	特殊晶闸管		正(反)向阻断管、逆导管
场效应管	结构	硅管	N 沟道、P 沟道
		硅管	隐埋栅、V 沟道
		砷化镓	肖特基势垒栅
	MOS(硅)	耗尽型	N 沟道、P 沟道
		增强型	N 沟道、P 沟道

3.6.4　半导体分立器件外形

半导体分立器件外形图如图 3-21 所示。

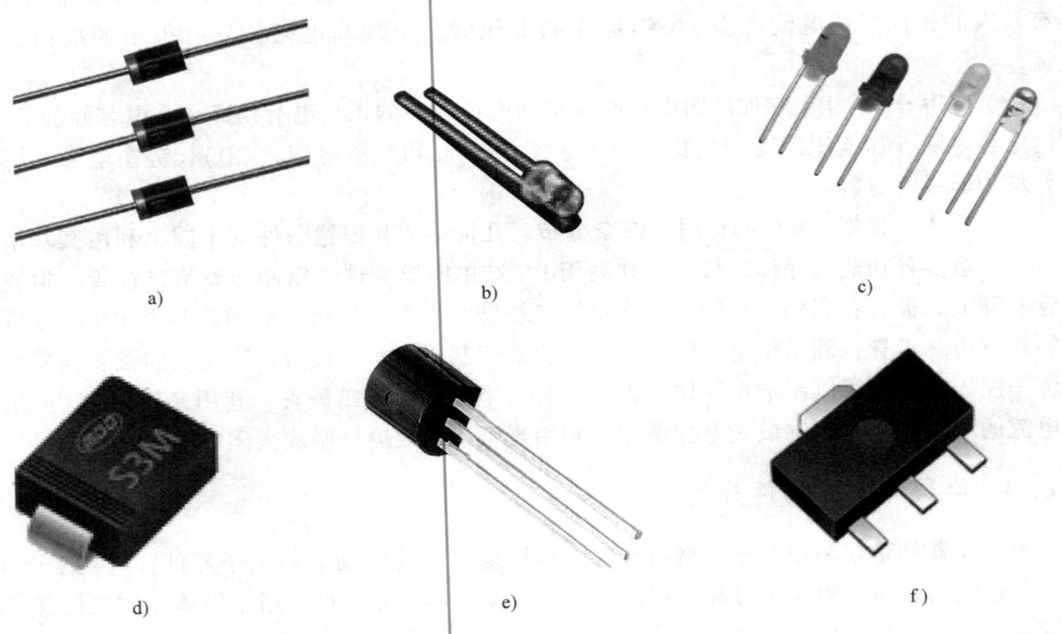

a)　b)　c)　d)　e)　f)

图 3-21　半导体分立器件外形图

a）二极管　b）光敏二极管　c）发光二极管　d）贴片二极管　e）晶体管　f）贴片晶体管

3.6.5 半导体分立器件图形符号

半导体分立器件图形符号如图 3-22 所示。

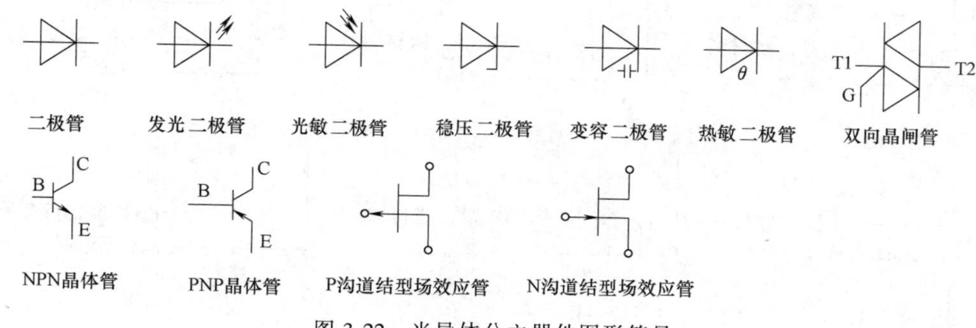

图 3-22 半导体分立器件图形符号

3.6.6 半导体分立器件型号命名

1. 国产半导体分立器件型号命名

半导体分立器件型号命名由主称、材料和极性、类型、序号、区别代号 5 部分组成。

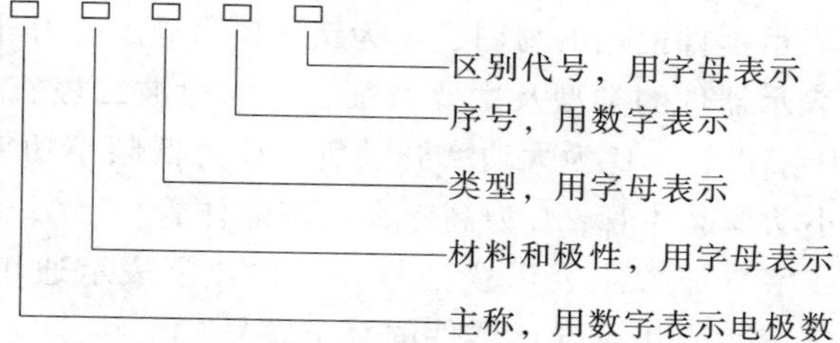

国产半导体分立器件型号命名见表 3-12。

表 3-12 国产半导体分立器件型号命名

第一部分:主称		第二部分:材料和极性		第三部分:类型				第四部分:序号	第五部分:区别代号
符号	意义	符号	意义	符号	意义	符号	意义		
2	二极管	A	N 型,锗材料	P	普通管	D	低频大功率管		
		B	P 型,锗材料	V	微波管		(f_0<3MHz,P_C≥1W)		
		C	N 型,硅材料	W	稳压管	A	高频大功率管		
		D	P 型,硅材料	C	参量管		(f_0≥3MHz,P_C≥1W)		
3	晶体管	A	PNP 型,锗材料	Z	整流管	T	半导体晶闸管		
		B	NPN 型,锗材料	L	整流堆		(可控整流器)	数字表示	字母表示
		C	PNP 型,硅材料	S	隧道管	Y	体效应器件		
		D	NPN 型,硅材料	N	阻尼管	B	雪崩管		
		E	化合物材料	U	光电器件	J	阶跃恢复管		
				K	开关管	CS	场效应管		
				X	低频小功率管	BT	半导体特殊器件		
					(f_0<3MHz,P_C<1W)	FH	复合管		
				G	高频小功率管	JG	激光器件		
					(f_0≥3MHz,P_C<1W)				

示例：

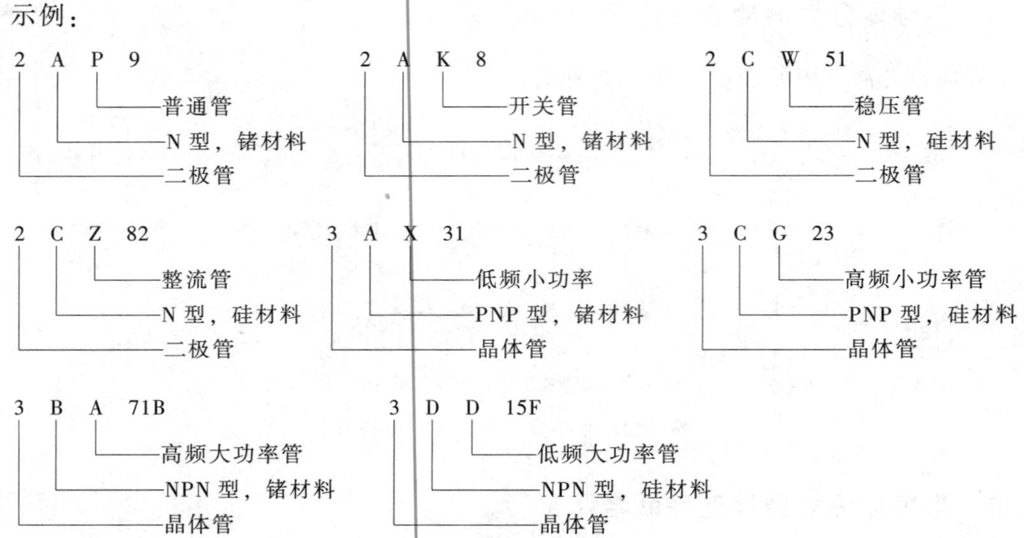

2. 国际电子联合会半导体分立器件型号命名

半导体分立器件型号命名由材料、类型及主要特征、登记号、分档 4 部分组成。

第一部分：用字母表示器件使用的材料，A 为锗，B 为硅，C 为砷化镓。

第二部分：用字母表示器件的类型及主要特征，A 为检波二极管，B 为变容二极管，Y 为整流二极管，Z 为稳压二极管，U 为大功率开关管，C 为低频小功率晶体管，D 为低频大功率晶体管，F 为高频小功率晶体管，L 为高频大功率晶体管。

第三部分：用数字或字母加数字表示登记号。三位数字表示通用半导体器件的登记序号；一个字母加两位数字表示专用半导体器件的登记序号。

第四部分：用字母对同一类型号器件进行分档。A、B、C、D、E 表示同一型号的器件按某一参数进行分档的标志。

示例：

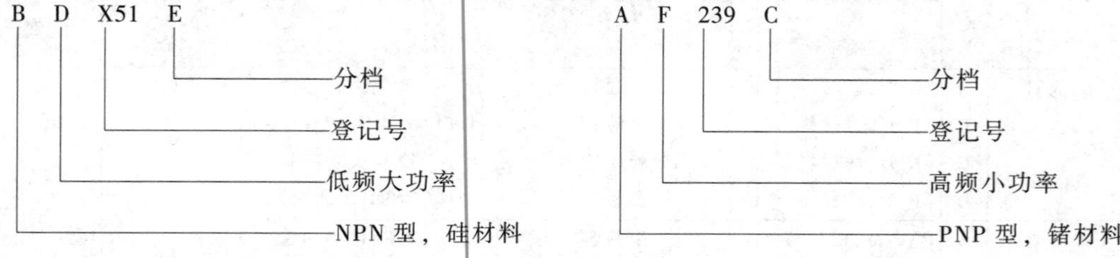

3.6.7 半导体管特性

1. 半导体二极管特性

（1）正向特性　外加正向电压时，在正向特性的起始部分，正向电压很小，不足以克服 PN 结内电场的阻挡作用，正向电流几乎为零，这一段称为死区。这个不能使二极管导通的正向电压称为死区电压。当正向电压大于死区电压以后，PN 结内电场被克服，二极管正向导通，电流随电压的增大而迅速上升。在正常使用的电流范围内，导通时二极管的端电压几乎维持不变，这个电压称为二极管的正向电压。当二极管两端的正向电压超过一定数值（阈值电压），内电场很快被削弱，特性电流迅速增大，二极管正向导通。硅二极管的正向导通压降为0.5~0.7V，锗二极管的正向导通压降为0.2~0.3V。

（2）反向特性 外加反向电压不超过一定范围时，通过二极管的电流是少数载流子漂移运动所形成反向电流。由于反向电流很小，二极管处于截止状态。这个反向电流又称为反向饱和电流或漏电流，二极管的反向饱和电流受温度影响很大，温度升高时，半导体受热激发，少数载流子数目增加，反向饱和电流也随之增加。一般硅管的反向电流比锗管小得多。

（3）击穿特性 外加反向电压超过某一数值时，反向电流会突然增大，这种现象称为电击穿，引起电击穿的临界电压称为二极管反向击穿电压，稳压二极管工作在二极管的反向击穿区。

（4）二极管伏安特性曲线 加在PN结两端的电压和流过二极管的电流之间的关系曲线称为伏安特性曲线，如图3-23所示。

2. 半导体晶体管特性

（1）输入特性曲线 在晶体管共发射极的情况下，当集电极与发射极之间的电压 U_{CE} 维持不同的定值时，基极与发射极间的电压 U_{BE} 和基极电流 I_B 之间的一簇关系曲线，称为共射极输入特性曲线。晶体管输入特性曲线与二极管伏安特性曲线很相似。

（2）输出特性曲线 输出特性曲线是指基极电流 I_B 一定时，晶体管集电极与发射极间的电压 U_{CE} 和集电极电流 I_C 之间的关系曲线，如图3-24所示。

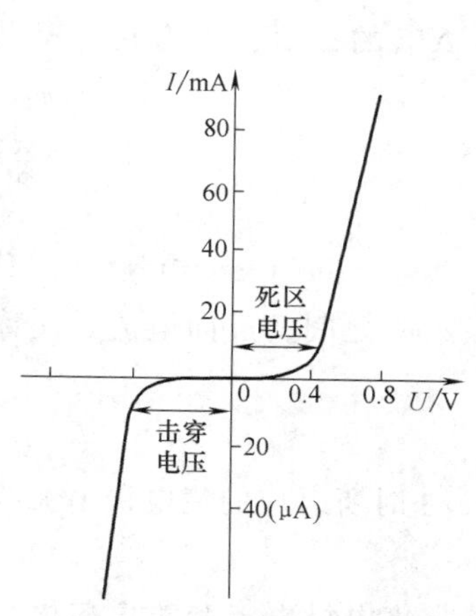

图3-23 二极管伏安特性曲线

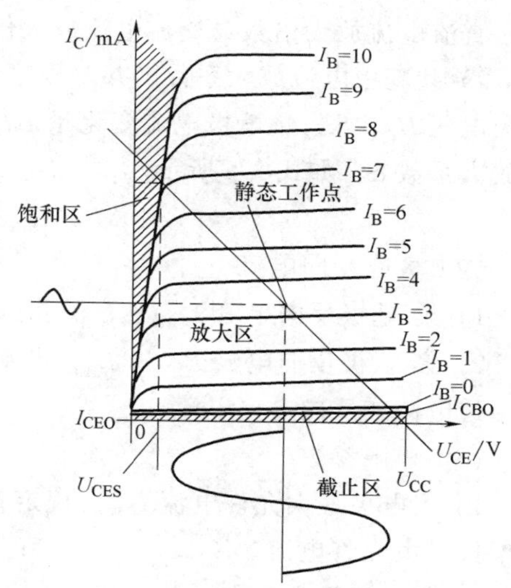

图3-24 晶体管输出特性曲线

3.6.8 半导体管参数

1. 二极管主要参数

（1）最大整流电流 最大整流电流是指二极管长期连续工作时，允许通过的最大正向平均电流值，其值与PN结面积及外部散热条件等有关。因为电流通过管子时会使管芯发热，温度上升，温度超过允许限度时，就会使管芯过热而损坏。所以在规定散热条件下，二极管使用中不要超过二极管最大整流电流值。

(2) 最大反向电压（反向峰值电压） 最大反向电压是指二极管受到负电压所能承受的最大电压。

(3) 最大反向电流（反向峰值电流） 最大反向电流是指二极管在规定的温度和最高反向电压作用下，流过二极管的反向电流。反向电流越小，管子的单方向导电性能越好。值得注意的是，反向电流与温度有着密切的关系，大约温度每升高10℃，反向电流增大一倍。

(4) 动态电阻 动态电阻是指二极管特性曲线静态工作点 Q 附近电压的变化与相应电流的变化量之比。

(5) 最高工作频率 最高工作频率是二极管工作的上限频率，主要取决于PN结结电容的大小。

(6) 电压温度系数 电压温度系数指温度每升高1℃时，稳定电压的相对变化量。

(7) 稳压电压 稳压电压是稳压二极管在正常工作时管子两端的电压。

2. 晶体管主要参数

(1) 电流放大系数

1) 共射极电流放大系数。共射极电流放大系数是指在共发射极电路中，漂移到集电区的电子数或其变化量与基区复合的电子数或其变化量之比，称作共射极电流放大系数，用 β 表示，如式3-4所示。

$$\beta = I_C / I_B \quad (I_{CBO}\text{ 忽略不计时成立}) \tag{3-4}$$

直流电流放大倍数与交流电流放大倍数非常接近，一般作近似处理。

2) 共基极电流放大系数。共基极电流放大系数指在共基极电路中，在一定的集电极与基极电压 U_{CB} 下，集电极电流变化量 ΔI_C 与发射极电流变化量 ΔI_E 的比值，称为共基极电流放大系数 α，如式3-5所示。

$$\alpha = \Delta I_C / \Delta I_E \quad (I_{CBO}\text{ 忽略不计时成立}) \tag{3-5}$$

(2) 极间反向电流

1) 集-基极反向电流 I_{CBO}。I_{CBO} 指发射极开路时，集电极和基极之间的反向电流。

2) 集-射极反向电流 I_{CEO}。I_{CEO} 指基极开路时，集电极和发射极之间的反向电流，又称为穿透电流或反向击穿电流。

(3) 极限参数

1) 集电极最大允许电流 I_{CM}。规定 β 值下降到其额定值的2/3时所对应的集电极电流为集电极最大允许电流。

2) 集电极最大允许耗散功率 P_{CM}。集电极耗散功率实际上是集电极电流和集电极电压的乘积。使用晶体管时，实际功耗不允许超过 P_{CM}，还应留有较大余量。

3) 集-射极反向击穿电压 $U_{(BR)CEO}$。集-射极反向击穿电压是指基极开路时，集电极和发射极之间的最大允许反向电压。

4) 集-基极反向击穿电压 $U_{(BR)CBO}$。集-基极反向击穿电压是指发射极开路时，集电极和基极之间的最大允许反向电压。

5) 射-基极反向击穿电压 $U_{(BR)EBO}$。射-基极反向击穿电压是指集电极开路时，发射极和基极之间的最大允许反向电压。

3.6.9 半导体管极性判别

1. 二极管极性判别

1）小功率锗二极管的正向电阻为 300~500Ω，硅二极管的正向电阻为 3kΩ 左右，大功率二极管的值要小些；锗二极管的反向电阻约为几十 kΩ，硅二极管的反向电阻为 500kΩ 以上。

2）根据二极管的正向电阻小、反向电阻大的特点可判断二极管的极性。将万用表拨到欧姆挡（一般用 R×100 或 R×1k 挡，不要用 R×1 挡或 R×10k 挡。因为 R×1 挡使用的电流太大，容易烧毁管子；而 R×10k 挡使用的电压太高，可能击穿管子）。用表笔分别与二极管的两极性相连，测出两阻值，所测得阻值较小的一次，与黑表笔相连的一端即为二极管的正极。同理，在所测得阻值较大的一次，与黑表笔相接的一端为二极管的负极。如果测得的反向电阻很小，说明二极管内部短路；若正向电阻很大，则说明管子内部断路。

2. 晶体管极性判别

由于晶体管的基本结构是两个背靠背的 PN 结，晶体管的基极是两个 PN 结的公共极，因此，根据 PN 结的单向导电性，在判别晶体管的基极时，只要找出两个 PN 结的公共极，即为晶体管的基极。具体方法是将万用表置于电阻 R×1k 挡或 R×100 挡，用黑表笔接晶体管的某一管脚（假设基极），再用红表笔分别接另外两个管脚。如果表针指示的电阻值两次都很小，该管便是 NPN 管，黑表笔所接的那一管脚是基极；若表针指示的两次电阻值均很大，则该管是 PNP 管，黑表笔所接的那一管脚是基极。

假如是 NPN 管，将红表笔接基极，用一个 100kΩ 电阻串接在基极与黑表笔之间，黑表笔分别接另外两个管脚，测得电阻值小的那一次、与黑表笔相接的管脚即是集电极，另一个就是发射极，如图 3-25 所示。

假如是 PNP 管，则黑表笔接基极，100kΩ 电阻串接在基极与红表笔之间，红表笔分别接另外两个管脚，同样测得电阻值小的那一次，红表笔接的管脚是集电极，另一个就是发射极。在测量集电极、发射极间电阻时要注意，由于晶体管的 $U_{(BR)CEO}$ 很小，很容易将发射结击穿。

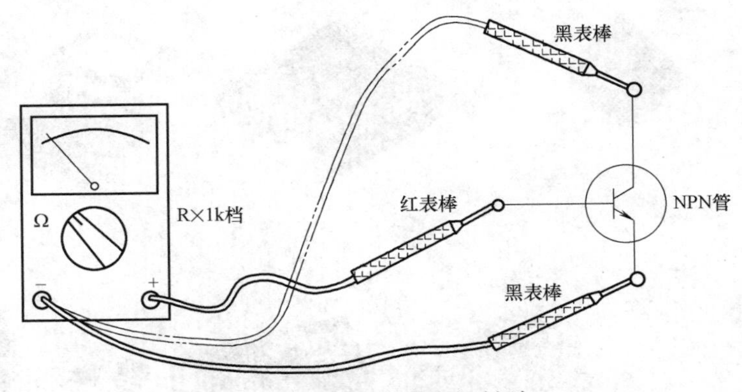

图 3-25 NPN 管集电极判别

3.7 集成电路

3.7.1 概述

集成电路是一种新型半导体器件，把构成具有一定功能电路所需的半导体、电阻、电容、电感等元件及它们之间的连接导线全部集成在一小块半导体衬底或绝缘基片上，然后焊接封装在一个管壳内的电子器件，在电路中用字母“IC”表示。集成电路具有体积小、重量轻、引出线和焊接点少、寿命长、可靠性高、性能好等优点，同时成本低，便于大规模生产。它不仅在工业、民用电子设备如收录机、电视机、计算机等方面得到广泛的应用，同时在军事、通信、遥控等方面也得到广泛的应用。

3.7.2 集成电路分类

1）按功能、结构不同可分为模拟集成电路、数字集成电路、数/模集成电路。

2）按制作工艺可分为半导体集成电路、膜（厚膜和薄膜）集成电路。

3）按导电类型可分为双极型集成电路、单极型集成电路。

4）按应用领域可分为标准通用集成电路、专用集成电路。

5）按外形可分为圆形集成电路、扁平形集成电路、双列直插型集成电路。

6）按集成度高低不同可分为 SSIC 小规模集成电路、MSIC 中规模集成电路、LSIC 大规模集成电路、VLSIC 超大规模集成电路、ULSIC 特大规模集成电路、GSIC 巨大规模（也被称作超特大规模）集成电路。

7）按用途可分为电视机用集成电路、音响用集成电路、影碟机用集成电路、录像机用集成电路、电脑（微机）用集成电路、电子琴用集成电路、通信用集成电路、照相机用集成电路、遥控集成电路、语言集成电路、报警器用集成电路及各种专用集成电路。

3.7.3 集成电路外形

集成电路外形图如图 3-26 所示。

a) b) c) d)

e) f) g)

图 3-26 集成电路外形图

a）TO 封装 b）SOP 封装 c）QFP/ PFP 封装 d）QFN 封装 e）PLCC 封装 f）BGA 封装 g）CSP 封装

3.7.4 集成电路图形符号

集成电路图形符号如图 3-27 所示。

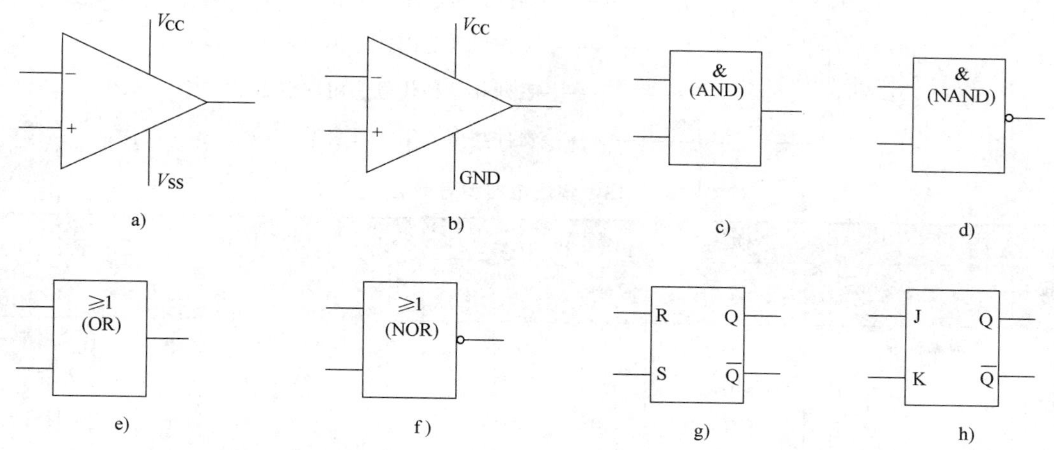

图 3-27 集成电路图形符号

a）双电源运算放大器 b）单电源运算放大器 c）与门 d）与非门
e）或门 f）或非门 g）RS 触发器 h）JK 触发器

3.7.5 集成电路参数

（1）静态工作电流 静态工作电流是指集成电路信号输入引脚不加输入信号的情况下，电源引脚回路中的直流电流。通常集成电路的静态工作电流均给出典型值、最小值和最大值。

（2）增益 增益是指集成电路内部放大器的放大能力，通常标出开环增益和闭环增益两项，也分别给出典型值、最小值和最大值三项指标。

（3）最大输出功率 最大输出功率是指输出信号的失真度为额定值时，功放集成电路输出端所输出的电信号功率。

（4）最大电源电压 最大电源电压是指可以加在集成电路电源引脚与接地引脚之间直流工作电压的极限值，使用时不允许超过此值，否则将会永久性损坏集成电路。

（5）允许功耗 允许功耗是指集成电路所能承受的最大耗散功率，主要用于各类大功率集成电路。

（6）工作环境温度 工作环境温度是指集成电路能维持正常工作的最低和最高环境温度。

（7）储存温度 储存温度是指集成电路在存储状态下的最低和最高温度。

3.7.6 集成电路型号命名

集成电路型号命名由以下 4 部分组成。

集成电路型号命名见表 3-13。

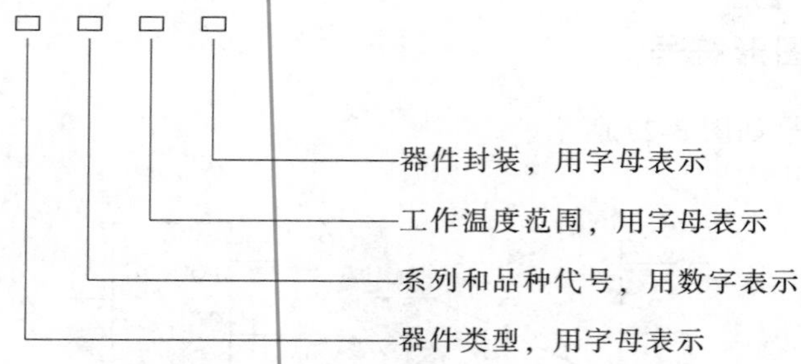

表 3-13 集成电路型号命名

第 0 部分		第一部分		第二部分		第三部分		第四部分	
符号	意义	符号	意义	符号	意义	符号	意义	符号	意义
C	符合国家标准	T	TTL		系列	C	0～70℃	W	陶瓷扁平
		H	HTL		和	G	-25～70℃	B	塑料扁平
		E	ECL		品种	L	-24～85℃	F	全密封扁平
		C	CMOS		代号	E	-40～85℃	D	陶瓷直插
		F	线性放大器			R	-55～85℃	P	塑料直插
		D	音响、电视			M	-55～125℃	J	黑陶瓷直插
		W	稳压器					K	金属菱形
		J	接口电路					T	金属圆形
		B	非线性电路						
		M	存储器						
		U	微型机电路						

示例 1：

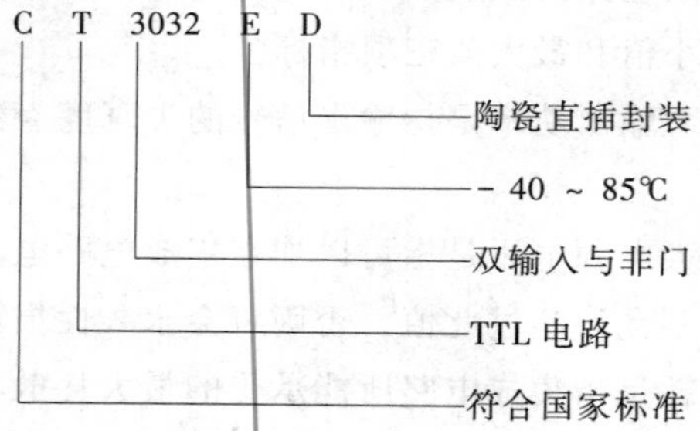

示例 2：

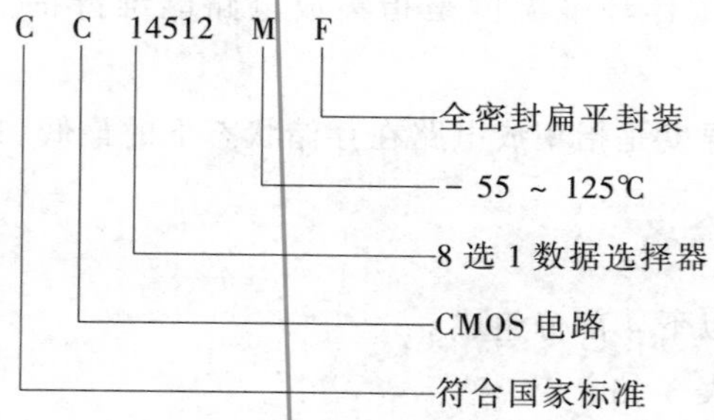

3.7.7 集成电路故障表现

（1）集成电路烧坏 集成电路烧坏通常由过电压或过电流引起。集成电路烧坏后，从外表一般看不出明显的痕迹，但某些引脚的直流工作电压会发生明显变化，用常规方法检查能发现故障部位。严重时集成电路可能会烧出一个小洞或有一条裂纹之类的痕迹。

（2）引脚折断 集成电路的引脚折断故障并不常见，造成集成电路引脚折断的原因往往是插拔集成电路不当所致。

（3）增益严重下降 当集成电路增益下降严重时，某些引脚的直流电压会出现显著变化，用常规检查方法就能发现。对于增益略有下降的集成电路，大都是集成电路的一种软故障，一般检测仪器很难发现。

（4）内部局部电路损坏 当集成电路内部局部电路损坏时，相关引脚的直流电压会发生很大变化，检修中很容易发现故障部位。

3.8 思考题

1）电阻率小的物体称作什么？电阻率大的物体称作什么？
2）电阻的基本单位是什么？写出电阻常用单位换算关系。
3）电阻器有哪些作用？
4）电阻器型号命名由哪些部分组成？
5）电阻器分哪几大类？
6）电阻器阻值标志方法有哪四种？
7）电阻器有哪些常用材料？
8）电位器阻值变化规律有哪几种？
9）电阻器主要参数有哪些？
10）试写出电阻器的各种允许偏差。
11）色环电阻上各色环表示什么？并写出0~9的代表颜色。
12）检测100kΩ电阻时，万用表应置于什么挡？量程置于什么挡？
13）如何使用万用表检查电位器的好坏？
14）模拟电位器和数字电位器有什么区别？
15）如何选用电阻器？
16）国内贴片电阻型号是如何命名的？
17）贴片电阻有什么特点？
18）什么是电容器？
19）电容器的基本单位是什么？
20）电容器有哪些作用？
21）电容器型号命名由哪些部分组成？
22）电容器分哪几类？
23）如何用万用表检查电容器的质量？
24）电容器正、反向漏电流是如何区分的？

25）如何正确选用电容器？
26）贴片电容型号是如何命名的？
27）电感器型号命名由哪几个部分组成？
28）电感器分哪几类？
29）如何判别电感器质量的好坏？
30）电声器件分哪几类？
31）扬声器型号命名由哪几个部分组成？
32）变压器的匝数表示什么？
33）什么是变压器的变压比和效率？
34）变压器的种类有哪些？
35）低频变压器的主要作用有哪些？
36）音频变压器工作频率范围是多少？
37）中频变压器在调幅和调频收音机中的谐振频率各是多少？
38）什么是半导体？
39）什么是本征半导体？
40）什么是杂质半导体？
41）国产半导体器件型号命名由哪几个部分组成？
42）半导体有哪些特性？
43）二极管正向导通时硅管和锗管的压降各为多少？
44）稳压二极管工作在什么区域？
45）晶体管有哪三个极？
46）晶体管按材料可分为哪几类？按 PN 结可分哪几类？
47）区分晶体管大功率、小功率的功率是多少？
48）区分晶体管高频、低频的频率是多少？
49）晶体管电流放大系数表示什么？
50）如何判别二极管的极性？
51）如何判别晶体管的极性？
52）集成电路按功能可分哪几类？
53）集成电路型号命名由哪几个部分组成？

第4章

收音机的原理与调试

在科学技术发达的今天，生产和生活中使用的电子产品不计其数，品种繁多，工作原理也各不相同。本章仅就学生电子实习中应该完成的收音机基本原理、安装与调试方法等做一简单的介绍。

4.1 无线电波简介

4.1.1 概述

无线电收音机是接收无线电电台广播的装置。它是利用本机的天线输入回路，来接收无线电电台广播节目。由无线电收音机中的磁性天线线圈吸收空间的电磁波，然后将其分解、提取所需的信号，并将这一信号加以放大，转变成人耳能听得见的音频信号，这就是无线电收音机的基本原理。

4.1.2 无线电广播

1. 无线电波

无线电广播是利用电磁波将音频信号向远处传播的，它实际是利用高频无线电波作为“运输工具”，把所需传送的低频（音频）信号“装载”到高频信号上，再由发射天线发送出去。

当一根导线通过高频电流时，其周围空间就会产生向四周扩散的电磁波，这就是一般所讲的无线电波。

2. 无线电波的频率和波长

无线电波可分为长波、中波、短波、超短波及微波，习惯上长波、微波用波长表示，中波、短波及超短波用频率表示。频率和波长关系为

$$f=\frac{c}{\lambda}$$

式中，f 为频率，单位为赫兹（Hz）；c 为波速，且波速 $c=3\times10^8\text{m/s}$；λ 为波长，单位为 m。

例如：1000kHz 的波长是多少呢？

$$\lambda=\frac{3\times10^8\text{m/s}}{1000\times10^3\text{Hz}}=300\text{m}$$

3. 长波、中波、短波、超短波的特点

由于长波、中波、短波和超短波传播特点不同，所以它们的传播距离也不一样。

1）长波的特点。长波沿地面传播，由于地面对它吸收弱，故比较稳定。

2）中波的特点。中波在大气层中直线传播，地面对它吸收较强，故传播距离没有长波远。

3）短波的特点。短波靠地球外的电离层与地面间的反射传播，传播距离远，但易受气候影响。

4）超短波特点。超短波只能在空间直线传播，传播距离较近，但通过卫星就可传播很远。电视和调频广播都用超短波。

4. 各波段的划分

各波段的划分见表 4-1 所示。其中 kHz、MHz、GHz 都是频率的单位。1GHz = 1000MHz，1MHz = 1000kHz。

表 4-1　波段划分表

波段		波长	频率	主要用途
长波		30000~3000m	10~100kHz	电报通信
中波		3000~200m	100~1500kHz	无线电广播
中短波		200~50m	1500~6000kHz	电报通信、无线电广播
短波		50~10m	6~30MHz	电报通信、无线电广播
超短波（m 波）		10~1m	30~300MHz	无线电广播、电视、导航
微波	分米波	1~0.1m	300~3000MHz	电视、雷达、导航、接力通信及其他专门用途
	厘米波	0.1~0.01m	3~30GHz	
	毫米波	0.01~0.001m	30~300GHz	

5. 调制波

将音频信号作用到无线电波的过程称为调制。而用来运载音频信号的无线电波称为载波，调制波一般分为调幅波和调频波两种。

当载波幅度随传送的音频信号成正比例变化时，该波形称为调幅波（图 4-1）。而当载波的频率随着所传送的音频信号成比例变化时，该波形称为调频波。

目前通用的广播制式有调幅和调频两种，无线电波的发送过程如图 4-2 所示。

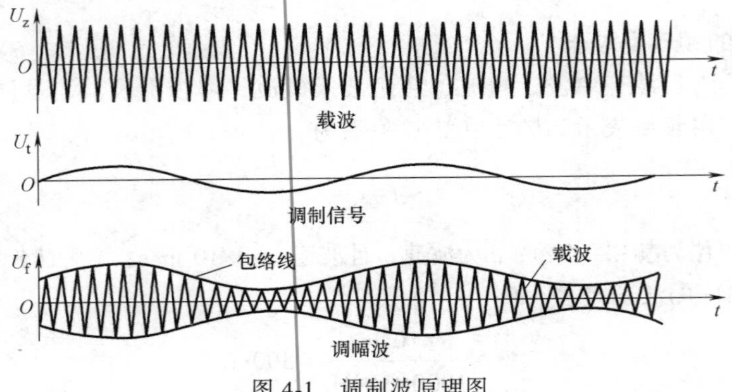

图 4-1　调制波原理图

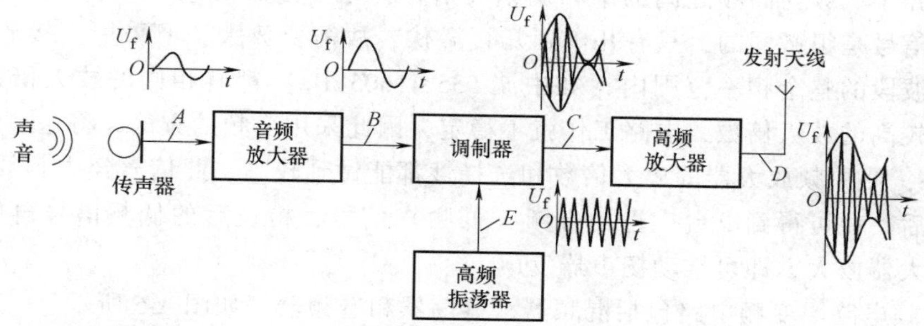

图 4-2 无线电波发送过程图

4.1.3 超外差式收音机框图

1. B123 超外差式调幅收音机原理框图及各个框图输入和输出波形

1）超外差式收音机原理框图如图 4-3 所示。

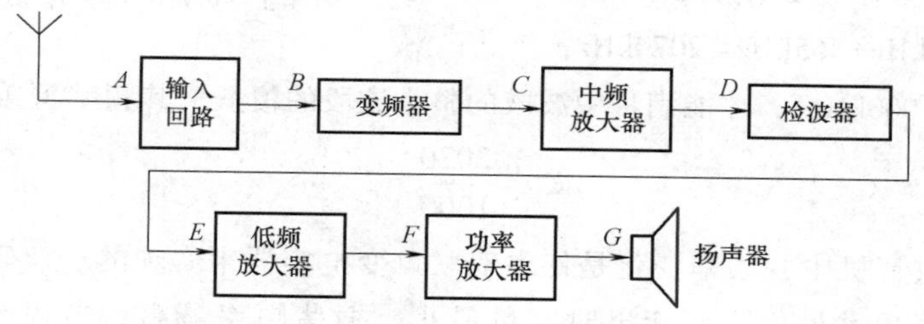

图 4-3 超外差式收音机原理框图

2）各个框图的输入和输出信号波形，如图 4-4 所示。

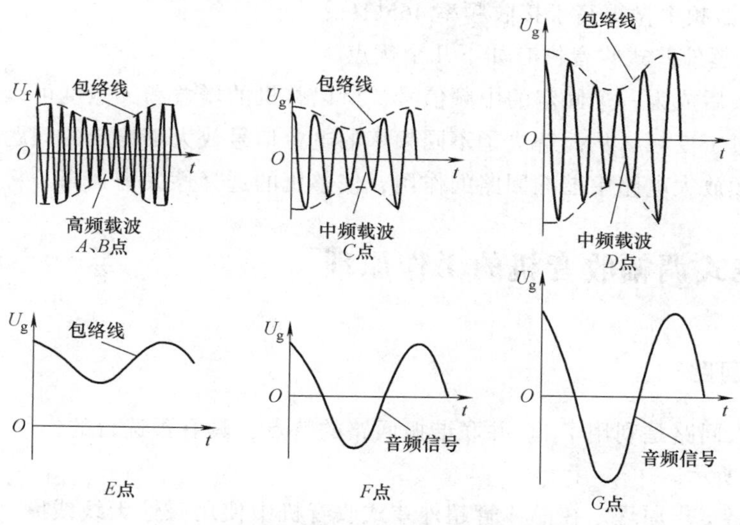

图 4-4 超外差式收音机输入和输出信号波形

2. 超外差式调幅收音机的特点

由天线线圈接收的电台信号，经输入回路选择后通过变频级，把外来的高频调幅波信号变换成一个介于低频与高频之间的中频调幅波信号，频率固定为465kHz。因为从天线线圈收到的电台信号是很微弱的，只有几十到几百微伏，故需要放大。但采用直接放大有缺点，不能做到在波段的整个频率范围内（如中波535~1605kHz）都有相同的放大倍数。高频放大器要取得较高的放大倍数，电路工作就不稳定，因此采用变频的方法，将这一信号变成固定的465kHz，使中频放大器的放大倍数和选择性都能做到较高。此信号经中频放大器放大、检波器检波后，便可得到电台广播的音频（低频）信号，检波后的低频信号再经低频放大器和功率放大器放大，即可推动扬声器发声。

（1）变频电路　变频电路包括混频器、振荡器和选频器，如图4-5所示。

（2）频率覆盖系数　超外差式收音机采用LC并联谐振回路工作原理，使本机振荡频率始终高于接收电台信号频率465kHz。这是因为接收中波段广播的频率范围是从1605kHz到535kHz。对本机振荡频率范围的要求是必须从2070kHz到1000kHz（1605kHz+465kHz=2070kHz，535kHz+465kHz=1000kHz），才能满足中波段的整个波段的覆盖。其频率覆盖系数为：

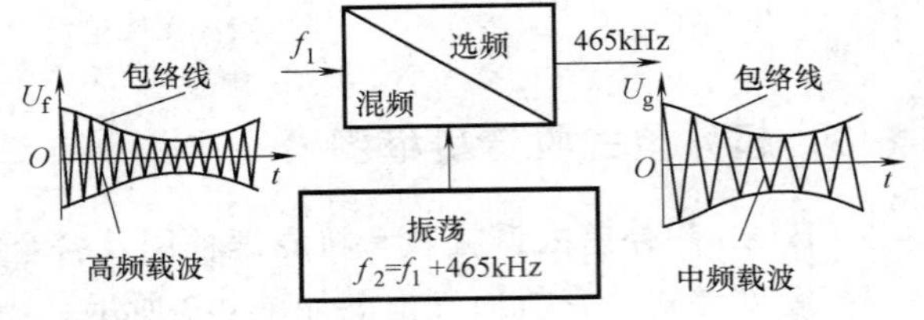

图4-5　变频电路工作原理图

$$K_G=\frac{2070}{1000}\approx 2$$

在超外差式收音机中，频率变化是依靠双联可变电容器来实现的。双联可变电容器旋进时容量最大，振荡频率最低；而旋出时容量最小，振荡频率最高。当频率覆盖系数$K_G>2$时，容量变化范围需要很大（几百倍）。从工艺上来讲，这种双联是难以做到的。从整机性能上来讲，要使本机振荡器在这么宽的频率范围内工作是很不稳定的，为此超外差式收音机总是将本机振荡器频率做得高于接收频率465kHz。

（3）优点　超外差式收音机有如下几个优点

1）由于变频后成为一个固定的中频信号，所以整机的增益和灵敏度可以做得很高。

2）由于经过了变频，从而解决了不同频率的电台信号放大不均匀的问题。

3）由于中频放大电路中谐振回路的作用，使整机的选择性大为提高。

4.2　超外差式调幅收音机的工作原理

4.2.1　输入回路

1）天线输入回路是利用了LC并联谐振回路的特点，具有预选台的作用，天线输入回路电路图如图4-6所示。

2）输入回路工作原理。在晶体管超外差式收音机中使用磁性天线线圈，B_1是磁性天线线圈，L_1、L_2是B_1的初次级线圈，线圈L_1和L_2绕在磁棒上。由$C_{1A'}$、C_{1A}和L_1组成天线输入调谐回路，其中电容$C_{1A'}$是校正高端电台增益的半可变电容，如图4-6所示。

由于磁棒的磁导率很高，当它平行于电磁场的传播方向时，就能大量聚集空间的磁力

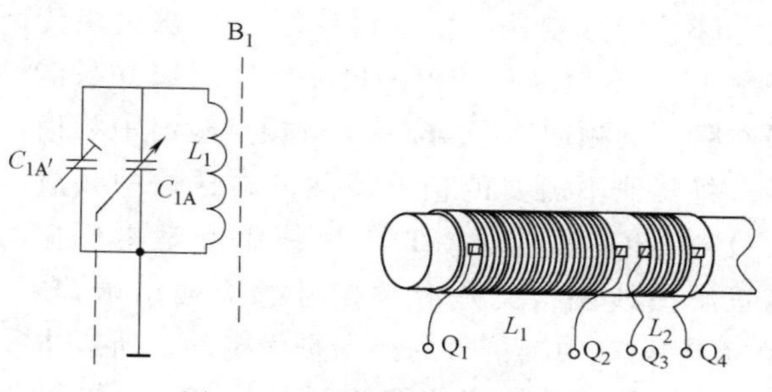

图 4-6 天线输入回路电路图

线，而且初、次级之间似全耦合，使绕在磁棒上的调谐线圈 L_1 能感应出较高的外来信号，同时还可以抑制其他非接收方向的干扰，从而有效地改善了信号的噪声比。

天线输入调谐回路中 C_{1A} 是双联可变电容器中的一联，当调节 C_{1A} 的容量从最小到最大时，则回路的谐振频率从最高 1605kHz 到最低 535kHz 的范围内连续变化。调谐回路就是调节它的自身回路谐振频率，当它同许多外来信号中的某一电台频率一致时，并联谐振回路发生谐振，阻抗最大，电路两端电压最高，此时 L_1 两端的外来信号的电压达到最大，同时 L_1 两端其他非谐振的外来信号的电压被大大压低，从而达到选频的目的。所以，在众多信号中，只有载波频率与输入调谐回路相同的信号时才能进入收音机。

将天线输入调谐回路 L_1 的一端接地，可减少人体感应现象。

电路中磁棒上的 L_1 线圈匝数为 54~70 匝，L_2 为 8~12 匝。线圈 L_2 的匝数偏多，声音可以响些，但选择性差。L_2 匝数如偏少，选择性略可提高，但声音低些。为了提高天线输入调谐回路的性能，采用多股纱包线来绕制 L_1 线圈或分段绕制 L_1 线圈，以提高灵敏度和选择性。

天线输入调谐回路等效电路，如图 4-7 所示。

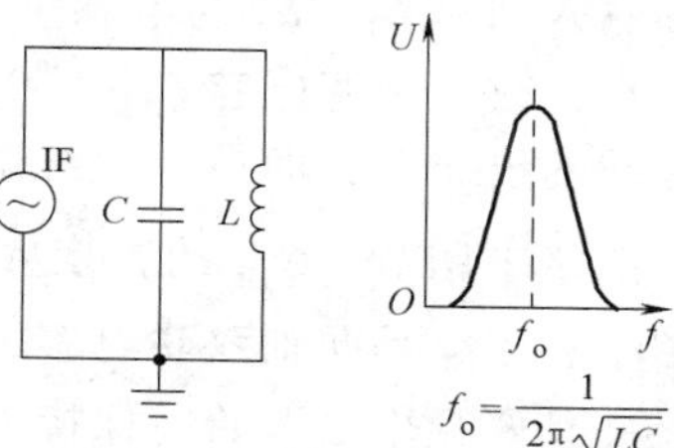

图 4-7 天线输入等效电路

由此可见，天线输入调谐回路是一个并联谐振回路，由 $C_{1A'}$、C_{1A} 和 L_1 并联组成。并联谐振时阻抗呈现最大值，此时在 L_1 的两端获得最大电压值（电流呈现最小值）。此谐振电压感应给 L_2，使 L_2 能获得最大的感应电压，即 Q_1 基极获得预选台的高频调幅信号。

4.2.2 变频级

1. 变频级概论

变频级是将天线回路接收到的高频调幅信号转变成固定的 465kHz 中频调幅信号，然后送到中放级去放大。

变频级具有振荡、混频、选频三大功能，其电路原理图如图 4-8 所示。

2. 变频级电路工作原理

（1）本机振荡电路　本机振荡调谐回路由 T_1 一次绕组和 C_{1B}、$C_{1B'}$ 等组成，本机振荡信号是等幅高频振荡信号，经 C_3 耦合至 Q_1 发射极。

（2）混频电路　由磁性天线线圈感应的电台信号经输入回路选出所需电台，通过 L_1 和 L_2 的互感送入 Q_1 的基极，Q_1 既是混频管又是高放管，B_1 次级线圈传输给 Q_1 基极信号是调幅广播信号，Q_1 的基极与发射极处两信号经叠加放大后，输出混频信号，由于晶体管的非线性作用，所以混频产生的信号除原信号频率外，还有二次谐波及两个频率的和频分量和差频分量，其中差频分量就是我们需要的中频信号，它是载波频率为 465kHz 中频调幅信号，信号包络线就是音频信号，其频率并没有改变。

(3) 选频电路　混频信号经 T_1 二次绕组传输至 T_2 一次绕组和边上的槽路电容组成并联谐振回路，选频回路在 465kHz 谐振点检出中频信号，将其他不需要的信号滤除，并送往中频放大级 Q_2、Q_3 去放大。T_1 二次绕组既是本机振荡正反馈线圈，又是混频信号感应输出端口。因为 465kHz 中频信号的频率是固定的，所以本机振荡器的频率始终比接收到的外来信号的频率高出 465kHz，这也是超外差的定义。

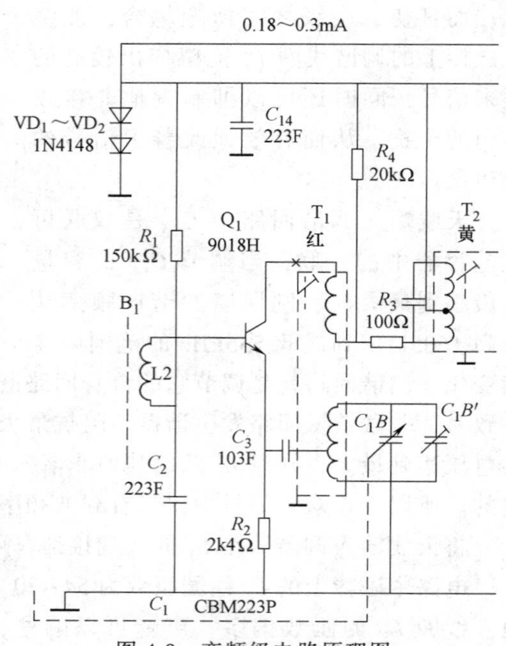

图 4-8　变频级电路原理图

(4) 收音机的工作频率范围　为了满足频率覆盖的要求，需要在整个波段内都能差频出 465kHz 的中频信号。为了在整个波段内具有较高的灵敏度和选择性，需要反复调节 L_1、L_2 的电感量和 $C_{1A'}$、$C_{1B'}$ 的电容量，调节 T_1 振荡线圈和输入回路 L_1、L_2 的电感量，找到低频端的统调点，改变微调电容 $C_{1A'}$、$C_{1B'}$ 的容量，找到高频端的统调点，即俗称“统调”。

电路中调节，C_{1B} 的容量从最大值到最小值，可使本机振荡频率为 1000~2070kHz。因为 C_{1A} 和 C_{1B} 是同轴双联电容，所以当输入回路谐振频率改变时，本机振荡频率也随着改变，并且两频率之差始终保持为 465kHz，正好接收 535~1605kHz 的外来信号。

(5) 变频电路中的主要元器件功能　由于 Q_1 的基极是经过 B_1 天线线圈的次级 L_2 和电容 C_2 接地的，对振荡信号呈现出极小的阻抗，这就形成了晶体管基极高频接地、发射极注入信号、集电极输出信号的共基极振荡电路。振荡耦合电容 C_3 和基极旁路电容 C_2 的容量与工作频率有关，如果容量选得太大，可能会使变频级产生寄生振荡或间歇的自激振荡现象；反之，如果容量选得太小，将会产生灵敏度不均匀或低端停振现象。

调整 R_1 使 Q_1 的集电极电流 $I_{C1}=0.18\sim0.3$mA，Q_1 将处于稳定工作状态，并有足够大的增益和较高的信噪比。

T_2 是谐振于 465kHz 的中频变压器；二极管 VD_1、VD_2 的钳位电压为晶体管 Q_1、Q_2、Q_3 提供稳定的工作电压；C_{14} 可以消除高频寄生耦合。

4.2.3　中频放大电路

1. 中频放大电路概述

中频放大电路是将中频信号进行放大，使得到达检波器电路的中频信号振幅足够大，从而满足检波管所要求的信号大小。

中频放大电路是收音机的重要组成部分，它的性能好坏将直接影响收音机的电气性能，如灵敏度、选择性、失真和自动增益控制等指标，其电路如图 4-9 所示。

中频放大器是一种调谐放大器，它的工作频率为 465kHz，由于工作频率较低，所以它的增益可以做得很高而不产生自激振荡。

2. 中周

T_2、T_3、T_4 为中频变压器，称为中周。它们的一次绕组和边上的槽路电容组成 LC 谐振回路，谐振于 465kHz，所以只有 465kHz 的信号才能通过中周，从而提高了整机的选择性。

中周的作用主要包括：

（1）选频作用　它仅谐振于 465kHz。

（2）耦合作用　前级的信号是通过耦合线圈送到下一级去放大的。

（3）匹配作用　适当选取二次绕组匝数就可以和下一级输入阻抗相匹配，使输出最大。

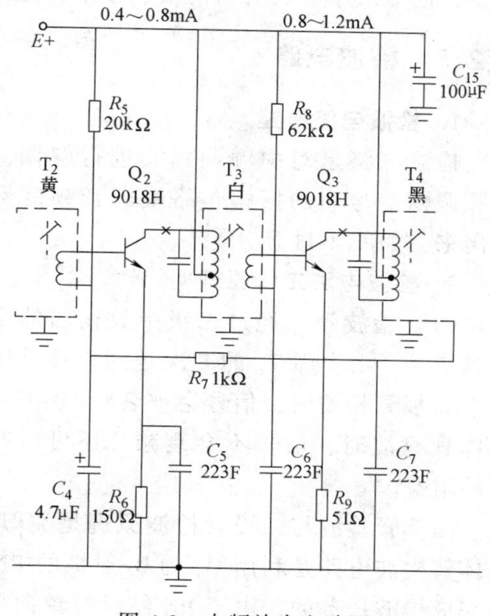

图 4-9　中频放大电路图

3. 中频放大电路工作原理

晶体管 Q_2 的静态工作电流由 R_5 来调节，一般取 $I_{C2}=0.4\sim0.8$mA。Q_3 管的静态工作电流由 R_8 来调节，一般取 $I_{C3}=0.8\sim1.2$mA。C_4、C_5、C_6、C_7 是旁路电容。R_6、R_9 是负反馈电阻，用来稳定 Q_2、Q_3 的静态工作电流。

中频调幅信号经 T_2 一次绕组和边上的槽路电容组成的并联谐振电路选频，通过 T_2 二次绕组送至 Q_2 基极进行放大，T_3 一次绕组和边上槽路电容组成的并联谐振回路进一步对信号加以选择，然后由 T_3 二次绕组送至 Q_3 基极再次进行放大，T_4 二次绕组和边上槽路电容组成并联谐振回路，再次对信号加以选择，而后由 T_4 二次绕组送至 Q_4 基极，进入检波电路。所以每只中周的匝数比是不同的，不能装错。

中频放大电路要求有足够的中放增益（60dB），常采用两级放大，同时还必须要有合适的通频带（10kHz），频带过窄，音频信号中的各频率成分的放大增益不同，将产生失真；频带过宽，抗干扰性将减弱，选择性降低。为了实现中放级幅频特性，中放级都以 LC 并联谐振回路为负载的选频放大器组成，极间采用变压器耦合方式。

4.2.4　自动增益控制

1. 自动增益控制电路功能

收音机中设计自动增益控制（AGC）电路的目的是：接收弱信号时，使收音机的中放电路增益增高，而接收强信号时自动使增益降低，从而使检波前的放大增益随输入信号的强弱变化而自动增减，以保持输出的相对稳定。

2. AGC 电路工作原理

由 R_7、C_7 组成的自动增益控制电路是一种直流电压并联负反馈电路（图 4-10）。中频调幅信号经二级中频放大后，经 T_4 一次绕组耦合到二次绕组，C_7 可过滤中频调幅信号中的高频交流成分，故在 C_7 即 Q_4 基极会得到含有直流成分的音频信号电压，其中直流电压 U_{AGC} 为自动增益控制电压，大小与输入信号成正比，但电压的方向为负极性。U_{AGC} 电压通过 R_7 流至第一中放 Q_2 的基极，经 C_4 滤去 U_{AGC} 电压中的交流（音频）成分。当输入信号较强时，AGC 电压随之增大。由于是负反馈，所以第一中放管 Q_2 基极电位下降、集电极电流减少，使该级中频放大器的增益减小，达到自动增益控制的目的。

4.2.5 检波电路

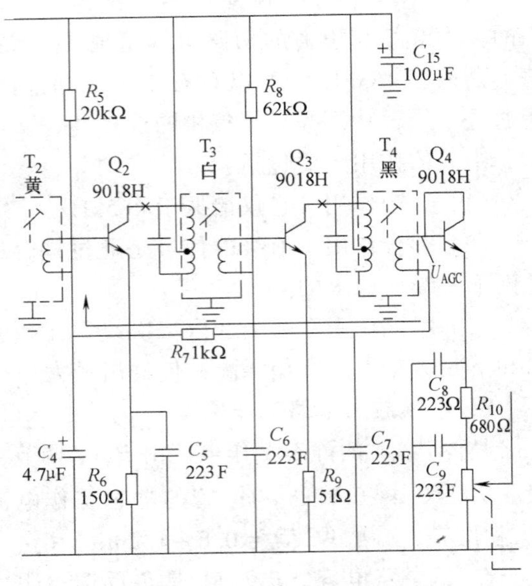

图 4-10 自动增益控制电路

1. 检波电路概述

检波电路是对中频调幅波进行解调，将中频调幅信号中的振幅包络线即音频信号检波出来，如图 4-11 所示。

2. 检波电路工作原理

（1）检波管　经过二级中放输出的中频调幅信号，由中周 T_4 的二次送到检波晶体管 Q_4。二极管检波时，信号会被衰减 10~20dB。晶体管检波时，信号不会衰减，还可以有一定的增益。

晶体管检波与二极管检波原理是类似的，晶体管检波电路是利用 Q_4 的基-射极的 PN 结来完成检波任务的，由于 PN 结具有单向导电性，可使调幅信号的负半周被截去，变成了正半周的调幅脉动信号，它包含残余中频、音频和直流三种成分。

（2）π 滤波器　如图 4-11 所示，C_8、C_9 和 R_{10} 组成的 π 形 RC 滤波器，其实就是一种二级滤波器，电位器是负载电阻，C_8、C_9 容量选值要求对中频所呈现容抗很小，对音频所呈现的容抗较大，对直流所呈现的容抗无限大，因此对音频和直流而言，并没有被 C_8、C_9 旁路掉。R_{10} 对中频、音频、直流成分的分压是一视同仁的，R_{10} 阻值不能太大，因为当信号中的直流和音频信号流过 R_{10} 和电位器时，会在两电阻上产生压降，R_{10} 阻值越大，在 R_{10} 上的电压降越大，则在电位器上的压降越小。中频调幅信号经过 π 形滤波后，大部分中频成分被 C_8 滤除，C_9 进一步滤掉残余的中频成分，检波输出的音频信号电流通过电位器，就能得到一个与原来调制信号规律相同的音频信号电压。经过 C_{10} 交联电容隔除直流后，耦合到低频放大级去放大。

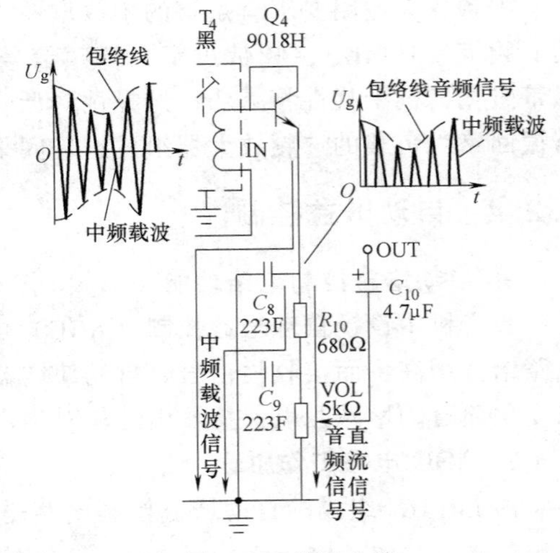

图 4-11 检波电路

（3）检波电路的信号处理过程　检波原理是当中频调幅信号的负半周进入 Q_4 输入端时，Q_4 基-发射极反向偏置，无信号电流产生。当 Q_4 输入到某一正半周峰值时，Q_4 基-发射极导通，信号电流通过 Q_4b-e 极对 C_8、C_9 充电，使 C_8 两端的电压达到信号最大值。当第二个负半周信号到来时，Q_4 的输入电压小于 C_8 上的电压时，Q_4 截止，C_8、C_9 向负载放电，使 C_8 两端的电压有所下降。由于输入信号频率很高，电容 C_8 放电时间常数远大于充电时间常数，这

样在放电时 C_8 上的电压变化不会太大。再当第二个正半周信号（下一个峰点）到来时，信号电流再次对 C_8、C_9 继续充电，使 C_8 两端的电压再次达到信号的最大值。如此反复循环，可使 C_8 电容两端的电压幅度与输入信号电压幅度非常接近，从而能将中频信号中包含的音频信号包络线检测出来，如图 4-12 所示。图 4-12b 所示实际输出的波形比图 4-12a 所示的要光滑得多，与信号包络线几乎完全一致。

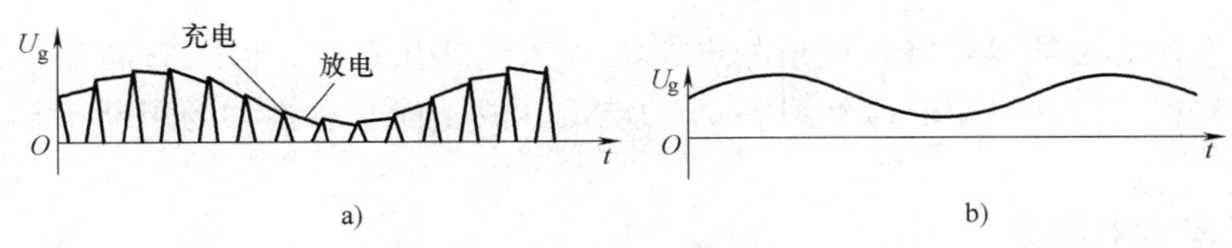

图 4-12　检波信号处理图

a）中频调幅信号　b）音频信号

图 4-13 所示为典型检波等效图，我们也可从阻抗的角度来分析检波电路，电阻 R 和电容 C 构成并联回路。如果在 RC 参数的选择上使容抗 Z_C 远小于电阻 R（f=465kHz），半波调幅脉动信号中的中频成分及高次谐波成分将主要流经电容 C，而很难在电阻 R 上建立电压。对于半波调幅脉动信号中的音频成分，则应使容抗 Z_C 远大于电阻 R（$f\leqslant$20kHz），这样音频信号被电容器阻拦，而流向电阻 R，并在电阻 R 上建立电压。

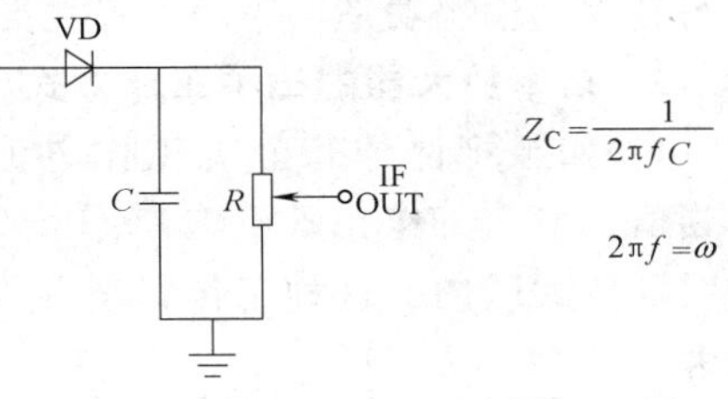

图 4-13　检波等效图

4.2.6　低频放大电路

1. 低频放大器

低频放大器是对检波后的音频信号进行电压放大，放大到几十到几百倍。

高频调幅波的信号从天线回路接收后，由检波级输出的音频信号很小，大约只有几毫伏到几十毫伏，为了有足够的功率去推动扬声器发出声音，必须要对音频信号进行放大。

2. 低频放大电路工作原理

图 4-14 所示为超外差式收音机的低频放大电路，由两级低放组成。R_{11}、R_{13} 和 R_{16} 是低放管 Q_5 的偏流电阻，其中 R_{11} 又是 Q_5 的反馈电阻，C_{11} 是耦合电容，C_{16} 是退耦电容，R_{14} 是低放管 Q_6 的偏流电阻，Q_6 的集电极电流 I_{C6} = 3～5mA。检波输出的信号经过 Q_5、Q_6 两级低放的放大加到输入变压器 T_2 一次绕组。T_2 是 Q_6 的集电极耦合变压器，也是 Q_6 的负载。输入变压器的主要作用是：

1）耦合作用。耦合就是利用变压器把放大了的信号输送到下一级去。

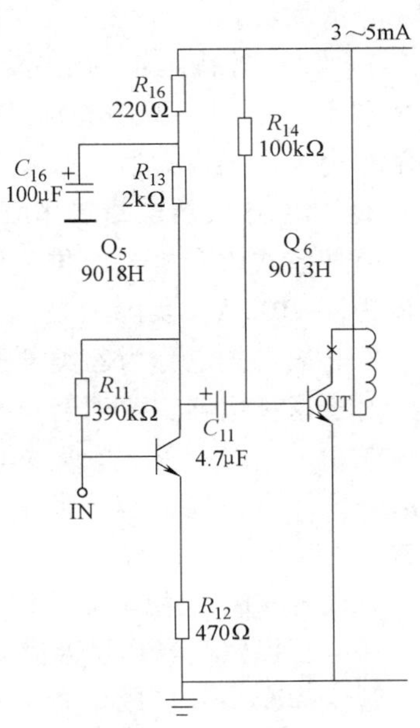

图 4-14　低频放大电路

2）匹配作用。匹配就是合理选择 B_2 一次绕组和二次绕组的匝数比，将耦合的信号输出幅度达到最大值。

3）倒相作用。倒相是由于变压器二次绕组有中心抽头，两端对中心抽头端信号相位相差 180°，因此从变压器二次绕组能得到两个相位相反、幅度相同的信号电压。

4.2.7 功率放大器

低频放大器输出虽然可将音频信号电压放大几十到几百倍，但是它的带负载能力还很差，它的内阻比较大，只能输出不到 1mA 的电流，故不能直接推动扬声器工作，还需进行功率放大。

1. 功率放大器原理

功率放大器是将前级音频信号加以放大，保证收音机有足够的电流以达到所需的输出功率，使扬声器发出声音。

功率放大电路如图 4-15 所示，Q_7、Q_8 和 B_2、B_3 组成了收音机末级功率放大器，为了获得较大的输出功率，采用甲乙类推挽功率放大电路。

2. 功率放大器的三种工作方式

1）如果把晶体管静态工作电流调到适当值，使它工作在既不饱和，也不截止的线性放大区内，这种工作状态称为甲类放大器。

2）乙类推挽放大电路的特点是，在静态时，管子的集电极电流为零，从而使晶体管在半周期内工作，这种工作状态称为乙类放大器。

3）如果把晶体管的静态电流，调在甲类和乙类之间，即静态工作电流很小，通常称为甲乙类放大器。

3. 功率放大器电路工作原理

超外差式收音机末级推挽电路的静态电流为 4~10mA，实际上是甲乙类工作状态，但一般仍把它称为乙类推挽放大器。

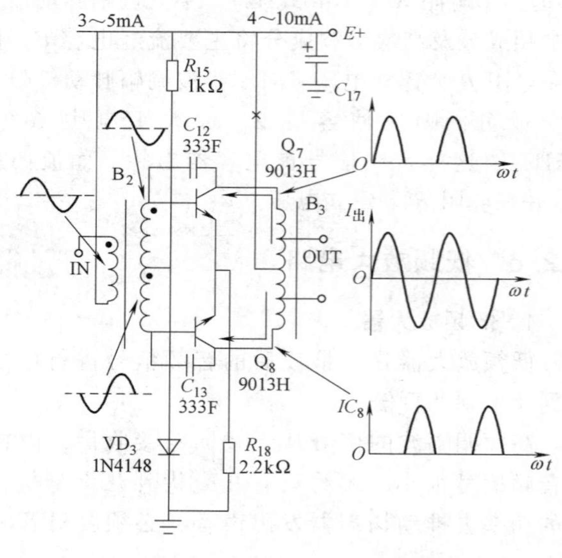

图 4-15 功率放大电路

对于这种电路，要求两只推挽管 Q_7、Q_8 参数基本相同。并且在无信号输入时，静态电流应较小，电路中 R_{15} 是偏置电阻，可调节 Q_7、Q_8 静态电流的大小，一般取 I_{C7}、I_{C8} = 4~10mA，C_{17} 是退耦电容，使输出变压器一次绕组的中心抽头交流接地，并使功放级电源稳定。

二极管 VD_3 起稳定晶体管 Q_7、Q_8 工作及温度补偿作用。Q_7、Q_8 基极工作电压由 VD_3 的导通电压提供。当环境温度升高时，Q_7、Q_8 基极工作电流会增大，同时 VD_3 随温度的升高而管压降变小，造成偏置电压减小，使 Q_7、Q_8 基极电流减少，使集电极电流也随之减少，起温度补偿的作用，从而使推挽功率放大器工作稳定。

B_3 是自耦输出变压器，可提高音频信号的输出效率。

当信号输入时，输入变压器的二次绕组将引出两个信号，并分别加到 Q_7、Q_8 的基极，由于两个信号幅值相同、相位相反，因此两只管子将交替工作，一个放大正半周的信号，另一个放大负半周的信号。在输出变压器的输出端便可得到完整的正弦波信号电压。由于充分利用了每只管子进行放大，所以输出信号幅度很大。

4.2.8 扬声器

将音频信号转化为声波，由扬声器播放声音。

4.3 超外差式调幅收音机的调试步骤

4.3.1 性能指标

收音机安装完毕后，必须进行调试才能达到预定的性能指标要求，因此调试工作十分重要，它将直接影响收音机的质量，收音机性能好坏有以下五项指标：

（1）额定输出功率　额定输出功率是在非线性失真的允许范围内，收音机最大的输出功率。单位用毫瓦（mW）或瓦（W）来表示，输出功率越大则声音越响。

（2）灵敏度　灵敏度是收音机接收微弱信号的能力。灵敏度高的收音机则能收到远地和微弱信号的电台。灵敏度的高低是以输入信号的电场强度来表示，单位是 mV/m。具有二级中放电路的超外差式收音机，其灵敏度可超过 1mV/m。

当收音机依靠外接天线或拉杆天线来接收电台信号时，是用输入信号电压单位 μV 的大小来表示灵敏度，数值越小则灵敏度越高。

（3）选择性　选择性是指收音机分隔邻近电台的能力。因为我们所处的空间存在着各种频率的无线电波，而收音机应当具有从中选出所需电台的能力。

对于三级机，选择性指标规定在对接收电台两边相距±9kHz 处，干扰信号衰减量不能小于 20dB，分贝数越大，说明选择性越好。

（4）整机的频率特性　频率特性是衡量收音机在音频范围内，对不同频率信号有无均匀放大的能力。整机频响好，放音频率范围就宽。三级机要求是 150~3500Hz 范围内输出的电压不均匀度在 10dB 内。

（5）频率范围　接收频率的范围，一般简称为波段。普及型收音机只有中波段，其接收的频率范围为 535~1605kHz。只有一档短波的收音机，其短波段频率范围为 4~12MHz。有二档短波的收音机，一般为 2~18MHz，分为二档。

4.3.2 静态工作点的调整

（1）调整各级管子的静态工作电流　要使收音机工作正常，首先要调整每只管子的静态工作电流达到设计要求，根据前面各图指示调节偏流电阻。

1）变频级。改变 R_1 阻值，使 I_{C1} = 0.18~0.3mA

2）第一中频放大级。改变 R_5 阻值，使 I_{C2} = 0.4~0.8mA

3）第二中频放大级。改变 R_8 阻值，使 I_{C3} = 0.8~1.2mA

4）低频放大级。改变 R_{14} 阻值，使 I_{C6} = 3~5mA

5）功率放大级。改变 R_{15} 阻值，使 I_{C7}、$I_{C8}=4\sim10\text{mA}$

在线路中有梅花形记号的电阻为偏流调节电阻。

测电流时可用电流表串在晶体管的集电极回路中，也可用电压表测量发射极电阻上的电压，再算得电流。静态工作点都在无信号输出的情况下测得，一般先调末级，再调前级。

（2）调整中频　使用 JSS-20 集中扫频信号发生器、NW11503 工位衰减器和 NW4861C X-Y 显示器等专用仪器调试，使其工作在 465kHz。

（3）收音机三点的统调　即中波在 530kHz、1080kHz、1635kHz 设三点频标，统调是用收音机专用调试仪器来调试完成的，具体使用请查看相关资料。

4.3.3　低频放大级测试

（1）通频带测试　收音机调至无台处，然后对低频放大级进行通频带测试，具体接线如图 4-16 所示。

（2）低频放大级通频带测试步骤

1）将信号发生器的输出电平（幅度）调至 10mV，频率倍乘放在合适位置（如“10k”档），波形选择“正弦波”。

2）将示波器的测试状态设置为“交流”档，Y 轴调至“10mV”或“20mV”档，X 轴调至能显示一至二个周期波形即可。

3）逐渐旋转（加大）音量电位器，从示波器的显示屏上观察收音机的输出波形，当加大至输出波形即将产生失真时，此时输出的幅度量，即为收音机的最大不失真输出，也称最大输出。分别测出收音机在 1kHz、2kHz、4kHz、8kHz 和 16kHz 时的最大输出电平（幅度），将数据记录在实习报告内，并画出频响曲线。

（3）频响曲线绘制　曲线图如图 4-17 所示。

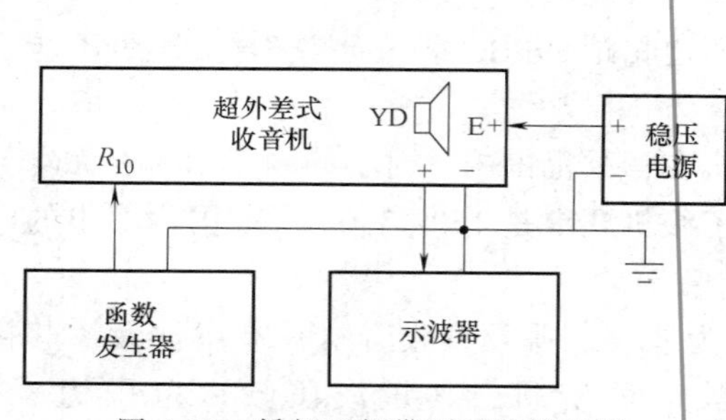

图 4-16　低频通频带测试接线框图

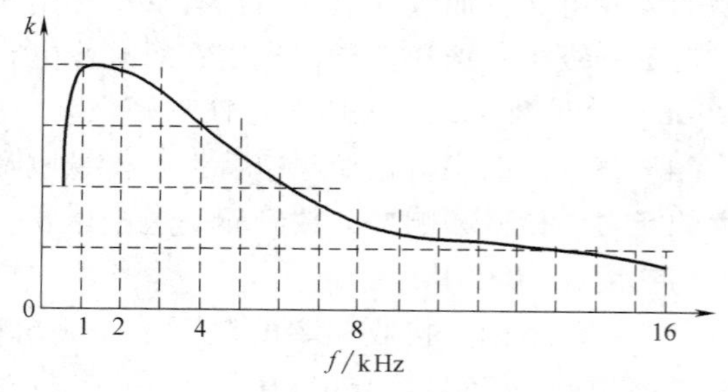

图 4-17　低频幅频特性曲线图

4.3.4　调整中频放大级

超外差式收音机的中频放大级是决定灵敏度和选择性的关键，当收音机安装完毕，并能以超外差的形式接收到电台后，便可以调整中频变压器。

新的中频变压器装上收音机后需要调整，这是由于它们所并联的槽路电容器的电容量总是存在误差，底板的布线间也存有大小不等的分布电容，这些因素会使中频变压器失谐，所以调整中频变压器是调试收音机不可缺少的一个环节。

（1）利用电台广播信号调整中频放大级　为了证明变频和本机振荡都在工作，可将收音机调到一个电台，再用螺钉旋具把双联可变电容振荡部分的定片对地短路，如声音立刻停止或音量显著减弱，这就表明变频级和本机振荡部分都在工作，这时才能开始调整中频变压器。

（2）用中频图示仪调整中频放大级　利用图示仪调整中频放大级，是一种精确的调整方法。收音机选择信号的任务是由谐振系统来完成的，它的选择性主要取决于中频谐振电路，超外差式收音机的中频谐振特性曲线如图 4-18 所示。当改变输入信号的频率时，输入信号的幅度也随着输入信号的频率而改变，如中频放大级调整在 465kHz 时，输入 465kHz 的信号时，放大级的增益最大，调偏 465kHz 时，则信号输入时放大级的增益随着减小，偏离越多，增益减小得越多，如果偏离太多则没有输出。调整中频变压器也就是为了获得一个较好的放大特性，保证收音机有较好的选择性和通频带。采用中频图示仪测量中频放大级可以直接显示选择的特性曲线，同时，用它调整中频变压器迅速、方便和直观。

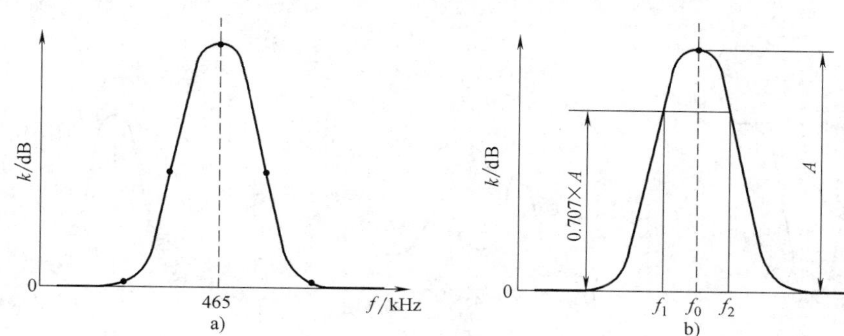

图 4-18　中频选择性的谐振曲线

a）中频谐振曲线　b）波形带宽示意图

用中频图示仪调整中频放大级时，需要把仪表和收音机连接起来。

中频图示仪的使用方法如下：

1）使用前开机预热几分钟，然后调节亮度旋钮使亮度适中。

2）调整 X 轴位置使扫描线位于水平中间。

3）调整 X 轴幅度使扫描线的长度适中。

4）调整频标亮度使扫描线中间的频标亮点清晰。

5）调整 Y 轴位置使扫描线位于显示屏下方。

6）扫描信号输入引出电缆的检测端，接到双联可变电容器与收音机天线线圈 B_1 相连的定片，引出电缆的屏蔽端接到双联可变电容器与天线线圈相连的动片。

7）Y 轴输入引出电缆检测端接到收音机检波 R_{10} 的输出端，引出电缆的屏蔽端接到检波输出的地线。

8）被测收音机的电源开启后，波段开关拨到中波段，调谐频率调到低端，再使短波本机振荡电路停振或调偏频率，预防外来信号干扰，音量电位器调小，进行无声调整。调整中频变压器 T_2、T_3、T_4 时，由最后一只顺序向前调整，要反复几次才能将中频 465kHz 调整到最佳值。

9）调整输出衰减和输出微调，使扫描信号的强度适中。

10）调整 Y 轴幅度，以获得高度适中的谐振特性曲线。

显示屏上就会显示出谐振特性曲线的正常位置，如图 4-19a 所示，表示仪表正常。

当被测收音机的中频没有调好时，仪表显示屏上显示出来的图形，如图 4-19b~f 所示。

从显示的谐振波形能够很快地看出中频放大级的增益和中心频率是否正确，选择性是否对称，检波晶体管是否接反，以及是否出现中频自激等现象，然后加以整调。

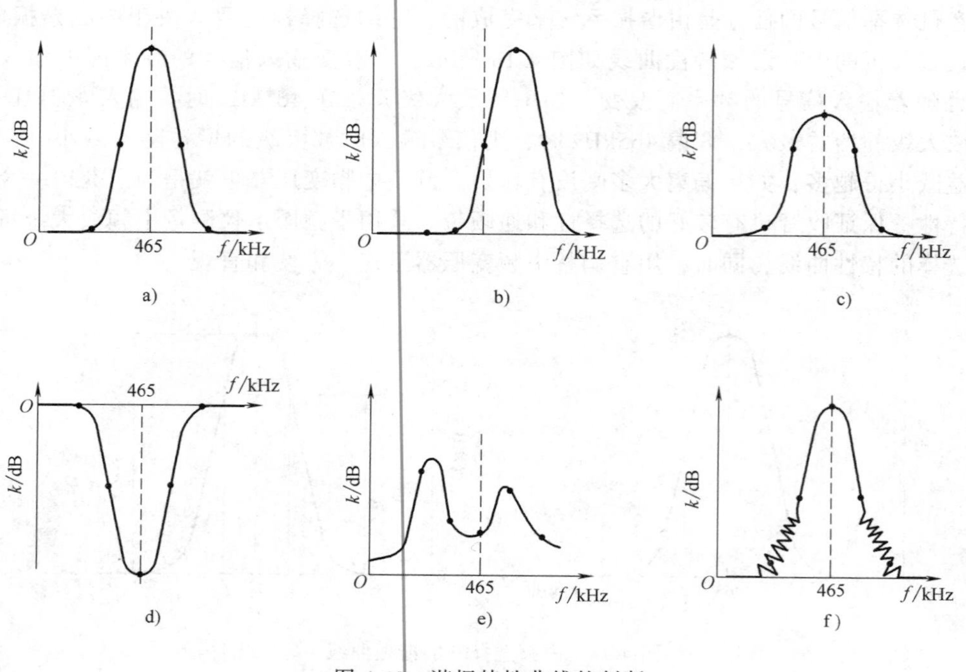

图 4-19　谐振特性曲线的判断

a）正常　b）中频调偏　c）中频增益低　d）检波管接反　e）有干扰信号　f）中频出现自激

中频放大级工作频率调整接线框图如图 4-20 所示。

4.3.5　统调（调整灵敏度）

新装的半导体收音机，必须进行统调才能达到应有的指标。所谓统调，就是使电路保持或逼近“同步”的一系列调整，通常采用的统调方法是调整振荡回路去配合输出回路，使它们的频率差值满足 465kHz，这叫作“跟踪”。

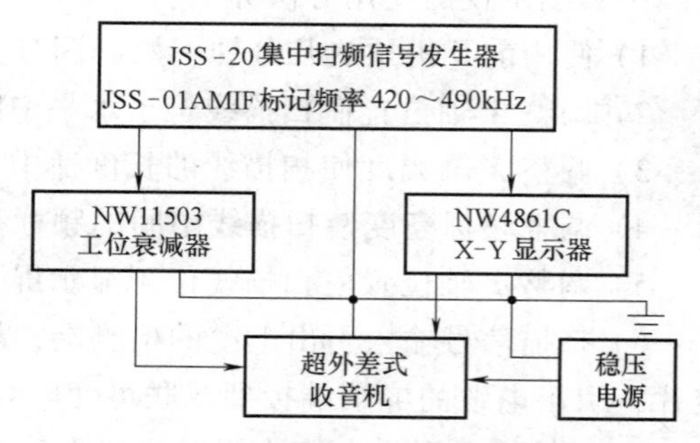

图 4-20　中频放大级工作频率调整接线框图

（1）常用的超外差式收音机的调谐回路　常用的超外差式收音机的调谐回路共有三种：

1）中频调谐回路把它固定地调整在 465kHz，使用时无需再调整。

2）本机振荡调谐回路调整时，要比收音机频率刻度盘的指示频率高 465kHz，调整后当调节可变电容器时，即可连续改变本机振荡频率达到外差接收的目的。

3）输入回路调整时，要比本机振荡的频率低 465kHz 的频率位置，其中低端、中端以及高端应取正好与频率刻度盘指标值相对应的三点（530kHz、1080kHz、1635kHz）进行统调（其他各点也要尽可能接近）。

在调谐回路里，改变振荡线圈的电感量（即变动磁心位置），就能明显改变低端的振荡频率（这对于高端同样也有影响）。当改变振荡微调电容时，则能明显改变高端的振荡频率。因此，调整频率刻度时，低端应调整振荡线圈的磁心，高端应调整振荡微调电容。

（2）调整覆盖频率范围及平衡调试的方法　按图 4-21 连接仪器和被调整的收音机，把集中扫频信号发生器输出的调幅信号接入同轴衰减器，开启收音机，检查刻度盘指针的行程，再把双联可变电容器全部旋进和全部旋出时，指针应分别指在刻度盘的 530kHz 和 1635kHz 刻度上，然后将高频信号发生器调整到 530kHz，并把双联可变电容器全部旋进，指针指在 530kHz 刻度上。用特别的螺钉旋具（无感螺钉旋具）调整振荡线圈 T_1 的磁心，使 NW4861C X-Y 显示器中的 530kHz 频率点在主波的峰顶。再把双联可变电容器全部旋出，指针指在 1635kHz 刻度上，用无感螺钉旋具调节双联可变电容器并联在振荡线圈上的微调电容器 $C_{1B'}$，使 NW4861C X-Y 显示器中的 1635kHz 频率点在主波峰顶。用上述方法由低端到高端反复调整，直到频率范围调准。

最后，还要把 530kHz 和 1635kHz 频率点所在主波的峰值调整到最大。把双联可变电容器全部旋进，指针指在 530kHz 刻度上。调节 B_1 天线输入回路中的线圈 L_1、L_2 在磁棒上的位置，使 530kHz 频率点所在主波的峰值最大。把双联可变电容器全部旋出，指针指在 1635kHz 刻度上，用无感螺钉旋具调节双联可变电容器并联在天线输入回路中的线圈 L_1 上的微调电容器 $C_{1A'}$，使 1635kHz 频率点所在主波的峰值最大。

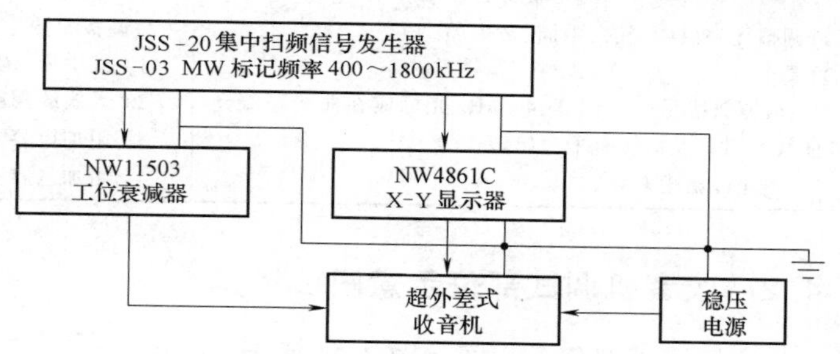

图 4-21　收音机覆盖平衡调试接线方框图

以上调整 530kHz 和 1635kHz 的频率范围和主波峰值的操作步骤，需要多次反复才能完成，务必注意。

如图 4-22 所示，1080kHz 的频率波的峰值是需要通过调节天线输入回路中的线圈 L_1、L_2 在磁棒上的位置和调节双联可变电容器并联在天线输入回路中的线圈 L_1 上的微调电容器 $C_{1A'}$来完成的，调节时既要照顾 530kHz 和 1635kHz 主波的峰值，也要照顾 1080kHz 频率波的峰值，不能顾此失彼，详细波形图如图 4-22 所示。

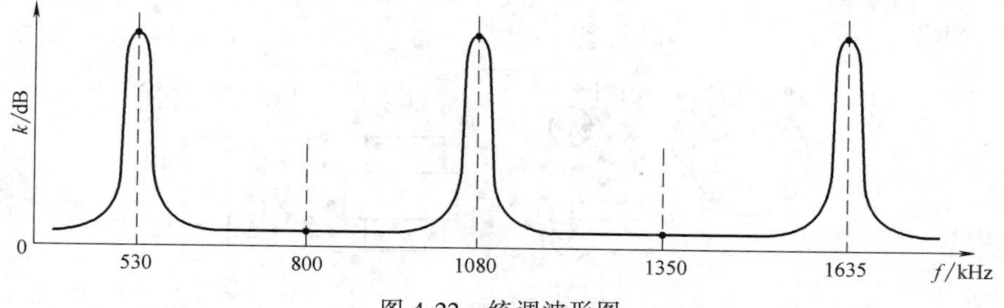

图 4-22　统调波形图

4.4 调试接线、调试部位示意图以及电路原理图

4.4.1 中频、覆盖平衡调试接线

中频、覆盖平衡调试接线见表 4-2。

表 4-2 中频、覆盖平衡调试接线

465kHz 中频调试(决定收音机的增益)	收音机覆盖和平衡调试:统调(调整灵敏度)
(1)接线 电源电压:3V 正极片:+ 弹簧:- 工位衰减器(红夹子):接双联电容的弯脚上 A 脚 (黑夹子):接负极弹簧 显示器(红夹子):接电阻 R_{10} 引脚 (黑夹子):接负极弹簧 (2)调整元件黑中周、白中周、黄中周 (3)要求 1) 谐振曲线尽可能调高,465kHz 光标应在曲线顶端允许曲线不对称及曲线有平台出现; 2) 不允许出现双峰。	(1)接线 电源电压:3V 正极片:+ 弹簧:- 工位衰减器(红夹子):接双联电容弯脚上 A 脚 (黑夹子):接负极弹簧 显示器(红夹子):接电阻 R_{10} 引脚 (黑夹子):接负极弹簧 (2)调整元件 1) 红中周:调低频 530kHz 光标位置 2) 天线线圈在磁棒上的位置:调低频端增益 3) 附加电容 B(靠左边):调高频端 1635kHz 光标位置 4) 附加电容 A(靠右边):调整高频端增益

4.4.2 收音机调试部位示意图

收音机调试部位示意图如图 4-23 所示。

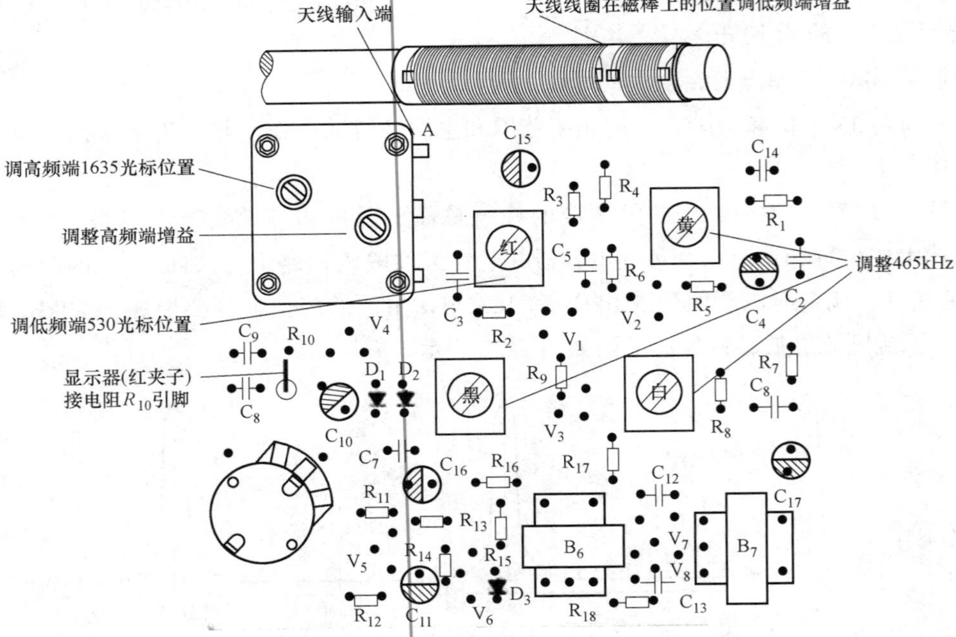

图 4-23 收音机调试部位示意图

4.4.3 B123 八管超外差式调幅收音机原理图

B123 八管超外差式调幅收音机的电原理图如图 4-24 所示。

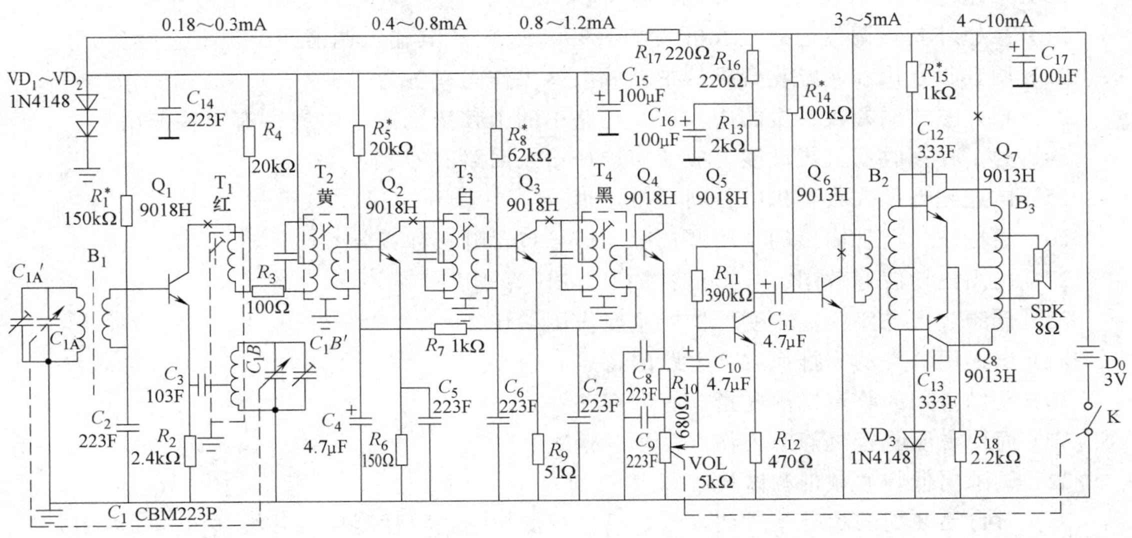

图 4-24 B123 八管超外差式调幅收音机的电原理图

4.5 思考题

1）无线电波是如何将音频信号向远距离传播的？

2）无线电波可分为哪几个波？调幅收音机使用哪些波？

3）试述长波、中波、短波和超短波的特点。

4）试画出无线电波发送过程图。

5）试画出超外差式调幅收音机的原理框图，并画出各框图间的波形图。

6）根据超外差式调幅收音机原理框图，试说明各框图的作用。

7）试画出变频电路工作波形图。

8）超外差式调幅收音机采用什么工作原理？

9）超外差式调幅收音机有哪些优点？

10）超外差式调幅收音机的调谐回路如何达到选择所需电台的目的？

11）天线输入调谐回路是一个并联谐振回路，其谐振时阻抗、电压和电流呈什么状态？

12）请写出调幅收音机中输入回路的谐振频率 f_o 的计算式。

13）为了提高超外差式调幅收音机的灵敏度，是否输入级电流放大倍数 β 应尽可能大？

14）超外差式调幅收音机的变频级由哪三部分组成？

15）超外差式调幅收音机的变频级具有哪三大功能？

16）超外差式收音机变频级输出信号中的载波频率是多少？

17）超外差式调幅收音机的本机振荡频率在什么范围内？它同所选电台频率是什么

关系？

18）中波广播的频率范围是多少？

19）某超外差式调幅广播收音机调谐于 1422kHz 时，本机振荡频率应为多少？

20）某超外差式调幅广播收音机接收 790kHz 时，变频器中各电路的信号频率应为多少？

21）某超外差式调幅广播收音机调谐于 990kHz 时，其输入调谐回路频率应为多少？

22）调频收音机和调幅收音机的中频放大器工作频率各为多少？

23）超外差式调幅收音机的中频放大电路中的中频变压器（中周）有哪些作用？

24）为了提高收音机灵敏度，应如何选择输入回路的 Q 值？

25）试述超外差式收音机的自动增益过程。

26）经检波二极管输出的半周调幅脉动信号包含哪三种成分？

27）请画出检波等效图，并写出容抗 Z_c 的计算式。

28）低频放大电路中输入变压器的主要作用是什么？

29）试述甲乙类功率推挽放大电路的特点。

30）我们常用的收音机性能指标有哪五项？

31）简要说明收音机静态工作点三步调整法。

32）试画出低频通频带测试接线图。

33）对自己装配的超外差式调幅收音机进行低频幅频特性测试，并绘制出其曲线图。

34）我们所说的调整中频放大级，主要针对什么进行调整？

35）试述如何调整低端、高端增益？如何调整低端、高端频率点位置？

36）试画出中频图示仪接线框图。

37）试画出统调仪器接线框图。

38）统调超外差式调幅收音机时，它的频率范围是多少？

39）试述万用表有哪些使用要点？

第5章

单片机设计基础

随着电子技术和计算机技术的高速发展，电子产品系统从早期过于依赖模拟器件发展到目前由数字器件实现。就收音机来说，晶体管已经被 DSP 数字芯片取代。在接收性能上，数字芯片在信噪比、选择性方面也远超晶体管收音机。同时，数字收音机在体积上可以做得更小更易于携带。生活中，不仅收音机系统产品，其他电子产品也高度融合了数字电路技术。本章主要介绍最常见的数字电路系统——单片机系统的工程应用。

5.1 单片机原理概述

单片机（Microcontroller）又称为微控制器，是一种高度集成的数字芯片，它的内部包括中央处理器 CPU、随机存储器 RAM、只读存储器 ROM、多种 I/O 口和中断系统、定时器/计数器等器件，单片机内部结构如图 5-1 所示。

单片机的历史可以追溯至 1976 年 Intel 公司推出的 MCS-48 八位单片机。目前，八位单片机已无法满足市场的需求，单片机生产厂商每年也在推出各种新产品。单片机主要朝高性能、低功耗方向发展。在实际应用中，主流的单片机有：意法半导体公司的 STM32L476，Atmel 公司发行的 ATXMEGA32 系列，Microchip 公司的 pic24fj128 系列，德州仪器 Texas Instruments 和 TI 公司的 MSP432 系列微控制器等。

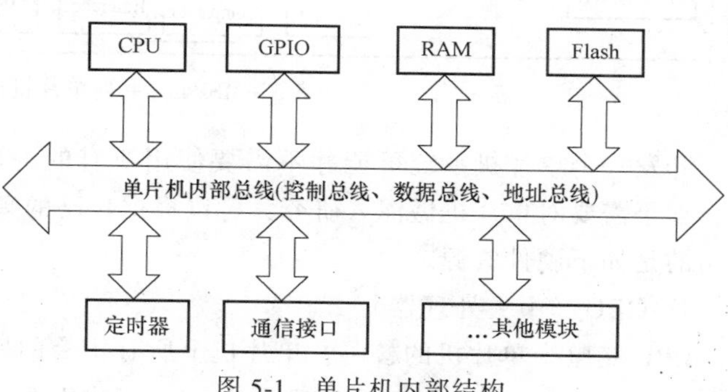

图 5-1 单片机内部结构

在设计单片机系统前，需要对系统实现的功能进行分析和评估，选用合适的单片机。实际应用中并没有一款可以胜任各种任务的单片机。在一个系统产品中究竟使用哪款单片机，需要对单片机的各种参数特征有深入的认识，在系统设计前做到量体裁衣。本书使用 TI 的 MSP432 微控制器作为实验系统硬件展开介绍，对于其他公司的产品，有兴趣的

图 5-2 MSP432P401M 微控制器芯片

读者亦可自行选择使用。在外观上单片机就是一个包含若干引脚的半导体芯片，如图 5-2 所示。

认识单片机内部资源是学习单片必不可少的环节，这里的内部资源实质上就是单片机内部的组成器件，MSP432 系列单片机的内部资源主要包括：CPU、直接存储访问控制器（DMA）、存储模块（Flash，SRAM，ROM）、定时器模块（Timer_A，Timer32，看门狗）、时钟控制模块（CS）、通信模块（eUSCI）、调试模块及其他外设模块，如图 5-3 所示。

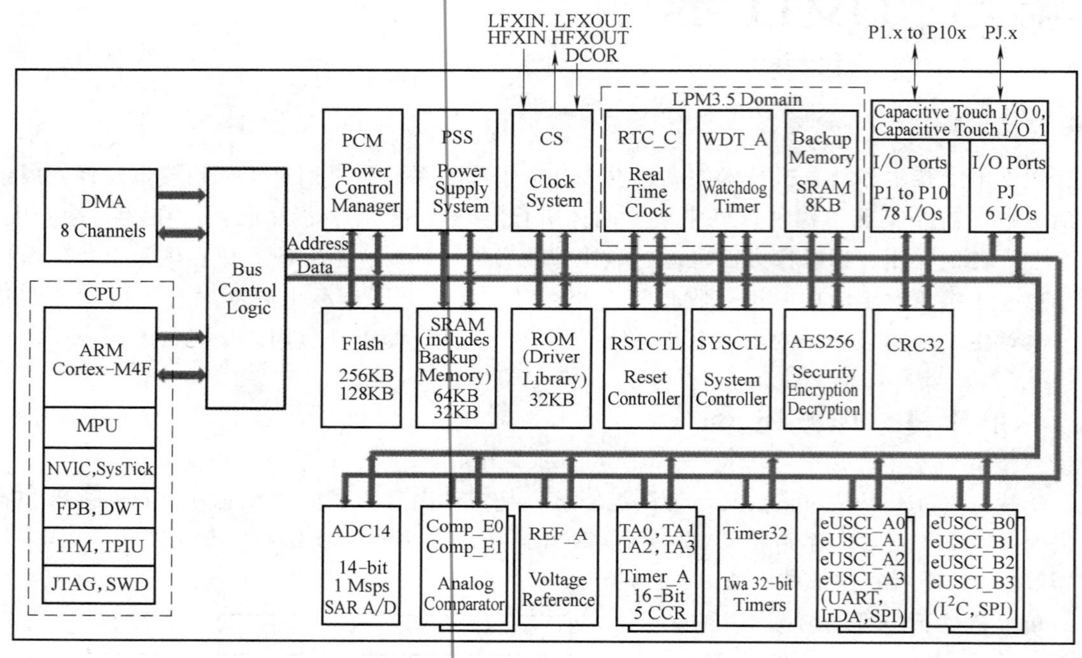

图 5-3　MSP432 系列单片机内部资源

开发一个单片机系统可能并不需要使用所有的内部资源，这里也仅介绍常用的资源模块，如果需要对单片机做深入研究，可以根据自己的兴趣另外查阅资料。单片机内部最值得说明的是如下硬件资源。

1. CPU（中央处理器）

CPU 是整个单片机的核心，单片机上所有指令的操作都必须由它负责处理。MSP432 单片机的 CPU 是由 Cortex-M4F 处理器、MPU（内存保护单元）、NVIC（嵌套向量中断控制器）、SysTick（系统节拍定时器）、FPB（Flash 补丁断点模块）、DWT（数据监测和追踪单元）、ITM（测量追踪宏单元）、TPIU（追踪端接口单元）、JTAG（联合测试工作组协议接口模块）和 SWD（串行线调试接口模块）组成。

2. Memory（存储器）

Memory 是所有单片机不可缺少的部分，它存储着系统所有的数据。对于微控制器，亦是如此。它专门用来存储临时运算结果和用户数据等。MSP432 微控制器中的存储器总共支持 4GB 的地址空间，地址空间划分为 8 个 512MB 存取区域。所有存储器空间划分为在地址段 0×0000_0000～0×1FFF_FFFF 为代码区域，此区域既可通过指令代码总线和数据代码总线访问，也可以通过系统 DMA 访问。这个区域同时映射了 Flash、ROM 和内部

SRAM 地址空间。

CPU 与存储器连线结构上，Cortex-M4F 采用了哈佛（Harvard）结构，这种结构的最显著特征是将程序指令存储和数据存储分开，属于并行体系结构，工作时将程序和数据存放在不同的存储空间里，即程序存储器和数据存储器是两个相互独立的存储器，如图 5-4 所示，这样提高了计算执行效率。此外还有一种常见的计算机结构——冯·诺依曼结构，采用了不同的数据总线与地址总线通信方式。

从指令体系结构来看，Cortex-M4F 采用了精简指令集结构（Reduced Instruction Set Computer，RISC），相较于复杂指令集结构（Complex Instruction Set Computer，CISC），RISC 十分精简、指令长度相同、寻址方式少、指令格式规整。这使得 CPU 具有较高的处理速度和指令执行效率。实际上，ARM 内核还对 RISC 结构进行了部分优化，ARM 在内核中增加了一套称之为 Thumb 指令的 16 位指令集，它一般认为是 ARM 指令压缩形式的子集，使内核既可以执行 16 位指令，也可以执行 32 位指令，从而增强了 ARM 内核的功能。目前，ARM 已申请了升级后 Thumb-2 的指令专利。

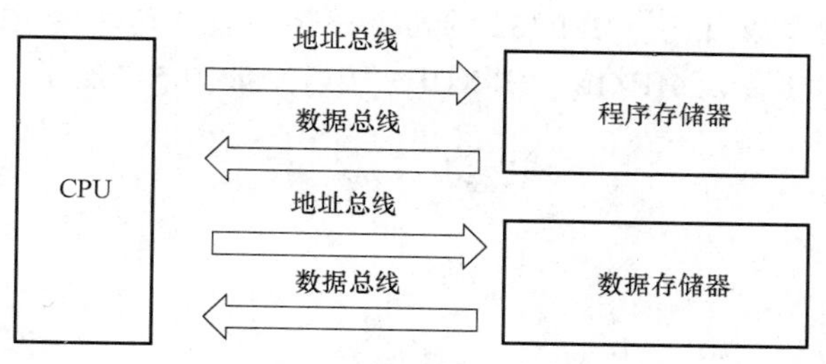

图 5-4 哈佛结构 CPU 与存储器关系

5.2 单片机最小系统与调试系统

单片机最小系统是指单片机工作时需要的最基本的工作电路系统，几乎所有单片机系统都包含最小系统，最小系统包含三个内部工作电路：电源电路、复位电路以及晶振电路。

（1）电源电路　单片机是一种电子设备，工作时需要恒定的电源信号为其提供能源，有了电源信号也直接决定了单片机内部的数字信号逻辑。51 单片机使用了 5V 作为电源信号，MSP432 则使用了 3.3V 高电平的 VCC 稳压信号源。由于单片机内部包含 ADC（模/数转换器），有时还需要在 ADC 基准电压输入口接入合适的电容使其稳定工作，如图 5-5 所示。

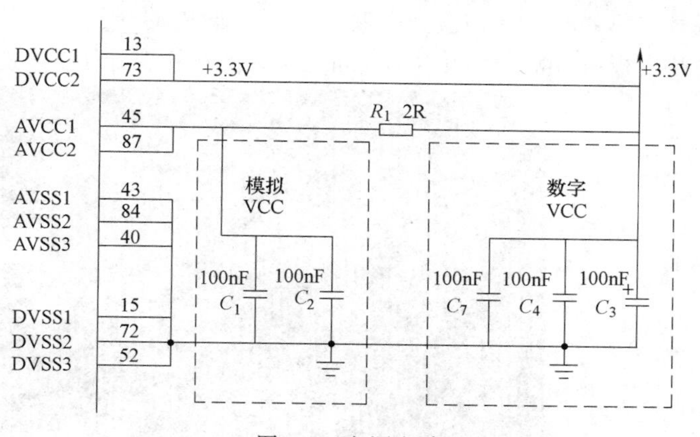

图 5-5 电源电路

（2）复位电路　在调试过程中有些“不当”的程序往往会令整个系统陷入瘫痪，此时就需要复位来重置程序，一般可以通过调试器与集成开发环境来软重置，另一种方法直接通过复位电路使单片机恢复初始状态。使用复位电路需要找到单片机的复位端口（Reset）在其外部加载合适的电容器与按键就可以实现。工作时，只需要按下 Reset 键使复位端口引脚清零，按键弹起后等电容充电完成，单片机重新上电完成复位，如图 5-6 所示。

（3）晶振电路　单片机中 CPU 的工作频率直接与晶振（晶体振荡器）有直接联系，因此，晶振直接影响单片机的时钟系统频率，当前市面上比较先进的单片机都包含内置晶振，MSP432 也不例外，其内置了 5MHz 的晶振产生 DCO 时钟信号。由于晶振频率与外部器件通信上有着特殊要求，MSP432 支持外接常用 32. 768kHz 晶振以及 48MHz 高频晶振。实现晶振电路还需要用合适的电容匹配，如果电容选用不当，晶振就不会工作，电容大小与晶振输出频率成反比。MSP432 的两个外部晶振分别使用 12pF 与 22pF 电容，分别接入 LFXIN、LFXOUT 以及 HFXIN、HFXOUT 接口，如图 5-7 所示。

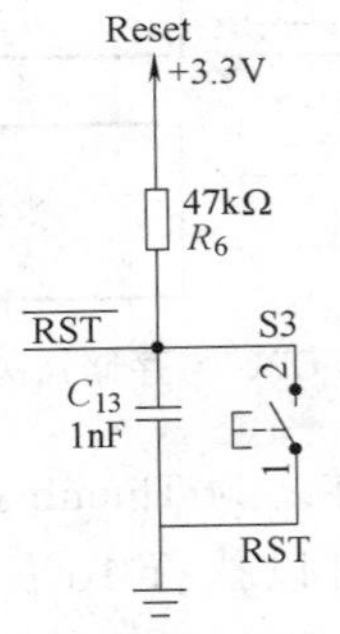

图 5-6　复位电路

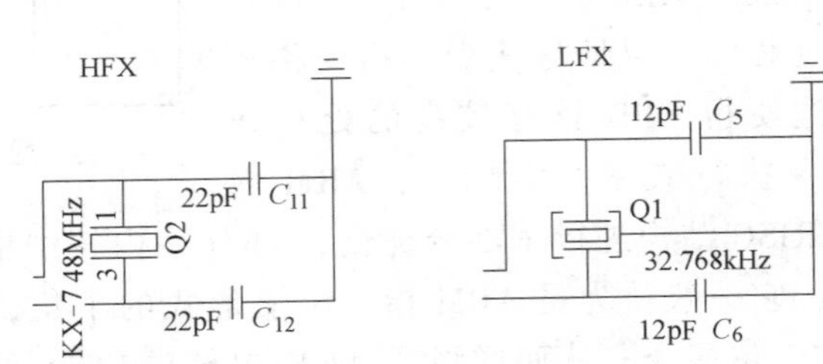

图 5-7　晶振电路

从图中可以发现电容的存在。事实上，模拟元器件在滤波、耦合等功能上有着数字器件无法替代的特性，这也是模拟器件在电子技术发展中坚守的最后一道防线。

在单片机系统开发时，开发人员往往需要实时监控单片机内部的一系列状态，比如对于一个便携式单片机系统，就需要分析其能耗输出。以往在测试环节设计人员还需要另外搭建测试电路甚至需要设计检测程序，这对于一个系统的开发周期是非常漫长的。TI 针对不同型号的单片机，专门生产了易于学习者使用的开发板，对于 MSP432 单片机，TI 推出了专门的开发板——MSP432p401r Launchpad，其外观如图 5-8 所示。

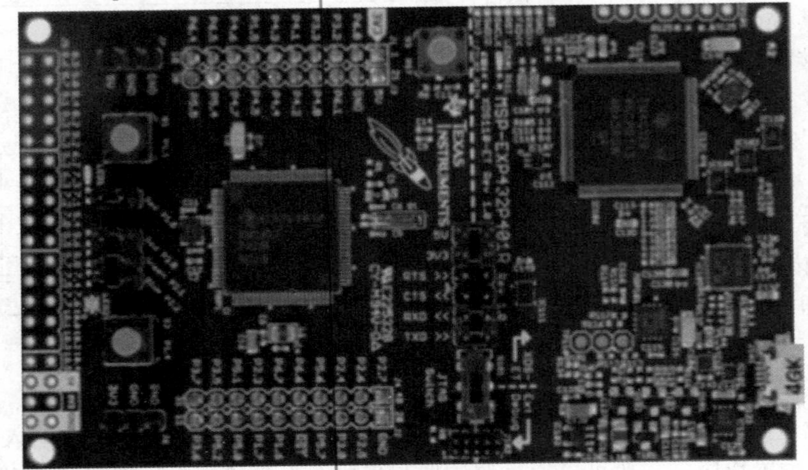

图 5-8　MSP432p401r Launchpad

为了易于学习使用，Launchpad 已经包含了单片机工作的最小系统电路。除此之外，

MSP432 不仅可以使用板上自带的 XDS110-ET 仿真调试器，还可以通过扩展引脚设计外部调试硬件[一]，如果需要设计外部功能模块，可以使用 MSP432 单片机扩展引脚，它由 Launchpad 印制板上的 BoosterPack[二]接口来实现，其外部结构与实际外观（部分）如图 5-9 所示。

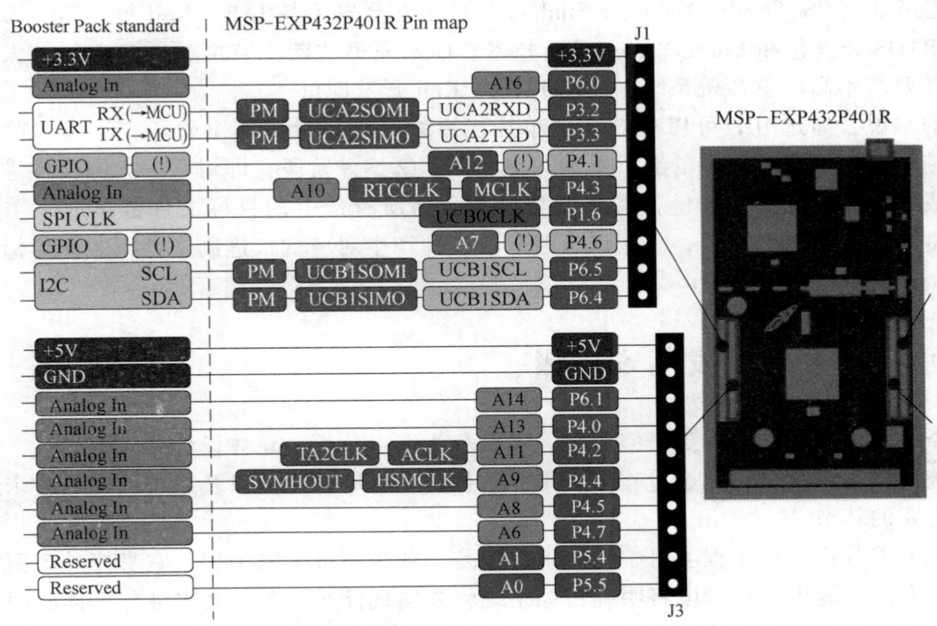

图 5-9 BoosterPack 接口外部结构与外观

5.3 程序语言与集成开发环境

和计算机系统一样，单片机系统不仅需要底层硬件支撑，其内部工作核心需要可靠的程序予以保障。开发人员一直追求一种易于阅读、移植的开发语言。早期计算机系统经常使用汇编语言来实现程序目标，但汇编语言是一种依赖机器硬件的语言，开发人员在开发程序前需要对整个硬件有近乎透彻的认识，同时，又大量使用助记符，在开发时，就比较容易出错。相对汇编语言，人们提出了高级语言，它与汇编最大的不同是其更接近人们日常使用的文字习惯，它是一种与底层硬件“无关”的语言，单片机系统一般使用 C/C++语言来开发[三]。

既然高级语言与硬件“无关”，那又怎么可以和单片机开发“联系”起来，这就需要和集成开发环境（IDE，Integrated Development Environment）打交道，IDE 所要完成的最关键任务就是将高级语言“转换”为机器语言，其实质就是将 C/C++语言的源代码转换为目标代码，即人们经常提到的编译过程，当然编译还将对源代码的语法进行检查。另外，在程序代码与系统间还有一层“接口”，称之为启动代码（Start-up Code），它会在复位目标系统后立即被执行，并对单片机内部的一些寄存器、栈指针等进行初始化。在程序开发时，无需过

[一] 一般外部调试器需要使用符合 JTAG 接口协议标准设计外部调试电路。

[二] BoosterPack 是 TI 设计规定的一种扩展接口规范，可以在 Launchpad 的基础上设计一套 TI 原生系统。

[三] C 语言是一种面向过程的语言，使用在单片机系统程序开发中较多。

多纠结在 IDE 中是如何编译形成机器码的过程，只要对程序本身进行分析即可。

在程序开发过程中，不同的程序员有不同的开发习惯，IDE 产品也不可能面面俱到，但他们实现的是同一件任务，只是在部分功能上体现出不一致性。MSP432 可用的 IDE 工具有 TI 的自主产品 CCS（Code Composer Studio），第三方开发工具 IAR、Keil 等。CCS 相对后两者包含 RTOS 开发包和 Energy Trace 分析技术。CCS 完整功能安装消耗硬盘空间较大，如果仅对功耗要求不高的单片机系统，使用 IAR 或 Keil 开发即可。

总的来说，通过 IDE 可以有效解决单片机系统软件设计的四个阶段：①编辑阶段，即用文本编辑器或集成环境中的编辑器编写源程序；②编译阶段，即对每一个源文件进行汇编或编译成一个目标文件；③链接和重定位阶段，将所有产生的目标文件链接成一个目标文件，并重新定位该目标文件；④调试下载阶段，即产生对应的二进制文件下载到目标存储器中进行调试。

5.4 单片机系统开发基本步骤

一个单片机系统从开发到最终完成，一般分为需求分析、总体设计、硬件设计、软件设计、系统调试和系统交付几个过程。其中，硬件设计、软件设计以及系统调试是整个开发过程中最重要的环节。

（1）需求分析　在工程项目中，需求分析是一项必不可少的工作，它直接关系到整个系统的设计方向。需求分析阶段将明确目标系统将要实现什么任务，会出现什么样的问题，器件运行是否可靠，或者明确输出精度、时间响应等参数。这个过程往往需要开发人员与客户保持密切沟通，一旦客户的某些需求细节遗漏，在开发完成后再进行补救将会大大降低系统稳定性。需求分析还意味着需要对开发方案进行有效的调研和论证，使用器件的价格是否在开始成本预算中可以满足需求。需求分析完成后就需要制定出设计计划书，并以此为设计方向开始后续工作。

（2）总体设计　确定了需求分析后，就可以进行整体设计。整体设计需要关注的是单片机的选用，这主要体现在单片机的性能上，之前提到不同厂商在推出一款单片机时都会强调一些该产品的特别性能，有的单片机在无线通信上可靠性强，有的体现在功耗低，有的则体现在运算的高速等。单片机系统还要有外部传感器及其他芯片协同工作，这些器件同样要权衡性能的优势。另外，有的硬件功能可以通过软件来实现，但会增加 CPU 的负担，如何取舍就是设计人员的工作。实际上，单片机系统在总体设计环节上已经确定了雏形。

（3）硬件设计　通常硬件设计是一个需要不断积累经验的工作，我们知道市场上的电子元器件种类繁多、特性各异，电子元器件在工作时还会受环境的温度、湿度、磁场等外部因素干扰，对于负载较大的单片机系统还要考虑其驱动能力是否足以长期有效的工作，电源提供是否合理。对不确定的电路可以先使用仿真软件进行硬件仿真调试，反复调试无误后方可制作实际工作电路。

（4）软件设计　软件设计要符合数据结构清晰、逻辑结构明了、实现流程规范的特点。要做到这几点，设计需要遵循程序流程图、编写代码、代码调试、优化的步骤。设计人员还要考虑软件与硬件的“耦合性”，如单片机在与外部器件通信时可以通过软件的方式模拟通信协议，简化不必要的赋值，提高内存的使用率。在调试时，可以按不同模块调试程序功能，使用极端数据测试系统可靠性等。

（5）系统交付　整个系统设计调试完成后就可以将产品交付用户。产品一般附带使用说明手册，对于特殊系统售后将实时追踪用户反馈，如在运行时发生技术问题，还需要工程人员进行维护。

5.5 单片机系统应用实验

5.5.1 基于 PWM 调制的呼吸灯实验

实现呼吸灯的基本原理是利用单片机定时器的捕获/比较中断功能输出由小到大、由大到小的占空比不同的 PWM 信号。系统工作时，连续快速的调节占空比，由于每个定时器中断周期时间很短，肉眼无法感知快速调节的占空比而产生的信号变化，在视觉上产生的“呼吸”的效果。

MSP432 单片机具有可以直接输出 PWM 信号定时器的 Timer_A，实验使用 toggle-set 方式来输出 PWM，它由 MSP432 连接至内部 TimerA0 的 GPIOP2.6 引脚直接输出。图 5-10 所示中 TA0.1 表示 Timer_A0 的 CCR1 寄存器输出 PWM。

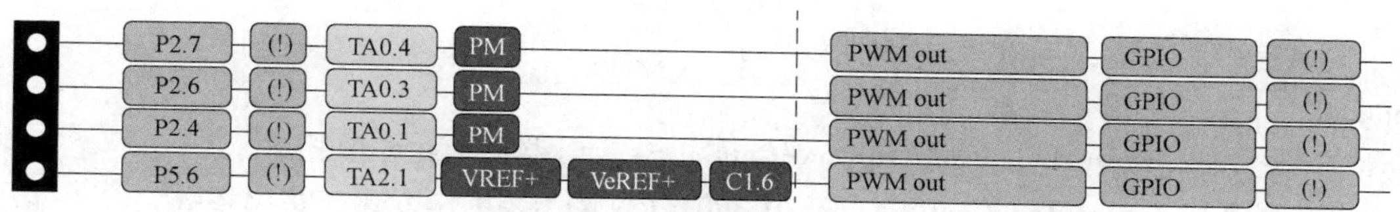

图 5-10　引脚映射图

利用 Timer_A 向上/向下工作方式直接在对应的输出端口上输出有效信号。实验使用了 MSP432 开发板直接输出 PWM 信号至外部电路，其外部电路如图 5-11 所示，P2.6 连接至晶体管 Q1 的基极，VD_5发光二极管负极连接至 Q1 的集电极，正极连接 VDD。从电原理分析，当 Q1 基极产生高电平信号，VD_5 不导通。输出低电平时 LED 导通点亮。

实验中 Timer_A0 直接控制 P2.6 端口输出。使用向上/向下模式，toggle-set 方式输出，具体 CCR 寄存器触发特性如图 5-12 所示。很显然，此输出方式下定时器计数至 TAxCCR2 时将在输出口产生信号跳变。

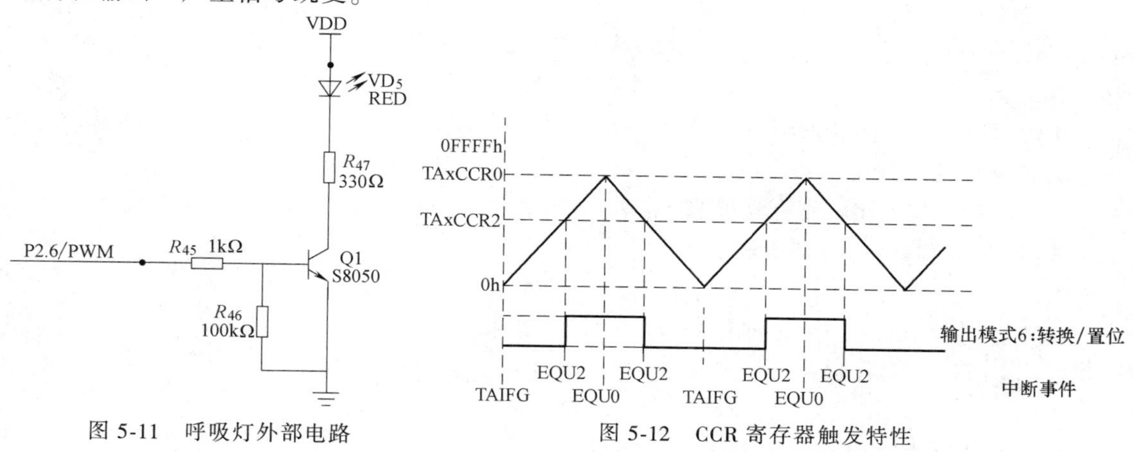

图 5-11　呼吸灯外部电路

图 5-12　CCR 寄存器触发特性

以上是呼吸灯的硬件实现电路与原理，下面将介绍系统的程序实现过程。按照软件设计的要求绘制程序流程图，如图 5-13 所示。

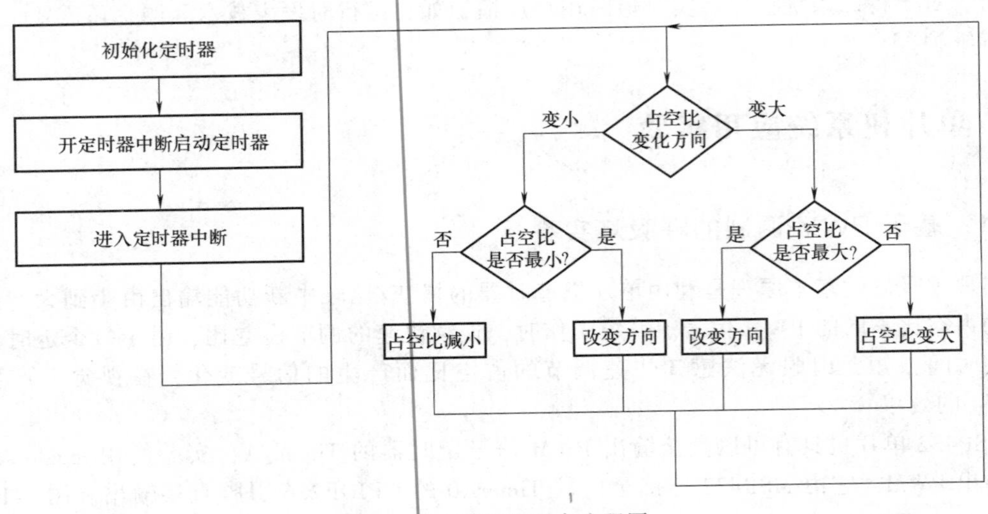

图 5-13　呼吸灯程序流程图

按照程序流程图，可以写出程序伪代码：

```
#include "driverlib. h"//驱动库文件
const Timer_A_UpDownModeConfig upDownConfig ={定时器初始化参数};
const Timer_A_CompareModeConfig compareConfig_PWM1 ={工作方式初始化参数};
int main()
{
    Timer_A_configureUpDownMode(...);//配置工作模式
    MAP_Timer_A_initCompare(...);//定时器初始化
    MAP_Interrupt_enableInterrupt(...);        //使能中断向量
    MAP_Timer_A_startCounter(...);
    while(1);
}
void TA0_Nisr()                      //定时器中断程序判断每次周期占空比变化方向
{
    MAP_Timer_A_clearInterruptFlag(...);
    if(占空比减小方向){
                比较寄存器值减小;
                if(占空比最小)
                  {
                  改变方向;
                  }
                }
    if(占空比增大方向){
```

```
            比较寄存器值增大
            if(占空比最大)
              {
              改变方向;
              }
            }
    MAP_Timer_A_setCompareValue(...);//改变比较寄存器值
}
```

编写并优化代码写入寄存器，实验结果是：发光二极管 VD_5 呈现由暗到亮，由亮到暗的呼吸灯效果。

5.5.2 使用SPI通信协议的DAC转换实验

单片机的I/O口仅能输出数字逻辑信号，如果需要输出模拟信号就要借助DAC（数/模转换器）完成。使用单片机可以通过DAC输出所需的各种模拟信号，如正弦波、三角波、方波等。由于MSP432单片机本身并不包含DAC设备，所以如果要完成输出模拟信号就要把外部DAC器件连接至单片机，单片机可以与外部其他器件的通信方式包括UART、I2C、SPI等。实验直接采用了支持SPI接口的DAC设备——DAC7512来转换数字信号，MSP432内部包含了支持SPI通信的eUSCI串行通信设备，因此，通信上可以直接通过硬件连接来实现。当然，如果单片机资源有限，也可以通过软件来模拟。

在操作DAC7512前，需要认识一下该器件的主要参数：

1）12位缓冲电压输出数/模转换器；

2）微功耗操作：5V、135μA；

3）掉电时：5V、200nA，3V、50nA；

4）电源支持：+2.7V~+5.5V；

5）上电重置为0V；

6）三种掉电模式功能；

7）配备施密特触发器的低功耗串行接口；

8）片内输出缓冲放大器，轨对轨操作；

9）SYNC中断功能。

在进行系统设计前需了解器件的内部结构，如图5-14所示。

DAC共包含6个引脚，它们的定义如下：

① $\overline{SYNC}$：电平触发控制输入（低电平有效）。输入数据时做帧同步信号，此信号变为低时，使能输入转换寄存器的同时，数据在紧接的时钟下降沿送入。DAC在以后的第16个时钟周期更新，在此时钟沿以前，SYNC变高时除外，这种情况下SYNC的上升沿则成为中断信号，写入时序将忽略。

② V_{OUT}：模拟输出端口。允许轨对轨操作（双极性输出）。

③ GND：接地。

④ V_{DD}：输入电压，+2.7V~+5.5V（MSP432提供+3.3V）。

⑤ D_{IN}：串行数据输入口。数据以16位方式在时钟信号的下降沿存入16位输入转换寄

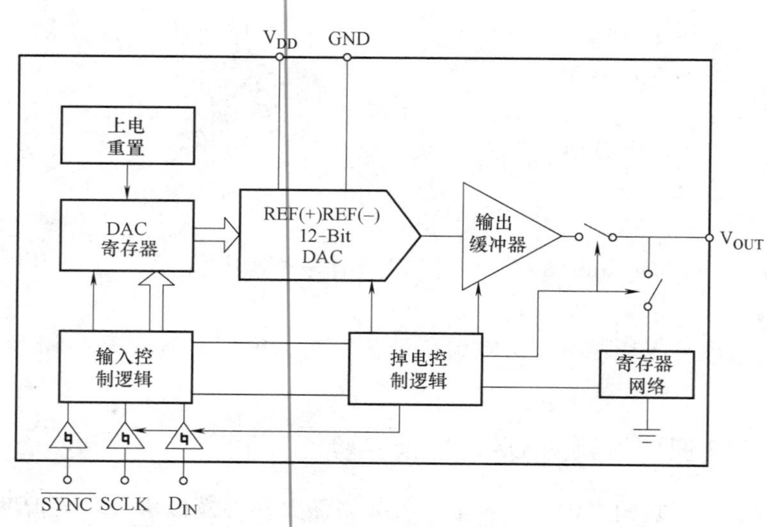

图 5-14　DAC7512 内部结构

存器。

⑥ SCLK：串行时钟输入。数据传输时钟频率最高 30MHz。

对于初次使用该芯片还要注意的事项为：在正常写时序时，SYNC 线需保持至少 16 个 SCLK 下降沿。在最后一个下降沿完成数据更新，但是，如果 SYNC 在 SCLK 的第 16 个下降沿前置高，表示写时序的中断。同时，转换寄存器被重置，写时序也视为无效。这时 DAC 寄存器中内容不会更新，操作模式也不会改变，如图 5-15 所示。

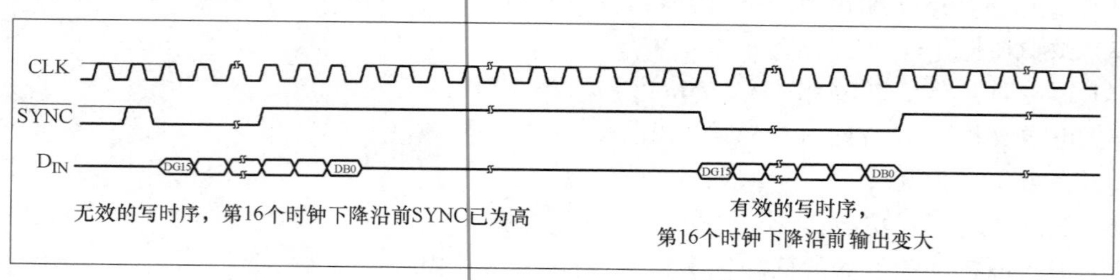

图 5-15　正常写时序

输入缓存寄存器为一个 16 位的寄存器。开始两位不必考虑。接下的两位 PD1 和 PD0 为两个控制位，控制着操作模式（正常模式或三种掉电模式）。剩余的 12 位为数据位。这些数据在 SCLK 的第 16 个下降沿送入 DAC 寄存器。数据输入格式如下：

DB15　　DB0

X	X	PD1	PD0	D11	D10	D9	D8	D7	D6	D5	D4	D3	D2	D1	D0

DAC7512 使用了 SPI 通信方式，SPI 的工作原理是，当主机要发送数据时，首先数据送入传输缓存器（Transmit Buffer）中，如果发送移位寄存器（Transmit Shift Register）空闲，就将 UCxTXBUF 中的数据移入该寄存器中。在下一个时钟上升沿时，发送移位寄存器从 UCxSIMO 引脚处发送数据，起始位是 MSB 还是 LSB 取决于 UCMSB 位的设置。同时从设备使用双向接收移位寄存器 UCxSOMI 对应端口发送数据。紧接着在 UCxCLK 下降沿时从设备

的接收移位寄存器收到主设备发送过来的数据，同时主设备接收移位寄存器也接收到从设备发送来的数据。当一个字符被完整接收到后，数据从主设备接收移位寄存器中移到 UCxRXBUF 中，同时接收中断标志位 UCxRXIFG 置位。

SPI 支持 3 线或 4 线连接方式，一个标准的 SPI 连线图（图 5-16），3 线与 4 线 SPI 接口区别在于 UCxSTE 接口是否连线。

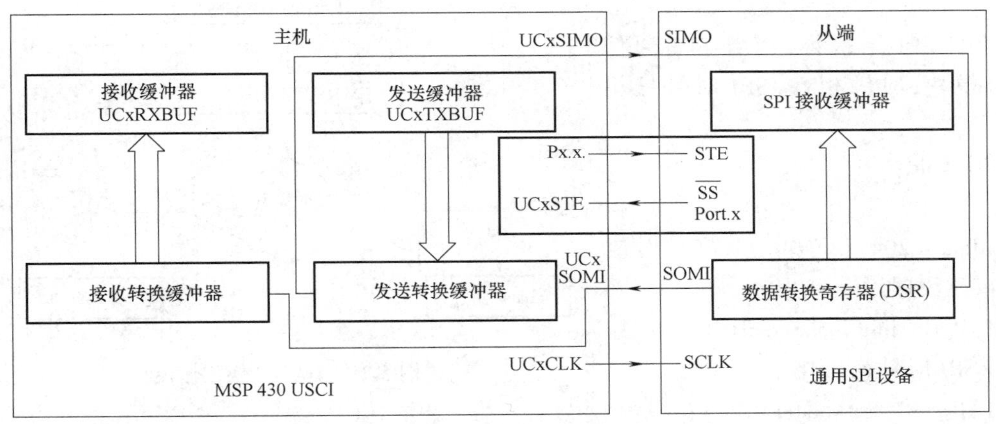

图 5-16　SPI 连线结构

实际电路设计时需要注意，DAC7512 并不包含专门的 UCxSTE 接口，同时，它只包含一个数据口 MOSI 即主机（MSP432）输出、从机（DAC7512）输入，和一个时钟接口 SCLK。但 DAC 并不需要将数据返回 MSP432，这样就略去了 SOMI 的接口。这也就意味着 DAC 通信只需使用 3 线的工作模式。具体 DAC 通信电路设计如图 5-17 所示。

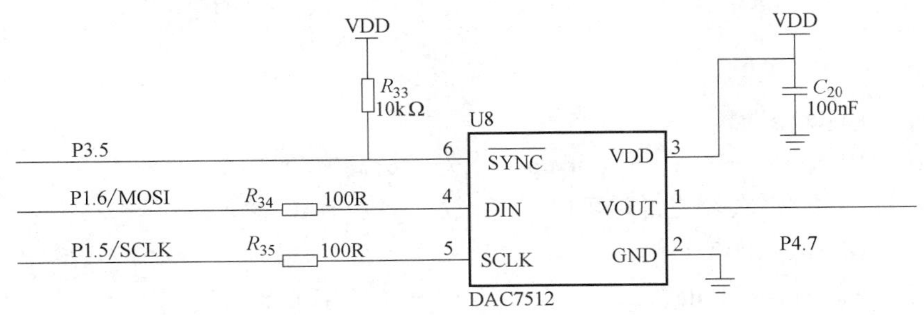

图 5-17　DAC7512 工作电路

搭建完工作电路后就需要画出程序流程图（图 5-18），在此仅介绍模拟正弦波的输出方式。对于正弦波，将希望输出波形数值映射至 DAC 输入端口，如果对于输出波形有周期的要求，可以利用一个定时器的中断按一定间隔送入这些映射的数值，这样就可以实现期望的模拟波形输出。此外，实际程序实现可以有多个方式，如果 CPU 运算能力强，可以直接通过一个表达式每次更新映射值；如果存储空间资源较为丰富，不妨利用一个静态表方式，依次获取映射值。

根据流程图，程序伪代码如下：

```
#include "driverlib.h"
```

```
volatile uint16_t txdata;//定义发送数据变量
const eUSCI_SPI_MasterConfig spiMasterConfig=
{
    ...
};//调用 SPI 结构体,设置 SPI 通信 eusciB 模块,时钟相性,SPI 时钟这里可以任意
int main(void)
{
    txdata=2047;//输出 1.65V 对应 DAC 转换数据
    MAP_CS_initClockSignal(...);
    //SPI 时钟初始化
    MAP_SPI_initMaster(...);
    //SPI 主机初始化
    MAP_GPIO_setOutputHighOnPin(GPIO_PORT_P3,GPIO_PIN5);
    //DAC 芯片要求 SYNC 先置高
    MAP_SPI_enableModule(EUSCI_B0_MODULE);
    MAP_GPIO_setOutputLowOnPin(GPIO_PORT_P3,GPIO_PIN5);
    //SYNC 置低表示 DAC 准备接收数据
    while(1)
    {
        temp=txdata>>8;
        MAP_SPI_transmitData(..., temp);//先发送高字节 8 位
        delayus();//每次发完必须延时,等待数据进入 DAC 输入缓存器
        temp=txdata&0x00ff;
        MAP_SPI_transmitData(..., temp);//后发送低字节 8 位
        if(发送数据是否为 0)
            txdata=2047;
        else
            txdata=0;
        delayus();
        MAP_GPIO_setOutputHighOnPin(GPIO_PORT_P3,GPIO_PIN5);
        //一次写入后,要更新数据时再将 SYNC 拉高,表示要写新数据
        delayus();//保持大于 33ns 的高电平确保下一写入无误
        MAP_GPIO_setOutputLowOnPin(GPIO_PORT_P3,GPIO_PIN5);//一次转换完成拉低 SYNC
```

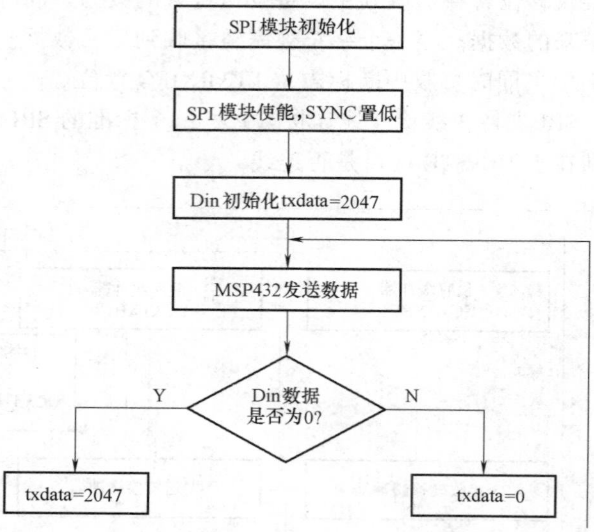

图 5-18 DAC 转换程序流程

```
    }
}
```

程序在两个字节发送完毕后，表示 DAC 更新了一次 Din 口输入数据，即开始一次数/模转换。此时程序再将 SYNC 拉高，表示要再进行一次写更新操作。如此循环，DAC 不断地更新模拟输出。在延时的过程中，程序使用了 delayus（）函数。这种方法在其他参考书中也经常出现。具体延时时间为：调试程序时，在 delayus（）语句处设置断点，在它的下一句代码处也设置断点，程序运行至 delayus（）后打开 register 面板选择 current CPU register，观察 CYCLE COUNTER 数值。该数值表示 CPU 的周期计数器，当前值为 1571，如图 5-19 所示。

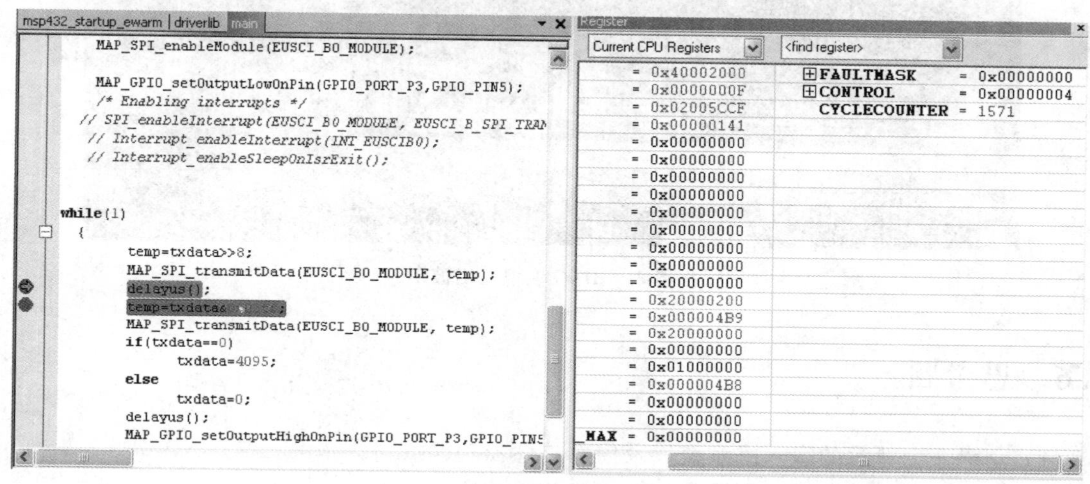

图 5-19　CPU 计数周期开始

继续运行程序至下一条语句，此时值为 2743（图 5-20），将这个数值减去上一步的数值乘以时钟指令周期即为一条语句消耗的时间。运算后 delayus（）为 30μs 左右，大于 SYNC 建立时所需的 33ns。

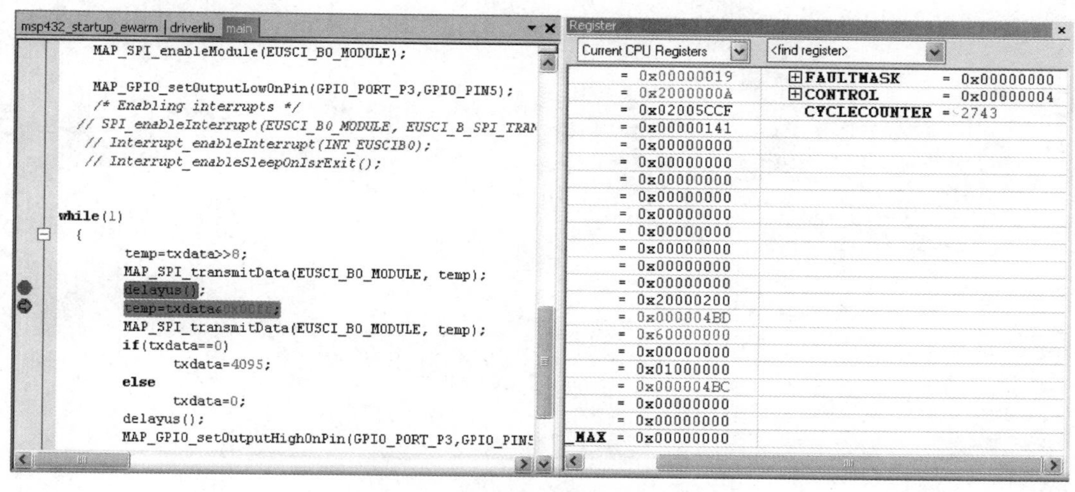

图 5-20　CPU 计数周期结束

示波器探头连接至 P4.7 模拟输出口后观察波形，电压在 0 和+1.65V 之间切换，波形如图 5-21 所示。

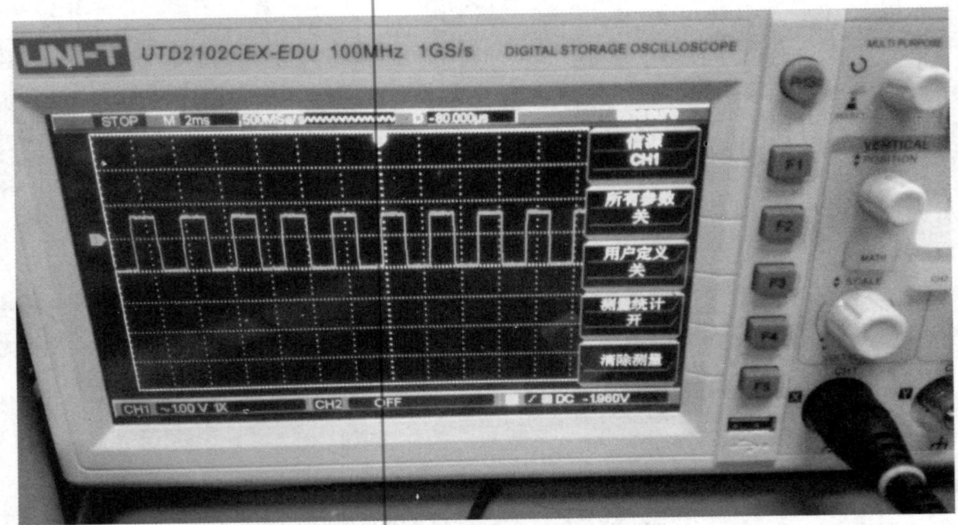

图 5-21 DAC 模拟输出波形

5.6 思考题

1）介绍一个熟悉的嵌入式系统以及内部传感器功能。

2）嵌入式系统通信总线有哪些方式，哪些通信协议？

3）什么是 SPI 接口？主从设备如何通过 SPI 接口连接？

4）什么是 PWM 调制信号？

第6章

电子仿真软件——Multisim10

6.1 概念

NI电子学教育平台是将电路理论、仿真分析和硬件实验进行了有效连接，不仅为用户提供电路的仿真数据，以及经仿真达到预期效果后用真实原件组成的实际电路的测量数据，而且为用户提供了一个将仿真数据和实测数据进行对比、分析的统一平台。借助这个平台，用户可以方便快速地比较和分析仿真电路的差别，找出存在问题的原因，快速原型化。

Multisim10是一款具有工业品质、使用灵活、功能强大的电子仿真软件。Multisim10包含了许多虚拟仪器，不仅有实验室常见的各种仪器，如示波器、万用表、函数发生器等，而且有许多在普通实验室中难以见到的仪器，如逻辑分析仪等。这些虚拟仪器提供了一种快速获得仿真结果的方法。

NI Multisim10的特点如下：

1）直观的原理图捕捉和交互式仿真。

2）强大的SPICE分析功能。

3）3D ELVIS虚拟原型。

4）针对电子技术课程的教学特点，Multisim10提供了许多适合教学的功能，下面从几方面介绍Multisim10在教学中的应用特点。

（1）完全交互式的仿真器　Multisim10具备完全交互的仿真器，允许使用者进行实时的电路参数改变，观察仿真结果，了解电路性能的变化。

（2）多种不同的虚拟仪器　Multisim10提供了20多种与真实仪器外观一致的虚拟仪器（包括示波器、万用表、频谱分析仪等）。此外，用户还可以在Multisim10中使用仿真Agilent及Tektronix各种仪器，仿真仪器和真实仪器的外观以及操作方式都完全相同。

利用LabVIEW程序，在Multisim10中还可以自定义虚拟仪器，以扩充其仿真及分析能力。

（3）强大的分析功能　Multisim10为用户提供多达24种分析功能，包括Monte Carlo、Worst Case和I-V Analyzer等。

（4）功能强大的教学选项　教师完全可以自行定制Multisim10的使用接口，并能定制选用的仪器，分析和控制学生在画面中看见的电路，以及存取的功能。据此，就可以根据学生的学习程度或课程内容对Multisim10进行适当调整，即拥有强大的教学选项控制权。还可以轻易地将旁白和图标加入到电路的档案中，以便在实验室或课堂教学中做进一步解释。此外，用户还可以建立并发送可重复使用的仿真数据文件（Simulation Profile），其中包含完整的 SPICE 参数设定。

（5）电路限制及隐藏错误　Multisim10 的电路限制功能（Circuit Restriction）为教师提供了隐藏电路中错误的手段，从而培养学生排除电路故障的技能；而锁定并隐藏子电路的功能，也为“解决黑盒子”问题提供了方法。同时，容易使用的 Electrical Rules Check，具备视觉错误标记及“缩放至错误”的功能，能帮助学生迅速寻找并修正自己的接线错误，提高实验效率、节省实验时间。此外，放置在电路中任何位置上的 Measurement Probes，可以随时标注动态电压和电流。

（6）虚拟面包板环境　在 Multisim10 的 NI ELVIS Breadboard View 虚拟面包板环境中，允许学生制作自己的电路进行实验，实验效果与真实的实验效果相仿。在学生进入实物实验之前，利用 3D 虚拟面包板进行虚拟试验，可以帮助学生快速掌握实验技能，建立真实的实验感觉，提高实验效率。

（7）工控梯形图（Ladder Diagrams）　使用 Multisim10 新增的 Ladder Diagrams（梯形图）功能，可以帮助学生在熟悉的 Multisim 环境中认识控制理论。学生可以用梯形图编程语言完成一个工程系统的控制，并在 Multisim10 中仿真，就像在真实的工程中控制各种机械设备一样。

（8）基于 MultiMCU 的单片机仿真　MultiMCU 是 Multisim10 的一个嵌入组件，可以支持微控制器（MCU）的仿真。对于很多电路设计，MCU 都是一个不可缺少的部分，大多数嵌入式控制系统或智能设备，都是以某种 MCU 为控制核心的。所以，在电路仿真中加入对 MCU 仿真的支持可以大大拓展 Multisim10 电路仿真的使用范围，使电路实验的仿真范围扩展到系统级。

6.2　快速入门

6.2.1　NI Multisim10 套件概况

NI Multisim10 设计套件是由一组 EDA 工具软件构成，其中包含 Multisim、Ultiboard、Multisim MCU，以及用于教学的 Multisim 虚拟面包板、Virtual ELVIS、Ladder Diagrams 等，可以辅助实施电路设计流程中的各主要步骤。认识、熟悉 NI Multisim10 电路设计套件，对电子技术教与学都会产生积极、深远的意义。

6.2.2　NI Multisim10 原理图的输入和仿真

Multisim10 功能强大，在进行深入了解和学习之前，先了解一下该软件的基本操作流程和基本功能。

在 Multisim10 工作平台上如何放置元器件并在各元器件间连线，形成一个电路原理图，如图 6-1 所示。

1. 原理图创建

（1）打开 Multisim10 工作平台　双击 Multisim10 应用程序图标 Multisim ，并将该电路（文件）的名称默认为“Circuitl”。

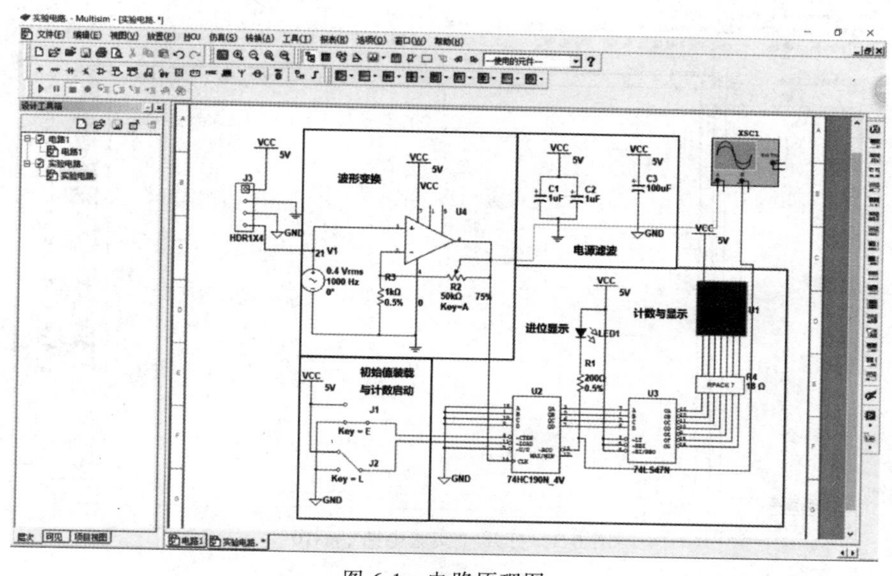

图 6-1 电路原理图

（2）更改电路名称 默认电路名称为“Circuitl”，也可由用户重新命名，本例中命名为“实验电路”。

在菜单栏中选择“文件”→“另存为”命令，系统弹出标准的 Windows 存储对话框，提示用户此文件保存什么路径，用什么文件名。

为了防止数据意外丢失，在菜单栏中单击“选项”→“Global Preferences”命令，在弹出的对话框中，设定定时存储，文件时间间隔设定如图 6-2 所示。

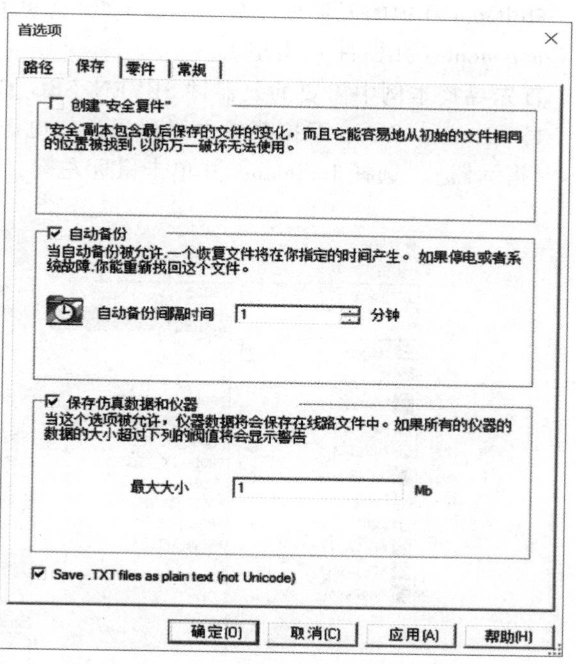

图 6-2 自动存储文件时间间隔设定

（3）打开一个已存在的文件 选择“文件”→“打开”命令，找到已存在的文件存放的路径，选中此文件，单击“打开”按钮即可打开文件。如果要打开文件是早期 Multisim 版本的文件或其他仿真软件的文件，则在打开文件的对话框中可以看到有一个文件类型下拉菜单，选择要打开文件相应的版本，就可在 Multisim10 中打开这一文件。

2. 放置元器件

（1）打开文件 打开上文所建立的文件“实验电路 . ms10”，如图 6-3 所示。

（2）寻找所要的元器件 选择“放置”→“Component”命令，系统弹出“选择元件”对话框，或在工作平台上单击鼠标右键，系统弹出一个菜单栏，选择“Place Component”

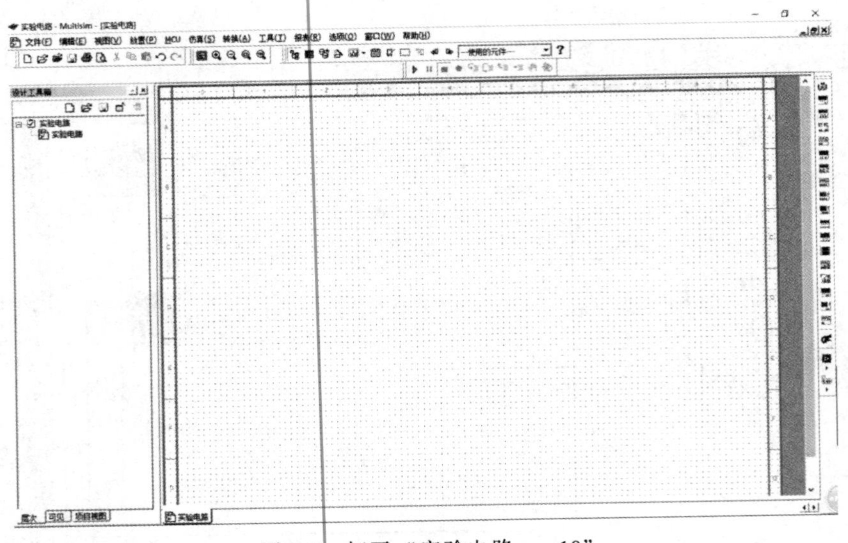

图 6-3　打开“实验电路 . ms10”

命令，系统弹出选择元件对话框，如图 6-4 所示。

Multisim10 中的元器件库分 Group（组），每 Group 又分 Family（族），每 Family 下面又有 Component（元器件）类型。

首先寻找本例中需要的元器件 SEVEN_SEG_COM_A_BLUE。

1）Group。Group 下拉菜单中罗列了，如电源、TTL 等，共 17 个 Group。其中有 Indicators（指示器），选择 Indicators 并单击鼠标左键，如图 6-4 所示。

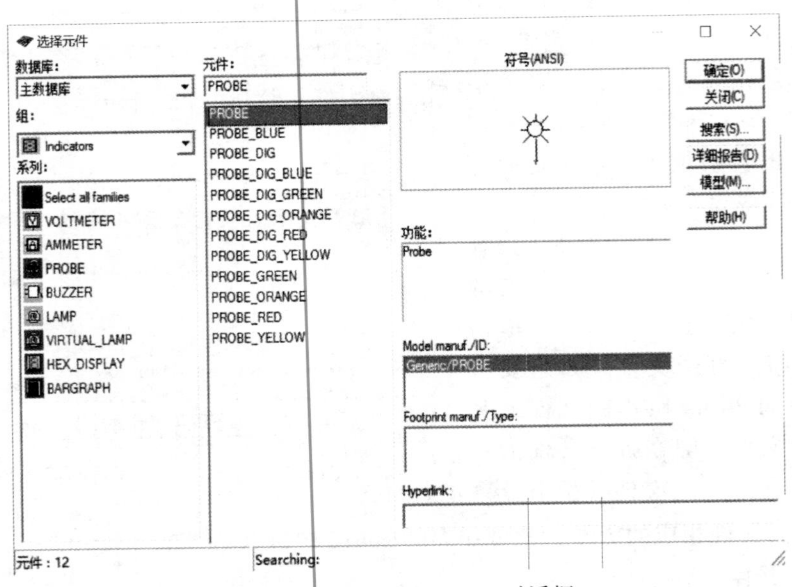

图 6-4　Select a Component 对话框

2）Family 族。选择 Indicators（指示器）以后，在 Family 族中罗列了在 Indicators 组中所有指示器，选择这个名为 HEX_DISPLAY 族并单击鼠标，如图 6-5 所示。

3）Component 元器件型号。每一个指示器族中有各种 Component 型号，各种 Component 型号在中间的 Component 列表框中罗列。本例中需要七段数码管，选择其中的 SEVEN_SEG_COM_A_BLUE 即可，详见图 6-5 的中间框中深色部分。

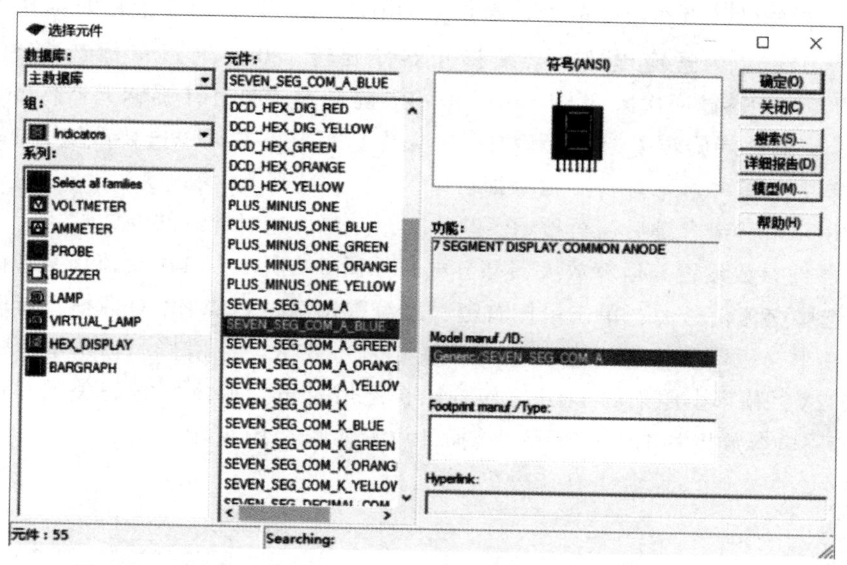

图 6-5 Indicators 组中包含的族及 HEX_DISPLAY 族中的 Component

（3）把 SEVEN_SEG_COM_A_BLUE 放到工作台上　单击“确定”按钮后，被选中的 SEVEN_SEG_COM_A_BLUE 随鼠标移动，到达工作区相应的位置单击鼠标，此期间被放到工作台上。

（4）RLC 元器件　把数字部分元器件放到桌面工作区上，如图 6-6 所示。如果要做

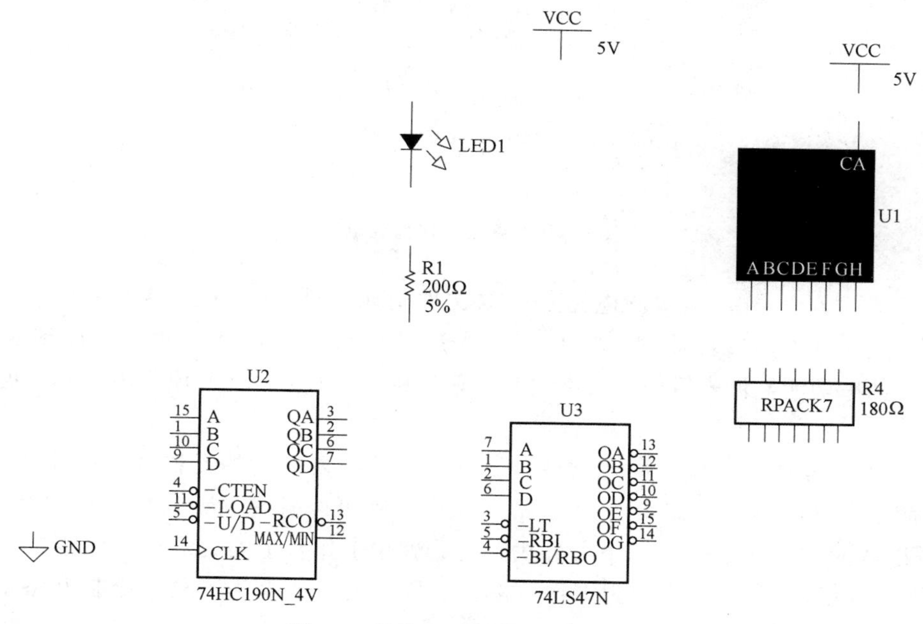

图 6-6 计数显示部分元器件放置

PCB，即印制电路板，则原理图上的各种元器件必须打印出清单，而这清单上的各种元器件，无论是类型、数值、数值误差范围、封装和厂商，必须是市场上买得到的真实元器件。

（5）元器件旋转　电路中的单刀双掷开关 SPDT，从元器件库中取出时，其方向与电路中的要求相差 180°。为适应电路，必须将元器件旋转 180°。通过鼠标选中 SPDT，按住<Ctrl>键，再单击<R>键两次来实现。即单击<R>键一次，顺时针旋转元器件 90°，再单击<R>键一次，元器件就旋转了 180°。另有一种操作是用鼠标右键单击要改变方向的元器件，在弹出的菜单中选择“水平翻转”命令即可。

按住<Ctrl+Shift>组合键后，再按<R>键一次，元器件逆时针旋转 90°。

（6）元器件参数设置　运算放大器部分电路如图 6-7 所示。其中交流信号源的参数设置操作如下：选中交流信号源，单击鼠标右键，系统弹出 AC_POWER 对话框，可以对交流信号源电压、频率、相位等 13 项参数进行设置。本例中要求交流信号源输出电压值由原来的 120V 变为 0. 2V，频率由原来的 1Hz 变为 1kHz，之后单击“确定”按钮关闭对话框，如图 6-8 所示。旁路电容放置如图 6-9 所示，接插件放置如图 6-10 所示。

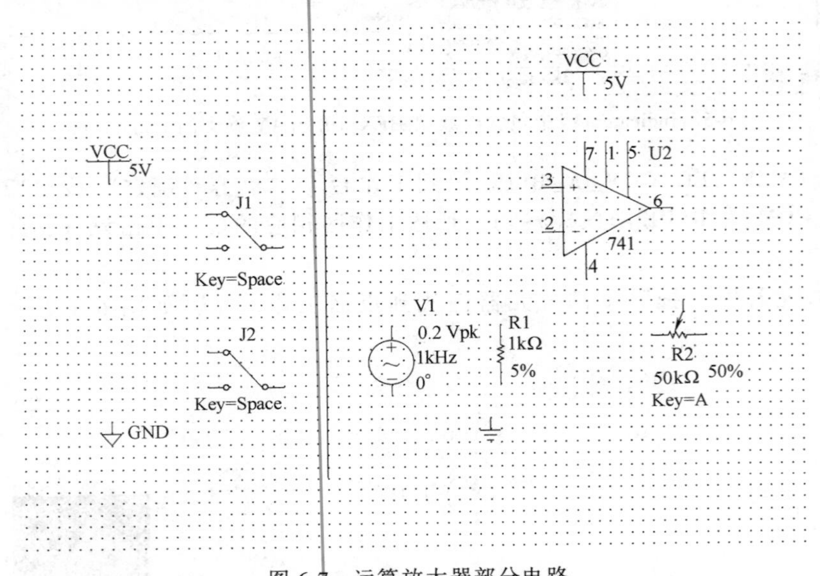

图 6-7　运算放大器部分电路

（7）元器件的 RefDes　实验电路 . ms10 文件中元器件的 RefDes 参考序列号为“U1”“U2”…，是按选取元器件放置到工作区的先后顺序自动生成的。如果摆放到实验电路 . ms10 原理图中的元器件先后顺序发生改变，则其参考序列号也就和原先不一样，但是可重新设置。

（8）复制元器件　放置相同元器件时，可以先选中要复制的元器件，选择“编辑”→“复制”命令，然后再用“编辑”→“粘贴”命令，则可以省去到元器件库中寻找的麻烦。同样也可以从“使用的原件”库中去寻找。凡放置在工作台上的元器件，都能在“使用的原件”库中寻找到，再把其拖放到工作台上，这样做的目的是为了提高绘制电路图的工作效率。

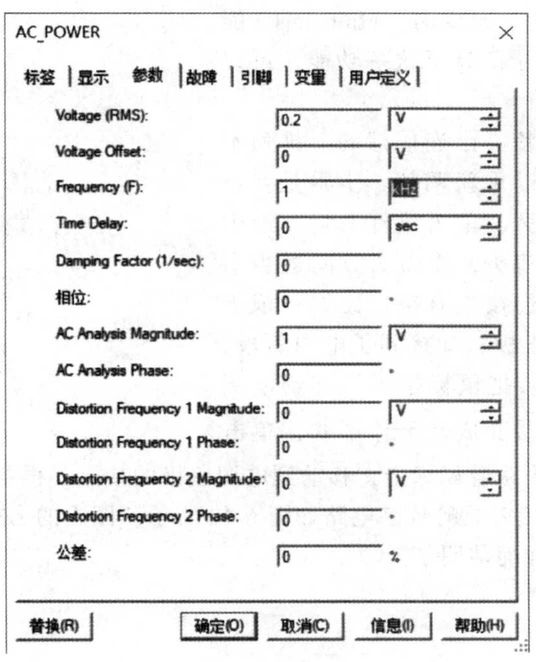

图 6-8　AC_POWER 对话框

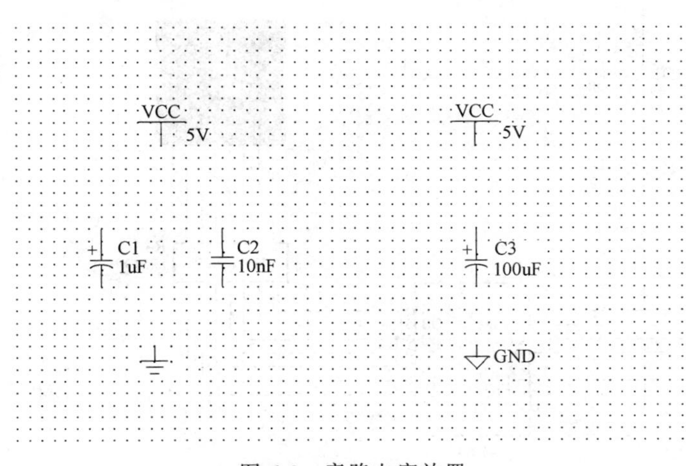

图 6-9　旁路电容放置

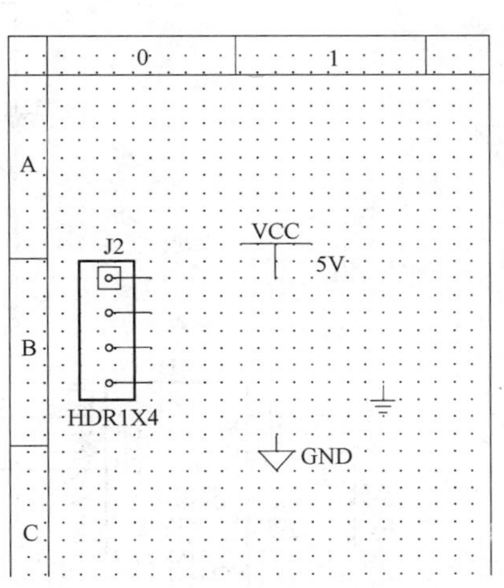

图 6-10　接插件放置

（J2 是在 Basic 组中 Connectors 系列）

3. 电路连线

这一节讲述关于元器件与元器件之间、元器件与仪器等其他设备之间的连线。

(1) ✚（十字形）鼠标　当鼠标箭头移近元器件引脚或仪器接线柱时，鼠标箭头自动变为✚（十字形），这样便于定位。移动鼠标使✚对准要接线的引脚，单击鼠标则此引脚就连上线了，即连线的起始点。此时移动鼠标使✚移动到要连接的线的另一端，再单击鼠标左键，一条电路连线完成。

（2）连线自动排列　连线时，Multisim10 能自动排列，如图 6-11 所示。有了这一功能，可以节省大量连线时间。

（3）连接线排列调整　已连接好的、排列不符合要求的连接线，可以重新调整。步骤是：把鼠标移到要改变的连线旁，单击鼠标右键，选中此线后的鼠标变成双向箭头，按箭头方向适当平移到合适的位置。如果连接点有错，比如一根连接线终端，应接到电源正极，却接到了电源负极，则必须改正。具体方法：把鼠标指示器移到电源负极接线端，鼠标指示器变成 形式，单击左键，原本已固定的线头跟着鼠标走，移动到电源正极的接点，再单击左键。

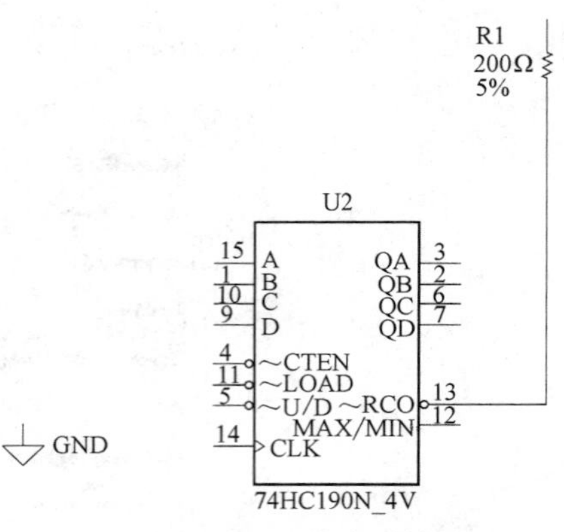

图 6-11　连线自动排列

（4）总线连接　连接完成的数字电路如图 6-12 所示。图中的 U3 与 R4 之间可以用总线相连，这样使电路图更加简洁明了。

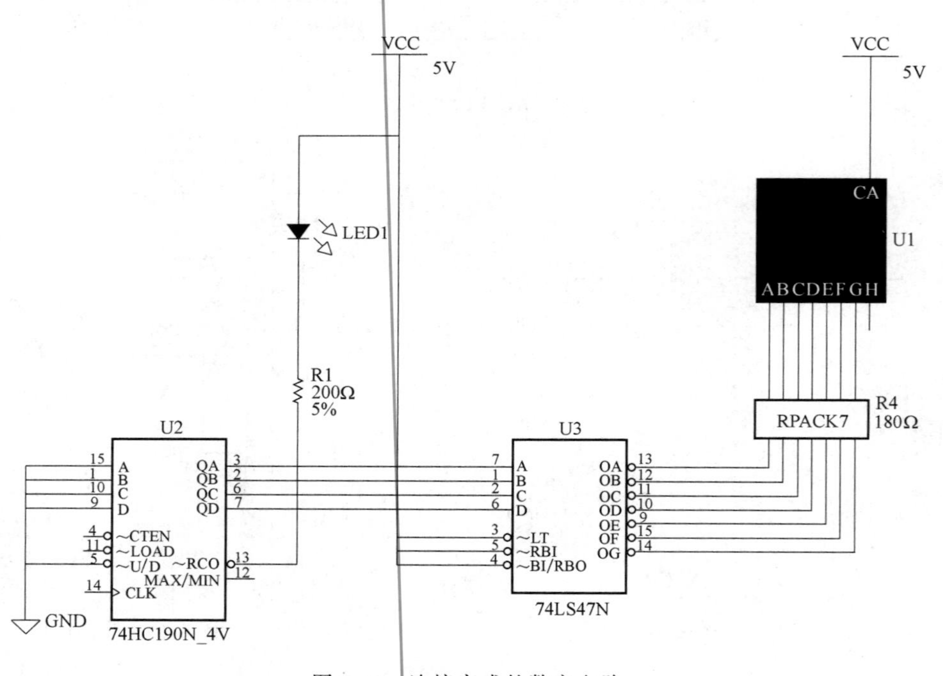

图 6-12　连接完成的数字电路

一个复杂的电子系统，电路往往由多个单元电路组成，单元电路与单元电路之间必然有许多连接线，这样很容易引起连线的混乱，对电路原理的解读不利。为了让单元电路看上去是独立的，实际上相互之间却是连着线的，这就要用到虚线连接。虚线连接在电路图中实际上是不连接的，但网络两端有着相同的名字，那么电路中这两端就属于连接上了。图 6-13 所示为本例完整的电路原理图。

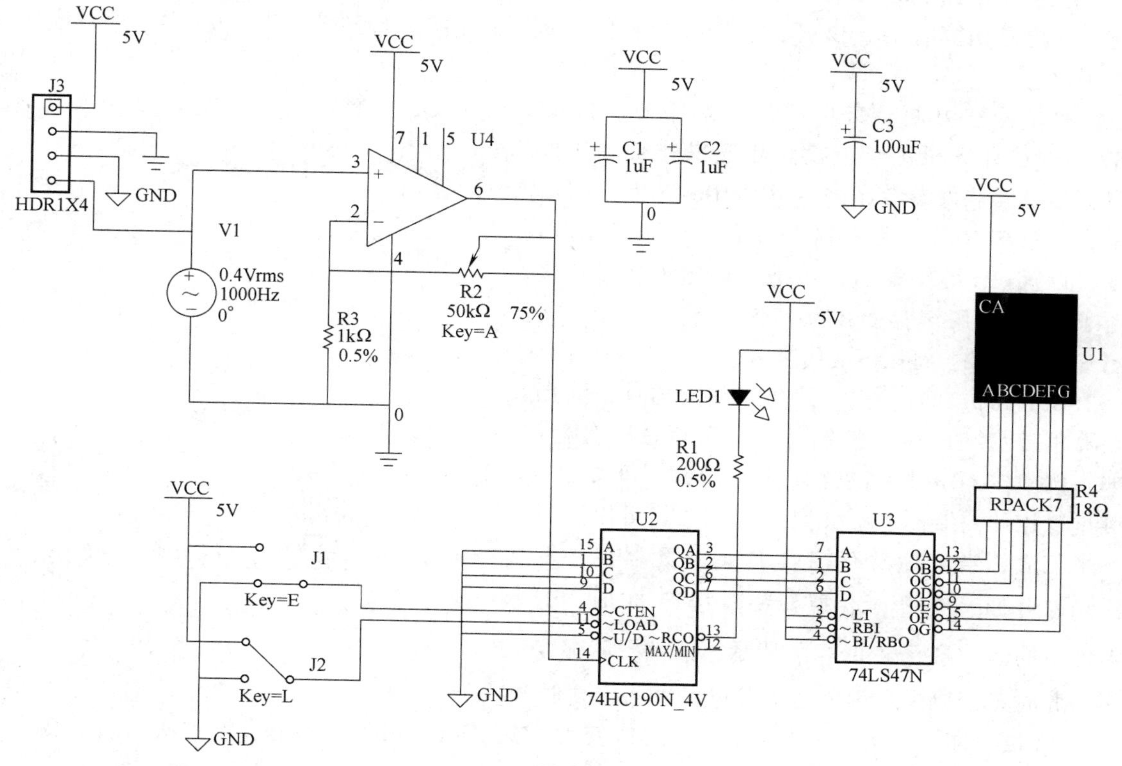

图 6-13 完整电路原理图

6.2.3 电路功能仿真

一个电路原理图已经设计出来了，但此电路系统在功能、精度等方面是否满足设计预想要求，就必须要对电路系统进行仿真。而在 Multisim10 中，电路仿真、测试电路各种参数等是一件非常容易的事情。采用软件验证的方法可以克服早期验证电路方法带来的不便与缺点。

早期验证电路是将设计完成的电路图接成面包板、万用板或制成 PCB 电路，然后使用电源、信号产生器、示波器、电表等电子仪器来加以验证。这种做法有几个缺点。

1）制作电路板的过程是既耗时、费力又损失材料的工作。

2）在制作完成后的验证结果有错误，还得先花费大量时间弄清是设计有误还是制作有误。

软件验证可以事先排除大部分设计阶段所造成的失误，使得工程师们可以更直接地将精力集中在设计层面上。使用软件方式验证电路的做法可以使整体设计的周期大幅缩短。

1. 虚拟仪器

这一节中将用虚拟示波器对电路进行仿真。仍然打开“实验电路 . ms10” 文件。

（1）交互式的元器件　所谓交互式元器件，就是在电路仿真时，元器件的状态或参数可以随时改变。

在试验电路 . ms10 中，交互式的元器件为 J1、J2 和 R2。

在电路仿真时 J1、J2 开关（图 6-13）随时接到高电平或接到低电平，R2 则可随时改变其阻值。

为了操作方便，交互式的元器件 J1、J2 和 R2 必须在计算机键盘上设置相应操作键。先把鼠标移至元器件参考序列号（RefDes）上，双击鼠标，系统弹出如图 6-14 所示的“开关”对话框，设置<E>键代表 J1，单击“确定”按钮，这时 J1 开关可用键盘上<E>键来控制。同理，将<L>键代表 J2，将<A>键代表 R2。

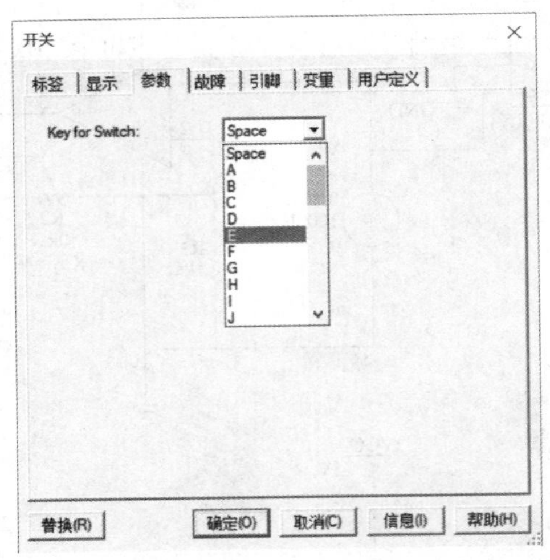

图 6-14　开关对话框

在电路仿真时，交互式仿真的元器件，除用计算机键盘上的键来控制外，也可用鼠标控制，如本例中按<E>键可以让计数器计数，再按<E>键可以让计数器停下不计数。这个功能可以用鼠标来完成，当鼠标没有接近 J1 时，元器件中的活动悬臂如 Key = E 所示，鼠标一旦接近 J1 时，元器件中的活动悬臂又如 Key = E 所示，活动臂明显变粗，此时单击鼠标左键，活动臂可以来回接高低电平。

R2 也一样，每按动一次<A>键，阻值变大 5%，按住<Shift+A>组合键一次，阻值变小 5%。这个功能也可以用鼠标来完成，当鼠标没有接近 R2 时，则为 **Key=A**，鼠标一旦接近 R2 时，Key=A 下面多了滑动块。用鼠标单击滑动块右边，阻值变大，单击滑动块左边，阻值减小。

（2）示波器　把示波器放到工作台上有两种方法：

1）选择“仿真”→“仪器”→“示波器”命令，单击鼠标，示波器图标跟着鼠标移动，移动到工作台适当位置上，再单击鼠标，示波器接线图标就放置在工作台上。若发现拖出的仪器不是所要的示波器，单击鼠标右键，舍去拖出的仪器。

2）在工作台右边的仪器工具栏中找到示波器图标，其余操作同上。

放到工作台的示波器图标为，是把示波器接到电路中去的图标，称接线图标。

示波器输入通道连接到电路需要测试的点上，连线方法与上节元器件引脚之间的连线相同，如图 6-15 所示，示波器连接图标与运算放大器的输入信号、输出信号相连。用鼠标双击连接图标，打开示波器测试与设置的面板，如图 6-16 所示。

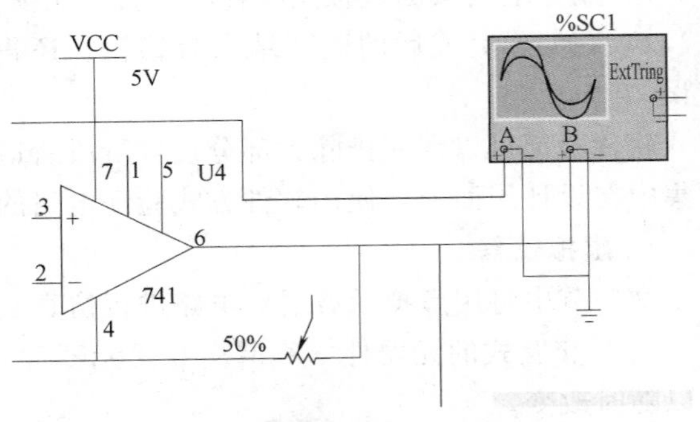

图 6-15　示波器连接到测试点

（3）连接线颜色　接到测试电路中的是双踪示波器，其中 A 通道连接运算放大器输入信号、B 通道连接运算放大器输出信号，为了让输入/输出信号在示波器中显示有所区别，可以改变接到 A、B 通道的接线颜色。

把鼠标箭头移动到接 A 通道的连线上，单击鼠标右键，系统弹出一个菜单，选择“图块颜色”命令，选入一种不同于 B 通道的连线颜色，单击“确定”按钮，则此连接线就变成被选择颜色的线了，这样，示波器显示屏上输入/输出信号波形让人一目了然。

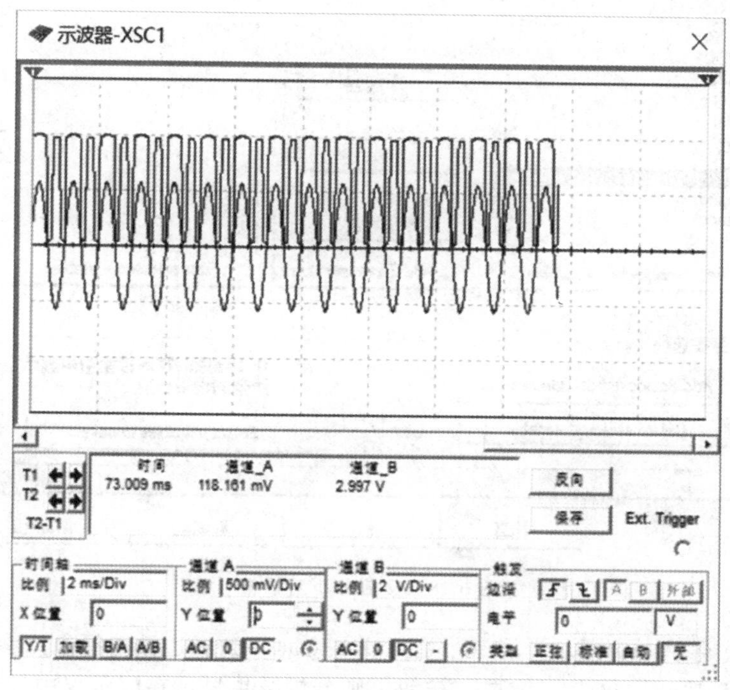

图 6-16　设置与测试的示波器面板

（4）仿真　选择“仿真”→“运行”命令或按下 ▷ 按钮，仿真开始。调整示波器扫描时基到 2ms/Div 和 A 通道的比例刻度为 500V/Div，就会看到图 6-16 所示的仿真结果了。当电路仿真时，7 段数码管向上计数，LED（发光二极管）在每 10 个脉冲后闪烁一次。

2. 电路分析

在本例中，用 AC Analysis（交流分析）对电路进行分析，检测运算放大器输出信号的频率响应。

（1）被分析网络的命名　运算放大器输出信号是第 6 引脚，移动鼠标箭头到第 6 引脚连接线上双击，系统弹出“网络”对话框，如图 6-17 所示。本例中把网络名称改为“analog_out”。

（2）AC Analysis 设置　选择“仿真”→“分析”→“交流分析”命令，系统弹出交流分析对话框，如图 6-18 所示。

（3）“输出”选项卡　在图 6-18 所示左边的电路参数选项中，选中“V [analog_out]”选项，则

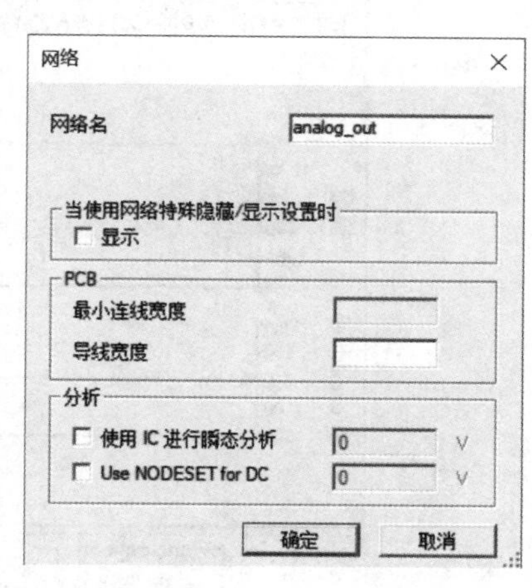

图 6-17　“网络”对话框

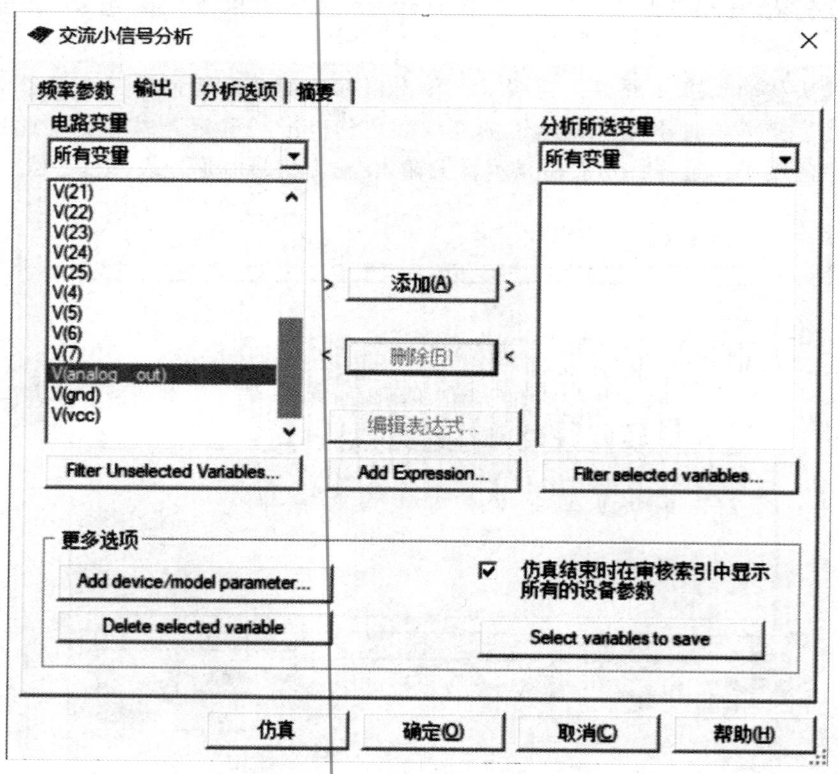

图 6-18　交流分析对话框

analog_out 变亮；再单击“添加”按钮，把 analog_out 移到右边被选择电路参数分析框中。

（4）“仿真”按钮　单击“仿真”按钮，则分析结果显示在图示仪中。

运算放大器输出信号的频率响应分析结果已显示，如图 6-19 所示。图 6-19 上半部分是

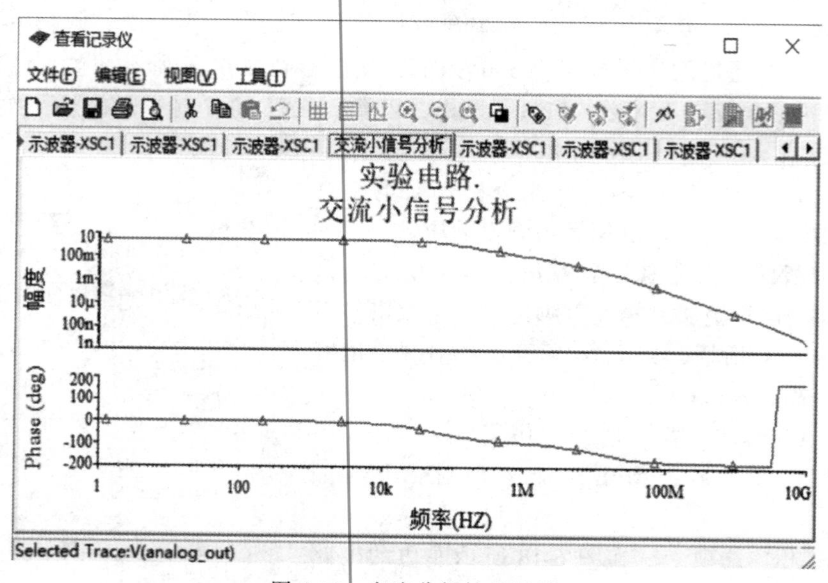

图 6-19　交流分析结果显示

幅频响应曲线，下半部分是相频响应曲线。如果不合设计要求，可以对电路中元器件参数做适当调整，直到满意。

3. 图示仪

图示仪是一个多功能显示工具，通常是用来显示 Multisim10 中的所有分析数据曲线图和数据表格，同时还能显示一些仪器的仿真波形，如示波器等。图 6-19 所示为显示交流分析结果，图 6-20 所示为显示示波器测试波形。

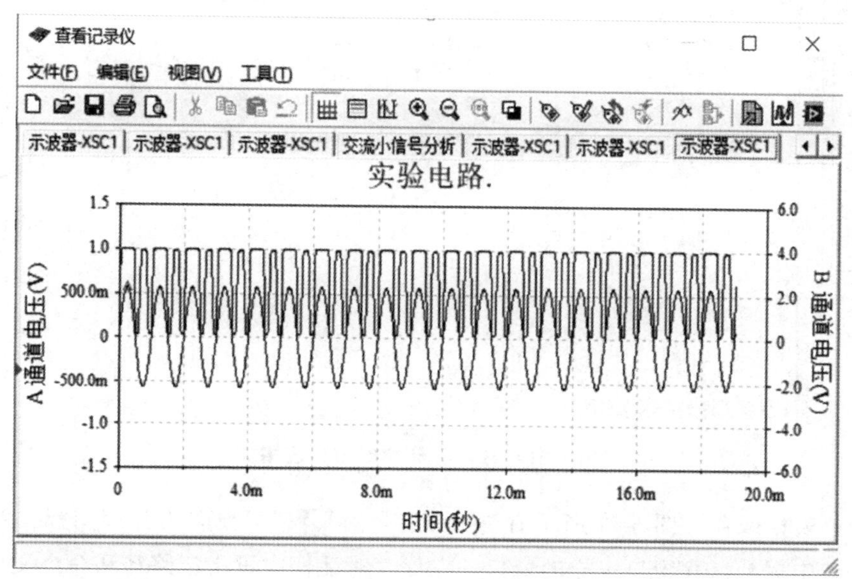

图 6-20 图示仪显示示波器测试波形

4. 后处理

后处理就是对电路分析结果的数据，利用数学函数再进行处理，把电路要分析的具体对象，用图表或数据表格等凸显出来。一般可用代数函数、三角函数、关联函数、逻辑函数、指数函数、复函数、向量函数、常数函数等函数类型进行再处理。

6.2.4 报告输出

Multisim10 允许电路产生各种报告，如元器件的材料清单（BOM）、元器件的详细信息列表、网表、电路图统计表、空闲逻辑门和对照报告。

1. 材料清单表格

材料清单（BOM）表格是为设计电路中元器件罗列了一个摘要性报告，对制造电路板是十分有必要的。报告提供元器件的信息如下：

1）提供某一元器件的数量。

2）提供元器件的类型（如电阻）和标称值。

3）提供每一个元器件在设计电路中的参考序列号 RefDes。

4）提供每一个元器件的封装。

2. 创建材料清单（BOM）表格

创建材料清单表格的具体操作步骤如下：

在主菜单中单击“报表”下拉菜单，在下拉菜单中选择“材料清单”命令。则系统弹出材料清单表格，如图 6-21 所示。

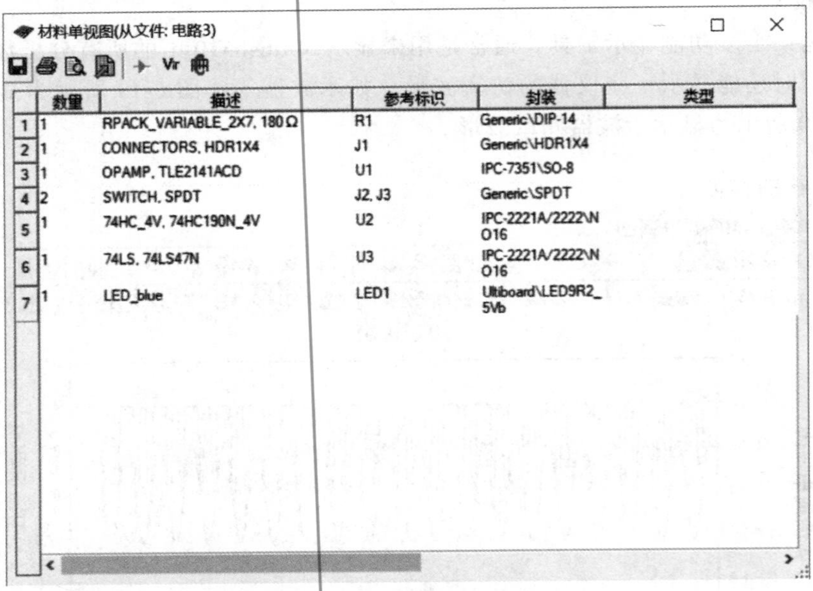

材料单视图(从文件: 电路3)

	数量	描述	参考标识	封装	类型
1	1	RPACK_VARIABLE_2X7, 180Ω	R1	Generic\DIP-14	
2	1	CONNECTORS, HDR1X4	J1	Generic\HDR1X4	
3	1	OPAMP, TLE2141ACD	U1	IPC-7351\SO-8	
4	2	SWITCH, SPDT	J2, J3	Generic\SPDT	
5	1	74HC_4V, 74HC190N_4V	U2	IPC-2221A/2222\NO16	
6	1	74LS, 74LS47N	U3	IPC-2221A/2222\NO16	
7	1	LED_blue	LED1	Ultiboard\LED9R2_5Vb	

图 6-21　材料清单（BOM）表格

材料清单表格保存：图 6-21 所示有一个保存图标，只要单击保存图标，系统弹出一个与 Windows 中标准保存窗口一样的窗口，在保存对话框中可指定路径和命令文件。

这个材料清单表格中的元器件不包括电源和虚拟的元器件（理想的、数值可以改变的、市场上买不到元器件称虚拟元器件）。

若要了解设计电路包含多少虚拟元器件，图 6-21 有一个虚拟图标 Vir，只要单击虚拟图标，系统弹出虚拟材料清单表格。

6.2.5　菜单命令

运行 Multisim10 主程序后，在计算机屏幕上出现 Multisim10 工作界面，如图 6-22 所示。Multisim10 是基于 Windows 的仿真软件，其界面风格与其他 Windows 应用软件基本一致，主要由菜单栏、电路窗口和状态栏等组成，模拟了一个实际的电子工作台。

Multisim10 的菜单栏位于主窗口上方，包括文件、编辑、视图、放置、MCU、仿真、文件传输、工具、报表、选项、窗口和帮助共 12 个主菜单。每个主菜单下面都有一个下拉菜单。

1. 文件菜单

文件菜单主要用于管理所创建的电路文件，其中包括新建、打开、保存、打印等基本文件操作命令。此外，还有“Recent Designs”和“历史项目”命令，用于调出最近使用过的文件和项目。菜单中有关打印的几个选项是 Multisim10 特有的功能。

2. 编辑菜单

编辑菜单包括一些最基本的编辑操作命令，如复制、粘贴、剪切和撤销等，以及元器件的位置操作命令，如对元器件进行旋转和对称操作的定位等命令。

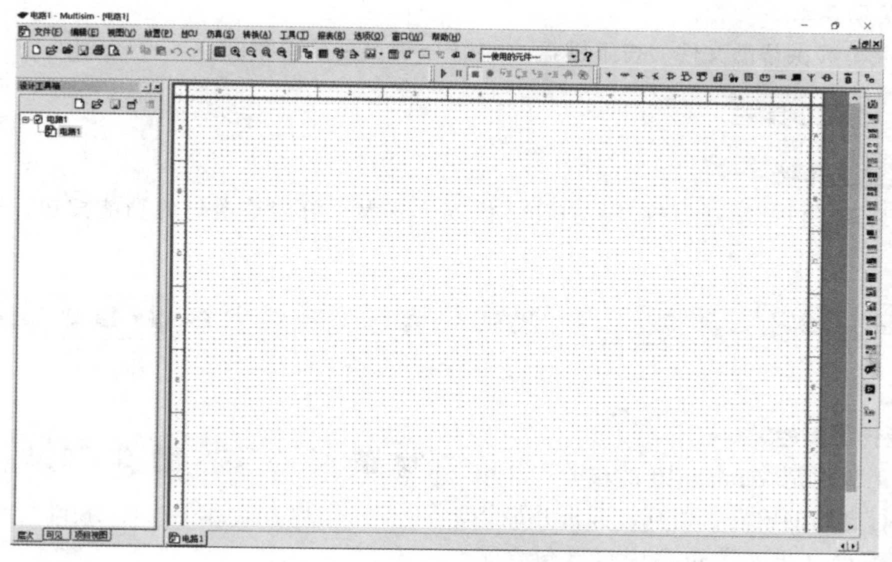

图 6-22 Multisim10 工作界面

3. 视图菜单

视图菜单包括调整窗口视图的命令，用于添加或隐藏工具条、元件库栏和状态栏。在窗口界面中显示网格，以提高在电路搭接时元器件相互位置的准确度。此外，还包括放大或缩小视图的尺寸，以及设置各种显示元素等命令。

4. 放置菜单

放置菜单包括放置元器件、结点、线、文本、标注等常用的绘图元素，同时包括创建新层次模块、层次模块替换、新建子电路等关于层次化电路设计的选项。

5. MCU 菜单

微控制器（MCU）菜单包括一些与 MCU 调试相关的选项，如调试视图格式、MCU 窗口等，该选项还包括一些调试状态的选项，如单步调试的部分选项。

6. 仿真菜单

仿真菜单包括一些与电路仿真相关的选项，如运算、暂停、停止、仪表、交互仿真设置等。

7. 文件传输菜单

文件传输菜单用于将所搭建电路及分析结果传输给其他应用程序，如 PCB、MathCAD 和 Excel 等。

8. 报表菜单

报表菜单包括与各种报表相关的选项。

9. 工具菜单

工具菜单用于创建、编辑、复制、删除元器件，可管理、更新元器件库等。

10. 选项菜单

选项菜单可对程序的运行和界面进行设置。

11. 窗口菜单

窗口菜单包括与窗口显示方式相关的选项。

12. 帮助菜单

帮助菜单提供帮助文件，按下键盘上的<F1>键也可获得帮助。

6.2.6 常用工具栏

1. 系统工具栏

系统工具栏包括新建、打开、打印、保存、放大、剪切等常见的功能按钮，如图 6-23 所示。

图 6-23 系统工具栏

2. 设计工具栏

设计工具栏是 Multisim10 的核心，使用它可以进行电路的建立、仿真、分析并最终输出设计数据（虽然菜单栏中也已包含了这些设计功能，但使用该设计工具栏进行电路设计将会更加方便快捷）。设计工具栏按钮如图 6-24 所示。

图 6-24 设计工具栏按钮

一般，使用元器件列表列出当前电路所使用的全部元器件，以供检查或重复调用。仿真开关用于控制仿真进程。

3. 元器件库工具栏

如图 6-25 所示，元器件库工具栏实际上是用户在电路仿真中可以使用的所有元器件符号库，它与 Multisim10 的元器件模型库对应，共有 18 个分类库，每个库中放置同一类型的元器件。在取用其中某一个元器件符号时，实质上是调用了该元器件的数学模型。

图 6-25 元器件库工具栏

单击每个元器件组都会显示出一个窗口，该窗口所展示的信息基本相似。现以基础（Basic）元器件组为例，说明该窗口的内容，如图 6-26 所示。

选择和放置元器件时，只需单击“Component”下拉列表框中相应的元器件组，然后从对话框中选择一个元器件，当确定找到了所要的元器件后，单击对话框中的“确定”按钮即可。如果要取消放置元器件，则单击“取消”按钮。元器件组界面关闭后，鼠标移到电路编辑窗口后将变成需要放置的元器件的图标，这表示元器件已准备被放置。

如果放置的元器件是有多个部分组成的复合元器件（通常针对集成电路），将会显示一个对话框，从对话框中可以选择具体放置的部分。

如要对放置的元器件进行角度旋转，当拖动正在放置的元器件时，按住以下键即可进行相应操作：

1）Ctrl+R。元器件顺时针旋转 90°。

2）Ctrl+Shift+R。元器件逆时针旋转 90°。

或者选中元器件，单击鼠标右键进行相应操作。

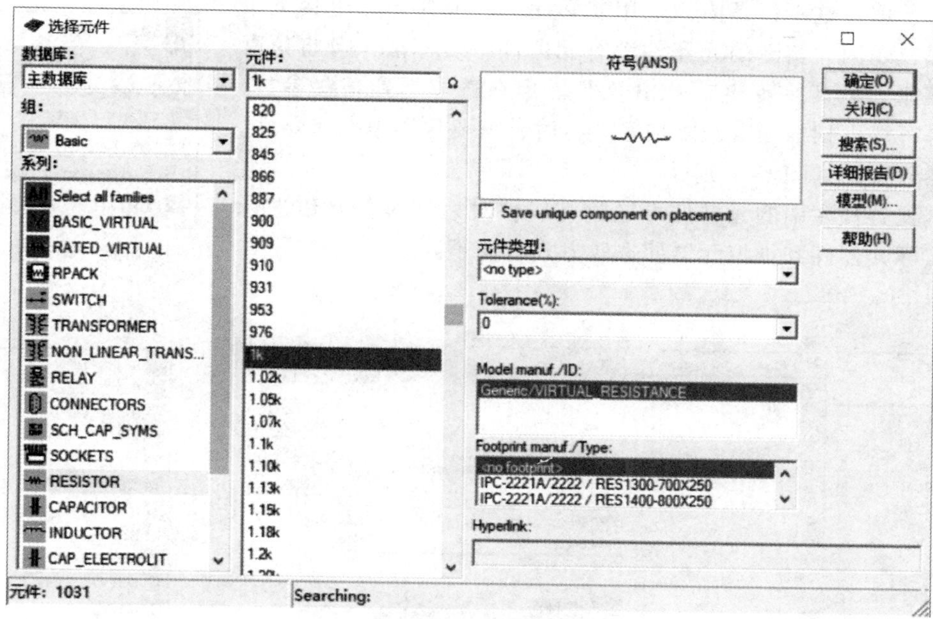

图 6-26　基本元器件库

（1）组件详解

1）电源（Source）库。电源库对应的元器件系列（Family）如图 6-27 所示，对应电源系列如图 6-28 所示。

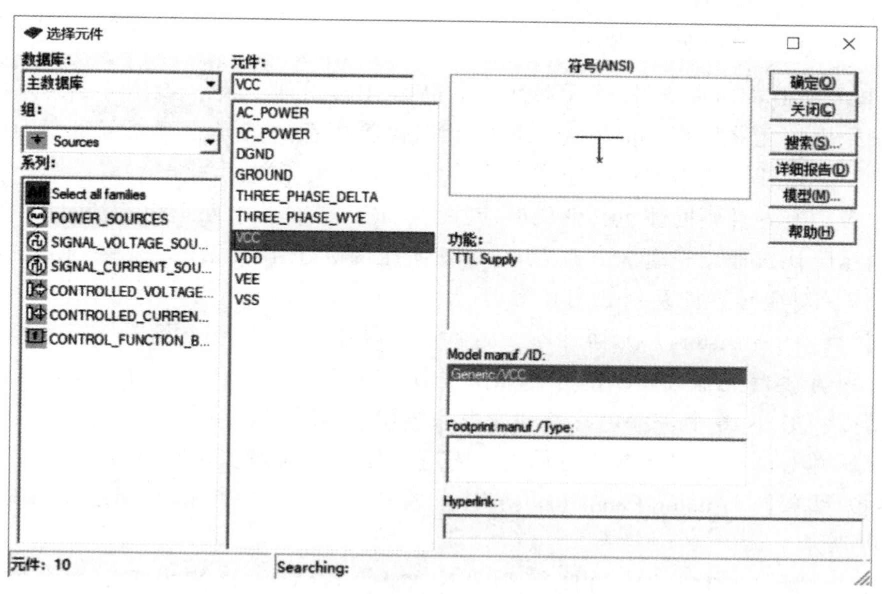

图 6-27　基本元器件系列

2）基本（Basic）元器件库。基本元器件库包含实际元器件箱 18 个，虚拟元器件箱 7 个，如图 6-29 所示。虚拟元器件箱中的元器件（带绿色衬底）无需选择，而是直接调用，然后再通过其属性对话框设置其参数值。不过，在选择元器件时，还是应该尽量到实际元器件箱中去选取，这不仅是因为选用实际元器件能使仿真更接近于实际情况，还因为实际的元器件都有元器件封装标准，可将仿真后的电路原理图直接转换成 PCB 文件。但在选取不到某些参数，或者要进行温度扫描或参数扫描等分析时，就要选用虚拟元器件。对应元器件系列如图 6-30 所示。

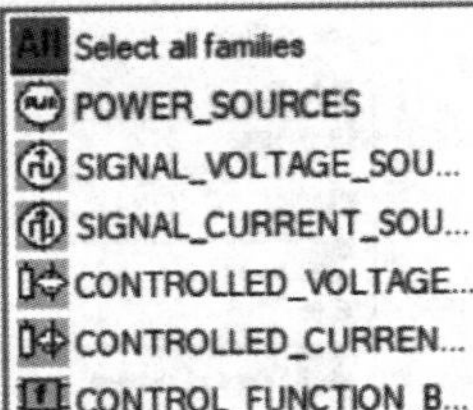

图 6-28　电源系列

基本元器件库中的元器件可通过其属性对话框对其参数进行设置。实际元器件和虚拟元器件选取方式有所不同。

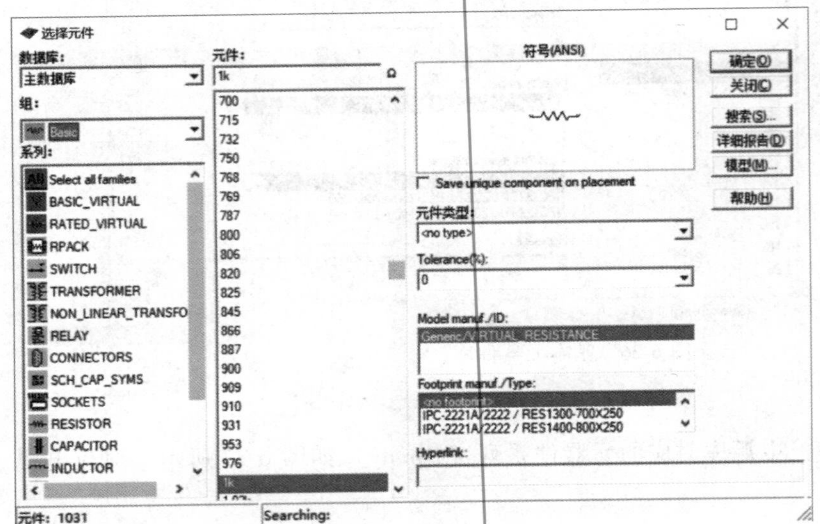

图 6-29　基本元器件库

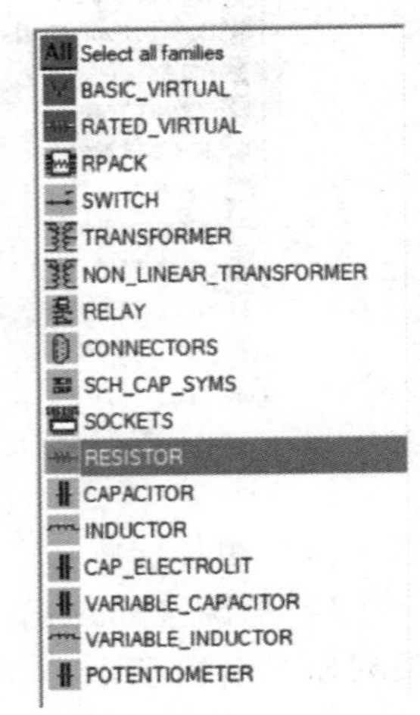

图 6-30　基本元器件系列

3）二极管（Diodes）。二极管元器件库中包含 10 个元器件箱，如图 6-31 所示。该图中虽然仅有一个虚拟元器件箱，但发光二极管元器件箱中存放的是交互式元器件（Interactive Component），其处理方式基本等同于虚拟元器件（只是其参数无法编辑）。

发光二极管有 6 种不同颜色，使用时应注意，该元器件只有正向电流流过时才产生可见光，其正向压降比普通二极管大。红色 LED 正向压降为 1.1~1.2V，绿色 LED 的正向压降为 1.4~1.5V，对应元器件系列如图 6-32 所示。

4）晶体管（Transistors）元器件库。晶体管元器件库共有 30 个元器件箱，如图 6-33 所示。其中，14 个实际元器件箱中的元器件模型对应世界主要厂家生产的众多晶体管元器件，具有较高精度。另外 16 个带绿色背景的虚拟晶体管相当于理想晶体管，其参数具有默认值，可以打开其属性对话框，对参数进行修改。对应元器件系列如图 6-34 所示。

5）模拟元器件（Analog Components）库。模拟元器件库如图 6-35 所示，对应元器件系列如图 6-36 所示。

6）TTL 元器件（TTL）库。TTL 元器件库如图 6-37 所示。使用 TTL 元器件库时，器件逻辑关系可查阅相关手册或利用 Multisim10 的帮助文件。有些器件是复合型结构，在同一个封装里有多个相互独立的对象，如 7400，有 A、B、C、D 这 4 个功能完全相同的二端与非门，可在选用器件时弹出的下拉列表框中任意选取。对应元器件系列如图 6-38 所示。

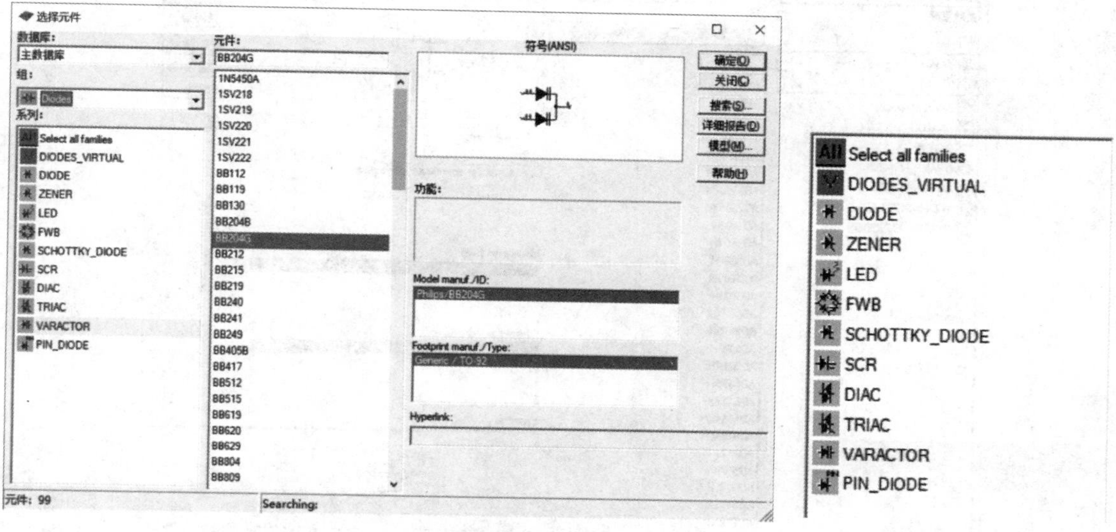

图 6-31 二极管元器件库

图 6-32 二极管对应元器件系列

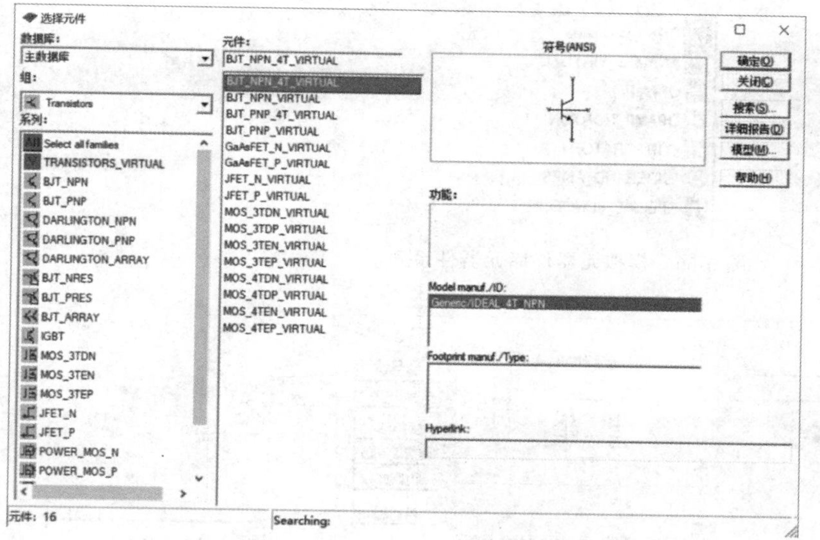

图 6-33 晶体管元器件库

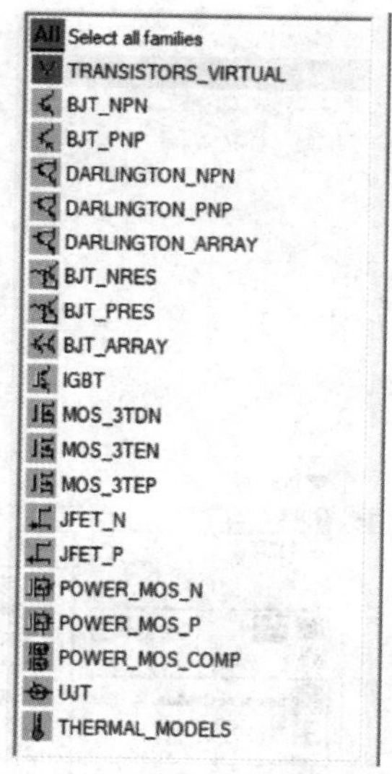

图 6-34 晶体管对应元器件系列

7）CMOS 元器件库。CMOS 元器件库如图 6-39 所示，对应元器件系列如图 6-40 所示。

8）其他数字元器件（Misc Digital Components）库。实际上是用 VHDL、Verilog-HDL 等其他高级语言编辑的虚拟元器件按功能存放的数字元器件，不能转换为版图文件，如图 6-41 所示。对应元器件系列如图 6-42 所示。

9）混合元器件（Mixed Components）库。混合元器件库如图 6-43 所示，其中，ADC-DAC 虽无绿色衬底，但也属于虚拟元器件。对应元器件系列如图 6-44 所示。

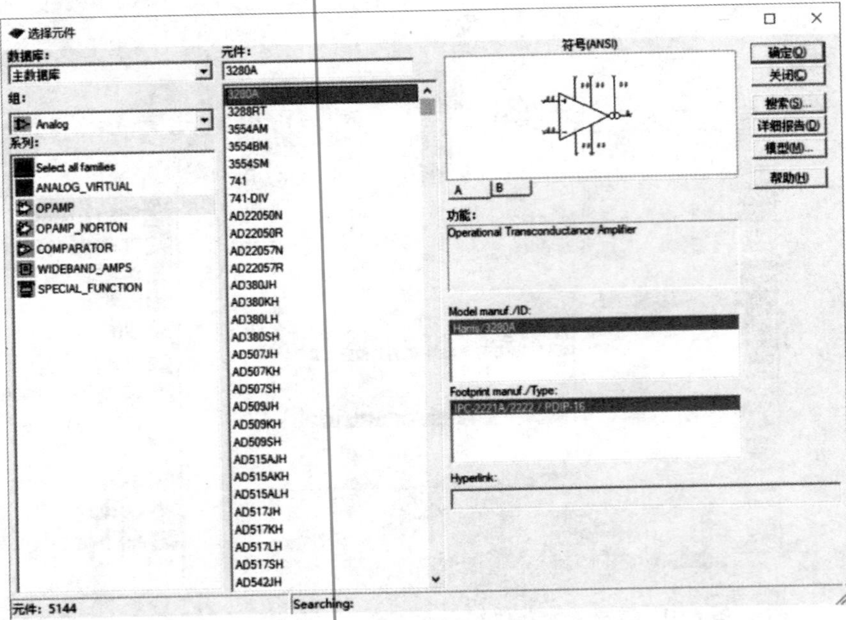

图 6-35　模拟元器件库

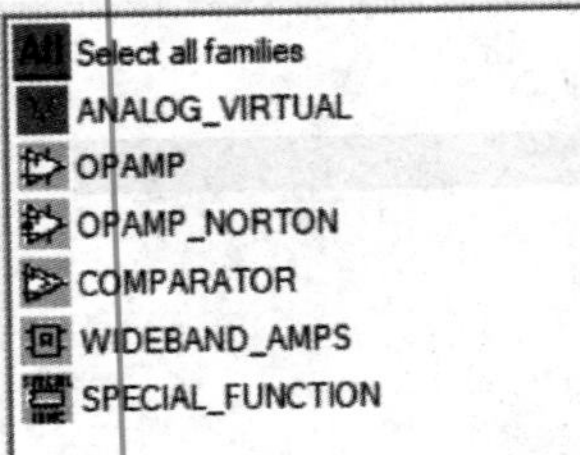

图 6-36　模拟元器件库元器件系列

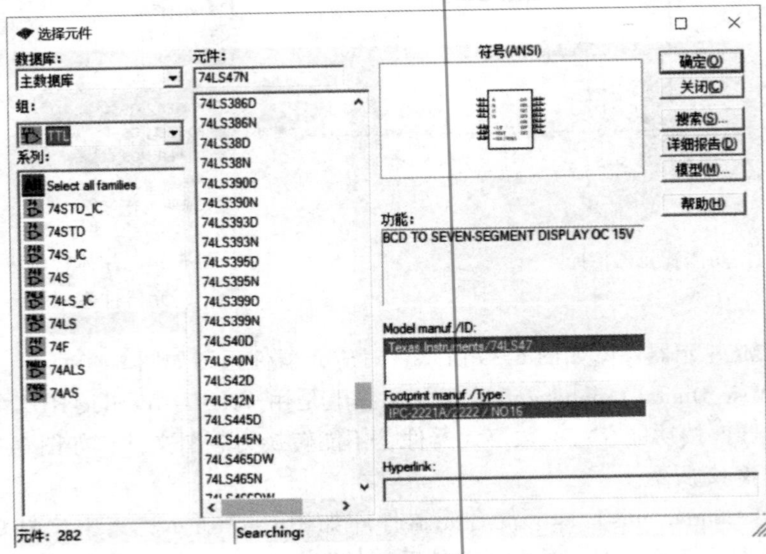

图 6-37　TTL 元器件库

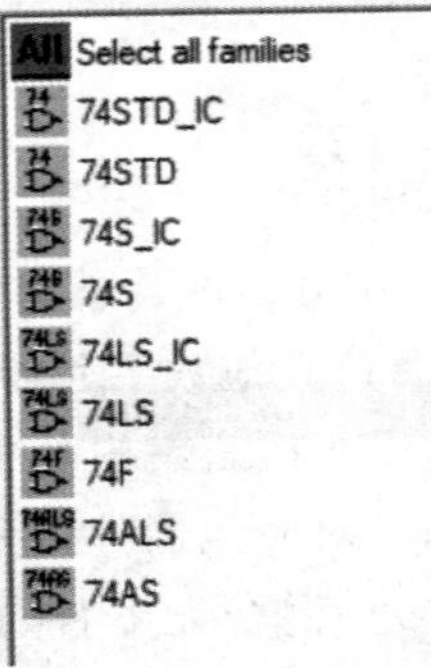

图 6-38　TTL 元器件库元器件系列

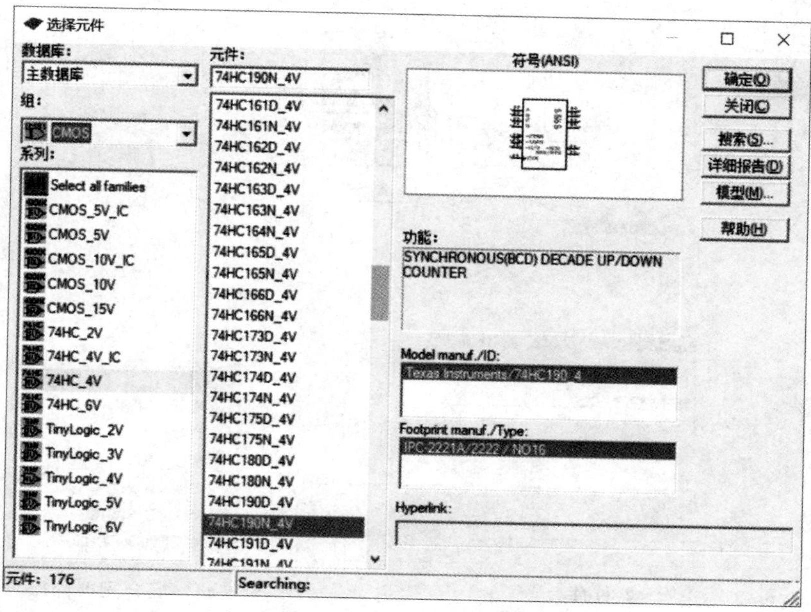

图 6-39 CMOS 元器件库

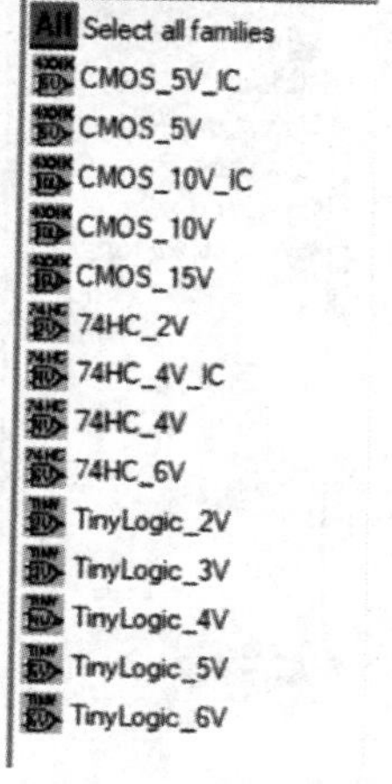

图 6-40 CMOS 元器件库元器件系列

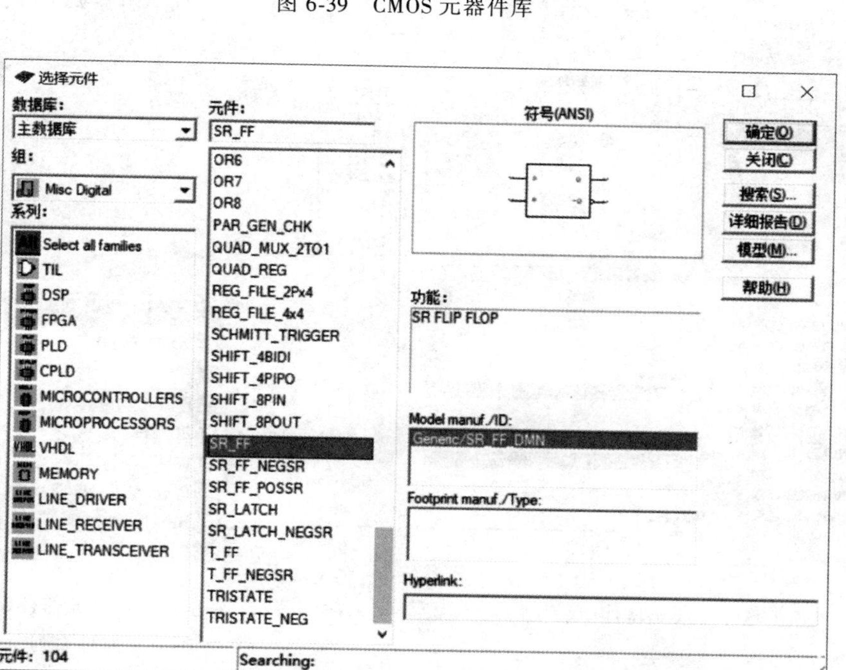

图 6-41 其他数字元器件库

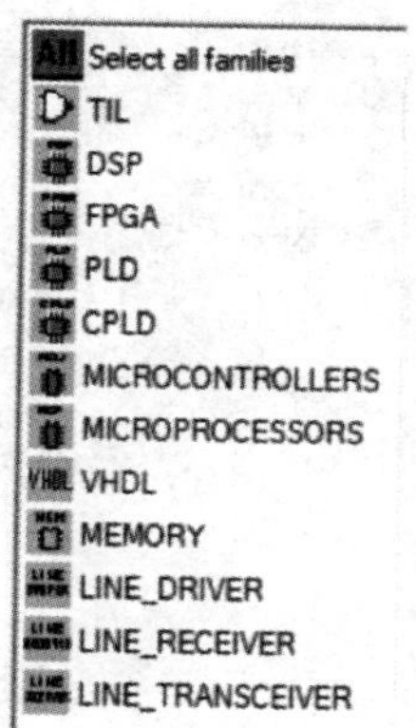

图 6-42 其他数字元器件库对应元器件系列

10）指示元器件（Indicators Components）库。指示元器件库如图 6-45 所示，含有 8 种 Multisim10 称为交互式元器件、用来显示电路仿真结果的显示器件。交互式元器件不允许用户从模型进行修改，只能在其属性对话框中设置其参数，对应元器件系列如图 6-46 所示。

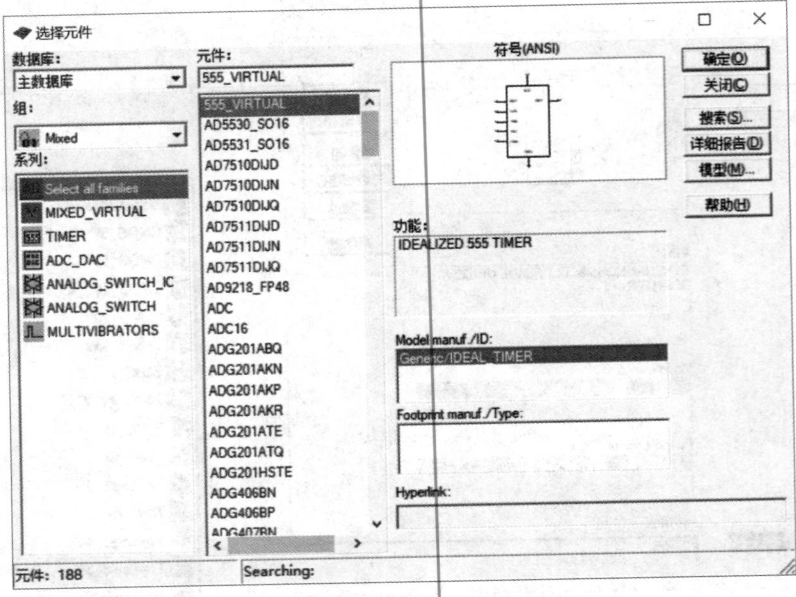

图 6-43 混合元器件库

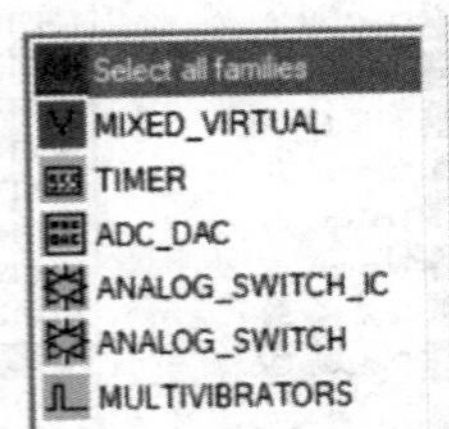

图 6-44 混合元器件库对应元器件系列

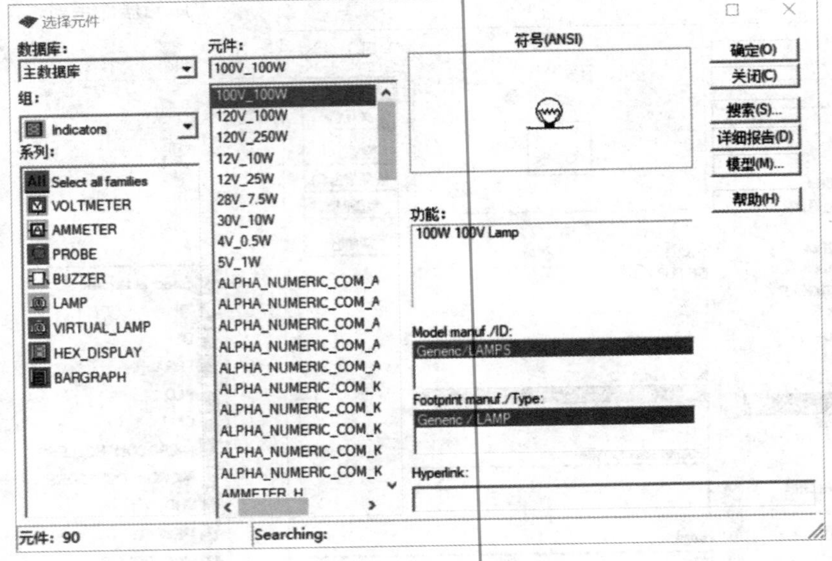

图 6-45 指示元器件库

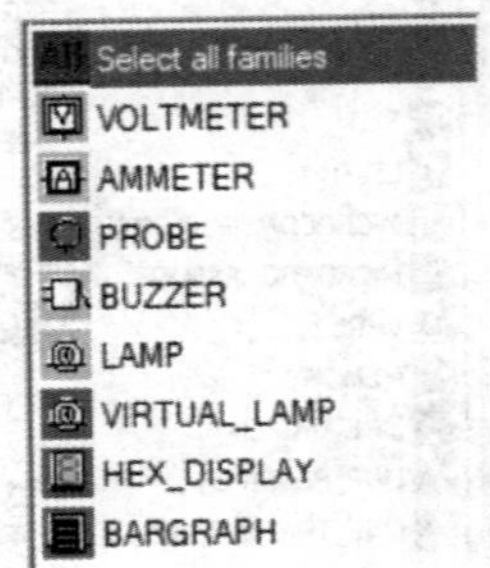

图 6-46 指示元器件库对应元器件系列

11）电源（Power）元器件库。电源元器件库如图 6-47 所示，对应元器件系列如图 6-48 所示。

12）混合项（Misc）元器件库。混合项元器件库如图 6-49 所示，对应元器件系列如图 6-50 所示。

13）高级外设（Advanced_Peripherals）元器件库。高级外设元器件库如图 6-51 所示，对应元器件系列如图 6-52 所示。

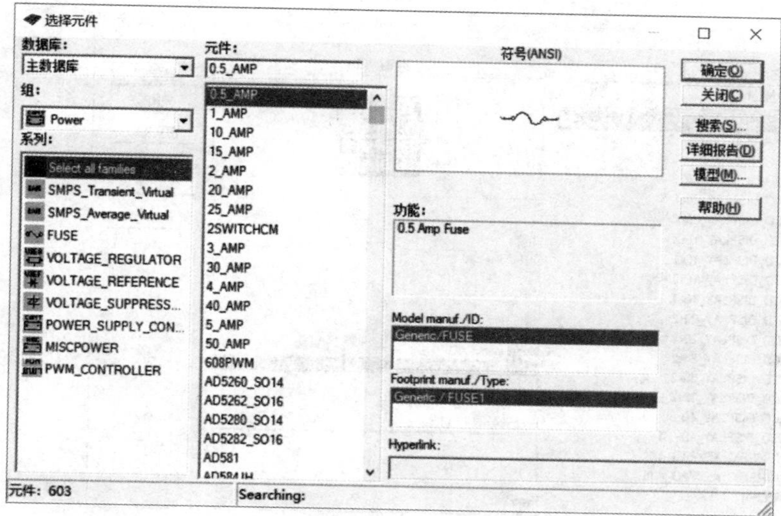

图 6-47　Power 元器件库

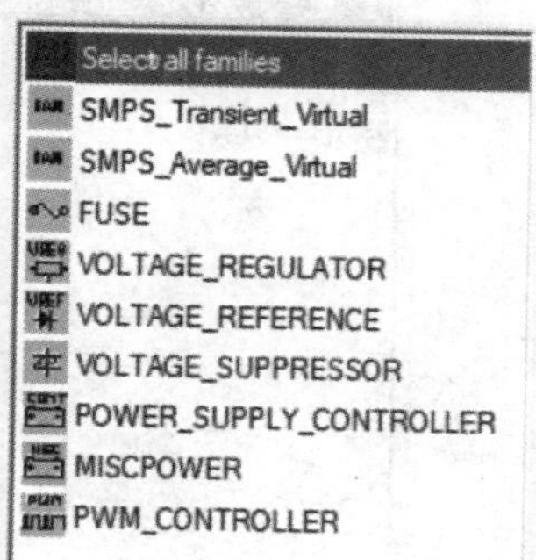

图 6-48　Power 元器件库对应元器件系列

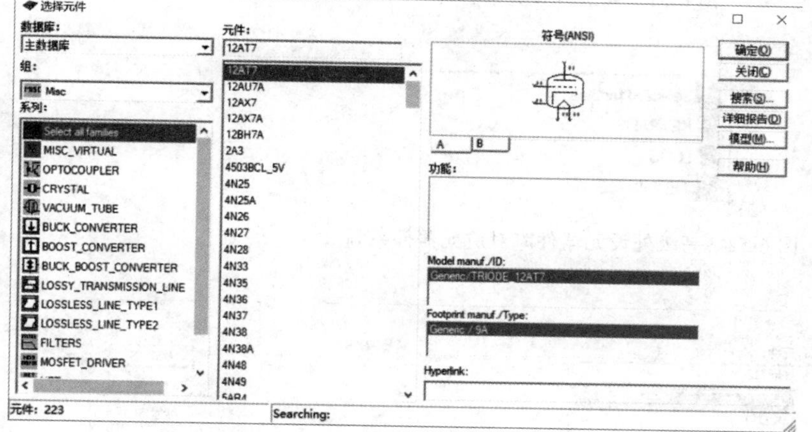

图 6-49　混合项元器件库

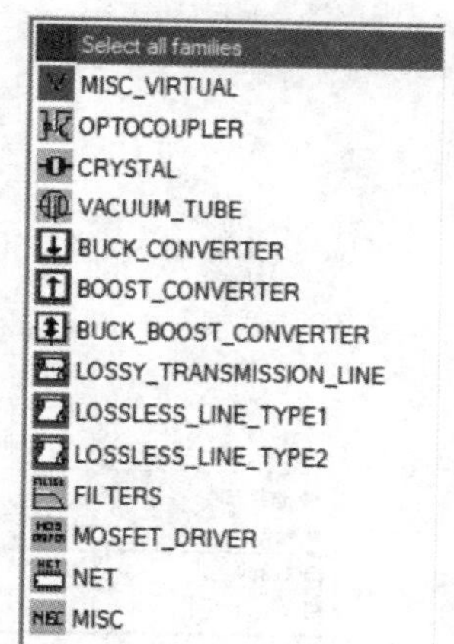

图 6-50　混合项元器件库对应元器件系列

14）射频元器件（RF Components）库。射频元器件库如图 6-53 所示，提供了一些适合高频电路的元器件，这是目前众多电路仿真软件不具备的。当信号处于高频工作状态时，电路元器件的模型要产生质的改变，对应元器件系列如图 6-54 所示。

15）机电类元器件（Electro-Mechanical Components）库。该库共包含 9 个元器件箱，除线性变压器外，都属于虚拟的电工类元器件，如图 6-55 所示。对应元器件系列如图 6-56 所示。

16）虚拟元器件库。虚拟元器件库如图 6-57 所示。

17）设置层次栏按钮和放置总线按钮。

（2）虚拟元器件　在虚拟仪表上双击鼠标开启设定视窗，如同真实仪表的操作面板和调整控制钮。虚拟元器件工具栏如图 6-58 所示。

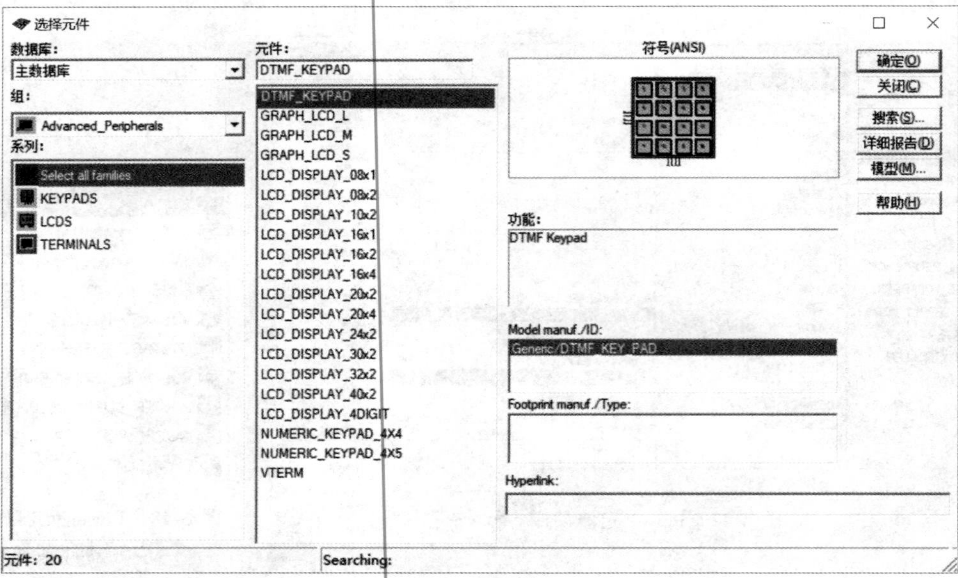

图 6-51　高级外设元器件库

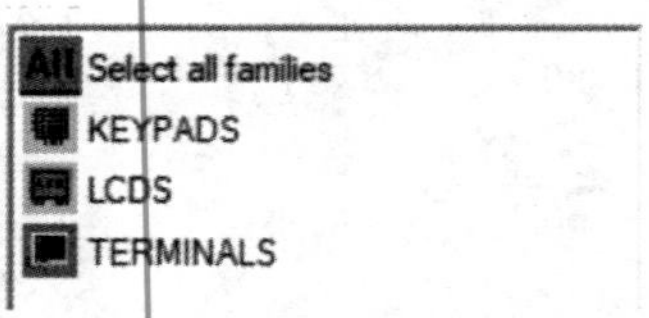

图 6-52　高级外设元器件库对应元器件系列

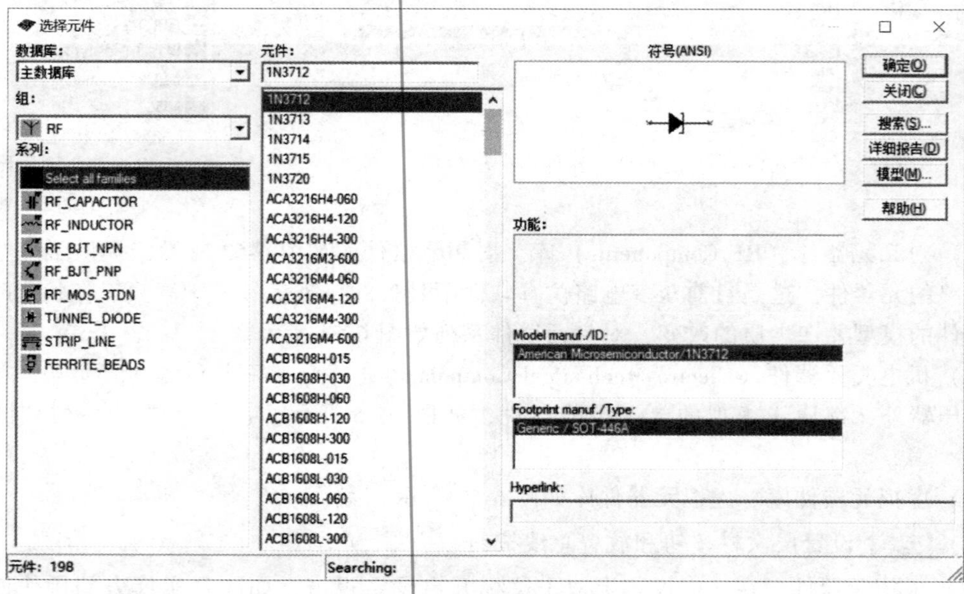

图 6-53　射频元器件库

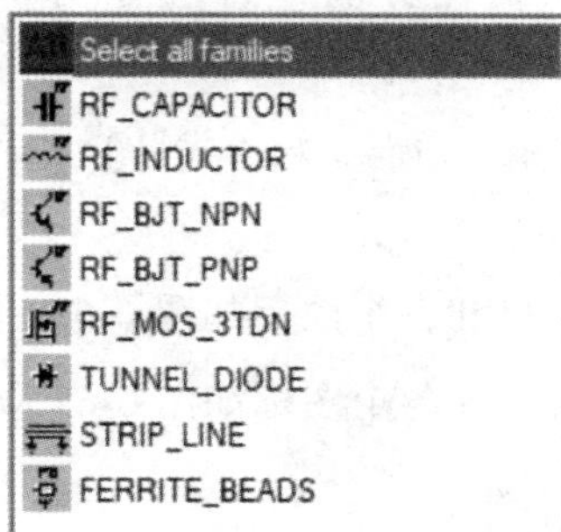

图 6-54 射频元器件库对应元器件系列

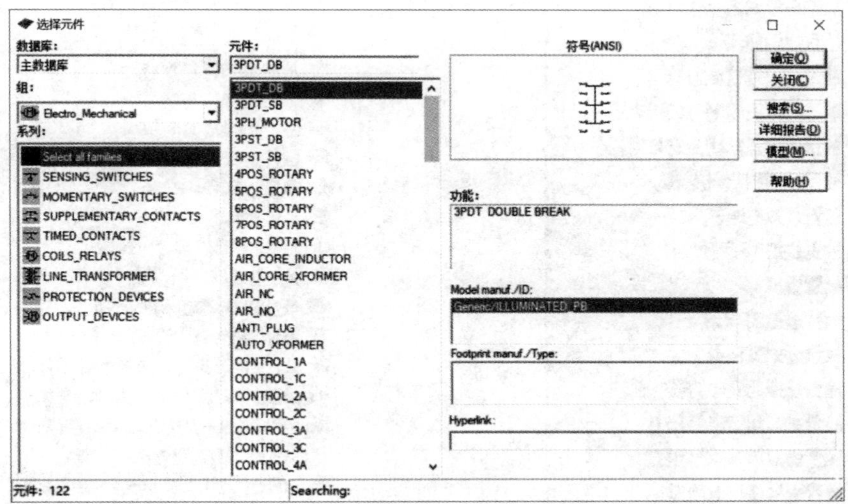

图 6-55 机电类元器件库

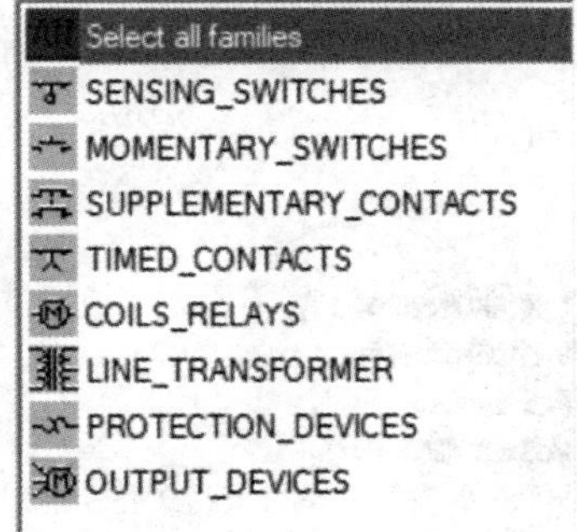

图 6-56 机电类之器件库元器件系列

图 6-57 虚拟元器件库

图 6-58 虚拟元器件工具栏

1）模拟元器件按钮。其代表的元件如图6-59所示。

放置虚拟比较器
放置虚拟3端运算放大器
放置虚拟5端运算放大器

图 6-59 模拟元器件按钮

2）基本元器件按钮。弹出窗口和各个图标如图6-60所示。

3）二极管按钮。弹出窗口和各个图标如图6-61所示。

4）晶体管按钮。弹出窗口和各个图标如图6-62所示。

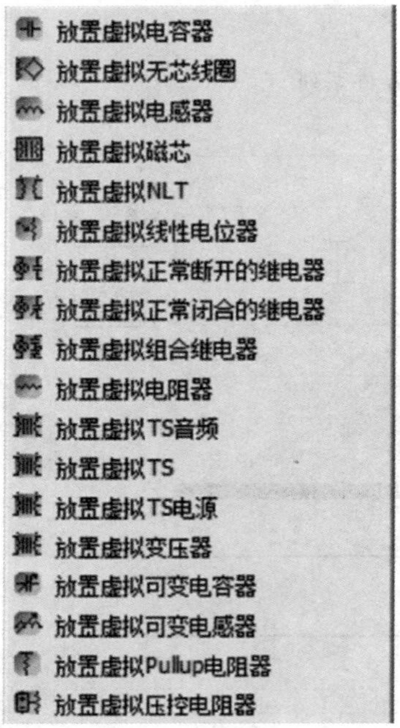

放置虚拟电容器
放置虚拟无芯线圈
放置虚拟电感器
放置虚拟磁芯
放置虚拟NLT
放置虚拟线性电位器
放置虚拟正常断开的继电器
放置虚拟正常闭合的继电器
放置虚拟组合继电器
放置虚拟电阻器
放置虚拟TS音频
放置虚拟TS
放置虚拟TS电源
放置虚拟变压器
放置虚拟可变电容器
放置虚拟可变电感器
放置虚拟Pullup电阻器
放置虚拟压控电阻器

图 6-60 基本元器件按钮

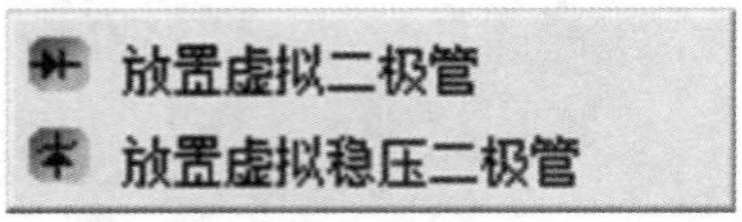

放置虚拟二极管
放置虚拟稳压二极管

图 6-61 二极管按钮

放置虚拟BJT NPN 4T
放置虚拟BJT NPN
放置虚拟BJT PNP 4T
放置虚拟BJT PNP
放置虚拟GaAsFET N
放置虚拟GaAsFET P
放置虚拟JFET N
放置虚拟JFET P
放置虚拟耗尽型N沟道金氧半导体器件
放置虚拟耗尽型P沟道金氧半导体
放置虚拟增强模式N沟道金氧半导体器件
放置虚拟增强模式P沟道金氧半导体
放置虚拟耗尽型N沟道金氧半导体器件
放置虚拟耗尽型P沟道金氧半导体
放置虚拟增强模式N沟道金氧半导体器件
放置虚拟增强模式P沟道金氧半导体

图 6-62 晶体管按钮

5）测量元器件按钮。弹出窗口和各个图标如图6-63所示。

6）混合元器件按钮。弹出窗口和各个图标如图6-64所示。

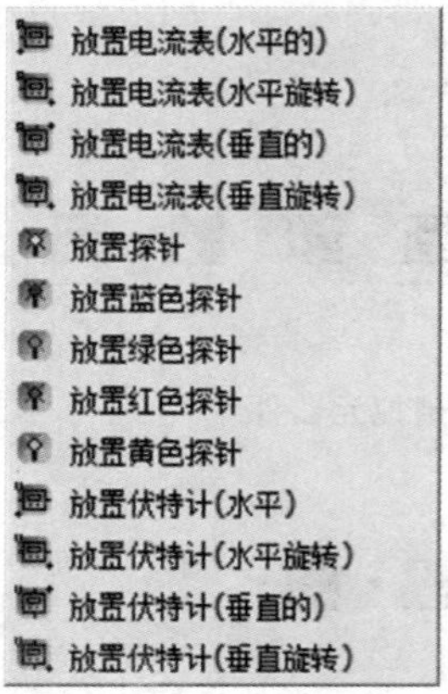

放置电流表(水平的)
放置电流表(水平旋转)
放置电流表(垂直的)
放置电流表(垂直旋转)
放置探针
放置蓝色探针
放置绿色探针
放置红色探针
放置黄色探针
放置伏特计(水平)
放置伏特计(水平旋转)
放置伏特计(垂直的)
放置伏特计(垂直旋转)

图 6-63 测量元器件按钮

放置虚拟理想555计时器
放置虚拟模拟开关
放置虚拟石英
放置虚拟直流D Hex
放置虚拟电流额定保险丝
放置虚拟灯泡
放置虚拟单稳
放置虚拟发动机
放置虚拟光耦
放置虚拟锁相环
放置虚拟7段显示器(共阳极)
放置虚拟7段显示器(共阴极)

图 6-64 混合元器件按钮

7）电源按钮 。弹出窗口和各个图标如图 6-65 所示。

8）虚拟定值元器件按钮 。弹出窗口和各个图标如图 6-66 所示。

9）信号源按钮 。弹出窗口和各个图标如图 6-67 所示。

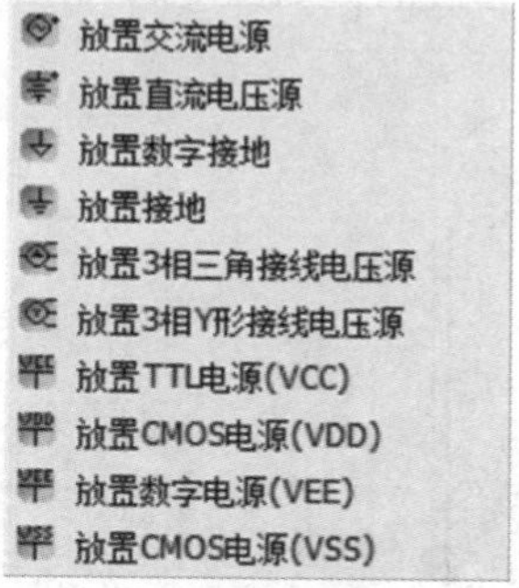

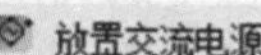

放置交流电源
放置直流电压源
放置数字接地
放置接地
放置3相三角接线电压源
放置3相Y形接线电压源
放置TTL电源(VCC)
放置CMOS电源(VDD)
放置数字电源(VEE)
放置CMOS电源(VSS)

图 6-65　电源按钮

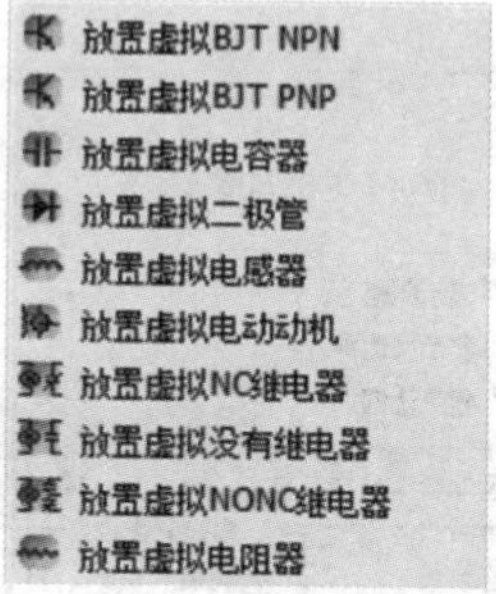

放置虚拟BJT NPN
放置虚拟BJT PNP
放置虚拟电容器
放置虚拟二极管
放置虚拟电感器
放置虚拟电动机
放置虚拟NC继电器
放置虚拟没有继电器
放置虚拟NONC继电器
放置虚拟电阻器

图 6-66　虚拟定值元器件按钮

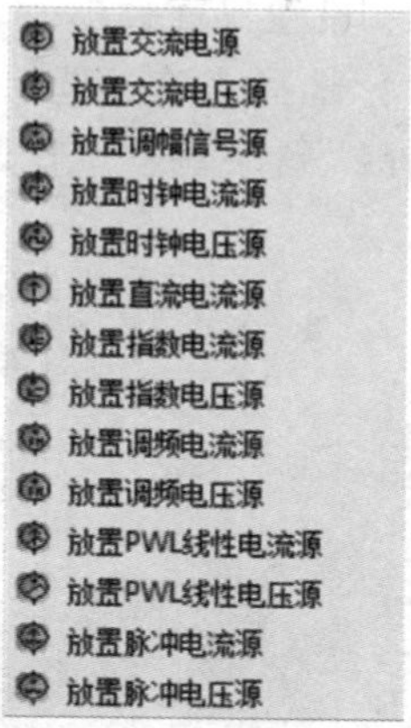

放置交流电源
放置交流电压源
放置调幅信号源
放置时钟电流源
放置时钟电压源
放置直流电流源
放置指数电流源
放置指数电压源
放置调频电流源
放置调频电压源
放置PWL线性电流源
放置PWL线性电压源
放置脉冲电流源
放置脉冲电压源

图 6-67　信号源按钮

6.2.7　仪器库工具栏

Multisim10 提供了 21 种用于对电路工作状态进行测试的仪器、仪表，这些仪表的使用方法和外观与真实仪表相当，感觉就像实验室使用的仪器。仪表工具栏是进行虚拟电子实验和电子设计仿真最快捷而又形象的特殊窗口，也是 Multisim10 最具特色的地方。

6.2.8　其他功能

1）“.com” 按钮。这是提供给 Multisim10 用户的一个 Internet 入口，通过它可以访问 1000 多万个元器件的 CAPSXpert 数据库，并可直接把有关元器件的 Spice 模型及信息资料下载到用户的数据中。

2）电路窗口（Circuit Window）。电路窗口又称为 Workspace，相当于一个显示工作中的操作平台。电路图的编辑绘制、仿真分析、波形数据显示等都将在此窗口中进行。

3）状态条（Status Line）。状态条显示当前操作以及鼠标所指条目的有用信息。

6.3　Multisim10 基本操作

6.3.1　创建电路窗口

运行 Multisim10，软件自动打开一个空白的电路窗口。电路窗口是用户放置元器件、创建电路的工作区域，用户也可以通过单击工具栏中的 按钮（或按 Ctrl+N），新建一个空白的电路窗口。

Multisim10 允许用户创建符合自己要求的电路窗口，其中包括界面的大小；网格、页数、页边框、纸张边界及标题框是否可见；符号标准（美国标准或欧洲标准）。

初次创建一个电路窗口时，使用的是默认选项。用户可以对默认选项进行修改，新的设置会和电路文件一起保存，这就可以保证用户的每一个电路都有不同的设置。如果在保存新的设置时设定了优先权，即选中了“Set as default”复选框，那么当前的设置不仅会应用于正在设计的电路，而且还会应用于此后将要设计的一系列电路。

1. 设置界面大小

1）选择菜单“选项”→“Sheet Properties”→“工作区”（或者在电路窗口内单击鼠标右键选择“属性”→“工作区”）命令，系统弹出“Sheet Properties”对话框，如图 6-68 所示。

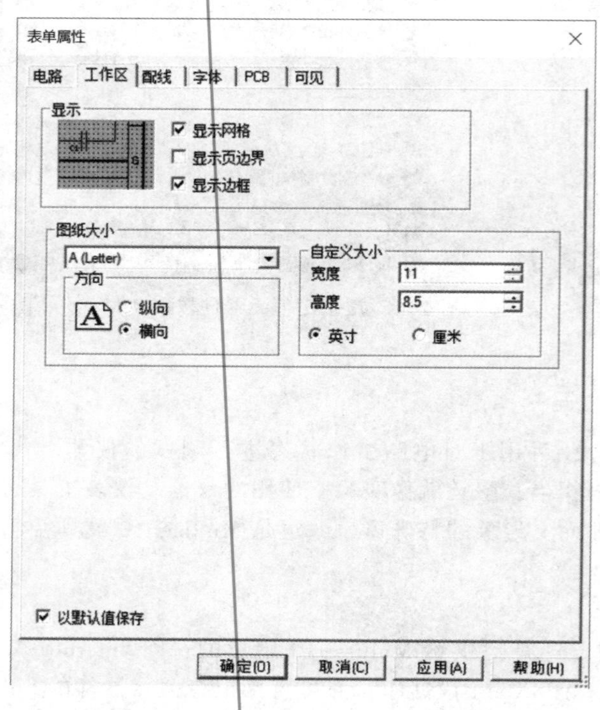

图 6-68　“Sheet Properties”对话框

2）从“图纸大小”下拉列表框中选择界面尺寸。这里提供了几种常用型号的图纸供用户选择。选定下拉框中的纸张型号后，与其相关的宽度、高度将显示在右侧选项中。

3）若想自定义界面尺寸，可在“自定义大小”选项组内设置界面的宽度和高度，根据用户习惯可选择英尺或厘米作为单位；另外，在“方向”选项组内，可设置纸张放置的方向为横向或竖向。

4）设置完毕后单击“确定”按钮。若选中“以默认值保存”框，则可将当前设置保存为默认设置。

2. 显示/隐藏表格、标题框和页边框

Multisim10 的电路窗口中可以显示或隐藏背景网格、页边界和边框，如图 6-68 所示。

选中“显示网格”选项，电路窗口中将显示背景网格，用户可以根据背景网格对元器件进行定位。

选中“显示页边界”选项，电路窗口中将显示纸张边界，纸张边界决定了界面的大小，为电路图的绘制限制了一个范围。

选中“显示边框”选项，电路窗口中将显示电路图边框，该边框为电路图提供了一个标尺。

3. 选择符合标准

Multisim10 允许用户在电路窗口中使用美国标准或欧洲标准的符号。选择“选项”→“Global Preferences”命令，系统弹出对话框，如图 6-69 所示。在“零件”选项组内选择，其中 ANSI 为美国标准，DIN 为欧洲标准。

4. 元器件放置模式设置

在图 6-69 的“零件”选项组内，选中“回到元件浏览在布局以后”复选框，在需要放置多个同类型元器件时，放置一个元器件后自动返回元器件浏览窗口，继续选择下一个元器件而无需再去工具箱中抓取。

如选中“连续放置元件”，则取用相同的元器件时，可以连续放置而无需再去工具箱中抓取。

5. 选择电路颜色

选择“选项”→“Sheet Properties”→“电路”命令，如图 6-70 所示，用户可以在“颜色”选项组内下拉列表框中选取一种预设的颜色配置方案，也可以选择下拉列表框中的“自定义”选项，自定义一种自己喜欢的颜色配置。

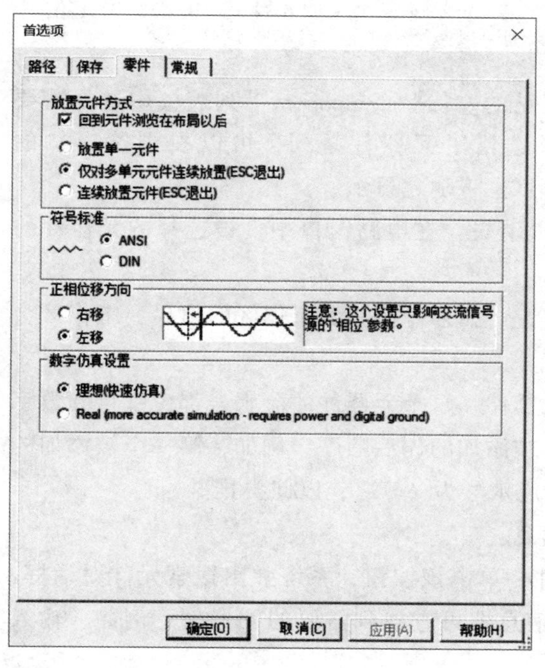

图 6-69 “Global Preferences”对话框

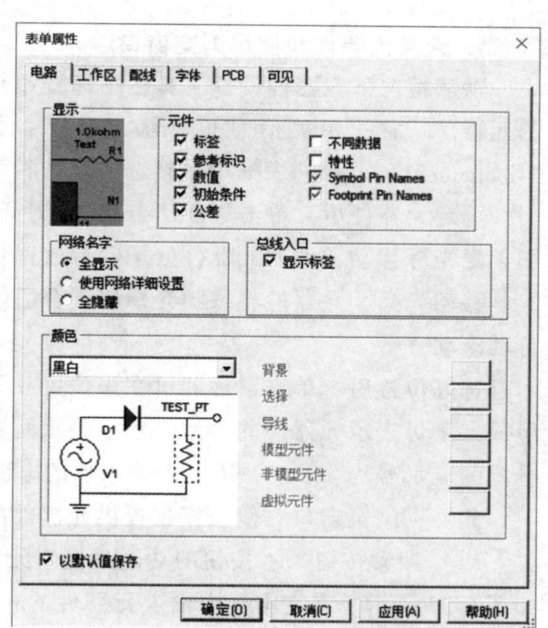

图 6-70 “Sheet Properties”对话框

6. 为元器件的标识、标称值和名称设置字体

选择“选项”→“Sheet Properties”→“字体”（或者在电路窗口内单击鼠标右键选择“属性”→“字体”）命令，可以为电路中显示的各类文字设置大小和风格。

6.3.2 元器件的选取

原理图设计的第一步是在电路窗口中放入合适的元器件。可以通过以下两种方式在元器件库中找到元器件。

1）通过电路窗口上方的元器件工具栏或选择菜单“放置”→“Component”命令浏览所有元器件系列。

2）查询数据库中的特定元器件。

第一种方法最常用。各种元器件系列都被进行逻辑分组，每一组由元器件工具栏中的一个图标表示。这种逻辑分组是Multisim10的优点，可以节约用户设计时间，减少失误。

每一个元器件工具栏中的图标与一组功能相似的元器件相对应，在图标上单击鼠标，可以打开这一系列的元器件浏览窗口。

若电路设计过程中经常使用某一类型的元器件，可以打开“视图”→“工具栏”菜单，选中所需类型的对应项，此时该类型元器件的工具箱显示在工作区域，方便了用户频繁取用某一元器件。例如，选中“视图”→“工具栏”→“Basic”选项，则打开Basic工具箱，如图6-71所示。

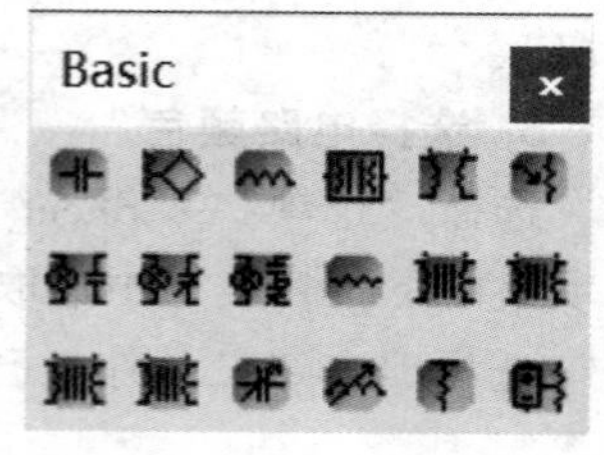

图6-71 “Basic”工具箱

6.3.3 放置元器件

1. 选择元器件和使用浏览窗口

默认情况下元器件设计工具栏图标按钮是可见的。从“Component”列表框中选择需要的元器件，它的相关信息也将随之显示；如果选错了元器件系列，可以在浏览窗口的“Component”下拉列表框中重新选取，其相关信息也将随之显示。

选定元器件后，单击“OK”按钮，浏览窗口消失，在电路窗口中，被选择的元器件的影子随光标移动，说明元器件处于等待放置状态。

移动光标，元器件将跟随光标移到合适的位置。如果光标移到工作区的边界，工作区会自动滚动。

选好位置后，单击鼠标即可在该位置放下元器件。每个元器件的流水号都由字母和数字组成，字母表示元器件的类型，数字表示元器件被添加的先后顺序。例如，第一个被添加的电源的流水号为“U1”，第二个被添加的电源的流水号为“U2”，以此类推。

此外，浏览窗口右侧按钮也提供元器件的信息：

（1）搜索按钮　本按钮的功能是搜索元器件，单击该按钮，系统弹出搜索元件对话框，如图6-72所示。在文本框中输入元器件的相关信息即可查找到需要的元器件。例如，输入“74”，搜索结果如图6-73所示。

（2）详细报告按钮　本按钮的功能是列出此元器件的详细列表，单击该按钮出现如图6-74所示的报告窗口。

（3）模型按钮　本按钮的功能是列出此元器件的性能指标，单击该按钮出现图6-75所示的模型数据报告窗口。

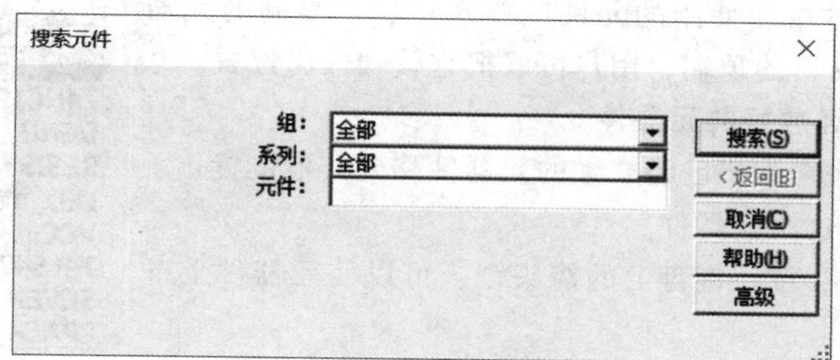

图 6-72　搜索元件对话框

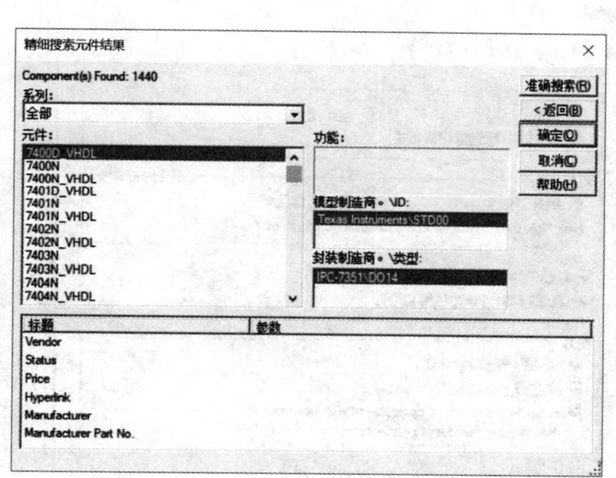

图 6-73　元器件搜索结果

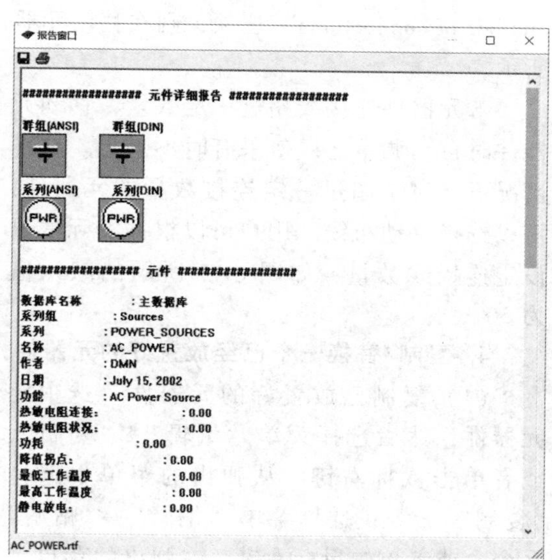

图 6-74　报告窗口

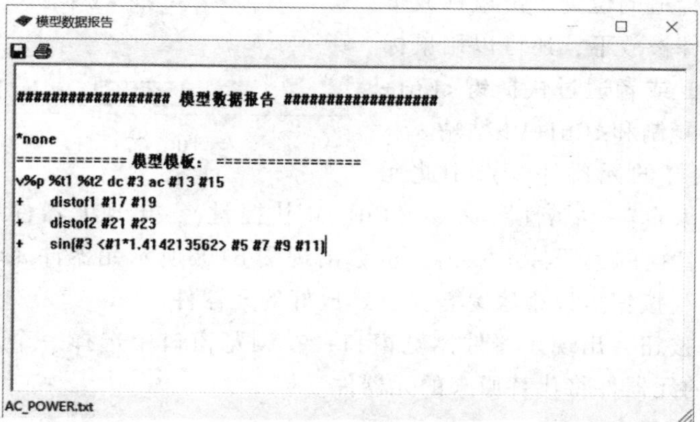

图 6-75　模型数据报告窗口

2. 使用的元器件

每次放入元器件或子电路时，元器件和子电路都会被“记忆”，并被添加进正在使用的元器件清单——“使用的元器件”中，如图 6-76 所示，为再次使用提供方便。要复制当前电路中的元器件，只需在“使用的元件”中选中，被复制的元器件就会出现在电路窗口的顶端，用户可以把它移到任何位置。

---使用的元件---
---使用的元件---
74HC190N_4V
DGND
RESISTOR_VIRTUAL
LED_blue
VCC
74LS47N
SEVEN_SEG_DECIMAL_CO
RPACK_VARIABLE_2X7

图 6-76　使用的元器件清单

3. 移动一个已经放好的元器件

可以用下列方法之一将已经放好的元器件移到其他位置：

1）用鼠标拖动这个元器件。

2）选中元器件，按住键盘上的箭头键，可以使元器件上下左右移动。

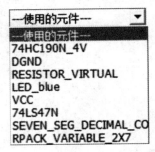

打开“选项”→“Global Preferences”→“常规”对话框，选中“Autowire on move，for components with less than the following number of connections”选项，则在移动元器件的同时，将自动调整连接线的位置，如图 6-77 所示。

若元器件连接线超过一定数量，移动元器件时自动调整连线效果有时不理想。这种情况下，对于超过一定连接数量的元器件，可以选择手动布线。用户可以根据实际情况设定连接线数量，如图 6-77 所示的默认值为 50。

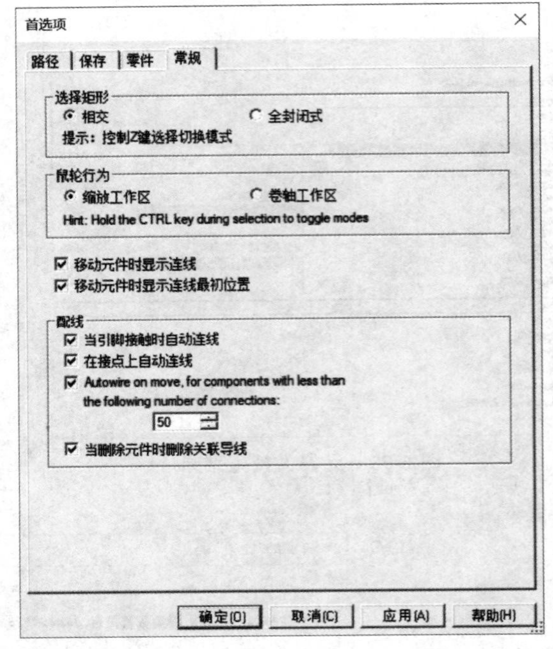

图 6-77　自动调整连线

4. 复制/替换一个已经放置好的元器件

（1）复制已放置好的元器件　选中此元器件，然后选择菜单“编辑”→“复制”，或者单击鼠标右键，从弹出的菜单中选择“复制”命令；选择菜单“编辑”→“粘贴”命令，或者单击鼠标右键，在弹出的菜单中选择“粘贴”命令；被复制的元器件的影像随光标移动，在合适的位置单击鼠标放下元器件。一旦元器件被放下，还可以用鼠标把它拖到其他位置，或者通过快捷键<Ctrl+X>剪切，<Ctrl+C>复制和<Ctrl+V>粘贴。

（2）替换已放好的元器件　选中此元器件，选择菜单“编辑”→“属性”命令（Ctrl+M 快捷键），出现元器件属性对话框，如图 6-78 所示；在将被替换的元器件上双击，也会出现图 6-78 所示元器件属性对话框。使用窗口左下方的“替换”按钮可以很容易替换已经放好的元器件。

单击“替换”按钮，出现元器件浏览窗口；在浏览窗口中选择一个新的元器件，单击“确定”按钮，新的元器件将代替原来的元器件。

5. 设置元器件的颜色

元器件的颜色和电路窗口的背景颜色可以打开“选项”→“Sheet Properties”→“电路”窗口进行设置。

1）更改一个已经放好的元器件的颜色。在该元器件上单击鼠标右键，在弹出菜单中选择“改变颜色”选项，从调色板上选取一种颜色，单击“确定”按钮，元器件变成该颜色。

2）更改背景颜色和整个电路的颜色配置。在电路窗口中单击鼠标右键，在弹出菜单中选择“属性”选项，在出现窗口的“电路”选项中设定颜色。

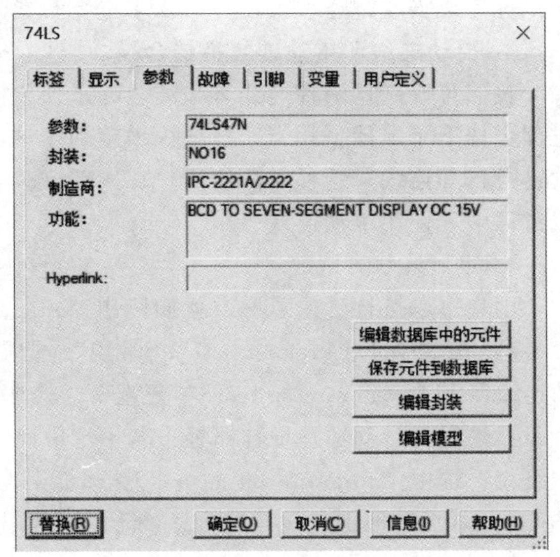

图 6-78 元器件属性对话框

6.3.4 连线

在电路窗口中放好元器件以后，就需要用线把它们连接起来。所有的元器件都有引脚，可以选择自动连线或手动连线，通过引脚用连线将元器件或仪器仪表连接起来。自动连线是 Multisim10 的一项特殊功能，即 Multisim10 能够自动找到避免穿过其他元器件或覆盖其他连线的合适路径；手动连线允许用户控制连线的路径。在设计同一个电路时，也可以把两种方法结合起来。例如，可以先手动连线，然后再转换成自动连线。专业用户和高级专业用户还可以在电路窗口中为相距较远的元器件建立虚拟连线。

1. 自动连线

在两个元器件之间自动连线，把光标放在第一个元器件的引脚上（此时光标变成“+”号），单击鼠标，移动鼠标，就会出现一根连线随光标移动；在第二个元器件的引脚上单击鼠标，Multisim10 将自动完成连线，自动放置导线，而且自动连成合适的形状（此时必须保证“Global Preferences”→“常规”选项卡的“在接点上自动连线”复选框被选中），如图 6-79 所示。

删除一根连线：选中它，然后按<Delete>键或者在连线上单击鼠标右键，再从弹出的菜单中选择<删除>命令。

2. 手动连线

如果未选中“在接点上自动连线”复选框，元器件连接时需要手动连线。

连接两个元器件：把光标放在第一个元器件的引脚上（此时光标变成“+”号），单击鼠标左键，移动鼠标，就会出现一根连线跟随鼠标延伸；在移动鼠标的过程中通过单击鼠标来控制连线的路径；在第二个元器件的引脚上单

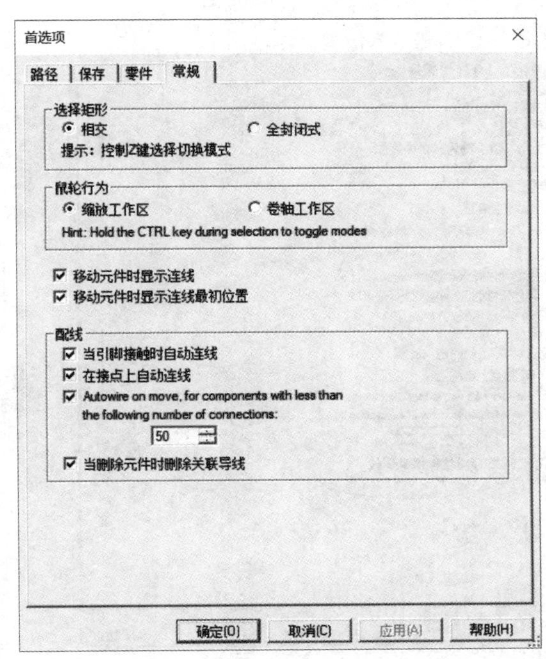

图 6-79 自动连线设置对话框

击鼠标完成连线，连线按用户的要求进行布置。

3. 自动连线和手动连线相结合

我们可以把这两种连线方法结合起来使用。Multisim10 默认的是自动连线，如果在连线过程中按下了鼠标，相当于把导线锁定到了这一点（这就是手动连线），然后 Multisim10 继续进行自动连线。这种方法使用户在大部分时间能够自动连线，而只有在比较复杂路径的连线过程中才使用手动连线。

4. 定制连线方式

用户可以按自己的意愿设置如何让 Multisim10 来控制自动连线。

1）在“Global Preferences”→“常规”选项卡的配线选项组中有两个选项：“在接点上自动连线”和“Autowire on move”复选框。选中“在接点上自动连线”，Multisim10 在连接两个元器件时将自动选择最佳路径，若不选中此复选框，用户在连线时可以更自由地控制连线的路径；选中“Autowire on move”复选框，当用户移动一个已经连入电路中的元器件时，Multisim10 自动地把连线改成合适的形状，不选中此选项组，连线将和元器件移动的路径一样，如图 6-80 所示。

2）选择“选项”→“Sheet Properties”→“配线”选项卡，在“画图选项”组中可以为当前电路和以后将要设计的电路中的连线和总线设置宽度；单击“确定”按钮保存设置，或是选中“以默认值保存”复选框，再单击“确定”按钮为当前电路和以后设计的电路保存设置。

3）在图 6-81 所示的制图布线设置对话框中，“总线配线模式”选项组中，可以对总线模式进行设置。Multisim10 提供了网络和总线连线两种总线布线模式。

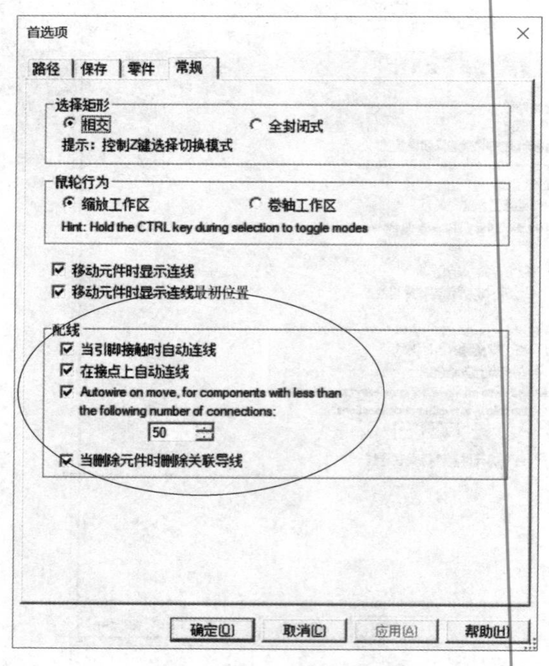

图 6-80　定制连线方式对话框

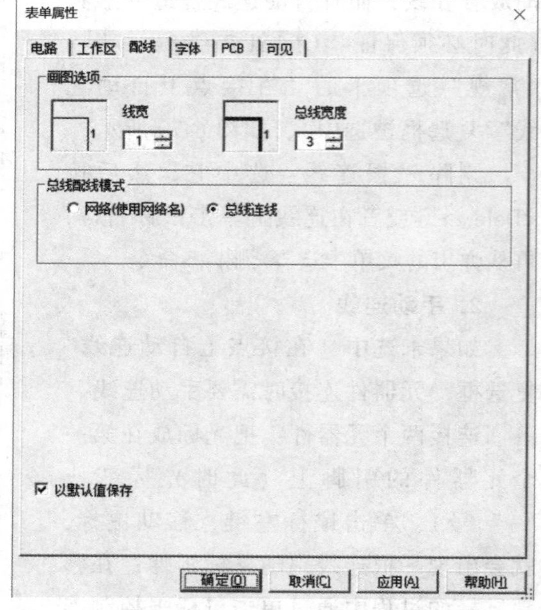

图 6-81　制图布线设置对话框

5. 修改连线路径

改变已经画好的连线的路径，选中连线，在线上会出现一些拖动点；把光标放在任一点上，按住鼠标左键拖动此点，可以更改连线路径，或者在连线上移动鼠标箭头，当它变成双箭头时按住左键并拖动，也可以改变连线的路径。用户可以添加或移走拖动点以便更自由地控制导线路径（按<Ctrl>，同时单击想要添加或去掉的拖动点的位置）。

6. 设置连线颜色

连线的默认颜色是在“选项”→“Sheet Properties”→“电路”窗口中设置的。改变已设置好的连线颜色，可以在连线上单击鼠标右键，然后在弹出的菜单中选择“改变颜色”命令，从调色上选择颜色再单击“确定”按钮。只改变当前电路的颜色配置（包括连线颜色），在电路窗口单击鼠标右键，可以在弹出的菜单中更改颜色配置。

6.3.5 手动添加节点

如果从一个既不是元器件引脚也不是结点的地方连线，就需要添加一个新的结点。当两条线连接起来，Multisim10 会自动地在连接处增加一个结点，以区分简单的连线交叉的情况。

1）选择菜单“放置”→“节点”命令，鼠标箭头的变化表明准备添加一个节点；也可以通过点击鼠标右键，在弹出菜单中选择“Place Schematic”中的节点命令。

2）单击连线上想要放置节点的位置，在该位置出现一个节点。

与新的节点建立连接：把光标移近节点，直到它变为“+”形状；单击鼠标，可以从节点到希望的位置处画出一条连线。

6.3.6 旋转元器件

使用弹出式菜单或“Edit”菜单中的命令可以旋转元器件。下面只介绍弹出式菜单的使用方法。旋转元器件：在元器件上单击鼠标右键；从弹出菜单中选择“顺时针旋转90°”或“逆时针旋转90°”命令。如图 6-82 所示。

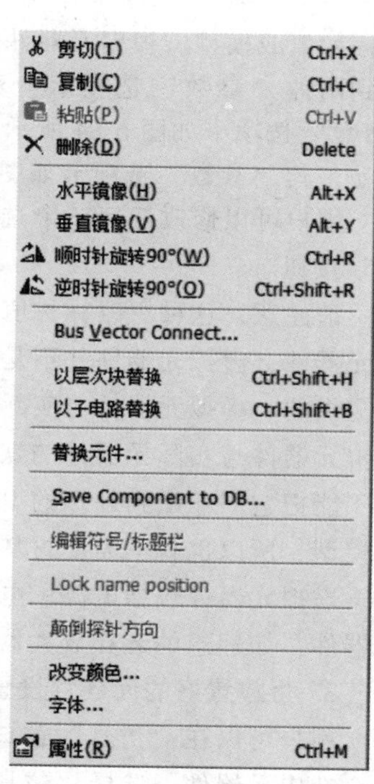

图 6-82 旋转元器件

6.3.7 设置元器件属性

每一个被放置在电路窗口中的元器件还有一些其他属性，这些属性决定着元器件的各个方面。但这些属性仅影响该元器件，并不影响其他电路中的相同电阻元件或同一电路中的其他元器件。依元器件类型不同，这些属性决定了下列方面的部分或全部。

1）在电路窗口中显示元器件的识别信息和标号。

2）元器件的模型。

3）对某些元器件，如何把它应用于分析之中。

4）应用于元器件节点的故障。

这些属性也显示了元器件的标称值、模型和封装。

1. 显示已被放置的元器件的识别信息

可用以下两种方法设置元器件的识别信息：

1）用户在“选项”→“Sheet Properties”→“电路”选项组中的设置，将决定在电路中是否显示元器件的某个识别信息，如元器件标识、流水号、标称值和属性等；也可以在电路窗口中单击鼠标右键，在弹出的窗口中，仅为当前的电路进行设置。

2）为已放置的元器件设置显示识别信息。在元器件上双击或者选中元器件后，单击“编辑”→“属性”命令，系统弹出元器件的属性对话框；选择“显示”选项卡，如图6-83所示。默认状态下为选中“使用原理图全局设置”复选框，元器件按照预先指定的电路设置显示识别信息（图中灰色区域选项）；若取消对此复选框的选取，图6-83中灰色区域变为有效，选中需要显示的元器件信息项，单击“确定”按钮保存设置，元器件将按用户指定的模式显示其识别信息。

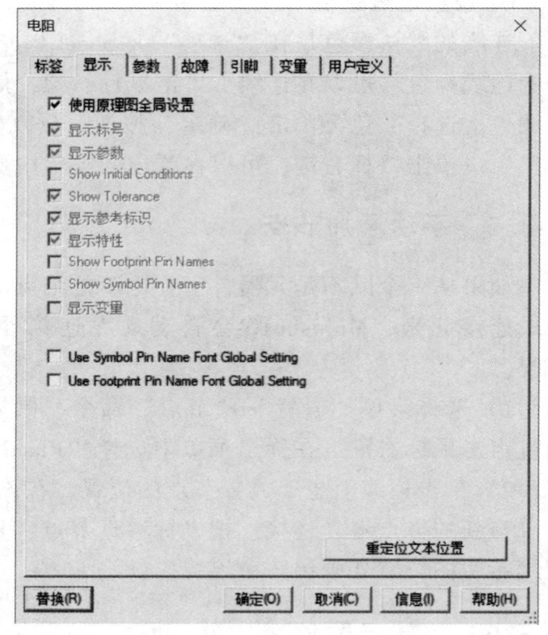

图6-83 元器件识别信息设置对话框

2. 查看已放置的元器件的标称值或模型

选择菜单“编辑”→“属性”命令，或在元器件上双击，系统弹出元器件属性对话框，在“参数”选项卡中显示当前元器件的标称值或模型。根据元器件的种类，可以看到两种“参数”选项卡：实际元器件的“参数”选项卡如图6-84所示，实际元器件的标称值不能改动；而虚拟元器件的标称值可以改动，其“参数”选项卡如图6-85所示。

用户可以修改任何一个选项，要取消更改，单击“取消”按钮；保存更改，单击“确定”按钮。

请注意，这种更改标称值或模型的功能只适用于虚拟元器件。首先，重要的是要理解这些元器件，虚拟元器件并不是真正的元器件，是用户不可能提供或买到，它们只是为了方便而提供的。虚拟元器件与实际元器件的区别表现在以下两个方面：第一，在元器件列表中，虚拟元器件与实际元器件的默认颜色不同，同时也是为了提醒用户，它们不是实际器件，所以不能把它们输出到外挂的PCB软件上；第二，既然用户可以随意修改虚拟器件的标称值或模型，所以也就不需要再从“Component Browser”窗口中选择了。

虚拟元器件包括电源、电阻、电感、电容等，虚拟元器件也包括其他和理论相对应的理想器件，如理想的运算放大器。

3. 为放置好的元器件设置错误

用户可以在“仿真”窗口的“自动故障设置”选项卡中为元器件的接线端设置错误。

选中元器件，选择“仿真”→“自动故障设置”，如图6-86所示，为引脚设置错误类型（表6-1）；退出更改，单击“取消”按钮；保存更改，单击“确定”按钮。

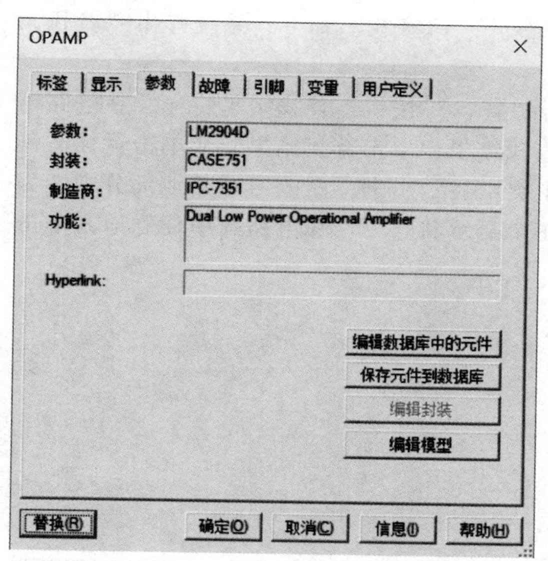

图 6-84 实际元器件的“参数”选项卡

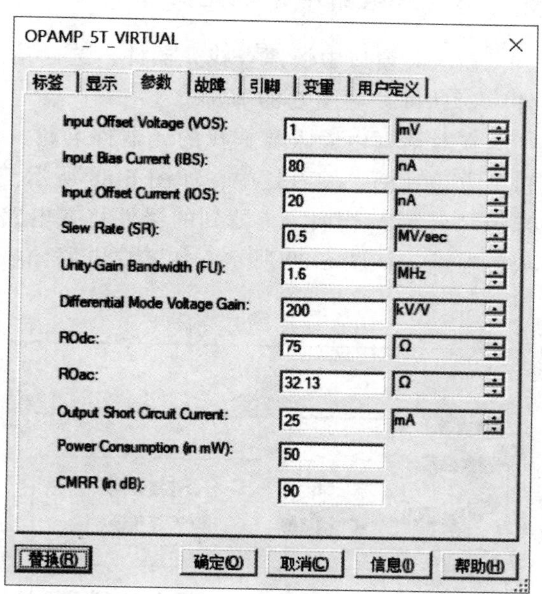

图 6-85 虚拟元器件设置值

表 6-1 引脚错误类型

选项	描　述
one	无错误
pen	给接线端分配一个阻值很高的电阻,就像接线端断开一样
hort	给接线端分配一个阻值很低的电阻,以至于对电路没有影响,就像短路一样
eakage	在选项的下方指定一个电阻值,与所选接线端并联,这样电流将不经过此元器件而直接泄露至另一接线端

4. 自动设置错误

当用户使用自动设置错误选项时，必须指明错误的个数，或指明每一种错误的个数。

1）打开自动故障设置对话框，如图 6-86 所示。

2）使用上下箭头可以在短路、打开、漏电文本框中直接输入数值，Multisim10 将随机地为相应的错误类型设置指定数目的错误。在“任意”文本框中输入数值，Multisim10 将随机设置某一类型的错误。

3）如图选择的错误类型是任意，则需要在“指定漏电电阻”文本框中输入电阻的数值和单位。

4）退出更改，单击“取消”按钮；保存设置，单击“确定”按钮。

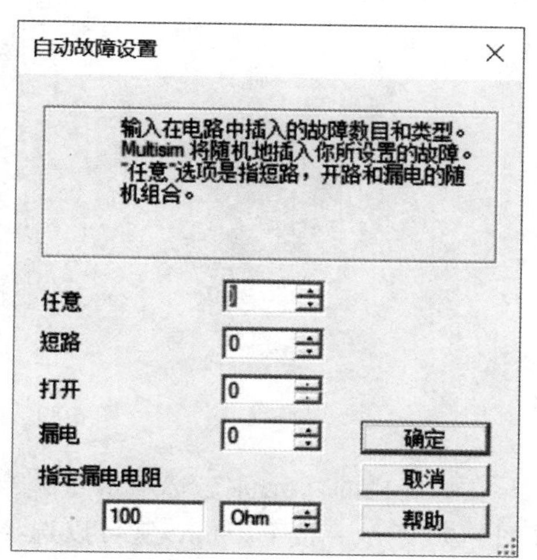

图 6-86 自动设置错误对话框

6.3.8 从电路中寻找元器件

在电路窗口中快速查找元器件：选择菜单“编辑”→“查找”命令，系统弹出“查找元件”对话框，如图 6-87 所示。

在对话框内输入要查找的元器件名称，单击“查找”按钮，查找结果将显示在电路窗口下方出现的扩展页栏中，如图 6-88 所示。在查找结果中双击查找结果，或单击鼠标右键选择“转到”选项，查找到的器件将在电路图中突出显示出来，而电路图其他部分则变为灰色显示，如图 6-89 所示。如需要电路图恢复正常显示状态，可在电路图中任意地方单击鼠标。

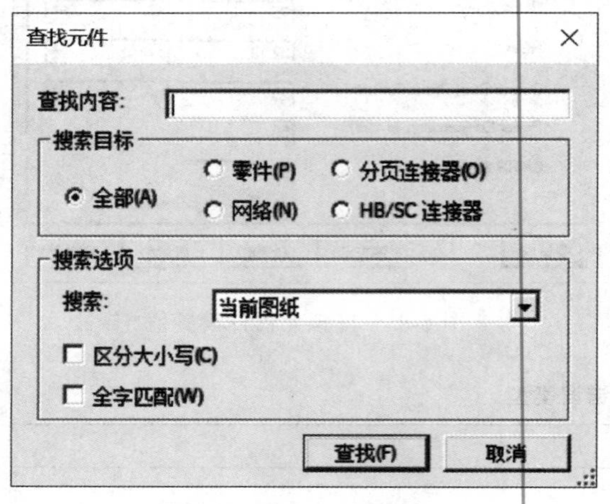

图 6-87 查找元件对话框

图 6-88 元器件查找结果信息

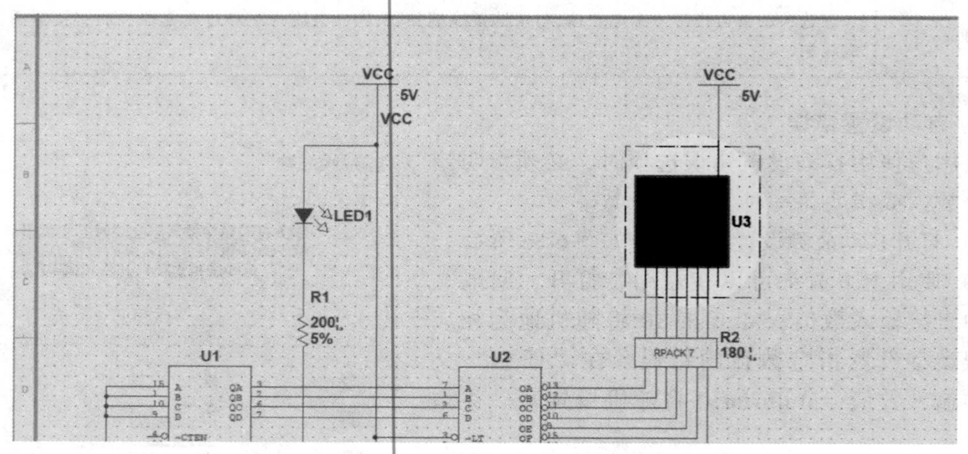

图 6-89 突出显示查找到的元器件

在扩展栏的“元件”选项卡中，当前电路中的元器件信息以表格的形式提供给用户，如图 6-90 所示。按下<Shift>键可以选择多个元器件，此时所有被选中的元器件在电路窗口中也将被选中。

电子表格

参...	图纸	单元	子...	系列	参数	公差	制...	封装	描述	标签	坐标...	旋转	翻转	颜色	间距	群组	引...	门...	锁定 PC...	VCC	VDD	VEE	VPP	GND	VSS	变量
U2	电路2			74LS	74L...		IPC...	NO16	Nu...		D4	不...	不...	默认	0		否	否	否	VCC				GND		Def...
U1	电路2			74H...	74H...		IPC...	NO16	Nu...		E1	不...	不...	默认	0		否	否	否	VCC				GND		Def...
R2	电路2			RP...	180...		Ge...	DIP...			D6	不...	不...	默认	0		否	否	否							Def...
R1	电路2			RE...	200Ω	5%					D2	旋...	Y...	默认												Def...
LED1	电路2			LED			Ulti...	LE...			C2	不...	不...	默认	0		否	否	否							Def...
GND	电路2			PO...			Ge...				F0	不...	不...	默认												Def...
																										Def...

结果 网络 元件 PCB层

图 6-90 当前电路元器件信息表

6.3.9 标识

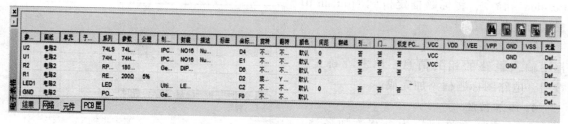

Multisim10 为元器件、网络和引脚分配了标识，用户可以更改、删除元器件或网络的标识，这些标识可在元器件编辑窗口中设置。除此之外，还可以为标识选择字体风格和大小。

Multisim10 还允许用户为电路增加标题块。

1. 更改元器件标识和属性

对于大多数的元器件，标识和流水号由 Multisim10 分配给元器件，也可以为元器件指定标识和流水号：双击元器件，出现元器件属性对话框；单击“标签”选项卡，如图 6-91 所示。

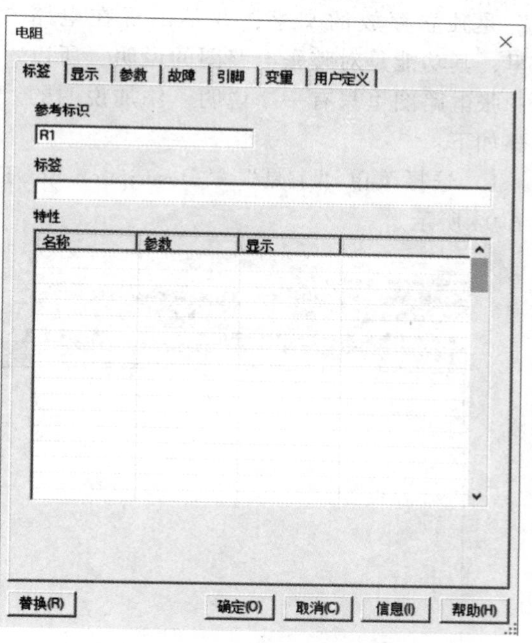

图 6-91 更改元器件标识和属性

可在“参考标识”文本框和“标签”文本框中输入或修改标识和流水号（只能由数字和字母构成，不允许有特殊字符或空格）；可在“特性”列表框中输入或修改元器件特性（可以任意命名和赋值）。例如，可以给元器件命名为制造商的名字，也可以是一个其他有意义的名称。在“显示”复选框中可以选择需要显示的属性，相应的属性即和元器件一起显示出来了。退出修改，单击“取消”按钮；保存修改，单击“确定”按钮。

2. 更改结点编号

Multisim10 自动为电路中的网络分配网络编号，用户也可以更改或移动这些网络编号。更改网络编号：双击导线，出现网络属性对话框，如图 6-92 所示。可以在此对网络进行设置；单击“确定”，否则，单击“取消”。

3. 添加标题框

用户可以在标题框对话框中为电路输入相关信息，包括标题、描述性文字和尺寸等。

1）选择“放置”→“Title Block”命令，在出现的对话框内选择标题框模板，单击将标题框放置在电路图中。

2）选中标题框，利用鼠标拖动标题框到指定位置，或者选择“编辑”→“Title Block

Position”命令，将标题框定位到 Multisim10 提供的预设位置。

3）双击标题框，在出现的标题框对话框中输入电路的相关信息，单击“确定”按钮，电路图标题框添加完成。

4. 添加备注

Multisim10 允许用户为电路添加备注，如说明电路中的某一特殊部分等。

5. 添加说明

除了给电路特殊部分添加文字说明外，还可以为电路添加一般性的说明内容，这些内容可以被编辑、移动或打印。在一张电路图里，可以按需要放置多处文字，而“说明”是独立存放的文字，并不出现在电路图里，其功能是对整张电路图的说明，所以在一张电路图里只有一个说明。添加说明的步骤如下：

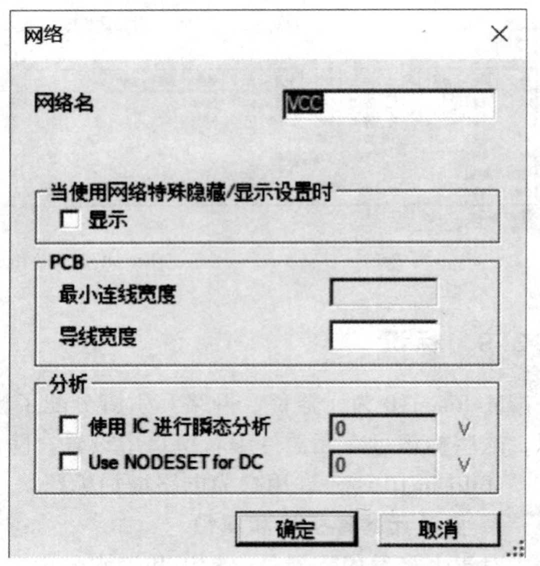

图 6-92　更改网络编号

1）选择菜单“工具”→“Description Box Editor”命令，出现添加文字说明的对话框，如图 6-93 所示。

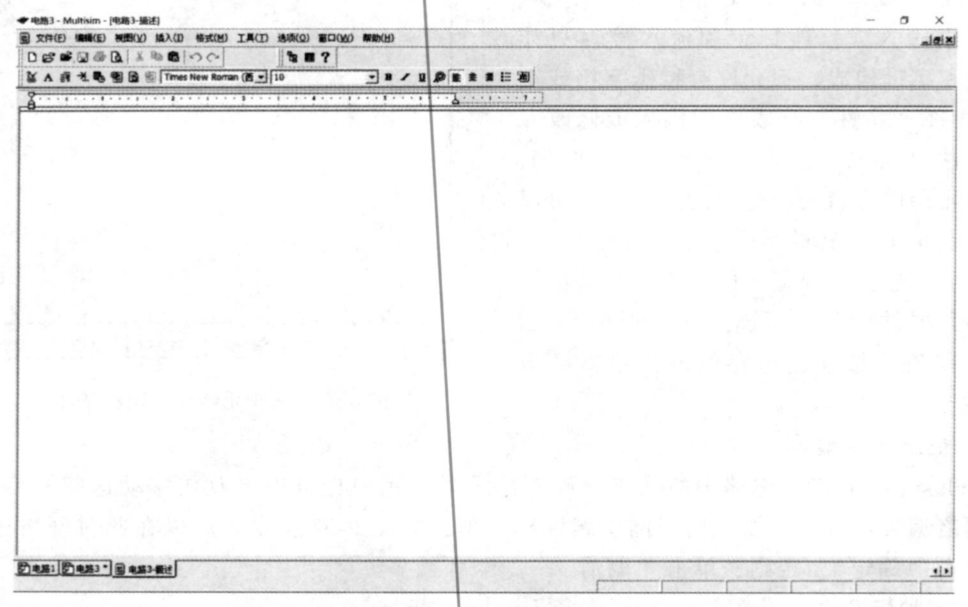

图 6-93　文字说明编辑窗口

2）在对话框中直接输入文字。

3）输入完成后，单击图 6-93 所示的关闭按钮退出文字说明编辑窗口，返回电路窗口；单击电路窗口页直接切换到电路窗口，无需关闭文字说明编辑窗口。

6.3.10 虚拟连线

更改元器件的网络编号，使其具有相同的数值，可在元器件间建立虚拟连接（仅供专业或高级专业用户使用）。Multisim10 将帮助用户进一步确认是否希望继续进行修改工作。Multisim10 会在具有相同流水号的元器件之间建立虚拟连接。

6.3.11 子电路和层次化

1. 概述

Multisim10 允许用户把一个电路内嵌于另一个电路中。为了使电路的外观简化，被内嵌的电路，或者说子电路在主电路中仅显示为一个符号。

对于工程化/团体化设计，子电路的功能还可以扩展到层次化设计。在这种情况下，子电路被保存为可编辑的独立的略图文件。子电路和主电路的连接是一种活动连接，也就是说，如果把电路 A 作为电路 B 的子电路，可以单独打开 A 进行修改，而这些修改会自动反映到电路 B 中，以及其他用到电路 A 的电路中，这种特性称为层次化设计。

Multisim10 的层次化设计功能允许用户为内部电路建立层次，以增加子电路的可重复利用性和保证设计者所设计电路的一致性。例如，可以建立一个库，把具有公共用途的子电路存入库中，就可以利用这些电路组成更加复杂的电路，也可以作为其他电路的另一个层次。因为 Multisim10 的工程化/团体化设计能够把相互连接的电路组合在一起，并可以自动更新，这就保证了对子电路的精心修改都可以反映到主电路中。通过这种方法，用户可以把一个复杂的电路分成较小的、相互连接的电路，分别由小组的不同成员来完成。

对于没有建层次的用户，子电路将成为主电路的一部分，只能在此主电路中才能打开并修改子电路，而不能直接打开子电路。同时，对于子电路的修改只会影响此主电路。保存主电路时，子电路将与它一起被保存。

2. 建立子电路

在电路中接入子电路之前，需要给子电路添加输入/输出结点，当子电路被嵌入主电路，该结点会出现在子电路的符号上，以便使设计者能看到接线点。

（1）在电路窗口中设计一个电路或电路的一部分 创建一个子电路，如图 6-94 所示。

（2）给电路添加输入/输出结点

1）选择菜单“放置”→“Connectors”→“HB/SC 连接器”命令，出现输入/输出结点的影子随光标移动。

2）在放置结点的理想位置单击鼠标，放下结点，Multisim10 自动为结点分配流水号。

3）结点被放置在电路窗口以后，就可以像连接其他元器件一样，将结点接入电路中，如图 6-95 所示。

4）保存子电路。

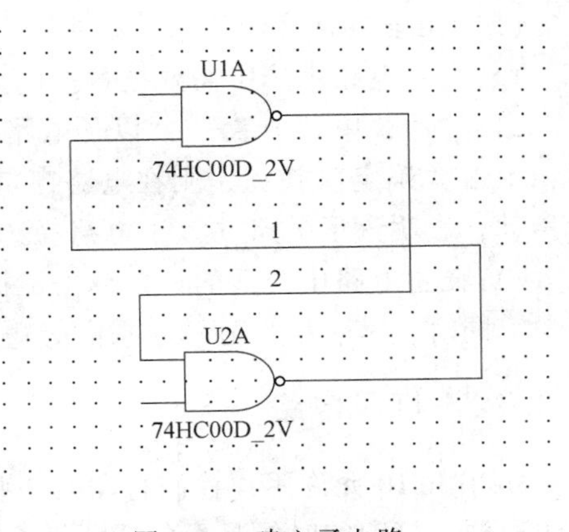

图 6-94 建立子电路

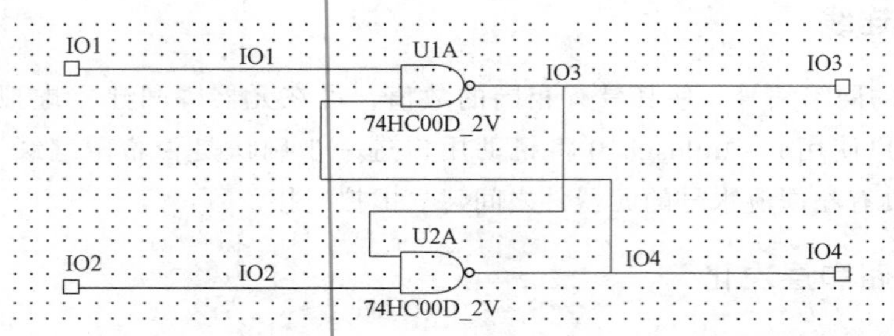

图 6-95 结点接入电路

3. 为电路添加子电路

(1) 添加子电路

1) 选择菜单→“放置”→“新建子电路” 命令，在出现的对话框中为子电路输入名称。单击 “确定” 按钮，子电路的影子跟随鼠标移动，在主电路窗口中单击将子电路放置到主电路中，如图 6-96a 所示。此时在设计工具箱中主电路文件下加入了子文件 “Sub1 (X1)”，如图 6-97 所示。

2) 双击打开 “Sub1 (X1)” 子文件，此时子电路窗口为空白窗口；复制或剪切需要的电路或电路的一部分到子电路窗口中；关闭子电路窗口，返回主电路窗口，子电路图标变为图 6-96b，子电路添加完成。

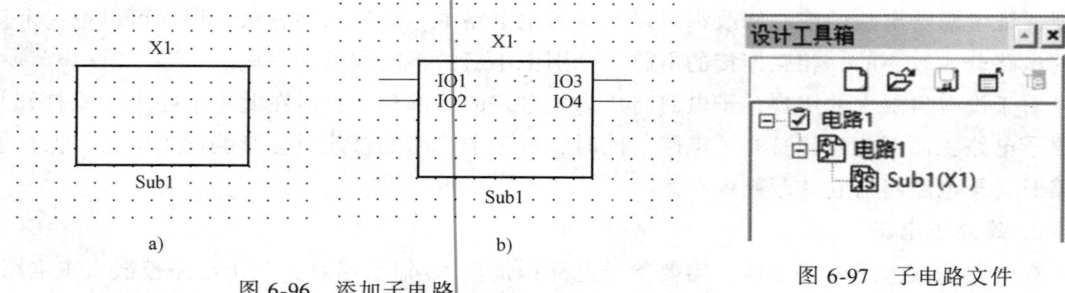

图 6-96 添加子电路

a) 放置子电路 b) 子电路图标

图 6-97 子电路文件

(2) 用子电路替代其他元器件

1) 在主电路中选中需要被替换的元器件。

2) 选择菜单 “放置”→“以子电路替换” 命令，在出现的对话框中为子电路输入新的名称，单击 “确定” 按钮，则在电路窗口中被选中的部分被移走，出现子电路的影子跟随鼠标移动，表明该子电路（该子电路为选中部分的子电路）处于等待放置的状态。

3) 在主电路中合适的位置单击鼠标，放下子电路，则子电路以鼠标的形式显示在主电路中，同时，其名称也显示在它的旁边。

6.3.12 打印电路

Multisim10 允许用户控制打印的一些具体方面，包括是彩色输出还是黑白输出，是否有打印边框，打印的时候是否包括背景，设置电路图比例，使之适合打印输出。

选择菜单 “文件”→“打印选项”→“打印电路设置” 命令，为电路设置打印环境。打印电路设置对话框如图 6-98 所示。

通过选择复选框来设置对话框右下角部分。

选择菜单“文件”→“打印选项”→“打印仪器”命令，可以选中当前窗口中的仪表并打印，打印输出结果为仪表面板。电路运行后，打印输出的仪表面板将显示仿真结果。

选择菜单，“文件”→“打印”命令，为打印设置具体环境。要想预览打印文件，选择菜单“文件”→“打印预览”命令，电路出现在预览窗口，在预览窗口中可以随意缩放、逐页翻看，或发送给打印机。

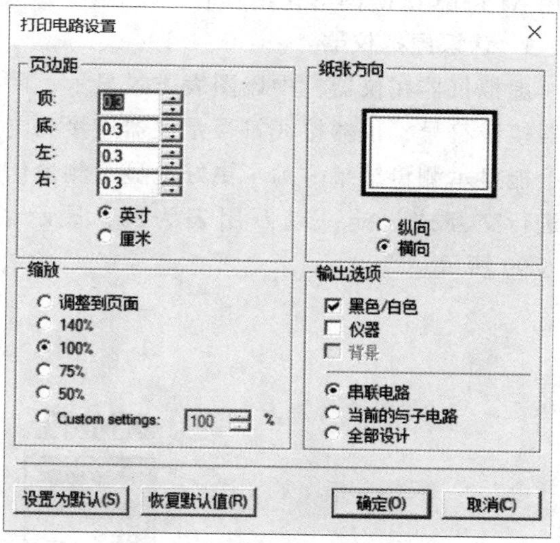

打印电路设置

页边距
顶: 0.3
底: 0.3
左: 0.3
右: 0.3
英寸
厘米

纸张方向
纵向
横向

缩放
调整到页面
140%
100%
75%
50%
Custom settings: 100 %

输出选项
黑色/白色
仪器
背景
串联电路
当前的与子电路
全部设计

设置为默认(S) 恢复默认值(R) 确定(O) 取消(C)

图 6-98 打印电路设置对话框

6.3.13 放置总线

总线是电路图上的一组并行路径，它们是连接一组引脚与另一组引脚的相似路径。例如，在 PCB 板上，它是一根铜线或并行传输字的几位二进制位的电缆。

选择“放置”→“总线”命令，在总线起点单击鼠标，总线的第二点单击鼠标，继续单击鼠标直到画完总线，在总线终点双击鼠标，完成总线绘制。总线的颜色与虚拟元器件一样，在总线的任何位置双击连线，将自动弹出属性对话框。

6.3.14 使用弹出菜单

1. 没有选中元器件时弹出菜单

在没有选中元器件的情况下，在电路窗口中单击鼠标右键，系统弹出属性命令菜单。

2. 选中元器件时弹出菜单

在选中的元器件或仪器上单击鼠标右键，系统弹出属性命令菜单。

3. 菜单来自于选中的连线

在选中的连线上单击鼠标右键，系统弹出属性命令菜单，命令如下：①Delete 为删除选中的连线；②Color 为更改连线的颜色。

6.4 虚拟仪器

NI Multisim10 软件中会提供许多虚拟仪器，与仿真电路同处在一个桌面。用虚拟仪器来测量仿真电路中的各种电参数和电性能，就像在实验室使用真实仪器测量真实电路一样，这是 NI Multisim10 软件最具特色的地方。用虚拟仪器检验和测试电路是一种最简单、最有效的途径，能起到事半功倍的作用。虚拟仪器不仅能测试电路参数和性能，而且可以对测试的数据进行分析、打印和保存等。

在 NI Multisim10 软件中，除了有与实验室中常规的传统真实仪器外形相似的虚拟仪器，还可以根据测量环境的需求设计合理的个性化的仪器，或称自定义仪器。设计自定义仪器需要用 NI LabVIEW 图形化编程软件支持。

1. 认识虚拟仪器

虚拟仪器在仪器栏中以图表方式显示，而在工作桌面上又有另外两种显示：一种形式是仪器接线符号，仪器接线符号是仪器连接到电路中的桥梁；另一种形式是仪器面板，仪器面板上能显示测量结果。为了更好地显示测量信息，可对仪器面板上的量程、坐标、显示特性等进行交互式设定。以万用表为例，展示了仪器图标、仪器接线符号、仪器面板，如图 6-99 所示。

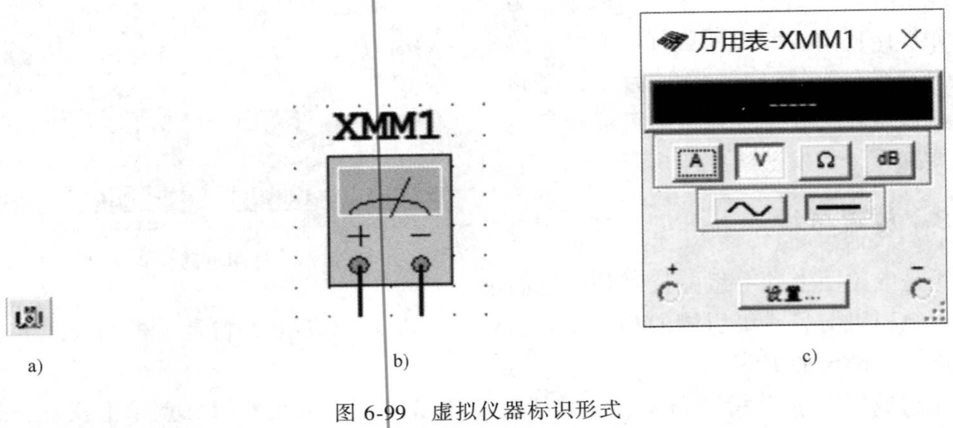

图 6-99　虚拟仪器标识形式

a）仪器图标　b）仪器接线符号　c）仪器面板

（1）接虚拟仪器到电路图中

1）用鼠标单击仪器栏中需要使用的仪器图标后松开，移动鼠标到电路设计窗口中，再单击鼠标，仪器图标变成仪器接线符号，在设计窗口中显示。各仪器图标在仪器工具栏中排列，如图 6-100 所示。

图 6-100　仪器工具栏

若 NI Multisim10 界面中没有仪器栏显示，则可用鼠标单击主菜单上“视图”→“工具栏”→“Instruments”命令，或用鼠标单击主菜单上“仿真”→“仪器”命令，仪器栏就会出现。

如图 6-100 所示，仪器栏中各仪器图标排序为：万用表、失真分析仪、函数信号发生器、功率表、示波器、频率计、安捷伦函数发生器、四踪示波器、波特图示仪、IV 分析仪、字发生器、逻辑转换器、逻辑分析仪、安捷伦示波器、安捷伦万用表、频谱分析仪、网络分析仪、泰克示波器、电流探针、LabVIEW 测试仪、测量探针。具备了这些仪器，就拥有了一个现代化的电子实验室。

2）仪器接线符号上方的标识符用于标识仪表的种类和编号。比如，电路中使用的第一个万用表被标为“XMM1”，使用的第二个万用表则被标为“XMM2”，依次类推。这个编号在同一个电路中是唯一的。当新建了另一个电路时，使用第一个万用表时还是被标为

“XMM1”。

3）用鼠标左键单击仪器接线符号的接线柱，并拉出一条线，即可连接到电路中的引脚、引线、节点上去。若要改变接线的颜色，可在仪器接线符号上方用鼠标右键单击，系统弹出下拉菜单后选择“改变颜色”选项，在出现的对话框中选择想要的颜色后单击“确定”按钮即可。

4）若要使用 LabVIEW 仪器，可单击鼠标 LabVIEW 仪器下的小三角，再单击子菜单中的仪器，放入工作台面。

以上只说明如何把仪器从库中提出并接到电路上，下面说明如何操作这些仪器。

（2）操作虚拟仪器

1）双击仪器接线符号即可弹出仪器面板。可以在测试前或测试中更改仪器面板的相关设置，如同实际仪器。更改仪器面板的设置，一般是更改量程、坐标、显示特性、测量功能等。仪器面板设置的正确与否对电路参数的测试是非常关键的，如果设置不正确很可能会导致仿真结果出错或是难以读取。

不是所有的仪器面板上参数都可以修改，当鼠标指针在面板上移动时，鼠标由箭头符号变成小手形状，则表示它是可修改的。

2）“激活”电路。用鼠标单击仿真按钮 ▷，可在菜单中选择“仿真”→“运行”。电路进入仿真，与仪器相连的电路上的那个点上的电路特性和参数就被显示出来了。

在电路被仿真的同时，可以改变电路中元器件的标值，也可以调整仪器参数设置等，但在有些情况下必须重新启动仿真，否则显示的一直是改变前的仿真结果。

① 暂停仿真。单击仿真暂停按钮 ❚❚，也可在菜单中选择“仿真”→“暂停”按钮，便可暂停仿真。

② 结束仿真。可以单击设计栏中的 ■ 按钮，也可在菜单中选择“仿真”→“停止”按钮。

2. 使用虚拟仪器的注意事项

1）在仿真过程中电路的元器件参数可以随时改变，也可以改变接线。

2）一个电路中可允许多个不同仪器与多个同样的仪器同时使用。

3）可以以电路文件的方式对某一测试电路的仪器设置与仿真数值进行保存。

4）可以在图示仪上改变仿真结果显示。

5）可以改变仪器面板的尺寸大小。

6）仿真结果很容易以 . TXT、. LVM 和 . TDM 形式输出。

3. 虚拟仪器分类

NI Multisim10 虚拟仪器分 6 大类：

①模拟（AC 和 DC）仪器；②数字（逻辑）仪器；③射频（高频）仪器；④电子测量技术中的真实仪器，如安捷伦、泰克仪器模拟；⑤测试探针；⑥LabVIEW 仪器。

4. 数字万用表

NI Multisim10 提供的数字万用表外观和操作方法与实际设备十分相似，主要用于测量直流或交流电路中两点间的电压、电流、分贝和阻抗。数字万用表为自动修正量程仪表，所以在测量过程中不必调整量程。测量灵敏度根据测量需要，可以通过修改内部电阻来调整。数字万用表有正极和负极两个引线端。

（1）选择测量项目 测量内容共有 4 项，用 4 个按键来控制，图 6-101 中选择了电压值的测量。使用中可根据需要，选择需要测量的项目，方法是移动鼠标到需要测量项目的按钮上单击鼠标即可。

A V Ω dB

安培 伏特 欧姆 分贝

图 6-101 数字万用表测量选项

1）电流测量。单击仪器面板上的 A 按钮，选择电流测量。这个选项用来测量电路中某一支路的电流，将万用表串联到电路中，其他操作与真实安培表的操作一样，如图 6-102 所示。

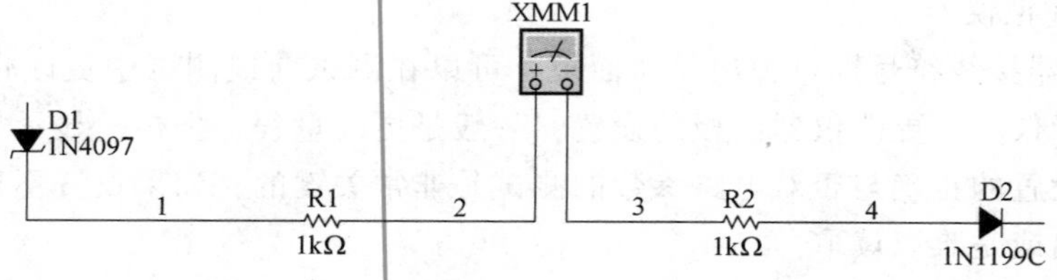

图 6-102 数字万用表测量电流

若要测量另外一个支路的电流，可把另一个万用表串联到电路中，再开始仿真。当万用表作为电流表使用时，它的内阻很低。

若要改变电流表内阻，可单击“设置”按钮，弹出数字万用表性能设置对话框，如图 6-103 所示。

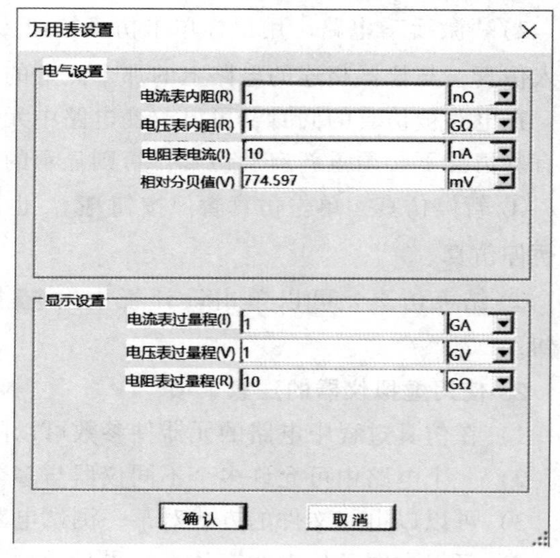

图 6-103 数字万用表性能设置

2）电压测量。单击仪器面板中的 V 按钮，选择电压测量。这个选项用来测量电路中两点之间的电压，把测试笔并联到要测试的元器件两端，如图 6-104 所示，测试笔可以移动，以测量另外两点间的电压。当万用表作为电压表使用时，它的内阻很高。

单击“设置”按钮可以改变万用表的内阻，如图 6-103 所示。

3）电阻测量。单击仪器面板中的 Ω 按钮，选择电阻测量。这个选项用来测量电路中

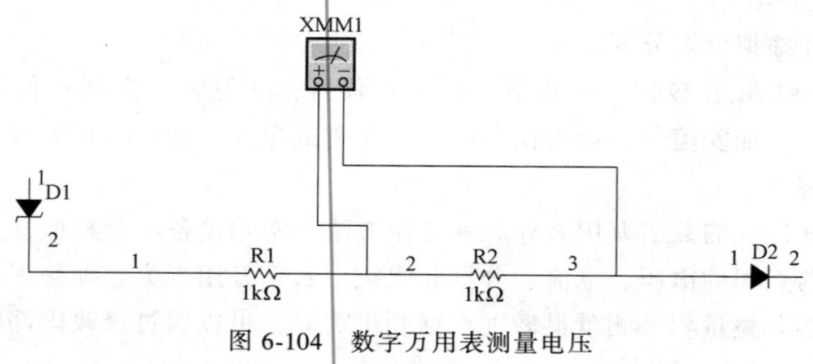

图 6-104 数字万用表测量电压

两点之间的阻抗。电路中两点间的所有元器件被称为“网络组件”。要测量阻抗，就要把测试笔与网络组件并联，如图 6-105 所示。

要精确测量组件和“网络组件”阻抗，必须满足 3 点：

①网络组件中不包括电源；②组件或网络组件是接地的；③组件或网络组件不与其他组件并联。

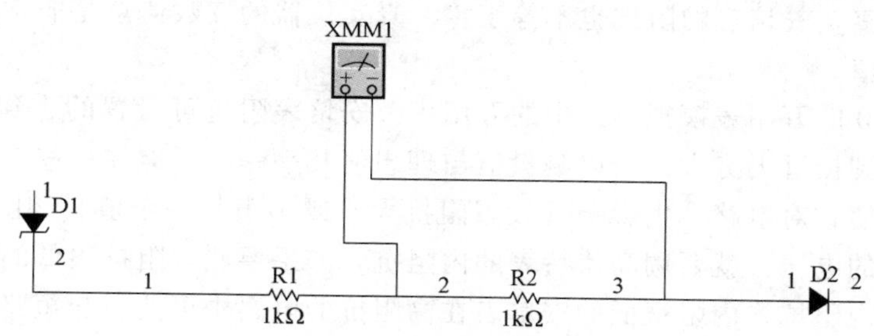

图 6-105　数字万用表测量电阻

4）dB（分贝）测量。单击仪器面板中的 dB 按钮，选择 dB 量程。这个选项用来测量电路中两点之间的电压增益或损耗。图 6-106 所示为万用表测试 dB 时与电路的连接，两测试笔应与电路并联。

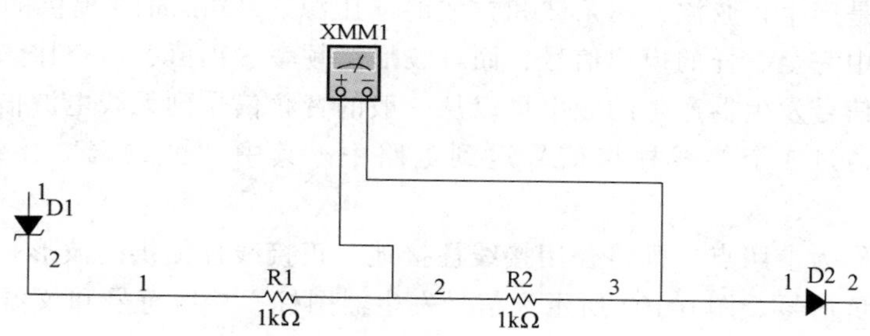

图 6-106　数字万用表测量分贝

① dB 是工程上的计量单位，无量纲。电子工程领域也借用这个计量单位，公式为 dB = 20lg（V_{out}/V_{in}）（V_{out} 为电路中某点电压，V_{in} 为参考点电压）。例如，电子学中放大器的电压放大倍数就是输出电压与输入电压的比值，计量单位是“倍”，如 10 倍放大器，100 倍放大器。而在工程领域里的放大 10 倍、100 倍的放大器，又称为增益是 20dB、40dB 的放大器。

② dBm 是一个表示功率的绝对值，计算公式为 dBm = 10lg$P$（功率值/1mW）。1mW 的定义是在 600Ω 负载上产生 1mW 功率（或 754. 597mV 电压）为 0dBm。

③ 使用 dB、dBm 的好处在于使数值变小（10000 倍的放大器，称为增益为 80dB 的放大器），读写、运算方便。例如，若用倍率做单位，如某功率放大器前级是 100 倍（40dBm），后级是 20 倍（13dBm），级联的总功率是各级相乘，则为 100×20 倍 = 2000 倍；用分贝做单位时，总增益就是相加，为 40dBm+13dBm = 53dBm。

在 NI Multisim10 提供的数字万用表中，计算 dB 的参考电压默认值为 754. 597mV。

（2）信号模式（AC 或 DC） 单击仪器面板中的 [~] 按钮，测量交流信号的电压或电流。任何直流信号都被剔除掉了，数字万用表上显示的是有效值。

单击仪器面板中的 [—] 按钮，测量直流电压或电流。

（3）内部设置 理想的仪表对电路的测量应该没有影响，如伏特表的阻抗应无限大，当它接入电路时不会产生电流的分流，安培表对电路来说应该是没有阻抗的。真实伏特表的阻抗是有限大，真实安培表的阻抗也不等于零。真实仪器的读数值总是非常接近理论值，但永远不等于理论值。

NI Multisim10 的万用表模拟实际中的万用表，安培表阻抗可设置的小到接近 0，伏特表的阻抗可设置大到接近无穷大，所以测量值与理想值几乎一致。但在一些特殊情况下，需要改变它的状态，使它对电路产生影响（设置阻抗大于或小于某一个值）。比如，要测量阻抗很高的电路两端的电压，就要调高伏特表的内阻抗。如果要测量阻抗很低的电路的电流，就要调低安培表的内阻抗。内阻很低的安培表在高阻抗的电路中可能引起短路错误。

默认的内部设置：

1）单击“设置”按钮，系统弹出万用表的设置窗口（图 6-103）。

2）改变需要修改的选项。

3）保存修改，单击“确定”按钮；若要放弃修改，单击“取消”按钮即可。

5. 函数发生器

函数发生器是产生正弦波、三角波和方波的电压源。Multisim10 提供的函数发生器能给电路提供与现实中完全一样的模拟信号，而且波形、频率、幅值、占空比、直流偏置电压都可以随时更改。信号发生器产生的频率可以从一般的音频信号到无线电波信号。

信号发生器通过 3 个接线柱将信号送到电路中。其中“公共端”接线柱是信号的参考点。

若信号以地作为参照点，则将公用接线柱接地。正接线柱提供的波形是正信号，负接线柱提供的波形是负信号。图 6-107 所示为信号发生器图标、接线符号和仪器面板。

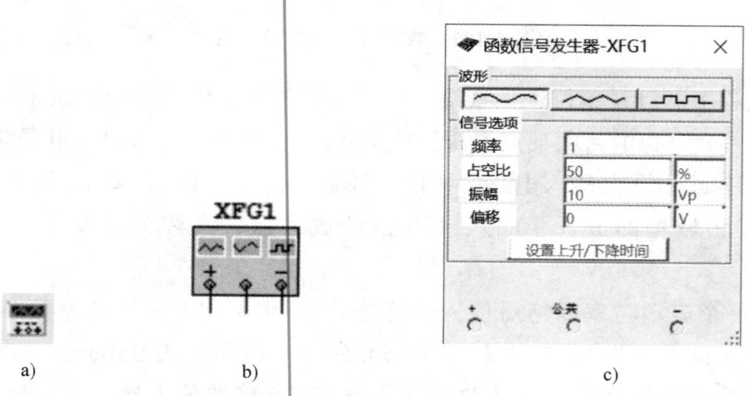

a)　　b)　　c)

图 6-107 信号发生器图标、接线符号、仪器面板

a）仪器图标 b）仪器接线符号 c）仪器面板

（1）波形选择 可以选择 3 种波形作为输出，即正弦波、三角波和方波。需要输出某种波形，就用鼠标单击相应的按钮 [~][^][⊓] 即可。

（2）信号设置

1）频率（1FHz~999THz）。设置信号发生器频率。

2）占空比（1%~99%）。设置脉冲保持时间与间歇时间之比，它只对三角波和方波起作用。

3）振幅（0~999kV）。设置信号发生器输出信号幅值的大小。如果信号是从公共端子与正极端子或是从公共端子与负极端子输出，则波形输出的幅值就是设置值，峰-峰值是设置值的2倍，有效值为：峰-峰值÷2×$2^{1/2}$。如果信号输出来自正极和负极，那么电压幅值是设置值的2倍，峰-峰值是设置值的4倍。

4）直流偏移量。设置信号发生器输出直流成分的大小。当直流偏移量设置为0时，信号波形在示波器上显示的是，以 X 轴为中心的一条曲线（即 Y 轴上直流电压为0）。当直流偏移量设置为非0时，若设置为正值，则信号波形在 X 轴上方移动；若设置为负值，则信号波形在 X 轴下方移动。当然，示波器输入耦合必须设置为“DC”。

直流偏移量的量纲与振幅的量纲可任意设置。

（3）上升和下降时间设置　方波上升和下降时间设置（或称波形上升和下降沿的角度），输出波形设置成方波才起作用。

（4）操作范例

1）无偏置互补功率放大器电路。采用图6-108所示晶体管，函数发生器的三角波幅度设定为±10V（峰-峰值），用示波器的B/A档，可观察到无偏置互补功率放大器电路的电压传输特性曲线。

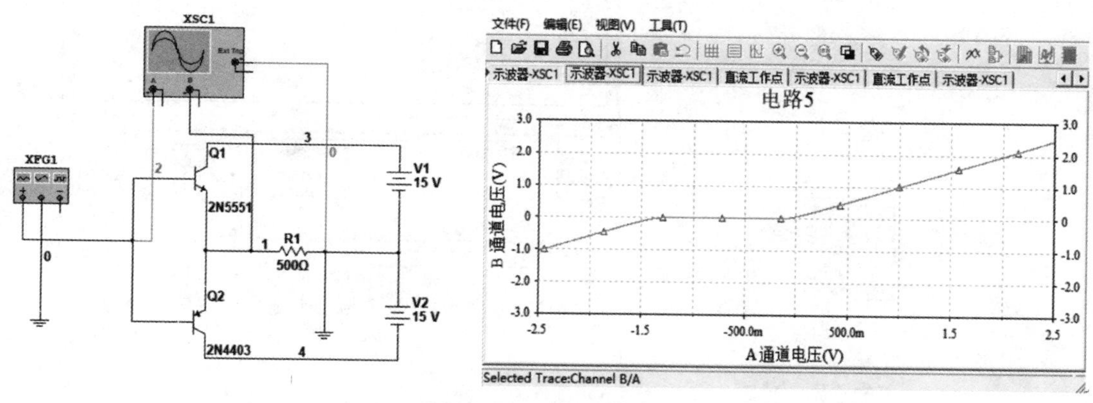

图6-108　无偏置互补功率放大器电路、测量电压传输特性曲线

由图示仪表可看出，无偏置的功率放大器将产生失真，其原因是晶体管存在死区。

2）有偏置互补功率放大器电路。同样电路，在晶体管上加上合适的直流偏置，函数发生器的三角波幅度仍设定为±10V（峰-峰值），同样用示波器的B/A档，可观察到有偏置互补功率放大器电路的电压传输特性曲线，如图6-109所示。

6. 双踪示波器

NI Multisim10中的双踪示波器可以观察一路或两路信号随时间变化的波形，分析被测周期信号的幅值和频率。扫描时间可在纳秒与秒之间选择。示波器接线符号有4个接线端子：

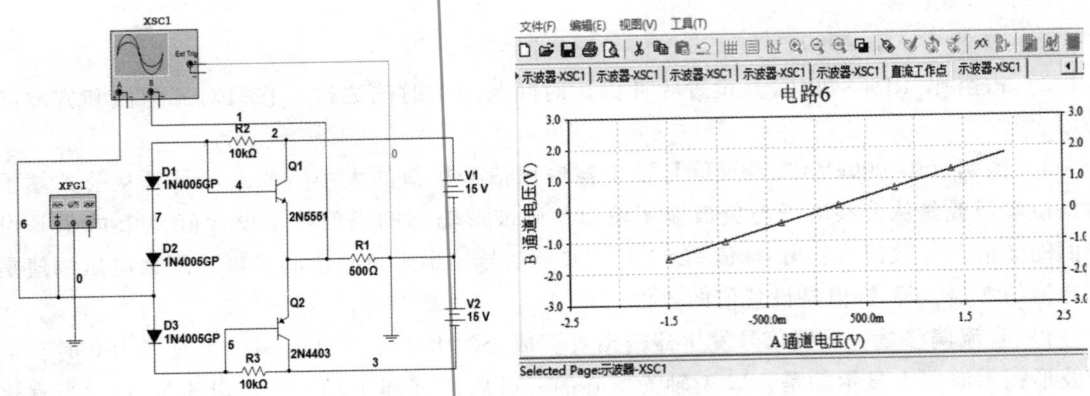

图 6-109 有偏置互补功率放大器电路、测量电压传输特性曲线

A 通道输入、B 通道输入、外触发端 T 和接地端 G。其图标、接线符号与面板如图 6-110 所示。

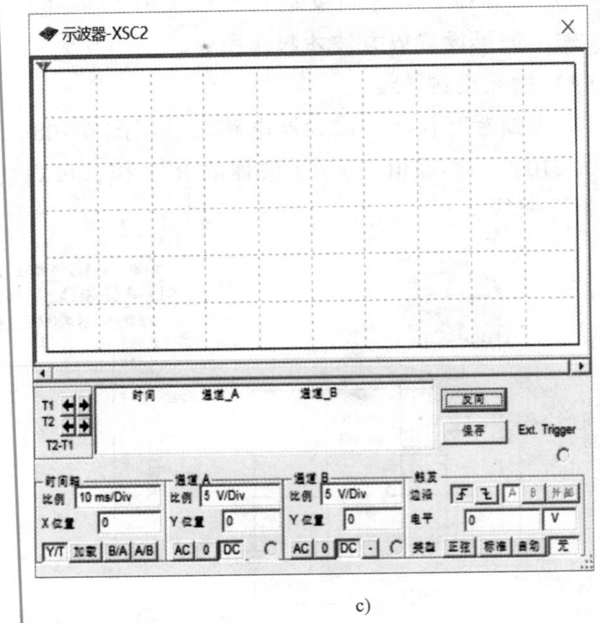

a) b) c)

图 6-110 示波器图标、接线符号、面板

a）示波器图标 b）示波器接线符号 c）示波器面板

（1）时基 时基是设置扫描时间及信号显示方式对话框，如图 6-111 所示。

1）设置扫描时间。设置扫描时间是通过上下箭头调整扫描时间长短，控制波形在示波器 X 轴向显示清晰度，信号频率越高，扫描时间调得就越短。比如，想看一个频率是 1kHz 的信号，扫描时间就要调到 1ms/Div 为最佳。

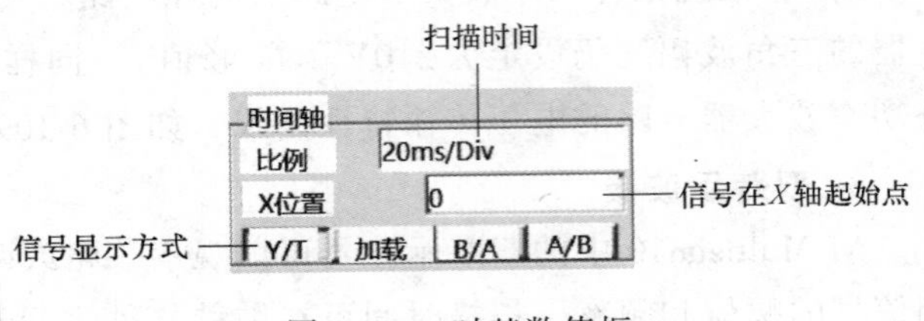

图 6-111 时基数值框

以上设置，信号显示方式必须处在（Y/T）状态。

2）设置信号在 X 轴起始点（范围为-5.00~5.00）。当起始点设为“0”时，波形起始点就从示波器显示屏的左边沿开始。如果设一个正值，波形起始点就向右移。如果设一个负值，波形起始点就向左移。

3）Y/T、Add、A/B 和 B/A 信号显示方式

① 按下<Y/T>按钮，示波器显示信号波形是关于时间轴 X 的函数。

② 按下<A/B>或<B/A>按钮，示波器显示信号波形是把 B 通道（或 A 通道）作为 X 轴扫描信号，将 A 通道（或 B 通道）信号加载在 Y 轴上。

③ 按下<Add>按钮，是将 A 通道与 B 通道信号加在一起显示。

（2）示波器接地　若电路中已有接地端，示波器可以不接地。

（3）通道的设置　输入通道设置如图 6-112 所示。

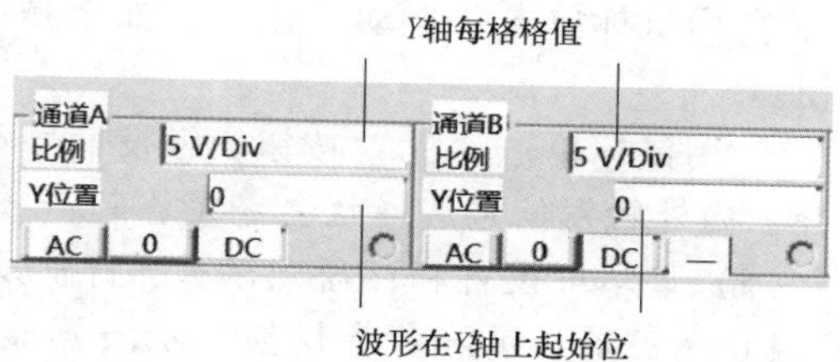

图 6-112　A 和 B（通道）的设置框

1）比例设置。设置信号在 Y 轴向的灵敏度，即每刻度的电压值，范围为：0.1fV ~ 1000TV/Div。如果示波器显示处在 A/B 或 B/A 模式时，它也会控制 X 轴向的灵敏度。若要在示波器上得到合适的波形显示，信号通道必须做适当调整。比如，Y 轴刻度电压值设置为 1V/Div 时，示波器显示输入信号交流电压为 3V 比较合适。如果每刻度电压值大，波形就会变小；相反，每刻度电压值太小，波形就会变大，甚至于两峰顶将会被截断。

2）Y 位置设置。这个设置项为控制波形在 Y 轴上的位置。当“Y 位置”被设置为“0”时，信号波形以 X 为对称轴；被设置为“1.00”时，信号波形就移到 X 轴上方，以 $Y=+1$ 为对称轴；设置为“-1.00”时，波形就以 $Y=-1$ 为对称轴。

改变输入 A、B 通道信号波形在 Y 轴方向上的位置，可以使它们容易被分辨。通常情况下，通道 A、B 波形总是重叠的，如果增加通道 A 的“Y 位置”值，减小通道 B 的“Y 位置”值，两者的波形就可以分离，从而容易分析，便于研究。

3）“AC”“0”“DC”输入耦合方式。“AC”（交流）耦合时只有信号的交流部分被显示。交流耦合是示波器探头上的串联电容起作用，就像显示中的示波器一样。使用交流耦合，第一个周期的显示是不准确的。一旦直流部分被计算出来并在第一个周期后剔除掉，波形就正确了。

“DC”（直流）耦合时不仅有信号的交流部分还有直流成分叠加在一起被显示。此时的“Y 位置”应选择为 0，以便测量直流成分。

（4）触发　触发设置，决定了输入信号在示波器上的显示条件，如图 6-113 所示。

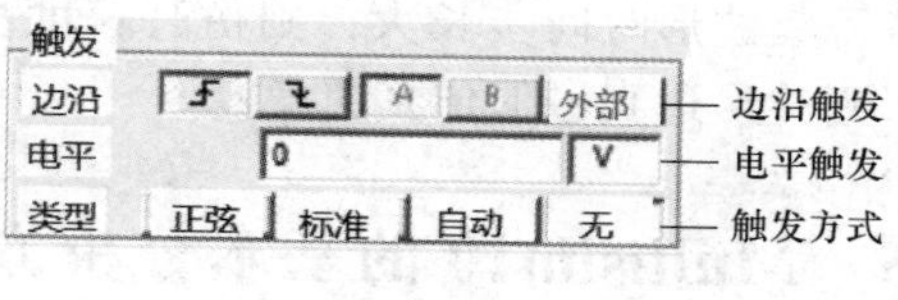

图 6-113　触发设置

1）触发边沿选择。用鼠标单击 按钮，在波形的上升沿到来时触发显示。用鼠标单击 按钮，在波形的下降沿到来时触发显示。

触发信号可由示波器内部提供，也可由示波器外部提供。内部的主要来源是通道 A 或

通道 B 的输入信号。若需要由通道 A 波形触发沿触发，用鼠标单击 A 按钮；若需要由通道 B 波形触发沿触发，用鼠标单击 B 按钮；需要外部的触发信号触发时，用鼠标单击示波器 外部 按钮。外部的触发信号接地需与示波器接地相连接。

2）触发电平。触发电平是给输入信号设置门槛，信号幅度达到触发电平时，示波器才开始扫描。

技巧：一个幅度很小的信号波形是不可能达到触发电平设置的值的，这时就要把触发电平设置为自动。

3）信号触发方式 正弦 标准 自动 无 。

① 用鼠标单击“正弦”按钮。触发信号电平达到触发电平门槛时，示波器只扫描一次。

② 用鼠标单击“标准”按钮。触发信号电平只要达到触发电平门槛时，示波器就扫描。

③ 用鼠标单击“自动”按钮。如果是小信号或希望尽可能快地显示，则选择“自动”按钮。

④ 用鼠标单击“无”按钮。触发信号不用选择。一旦按下“无”按钮，则示波器通道选择、内外触发信号选择就会毫无意义。

（5）显示屏设置和存盘　显示屏背景设置如图 6-114 所示。

图 6-114　显示屏背景设置、存盘

1）示波器显示屏背景切换。示波器显示屏背景色可以在黑白之间切换，用鼠标单击 反向 按钮，原来的白色背景变为黑色，再单击 反向 按钮，又由黑色变为白色，但是切换先决条件为系统必须处在仿真状态。

2）用鼠标单击 保存 按钮，则把仿真数据保存起来。保存方式：一种是以扩展名为 *.SCP 的文件形式保存；另一种是以扩展名为 *.lvm 的文件形式保存；也可以以扩展名为 *.tdm 的文件形式保存。

（6）直游标使用　若要显示波形各参数的准确值，需拖动显示屏中两根垂直游标到期望的位置。

显示屏下方的方框内会显示垂直游标与信号波形相交点的时间值和电压值。两根垂直游标同时可显示两个不同测点的时间值和电压值，并可同时显示其差值，这为信号周期与幅值等的测试提供了方便。

电路仿真时，示波器可以重新接到电路的另一个测试点上，而仿真开关不必重新启动，示波器会自动刷新屏幕，显示新节点的测试波形。如果在仿真过程中调节了示波器的设置，示波器也会自动刷新。

为了显示详细信息，可更改示波器的有关选项，此时波形有可能出现不均匀的情况。如果是这样，重新仿真电路，以得到详细显示。还可以通过设置，增减仿真波形的逼真度，若设置采集波形时间步长大，则仿真速度快，但波形欠逼真；相反，设置采集波形时间步长小，则波形逼真，但仿真速度慢。

6.5　Multisim10 的基本分析方法

当应用 Multisim10 完成电路设计之后，需要解决的问题是确定电路的性能是否达到了设计要求。为此，可以采用 Multisim10 提供的虚拟仪器对电路的特征参数进行测量。虽然这些虚拟仪器能完成电压、电流、波形和频率等测量，但在反应电路的全貌特性方面却存在一定的局限性。例如，当需要了解“元器件精度对电路性能指标的影响”“元器件参数变化对电路性能指标的影响”“温度变化对电路性能指标的影响”等情况时，仅靠实验测量将是十分费时、费力的。此时，Multisim10 提供的仿真分析功能将会发挥其独特的作用。利用 Multisim10 强大的仿真分析功能，不仅可以完成电压、电流、波形和频率等的测量，而且能够完成电路动态特性和参数的全貌描述。

6.5.1 仿真分析基本界面介绍

Multisim10 仿真分析的基本界面包括仿真分析主菜单、分析设置对话框和输出结果图形显示窗口。

1. 仿真分析主菜单

在 Multisim10 的基本界面上，通过“仿真”菜单中的“分析”命令，或工具栏中的仿真分析按钮，均可打开 Multisim10 仿真分析的主菜单，Multisim10 提供了 18 种仿真分析，如图 6-115 所示。

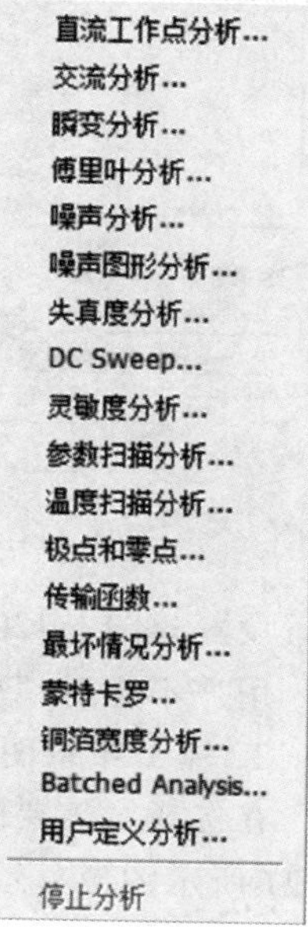

图 6-115　仿真分析主菜单

2. 分析设置对话框

当在仿真分析主菜单中选择任意一种分析命令后，系统会先弹出“分析设置”对话框，由用户设置相关的分析变量、分析参数和分析节点等。不同的分析命令，对应的选项卡数目也不同。例如，噪声分析对话框由图 6-116~图 6-120 所示的 5 个选项卡组成；而直流工作点分析对话框则只由图 6-118~图 6-120 所示的 3 个选项卡组成。

图 6-116 所示的“分析参数”选项卡用于为所选分析设置相关参数。例如，为瞬态分析设置起始和终止时间，为噪声分析设置输入噪声参考源和参考节点等。图 6-117 所示的“频率参数”选项卡用于为所选分析设置与频率相关的参数。例如，为交流分析设置信号源频率的变化范围和扫描方式，为傅里叶分析设置基波频率和需要分析的谐波次数等。图 6-118 所示的“输出”选项卡用于为所选分析设置需要分析的节点。图 6-119 所示的“分析选项”选项卡用于为仿真分析选择模型，Multisim10 默认设置为图 6-119 所示的 SPICE 模型，特殊需要时用户也可通过选项卡

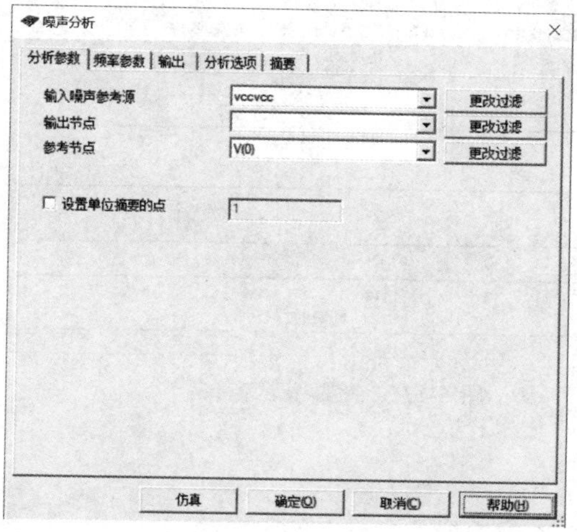

图 6-116　“分析参数”选项卡

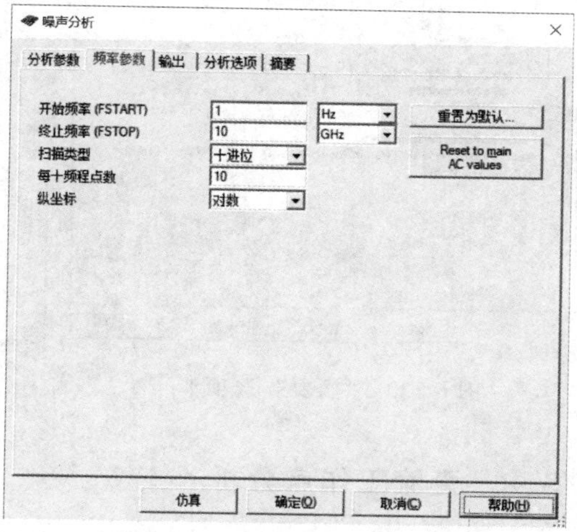

图 6-117　“频率参数”选项卡

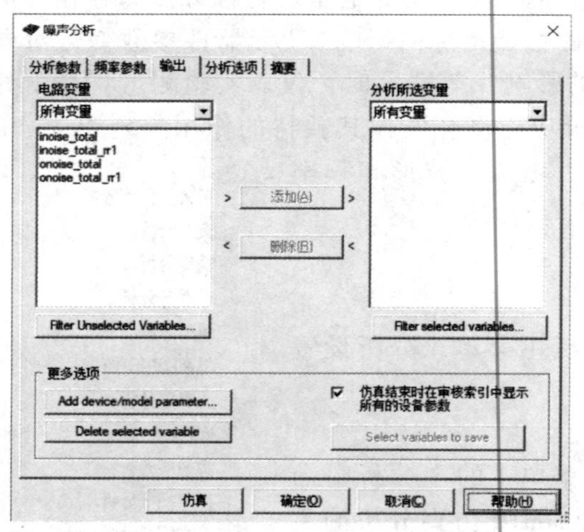

图 6-118 “输出”选项卡

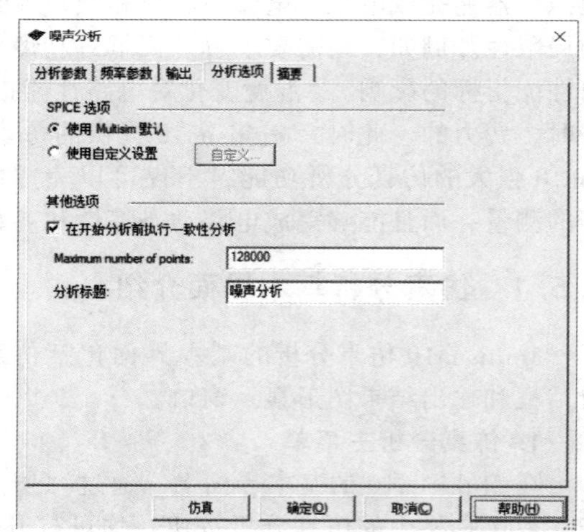

图 6-119 “分析选项”选项卡

自行设置。图 6-120 所示的“摘要”选项卡用于对所选分析设置参数的汇总确认。一般情况下，用户不必对“分析选项卡”和“摘要”选项卡进行操作，选择默认设置即可。

3. 输出结果图形显示窗口

在选择了需要的分析命令并进行了相关设置后，仿真分析的结果会以图表方式显示在图 6-121 所示图形显示窗口中。图 6-121 所示为一放大器的交流分析结果，显示了该放大器的幅频特性和相频特性。

图形显示窗口是一个多功能显示工具，不仅能显示分析结果，而且能修改保存分析结果，同时还可将分析结果输出转换到其他数据处理软件中。

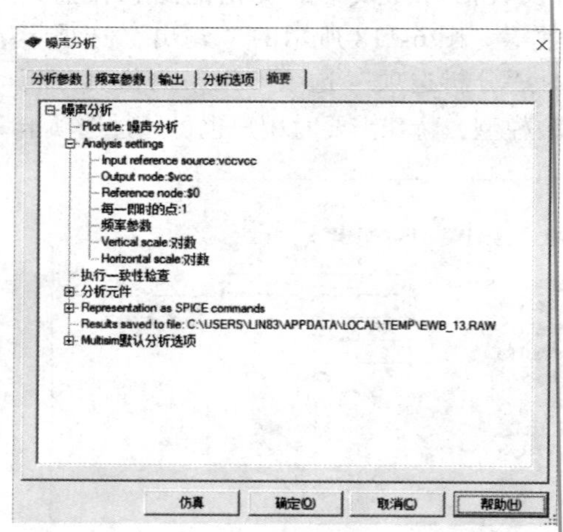

图 6-120 “摘要”选项卡

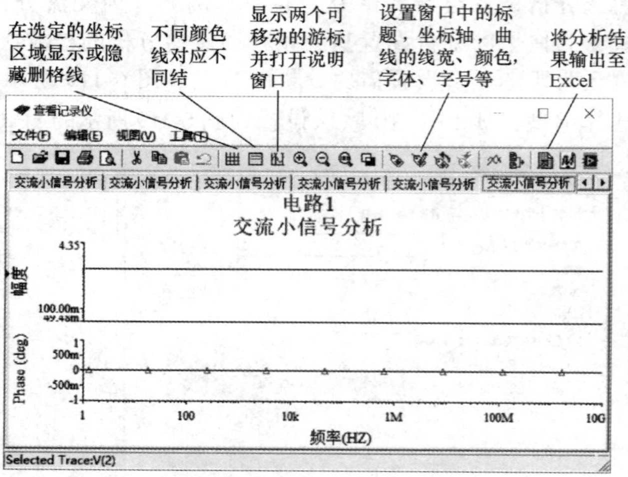

在选定的坐标区域显示或隐藏删格线
不同颜色线对应不同结
显示两个可移动的游标并打开说明窗口
设置窗口中的标题，坐标轴，曲线的线宽、颜色，字体、字号等
将分析结果输出至Excel

查看记录仪
文件(F) 编辑(E) 视图(V) 工具(T)
交流小信号分析 | 交流小信号分析 | 交流小信号分析 | 交流小信号分析 | 交流小信号分析 | 交流小信号分析
电路1
交流小信号分析
幅度
Phase (deg)
频率(HZ)
Selected Trace:V(2)

图 6-121 图形显示窗口

6.5.2 直流工作点分析

直流工作点分析用于确定电路的静态工作点。在仿真分析中，电容被视为开路，电感被

视为短路，交流电源输出为零，电路处于稳态。直流工作点的分析结果可用于瞬态分析、交流分析和参数扫描分析等。下面以单级放大器为例说明直流工作点分析的方法和步骤。电路如图 6-122 所示。

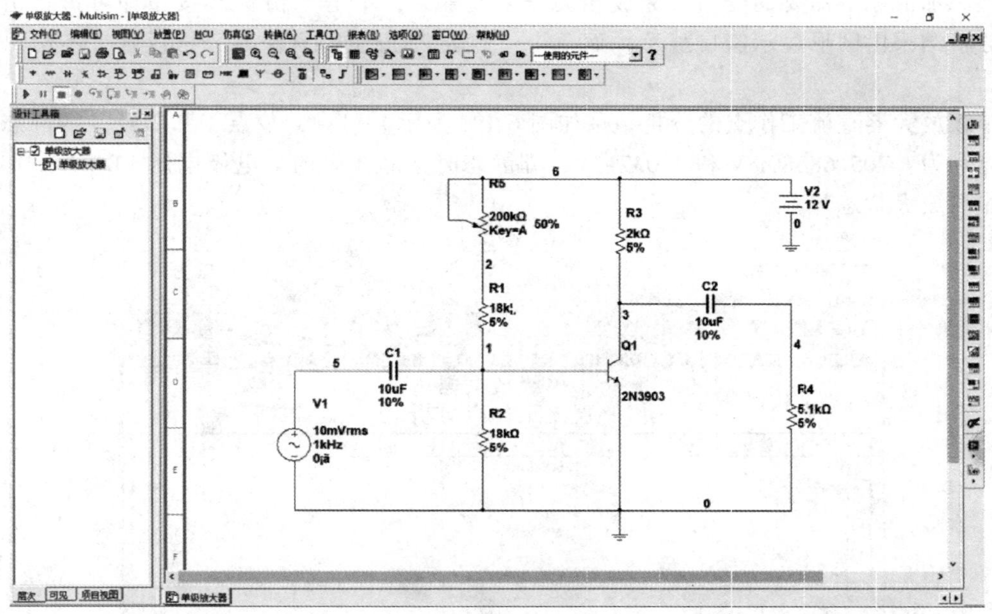

图 6-122 单极放大器电路

选择“直流工作点分析”选项后，系统会弹出如图 6-123 所示的直流工作点分析对话

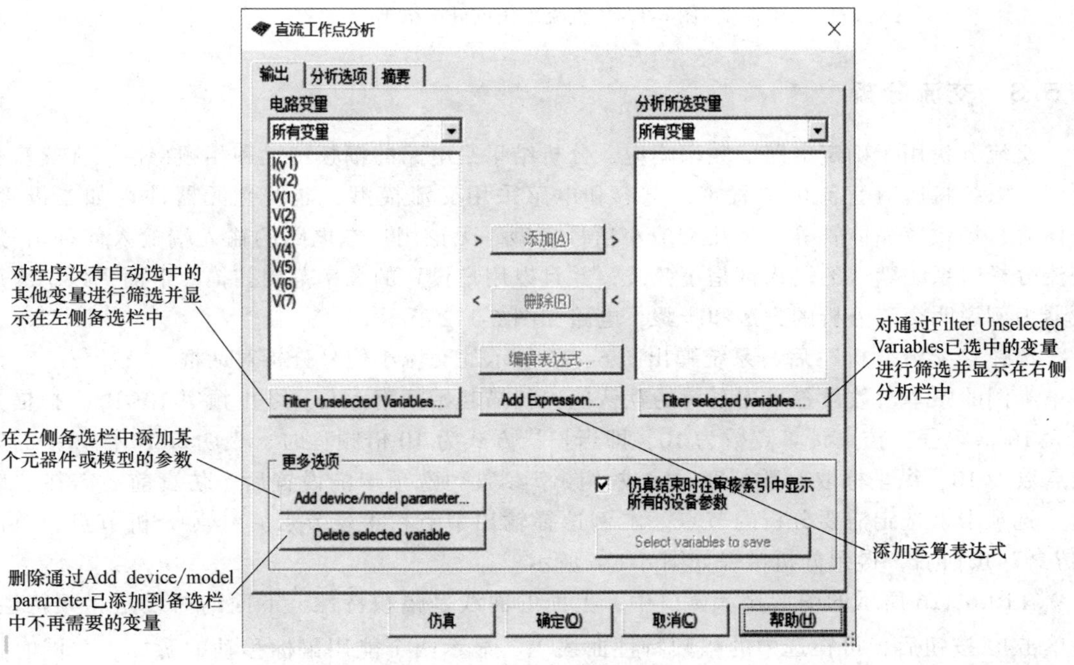

图 6-123 直流工作点分析对话框的“输出”选项卡

框。直流工作点分析设置非常简单，只需在“输出”选项卡上从左侧备选栏已罗列的电路节点和变量中，选择需要分析的节点或变量，通过“添加”按钮添加到右侧的分析栏中。

当系统自动选中的电路变量不能满足用户要求时，用户可通过“输出”选项卡中的其他选项添加或删除需要的变量。完成相关分析设置后，单击“仿真”按钮即可进行仿真分析，分析结果由图形显示窗口显示。而单击“确定”按钮则只保存分析设置，不给出分析结果。

单级放大器直流工作点的分析结果如图 6-124 所示。可见，节点 1 和节点 3 的静态工作电压分别为：705.68680mV 和 3.03713V，即静态时，晶体管的集电极电压 *V*BE≈0.7V，电路工作在放大状态。

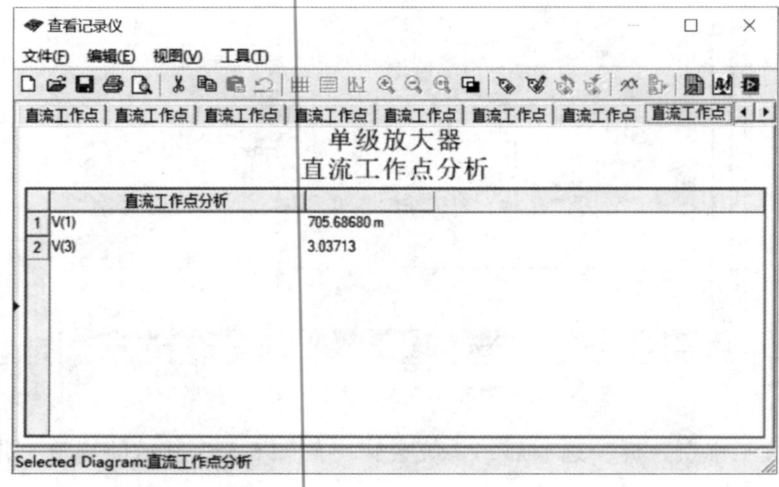

图 6-124　直流工作点分析结果

6.5.3　交流分析

交流分析用于确定电路的频率响应，分析结果是电路的幅频特性和相频特性。在交流分析中，系统将所有直流电源置零，电容和电感采用交流模型，非线性元器件（如二极管、晶体管、场效应晶体管等）使用交流小信号模型。无论用户在电路的输入端输入何种信号，交流分析时系统默认的输入都是正弦波，并且以用户设置的频率范围扫描。下面仍以单级放大器为例说明交流分析的方法和步骤，电路如图 6-122 所示。

选择“交流分析”后，系统弹出图 6-125 所示的交流小信号分析对话框。

本例的频率参数设置采用系统的默认值：扫描起始频率 1Hz、终止频率 10GHz；扫描方式为 10 倍频程；仿真计算点数为 10，即当扫描方式为 10 倍频程时，表明每 10 倍频率的取样点数为 10；纵坐标取对数刻度。完成“频率参数”选项卡的设置后，仿真前还需在“输出”选项卡上选定需要分析的节点。本例选择输出节点（4 号节点）作为分析节点，单击“仿真”按钮后，得到分析结果如图 6-126 所示。

在图 6-126 所示的图形显示窗口中，上面的曲线是幅频特性，下面的曲线是相频特性。当单击 按钮后，可在选中的幅频特性曲线上，显示两个能用鼠标移动的游标，并同时打开数字说明窗口，显示两个游标对应的 *X*、*Y* 轴坐标及其坐标差等信息，如图 6-127 所示。当将两个游标移动到上、下限截止频率处时，可从游标数字窗口中读出电路的通频带 $d_x \approx$ 18.6MHz。交流分析的结果还可以通过波特图示仪测量显示。

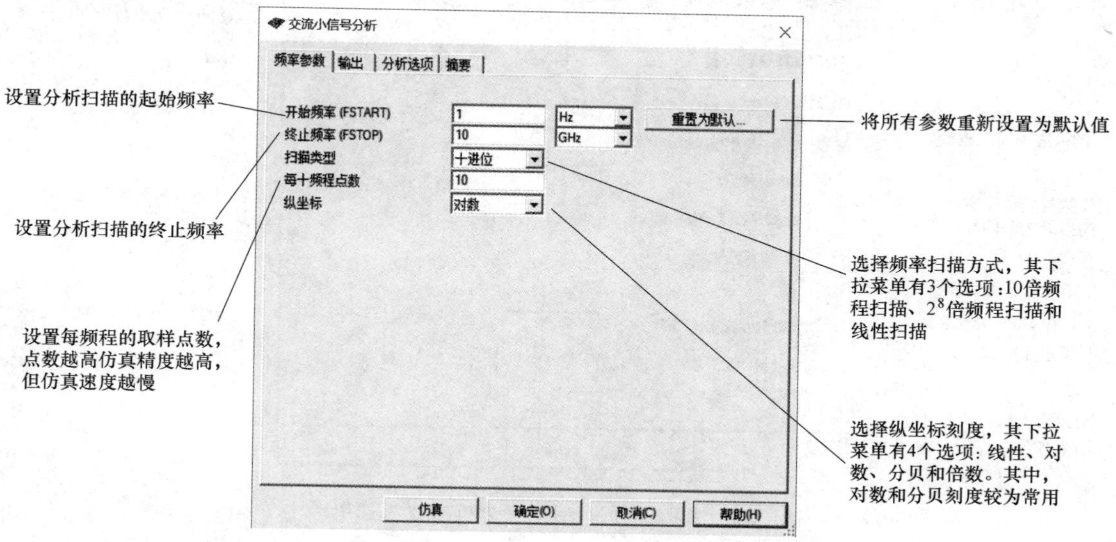

图 6-125 交流小信号分析对话框“频率参数”选项卡

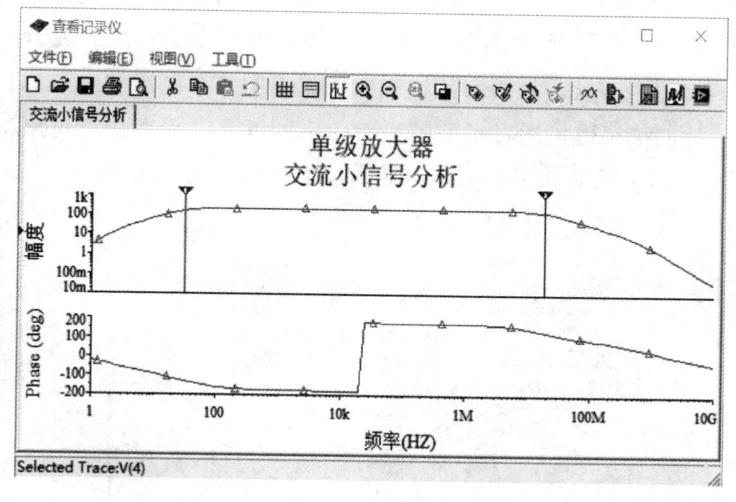

图 6-126 交流分析结果

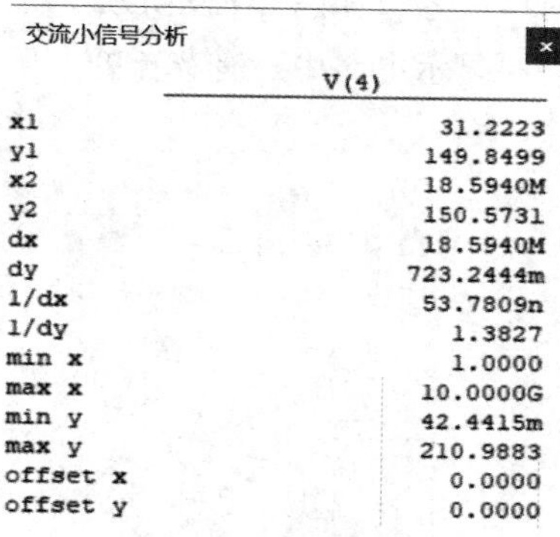
交流小信号分析

	V(4)
x1	31.2223
y1	149.8499
x2	18.5940M
y2	150.5731
dx	18.5940M
dy	723.2444m
1/dx	53.7809n
1/dy	1.3827
min x	1.0000
max x	10.0000G
min y	42.4415m
max y	210.9883
offset x	0.0000
offset y	0.0000

图 6-127 游标数字窗口

6.5.4 瞬态分析

瞬态分析用于分析电路的时域响应，分析的结果是电路中指定变量与时间的函数关系。在瞬态分析中，系统将直流电源视为常量，交流电源按时间函数输出，电容和电感采用储能模型。下面仍以单级放大器为例说明瞬态分析的方法与步骤，电路如图 6-122 所示。

选择“瞬态分析”后，系统弹出如图 6-128 所示的瞬态分析对话框。

本例在分析参数的设置上只将分析结束时间设置为 0.01s，其余全部采用系统的默认设置。

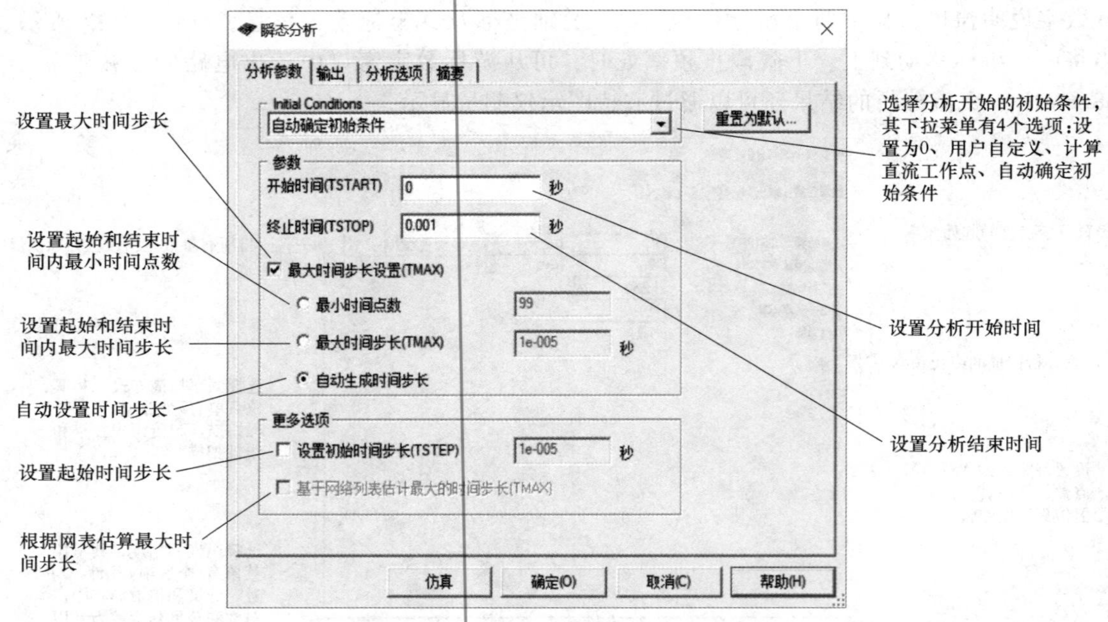

图 6-128　瞬态分析对话框“分析参数”选项卡

同时，在“输出”选项卡上选定需要分析的节点，本例选取 3 号和 4 号节点作为分析节点。单击“仿真”按钮后，得到分析结果如图 6-129 所示。图中上面的曲线是 3 号节点的电压波形，下面的曲线是 4 号节点的电压波形。可见，输出耦合电容 C_2 将 3 号节点的静态工作点直流分量滤除后输出至负载（4 号节点）。单击 ▤ 按钮后还可看到曲线颜色与不同节点电压波形间的对应关系，如图 6-129 所示。瞬态分析的结果也可通过示波器显示。不同的是，瞬态分析可以同时显示电路中所有节点的电压波形，而示波器通常只能同时显示两个节点的电压波形。

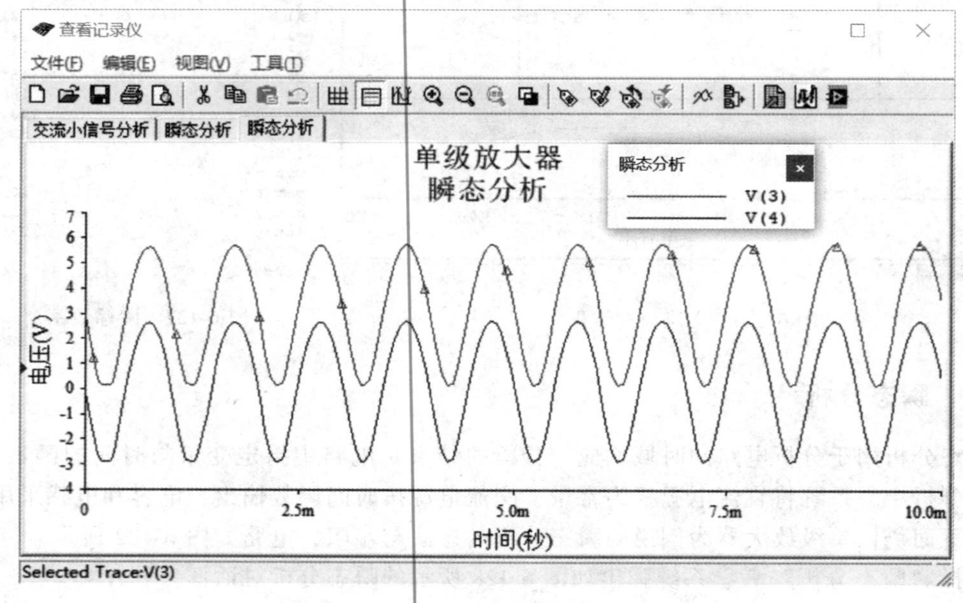

图 6-129　瞬态分析结果

6.5.5 噪声分析

噪声分析用于研究噪声对电路性能的影响。Multisim10 提供了 3 种噪声模型：热噪声、散弹噪声和闪烁噪声。其中，热噪声主要由温度变化产生；散弹噪声主要是电流在半导体中流动产生的，是半导体器件的主要噪声；而晶体管在 1kHz 以下常见的噪声是闪烁噪声。噪声分析的结果是每个指定电路元器件对指定输出节点的噪声贡献，用噪声谱密度函数表示。下面仍以单级放大器为例说明噪声分析的方法与步骤，电路如图 6-122 所示。

选择“噪声分析”后，系统弹出图 6-130 所示的噪声分析对话框。而频率参数的设置与交流分析的设置基本一致，如图 6-131 所示。同时，在图 6-132 所示的“输出”选项卡上选

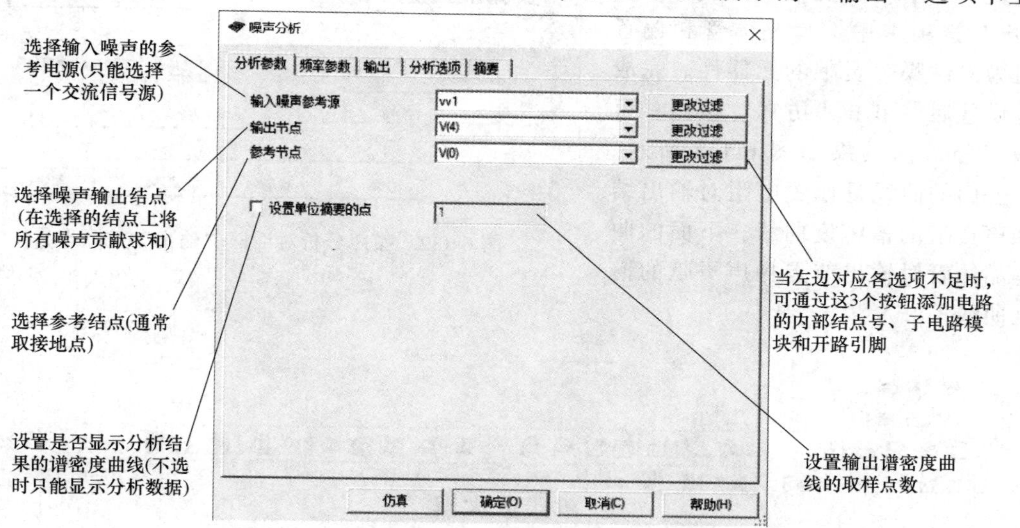

图 6-130 噪声分析对话框“分析参数”选项卡

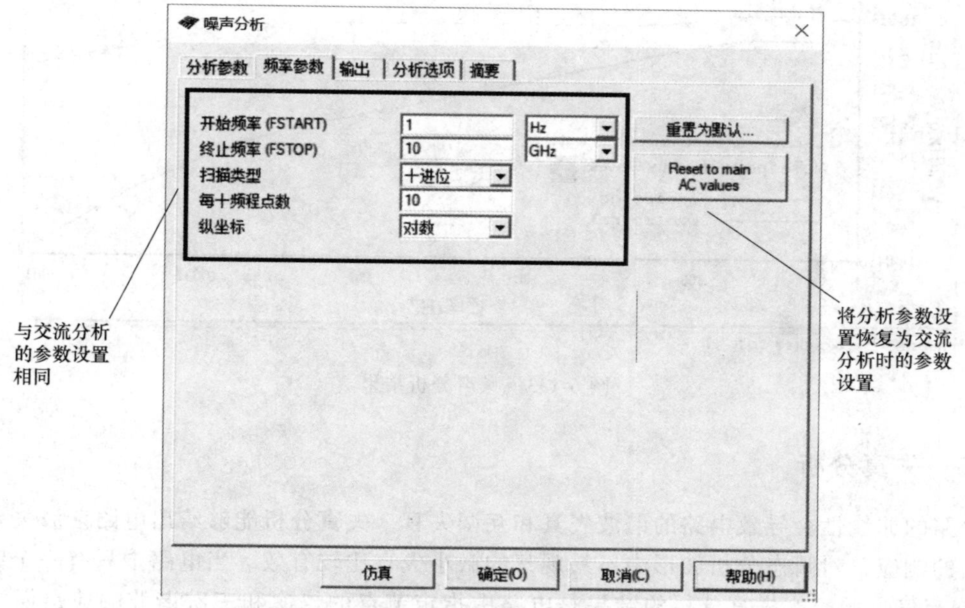

图 6-131 噪声分析对话框“频率参数”选项卡

择提供噪声贡献的元器件，具体设置方法与直流工作点分析的设置方法一致。

本例在分析参数的设置上，选择信号源 V1 为输入噪声的参考电源，选择 4 号节点为噪声响应的输出节点，选择地点为参考节点，选择分析结果为谱密度曲线；在频率参数的设置上，全部采用系统的默认设置；在“输出”选项卡中选择晶体管和偏置电阻为提供噪声贡献的元器件。完成上述设置后，单击“仿真”按钮，可得噪声分析的结果如图 6-133 所示。图中上面的曲线是偏置电阻对输出结果噪声贡献的谱密度曲线，下面的曲线是晶体管对输出节点噪声贡献的谱密度曲线。

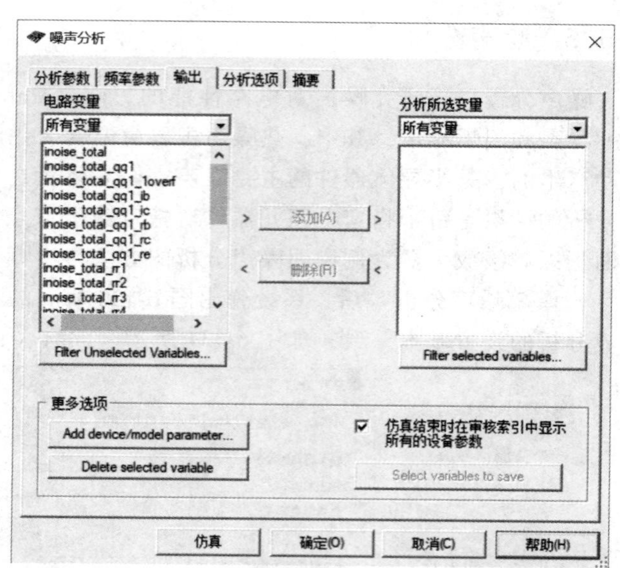

图 6-132 噪声分析对话框“输出”选项卡

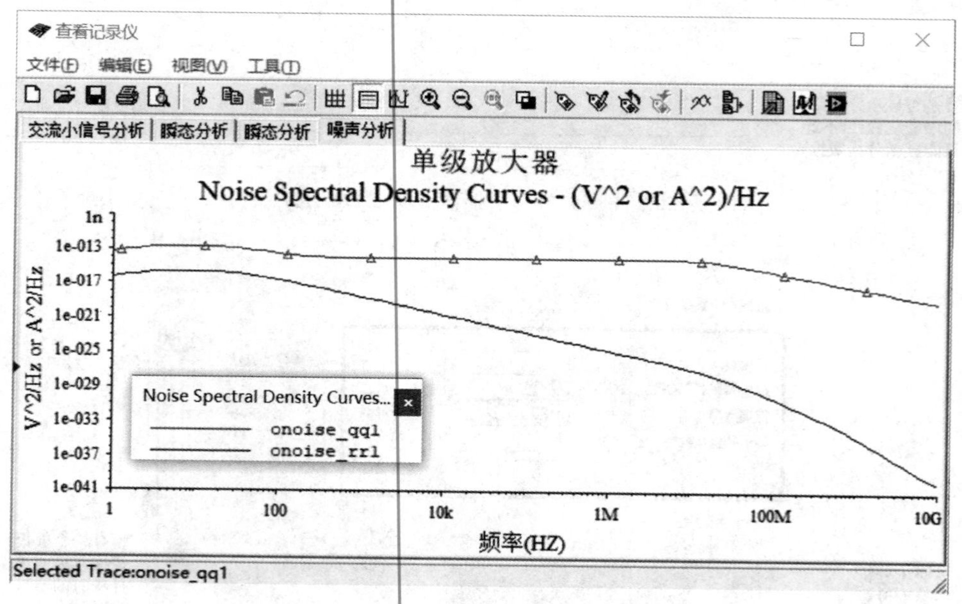

图 6-133 噪声分析结果

6.5.6 失真分析

电路的非线性会导致电路的谐波失真和互调失真。失真分析能够给出电路谐波失真和互调失真的响应，对瞬态分析波形中不易观察的微小失真比较有效。当电路中只有一个频率为 F1 的交流信号源时，失真分析的结果是电路中指定节点的二次和三次谐波响应；而当电路中有两个频率分别为 F1 和 F2 的交流信号源时（假设 F1>F2），失真分析的结果是频率（F1+F2）、（F1−F2）和（2F1−F2）相对 F1 的互调失真。下面仍以单级放大器为例说明失真分析的方法和步骤，电路如图 6-122 所示。

选择“失真分析”后，系统弹出如图 6-134 所示的对话框。

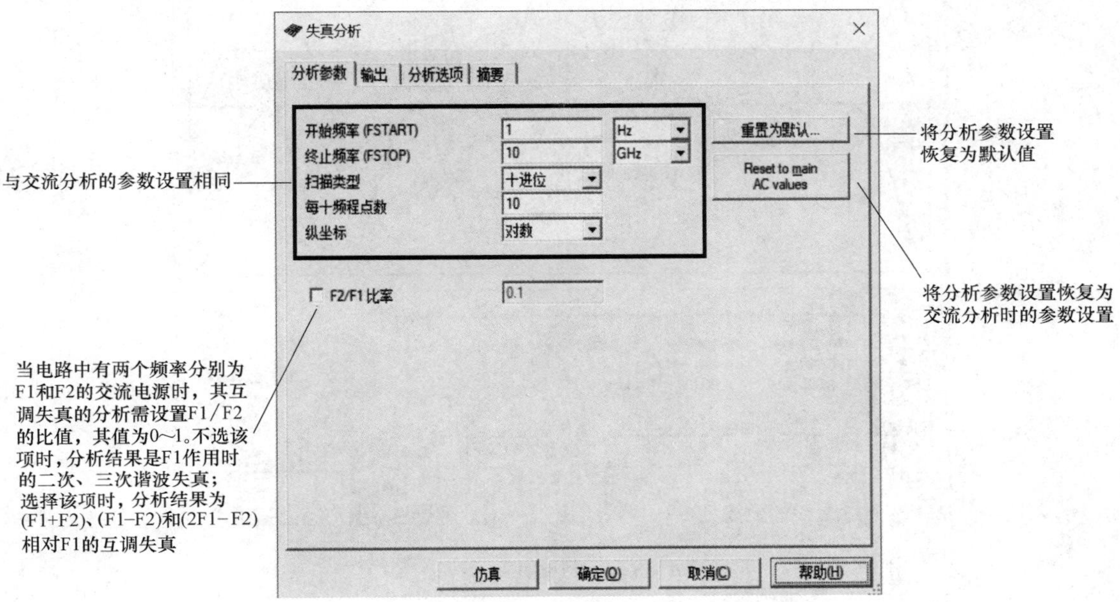

图 6-134　失真分析对话框“分析参数”选项卡

由于本例只有一个交流信号源，所以不选择 F1/F2 的比值项，其余参数设置全部采用系统的默认值。同时，在“输出”选项卡中选定 4 号节点为需要分析的节点（设置方法见直流工作点分析）。单击“仿真”按钮后，得到分析结果。

6.5.7　示例电路图

1）跟随器。如图 6-135 所示。

2）比例放大器。如图 6-136 所示。

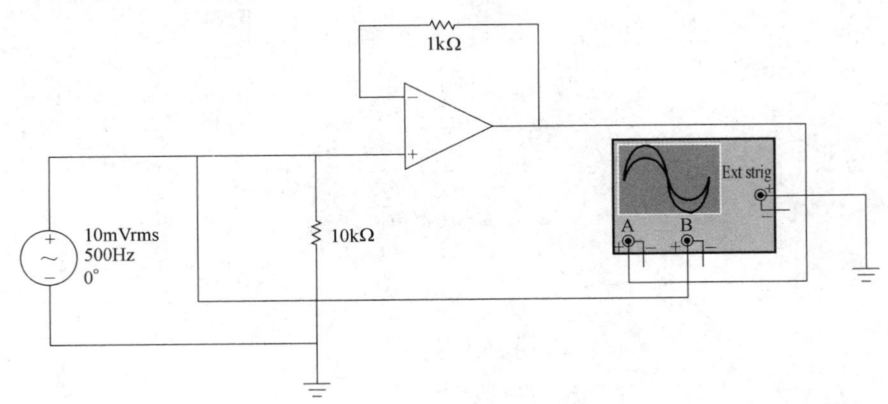

图 6-135　跟随器

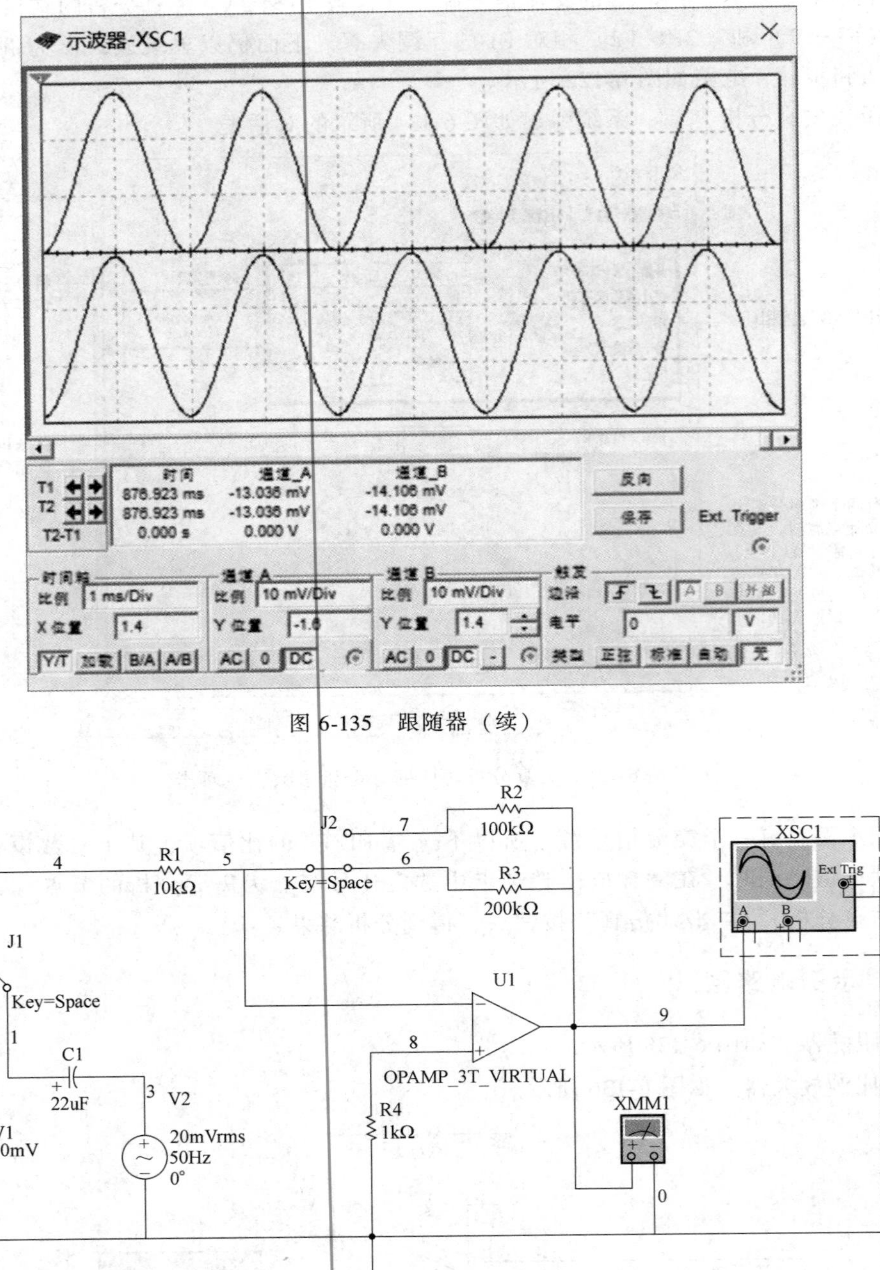

图 6-135　跟随器（续）

图 6-136　比例放大器

第7章

应用软件——Protel 99 SE

随着电子工业的飞速发展，新型器件尤其是集成电路的不断涌现，印制电路板设计越来越复杂和精密，这使得随着计算机的发展和普及，传统的生产工艺逐渐引入计算机辅助设计技术。而一个有生命力的应用软件总是伴随着操作系统的发展而不断改进的，Protel 99 SE也是如此。最早在DOS系统中运行的版本称之为TANGO软件包，由美国ACCEL Technologies Inc公司于1987年最先推出，运行于MS-DOS操作系统，开创了电子设计自动化的先例。TANGO软件包现在看来比较简陋，但在当时是考虑了设计人员的要求，解决了烦琐的设计工作，使人们步入了用计算机来设计电子线路的时代。随后由Protel Technology公司推出升级版Protel For DOS，由于其简单、易学、实用，迅速风行世界。

随着微软公司Windows操作系统的诞生，Protel公司于1991年推出Protel For Windows版本，增加了通用原理图设计和其他功能。以后Protel公司又开创了Client/Server（客户/服务器）架构体系，方便了各EDA软件工具的无缝连接与团队支持能力，成为PC上应用最广泛的EDA软件之一。1999年推出的Protel 99包含五个核心模块的EDA工具，集电原理图设计、印制电路板设计、自动布线器、可编程逻辑器件设计、原理图混合信号仿真于一体的设计环境，构成从电路设计到真实版分析的完整体系。之后又推出了Protel 99 SE，它采用数据库的管理方式，并沿袭了Protel以前版本方便易学的特点，内部界面与Protel 99大致相同，新增加了一些功能模块，功能更加强大。Protel以其雄厚的技术实力、快捷实用的操作界面和良好的开放性，稳稳站立在PC平台上EDA技术的最前列，是电子设计人员的首选软件。

Protel 99 SE主要由两大部分组成，第一部分是电路设计部分，第二部分是电路仿真与PLD设计部分。

7.1 Protel 99 SE（SCH）电原理图设计

7.1.1 启动Protel 99 SE

进入Protel 99 SE的方法非常简单，只要运行Protel 99 SE的执行程序就可以，其执行程序位于三个地方：桌面、开始栏、开始栏/程序/Protel 99 SE。启动应用程序后会出现如图7-1所示的界面。

经过数秒钟后，便进入如图7-2所示的Protel 99 SE主窗口。

Protel 99 SE整个设计都是在Windows的环境下，可以同时打开多个工作窗口，也可以将窗口最小化为图标，操作起来极其简便。

图 7-1　启动 Protel 99 SE

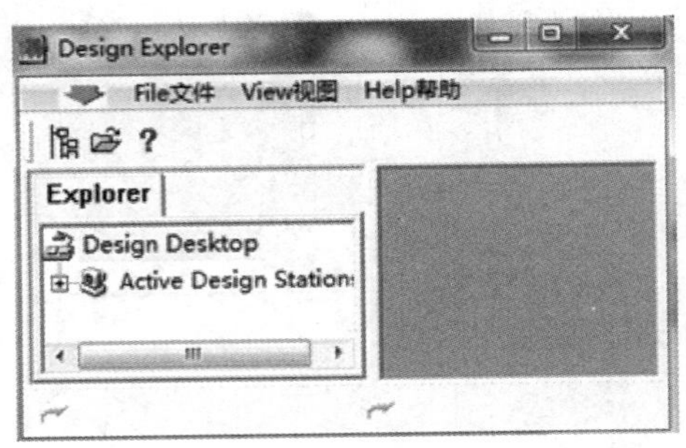

图 7-2　Protel 99 SE 主窗口

下面简单介绍 Protel 99 SE 主窗口各个部分的名称及功能。

1. Protel 99 SE 菜单栏

Protel 99 SE 菜单栏的功能是进行各种命令操作，设置各种参数，进行各种开关的切换等。它主要包括 File、View 和 Help 三个下拉菜单。

（1） File 菜单　File 菜单主要用于文件的管理，包括文件的打开和新建等，如图 7-3 所示。

图 7-3　File 菜单

File 菜单的选择及功能如下：

1） New 新建。新建一个空白文件，文件类型为综合型数据库，格式为“. ddb”。

2） Open 打开。打开并装入一个已经存在的文件，以便进行修改。

3） Exit 退出。退出 Protel 99 SE。

（2） View 菜单　View 菜单用于切换设计管理器、状态栏、命令状态栏的打开与关闭，每项均为开关量，鼠标单击一次，其状态改变一下，如图 7-4 所示。

（3） Help 菜单。用于打开帮助文件，如图 7-5 所示。

图 7-4　View 菜单

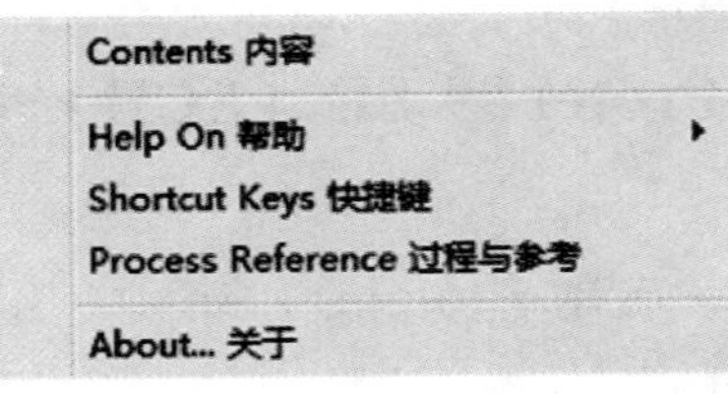

图 7-5　Help 菜单

2. Protel 99 SE 系统菜单

鼠标左键单击图标或者在面板上单击鼠标右键，就会出现如图 7-6 所示的菜单。它的主要功能是设置 Protel 99 SE 客户端的工作环境和各服务器的属性。

系统菜单的选项及功能如下：

（1）Servers　该选项是 Protel 99 SE 的服务器设置编辑器。它管理着 Protel 99 SE 的所有服务器，包括安装、打开、停止、移走、设置安全性、属性以及观察角度等。单击该项会出现如图 7-7 所示对话框。用户可先用鼠标选定服务器，然后单击图中图标 Menu 即可弹出命令菜单，实现服务器的管理和编辑。

图 7-6　系统菜单

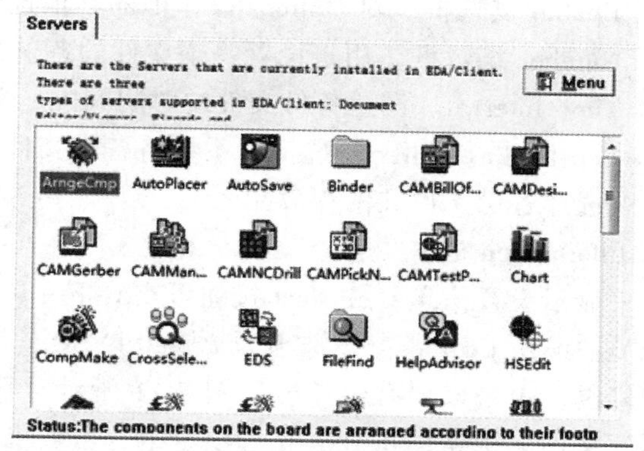

图 7-7　服务器设置对话框

（2）Customize　Protel 99 SE 是一个高度可定制的集成环境，对于所有服务器来说，所有菜单、工具栏、快捷键都是客户端的资源，而且都设定为可修改的。单击该选项后将弹出如图 7-8 所示对话框，即可对各种资源进行创建、修改和删除。

（3）Preferences　该选项用于设置系统的相关参数。如是否需要备份、显示工具栏等，以及设置自动存盘和系统字体。单击该项后弹出如图 7-9 所示对话框。

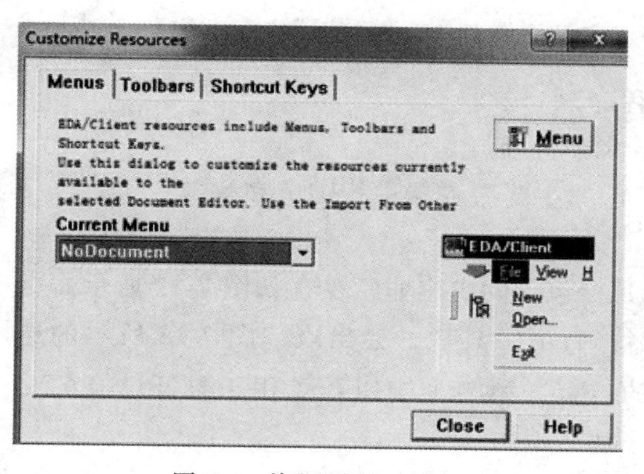

图 7-8　资源设置对话框

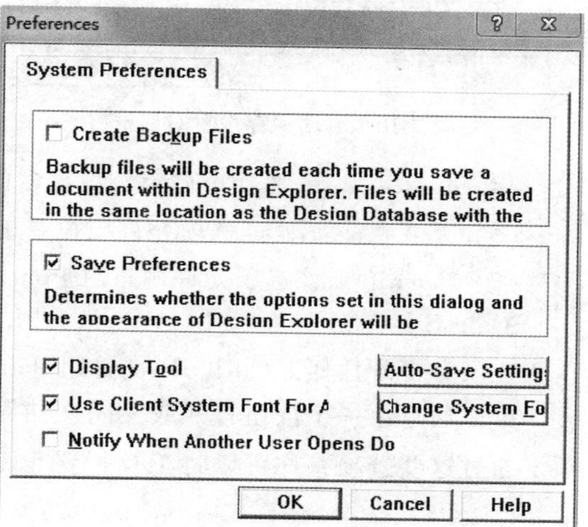

图 7-9　系统参数设置对话框

1）Creat Backup Files。设置自动创建备份文件，如用户想在设计绘图时，需要系统自动创建备份文件，则选中复选框，系统将会备份保存修改前的图形文件。

2）Save Preferences。用户可将设置的系统参数保存起来。

3）Use Client System Font For All Dialogs。不选中此项，则系统界面字体就变小，并在

屏幕上全部显示出来。

4） Change System font。设置系统的字体大小。

5） Auto-Save Settings。设置自动保存文件。单击此选项，系统弹出如图 7-10 所示对话框。

◆ Options 框

1） Enable 复选框。对 Options 操作框的其他选项进行设置。

2） Number 编辑框。用来设置一个文件的备份数，最大备份数为 10。

3） Time Interval。设置备份文件的时间间隔，单位为分钟。

4） Use Backup folder 复选框。系统将备份文件保存在备份文件夹中，单击 Browse 按键，用户可以选择备份文件夹的存放路径。

◆ Information 框

用来显示设置信息，按 Next 按钮可查看下一屏信息。

（4） Design Utilities　该选项为 Protel 99 SE 的设计实用小技巧，可实现对数据库文件的压缩和修复。单击该项后会弹出如图 7-11 所示对话框。在 Compact Design 选项卡中，可实现数据库文件的压缩；在 Repair 选项卡中，可实现文件的修复。

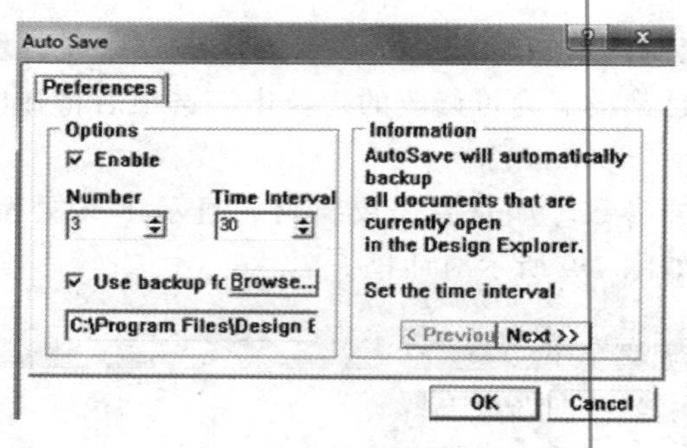

图 7-10　自动保存设置对话框

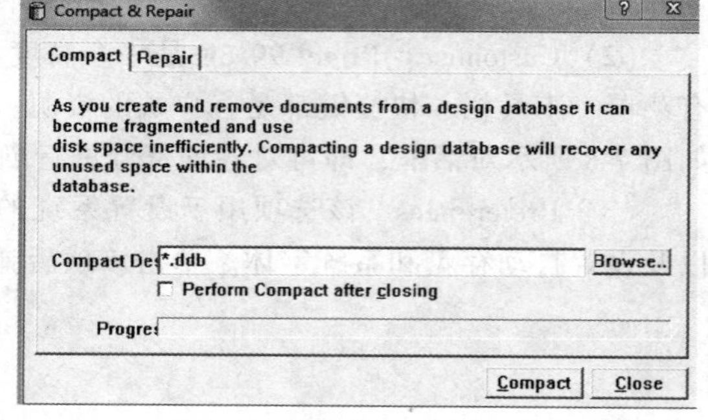

图 7-11　设计实用技巧对话框

（5） Run Script　该选项用户可以运行脚本程序。

（6） Run Process　该选项允许用户手工运行多个进程。

（7） Security　该选项允许用户对 Protel 99 SE 的主要服务器进行锁定和解锁。

3. 工具栏

在没有打开任何文档时，Design Explorer 工具栏包含的内容非常少，如图 7-12 所示。

可以通过第一个按钮打开或关闭文档管理器，右击工具栏，会出现如图 7-13 所示的选项。通过这些选项，你可以将工具栏置于不同的位置。第二个按钮 用于打开已有的文档，而第三个按钮 ? 用于打开帮助文件。

注意：Design Explorer 工具栏中包含的选项会随着打开的文档而发生变化。

4. 工作区窗口

该区域用于显示打开的各种文档。此外，还可以通过不同的显示方式显示多个文档。

5. 文档管理器

文档管理器不仅显示所有打开的文档，而且将这些文档之间的关系也显示出来，这样可以很方便地打开某个文档，并可以快速在不同文档之间切换。单击文档管理器中的某个文档名称，就可以激活该文档，工作区窗口会显示这个文档内容。

图 7-12 工具栏

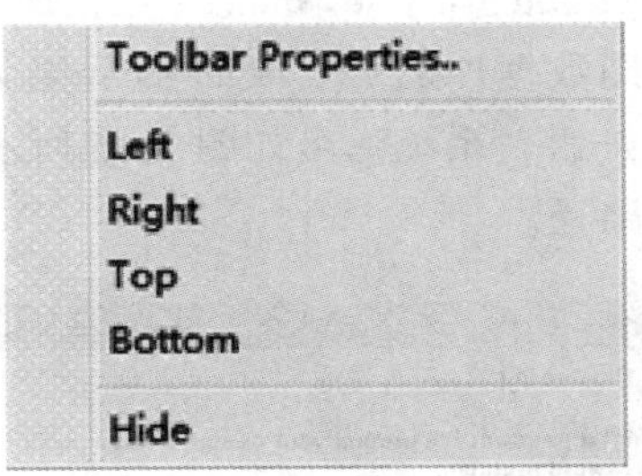

图 7-13 文档管理器菜单

6. 状态栏

Design Explorer 有两种状态栏，分别称为状态栏和命令状态栏。命令状态栏显示的是当前正在执行的命令名称及其状态，而状态栏显示的是当前光标的坐标位置。单击 View 视图中 Status bar 和 Command Status 选项，可以分别打开这两种状态。

7.1.2 电原理图的设计

电原理图设计不仅是整个电路设计的第一步，也是电路设计的根基。由于以后的设计工作都是以此为基础，因此电原理图的设计好坏直接影响到以后的设计工作。电原理图的设计过程一般为：

①工作环境设置和页面设置；②装入元器件库；③在工作平面上放置元件；④放置 I/O 端口；⑤放置电源符号和地线符号；⑥放置连接线；⑦放置节点和网络标号；⑧放置说明信息；⑨编辑与调整；⑩存盘与打印。

1. 新建一个电路图文件

(1) 创建项目数据库 Protel 99 SE 提供了一个集成的设计工作环境，根据 Protel 99 SE 的“客户/服务器”框架体系，客户在各个阶段的设计是调用 Protel 99 SE 的各个服务器，各个设计文件不像以前版本那样分散存储。因此，设计之前用户必须首先创建一个类型为 .ddb 的数据库，通常称之为项目数据库，用户以后所有的设计文件都存放在该数据库中。

在 Protel 99 SE 主窗口单击 File/New 项，弹出如图 7-14 所示的“新建项目数据库”对话框。

1) Design Storage Type。用户可以选择的文件保存类型，有以下两种：

① MS Access Datebase（MS ACCCESS 数据库）。可以将设计电路图数据库文件设置为保密级。单击图 7-14 所示对话框中的 Password，进入文件密码设置选项卡，如图 7-15 所示。用户可以选择 Yes 单选钮，并且可以在 Password 编辑框中输入密码，然后

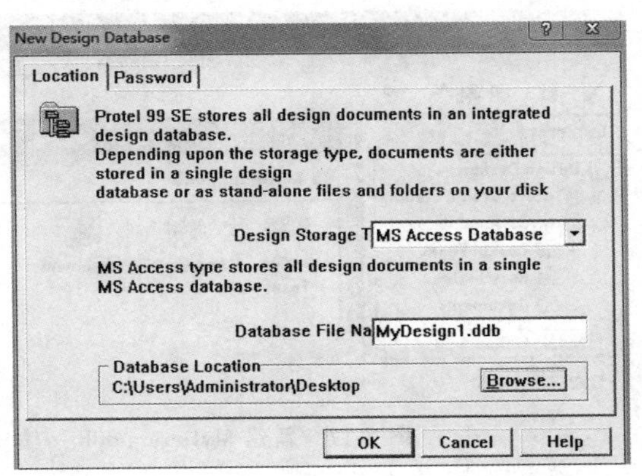

图 7-14 “新建项目数据库”对话框

再确认密码（Confirm Password）编辑框中输入设置的密码，按 OK 后，即设置成功。

② Windows File System（Windows 文件系统）。无密码项设定。

2）Database File Name（数据库文件名）。其默认为 MyDesign. ddb，用户可输入所设计的电路图数据库名称，文件的后缀为“. ddb”。如要改变数据库文件所在的目录，可单击 Browse 按钮，系统弹出如图 7-16 所示的“文件另存”对话框，此时用户可以改变数据库文件存放路径。

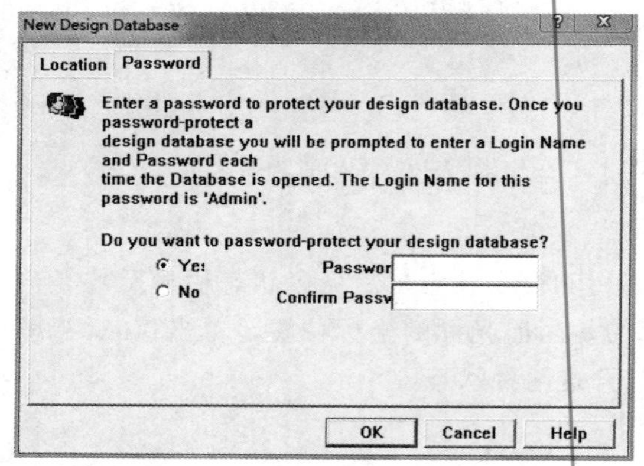

图 7-15　文件密码设置选项卡

图 7-16　文件另存对话框

（2）新建 MyDesign. ddb 设计窗口　创建 MyDesign. ddb 完毕后，在设计管理器的导航树中会出现 MyDesign. ddb 的分枝，并在面板中出现一个设计窗口，如图 7-17 所示。

数据库文件创建完毕后，导航树中出现三个分枝，同样在主设计窗口中出现三个图标：设计工作组、垃圾桶、文件夹。

导航树与 Windows 资源管理器的使用方法是一样的。主窗口是一个标准的 Windows 窗口。在导航树中单击分枝，就会在主窗口标签栏中显示该图标，并在窗口里显示该项所包括的内容。

在标签栏中单击想要的文档标签，就可在主窗口里切换已打开的文档。在标签栏中单击鼠标右键，就会弹出如图 7-18 所示的菜单，用户可以选择同时打开多个文档在主窗口中的显示方式。

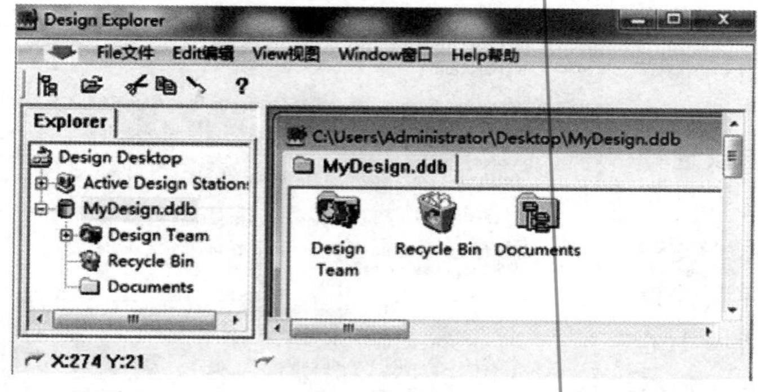

图 7-17　新建 MyDesgn. ddb

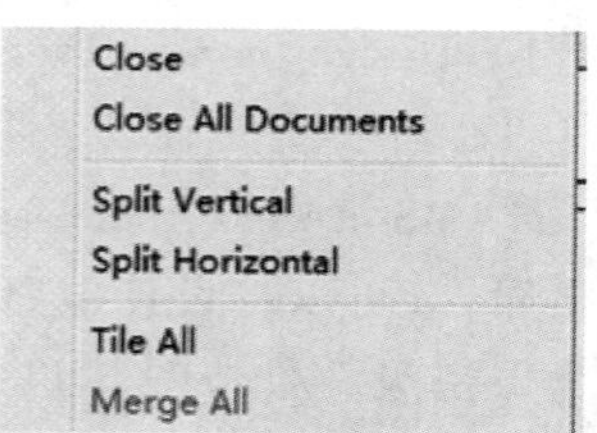

图 7-18　文档显示方式设置

1）Close。该文档在主窗口中关闭。

2）Split Vertical。该文档与主窗口纵向并排显示。

3）Split Horizontal。该文档与主窗口横向并排显示。

4）Tile All。所有文档都独立显示。

5）Merge All。所有文档都合并显示。

项目数据库的打开方式有两种，一是在 File 菜单里选取 File/Open 命令，二是用工具栏里的图标。

项目数据库的关闭方式也有两种，一是在 File 菜单里选取 File/Close Design 命令，二是直接关闭主设计窗口。另外对于已存在的数据库可以直接在 File 菜单里打开，用 File 菜单里的 File/Close 命令将关闭所有已打开的设计数据库。

2. 进行设计

（1）启动电原理图设计系统。用户进行某一设计，就是调用某一服务器工作，所以开始工作应首先选择服务器。进入 Protel 99 SE 主界面后，执行 File/New 命令，这时屏幕上会出现如图 7-19 所示的对话框。

从框中选择原理图设计服务器图标，双击图标或单击 OK 按钮，你会发现 Design Explore 界面上出现一个 sheetl 图标，如图 7-20 所示，即建立原理图设计文档。

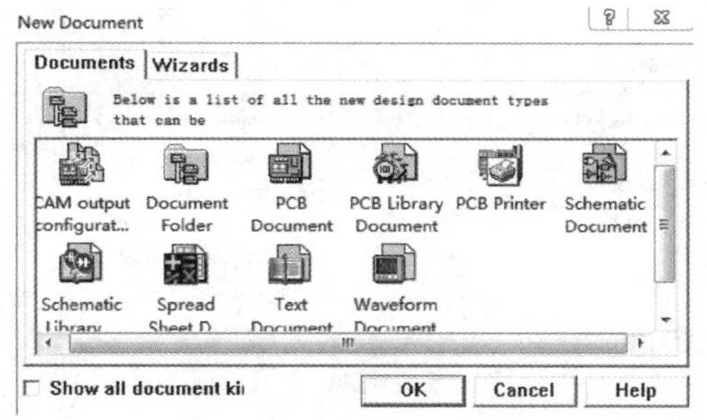

图 7-19 新建文档对话框

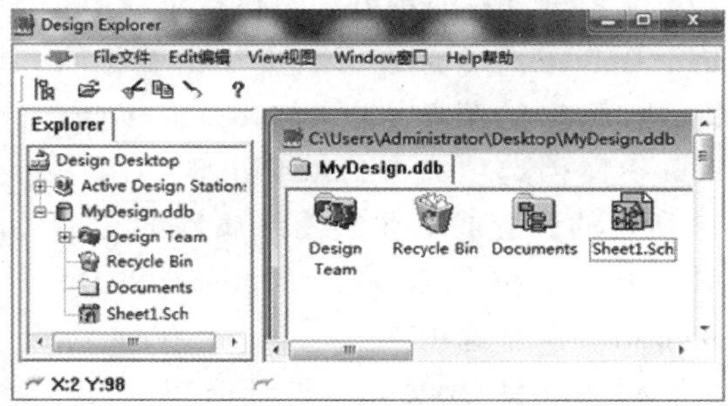

图 7-20 原理图设计文档

双击原理图文档图标，进入原理图设计服务器的界面，如图 7-21 所示，这就是用户用于原理图设计的工作环境。

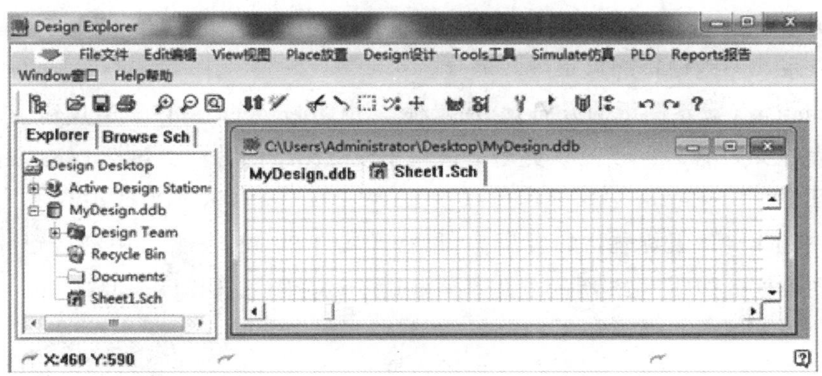

图 7-21 原理图设计工作环境界面

（2）设计管理器　Protel 99 SE 有一个强大的设计管理器，其界面如图 7-22 所示。它允许用户对项目设计数据库进行浏览和修改，包括设计导航（导航树）、设计窗口、设计面板、设计标签、设计工具栏、状态栏。

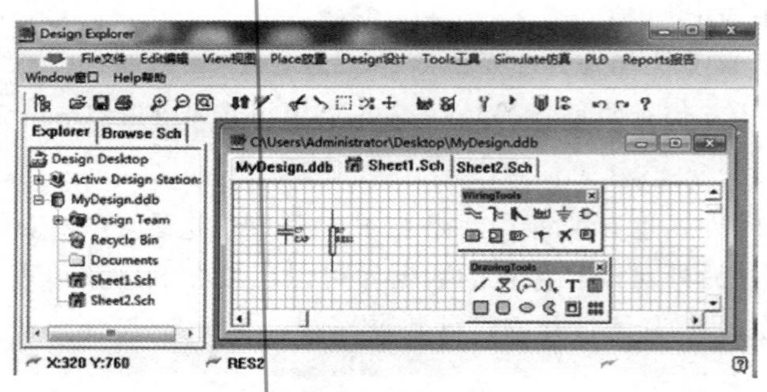

图 7-22　设计管理器界面

7.1.3　文档设置（设置图纸）

绘制原理图的步骤中首先要设置图纸，即确定原理图纸的有关参数，如图纸的尺寸大小、方向、底色边框、标题栏、文件信息等。

文档设置有两种方法，执行菜单 Design/Options 命令或在面板上单击鼠标右键，在弹出的菜单中执行 Document Options…文档选项命令，就会出现如图 7-23 所示的设置或更改绘图纸属性的对话框，该对话框包含 Sheet Options 和 Organization 两个选项卡。

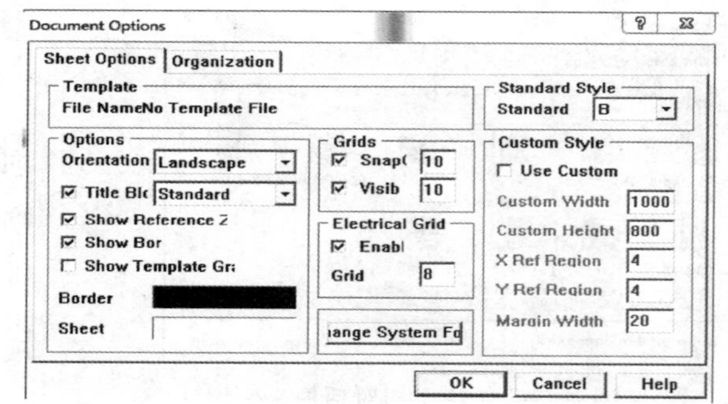

图 7-23　绘图纸属性设置对话框

1. Sheet Options（图纸选项）

（1）Template（模板）　如果当前图纸套用了某一个模板，Template 框中就会显示出该模板文件的完整目录和名称，图 7-24 中可以看出其没有使用模板文件。

（2）Options（选项）　该选项包含了图纸方向的设定、标题栏的设定、边框的设定、工作区颜色的设定、图纸栅格的设定等几部分。

1）Orientation（设定图纸的方向）。用鼠标单击 Orientation 窗口中的按钮▼，即会出现一个下拉列表框，如图 7-24 所示。此对话框用于设置图纸的方向，包括 Landscape 和 Portrait 两个选项，其中，Landscape 表示横向放置图纸；Portrait 表示纵向放置图纸。

2）Title Block（设置标题栏的类型）。鼠标单击 Title Block 窗口中的按钮▼，即会出现一个下拉列表框，如图 7-25 所示。此对话框用于设置图纸选择标准型（Standard）或美国国家标准协会（ANSI）标题栏。

3）Show Reference Zone（设置显示参考边框）。此复选框用于设置图纸边缘是否显示栅格参考区，选中该复选框表示显示，否则不显示。

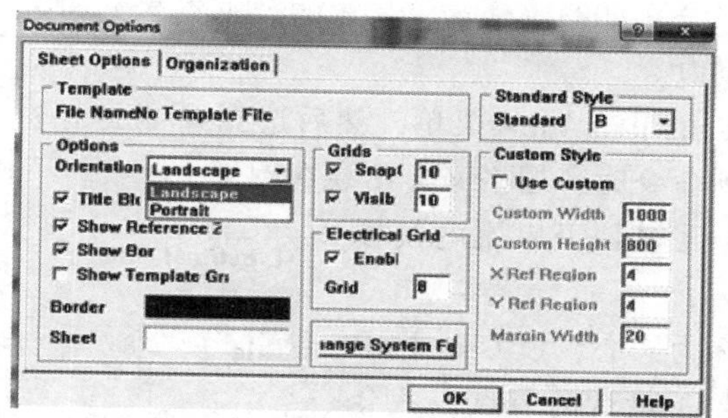

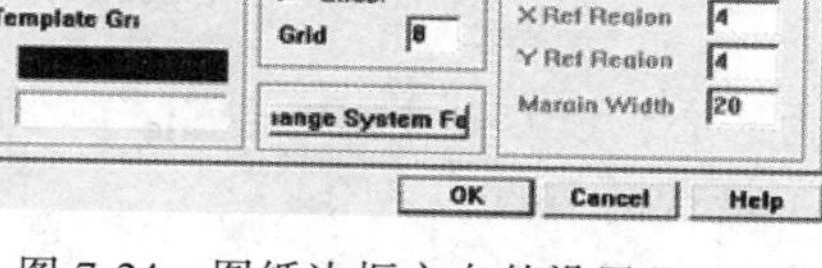

图 7-24　图纸边框方向的设置

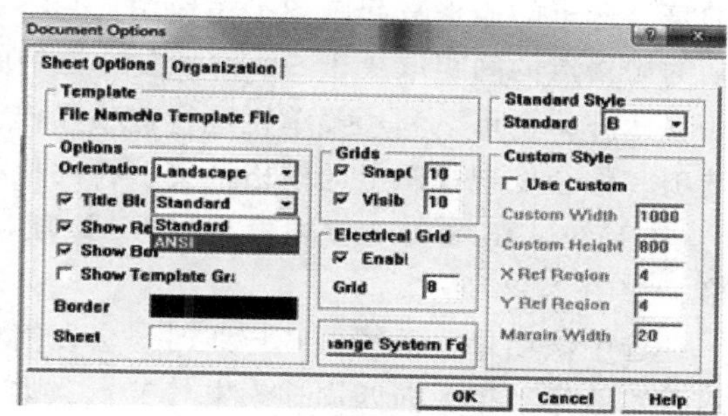

图 7-25　标题栏类型的设置

4）Show Border（设置显示图纸边框）。此复选框用于表示是否显示图纸边框，选择方法同上。

5）Show Template Graphics（设置显示图纸模板边框）。选中这个复选框显示当前图纸所套用的模板，否则不显示。

6）Border Color（设置图纸边框颜色）。可设置图纸边框的颜色，默认为黑色。单击此颜色，屏幕上会出现如图 7-26 所示对话框，用户可以从对话框中选择自己需要的颜色。

7）Sheet Color（设置工作区的颜色）。可设置图纸的底色，默认为黄色，设置方法与 Border 选项相同。

（3）Grids（栅格）。该框中包含 Snap 复选框和 Visible 复选框。如图 7-27 所示。

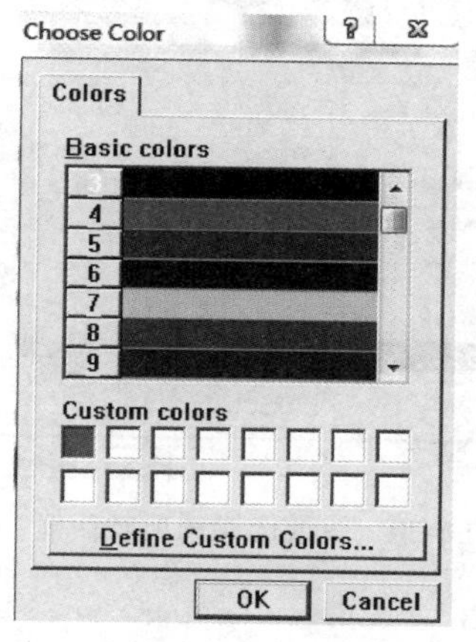

图 7-26　颜色设置对话框

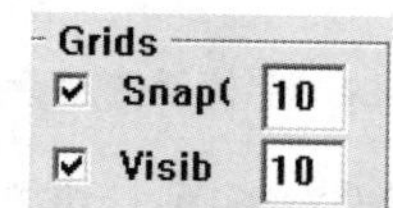

图 7-27　图纸栅格的设置

1）Snap On（锁定栅格）。选中这个复选框，则可以在右边的框中设置隐藏栅格点的间距，即设置光标在图纸上移动时的最小距离，默认值为 10。如用户需要进行更精细的设计，可以在该复选框右边的编辑框中，键入自己需要的栅格间距值。如不选中该复选框，就表示隐藏栅格点的间距，在这种情况下，光标在图纸上移动的最小间距是 1。该项设置的目的是为了方便地对准目标和引脚。

另外，也可通过菜单进行这项设置，方法是单击 View 菜单，接着选择 Snap Grid 选项，用户可以进行设置和不设置栅格点的间距之间的切换操作。

2）Visible（可视栅格）。该复选框用于设置图纸上是否显示栅格点的间距。值得注意的是，这里的栅格只起画图参考作用，它不影响十字光标的位移量，只影响视觉效果。而实际的栅格点的间距取决于 Snap On 复选框中的设置值。

此外，也可以利用菜单栏进行这项操作，方法是单击 View 菜单，然后选择 Visible Grid 选项，你会发现视图上的栅格消失，再次执行这项命令时，栅格又会出现在图纸上。

（4）Electrical Grid（电气栅格） 该项目用于设置是否启用电气栅格，如图 7-28 所示。

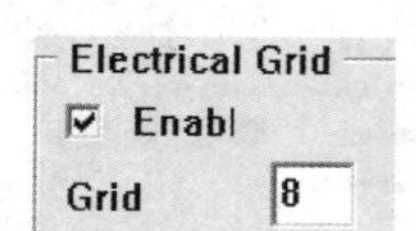

图 7-28 电气栅格的设置

选中该项目，系统在画导线时，会以箭头光标为圆心，以 Grid 栏中的设置值为半径，向四周搜索电气节点。如果找到了最近的节点，就会把十字光标移到该节点上，并在该节点上显示出一个圆点。如果不选该项，则无自动寻找电气节点功能。

选中 Enable 复选框，表示启动电气栅格，这时可以在该复选框下面的 Grid 编辑框中键入用户需要的栅格间距值，如“8”，则系统会在画导线时，以设定值 8 为半径，以当前光标为中心，向四周搜索电气节点。

（5）Change System Font（更改系统字型） 单击 Change System Font 选项会弹出如图 7-29 所示的字体设置对话框。用户可以在这个对话框中设置自己需要的语言种类、字体及属性。元器件的引脚就是使用该项功能所设定的字形或字体。

（6）Standard Style（标准图纸格式） 鼠标单击 Standard Style 按钮激活该选项，然后将光标移到 A 位置，即可选定图纸的大小为 A，如图 7-30 所示。

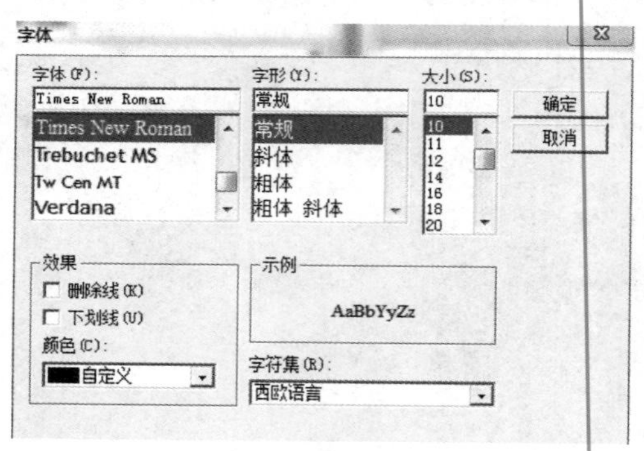

图 7-29 字体设置对话框

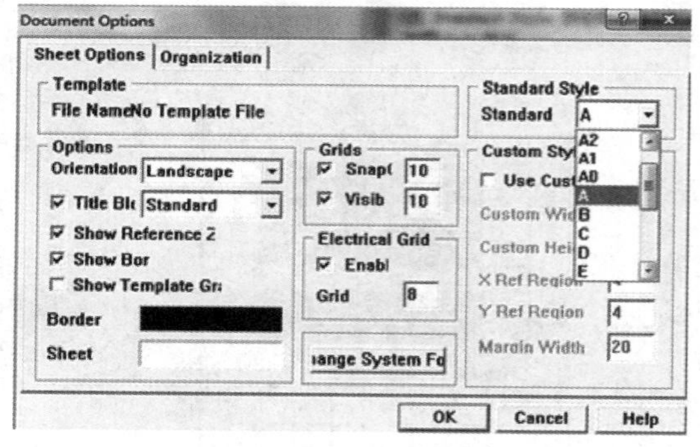

图 7-30 图纸设置选项对话框

该栏设置提供了多种标准图纸，默认图纸的大小为 B。

1）米制：A0（最大）、A1、A2、A3、A4（最小）。

2）英制：A（最小）、B、C、D、E（最大）。

3）Orcad 图纸：Orcad A、Orcad B、Orcad C、Orcad D、Orcad E。

4）其他：Letter、Legal、Tabloid。

（7）Custom Style（自定义图纸格式） 用户除选择标准图纸格式外，还可自定义图纸格式。选择 Custom Style 框，就可设置框中的各项内容，如图 7-31 所示。

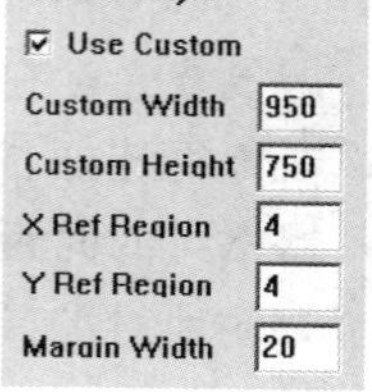

图 7-31 用户自定义图纸大小

1）Use Custom Style：表示使用用户自定义的图纸类型。

2）Custom Width：设置自定义图纸的宽度，其最大为 6500 个单位。

3）Custom Height：设置自定义图纸的高度，其最大为 6500 个单位。

4）X Ref Region：设置 *X* 轴的等分数。

5）Y Ref Region：设置 *Y* 轴的等分数。

6）Margin Width：设置图纸与边框之间的距离。

2. Organization

鼠标单击 Organization 按钮，可打开文件信息设置选项卡，如图 7-32 所示。

（1）Organization　设置单位或公司的名称。

（2）Address　设置单位或公司的地址。

（3）Sheet

1）Sheet 框中的 No. 栏。设置本张原理图的编号。

2）Sheet 框中的 Total 栏。设置图纸的总张数。

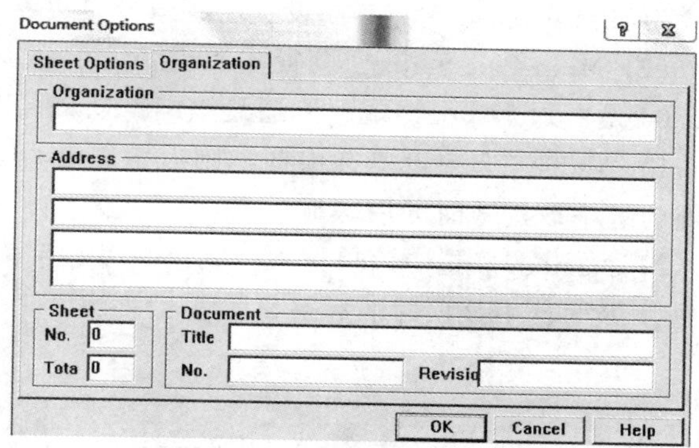

图 7-32　文件信息设置选项卡

（4）Document

1）Document 框中的 Title 栏。设置本张电路图的标题。

2）Document 框中的 No. 栏。设置文件编号。

3）Document 框中的 Revision 栏。设置文件版本号。

7.1.4　设置原理图的环境参数

一张原理图绘制的效率和正确性，常与环境参数设置有重要的关系。

执行菜单命令 Tools/Preferences 或在面板上单击鼠标右键，在弹出的菜单中执行 Preferences…选项命令，系统将弹出如图 7-33 所示的参数设置对话框。通过该对话框可以分别对原理图环境、图形编辑环境以及默认原始状态进行设置等。

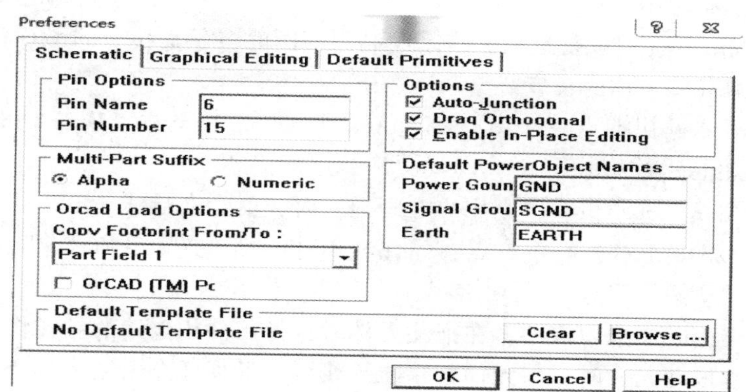

图 7-33　参数设置对话框

1. Schematic 选项卡

原理图环境设置通过 Schematic 选项卡来实现，如图 7-33 所示，该选项卡可以设置的参数如下：

（1）Pin Options　设置引脚选项，设置元件的引脚名称和编号与元件边缘（元件的主图形）的距离。该编辑框包含以下两项：

1）Pin Name Margin。设置引脚名离边界的距离。

2）Pin Number Margin。设置引脚编号离边界的距离。

（2）Multi-Part Suffix　设置多元件流水号的后缀，有些元件内部由多个元件组成，如74LS04是由六个非门组成，则通过该编辑框就可以设置元件的后缀。

1）Alpha。选中该单选项框，则后缀以字母表示，如U1A、U1B、U1C …。图7-34所示即为选中该选项时的后缀显示。

2）Numeric。选中该单选项，则后缀以数字表示，如U1：1、U1：2 、U1：3…。图7-35所示即为选中该项时的后缀显示。

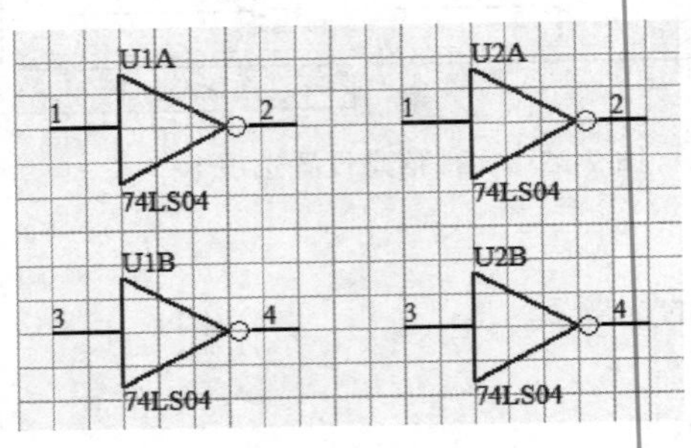

图7-34　字母显示后缀

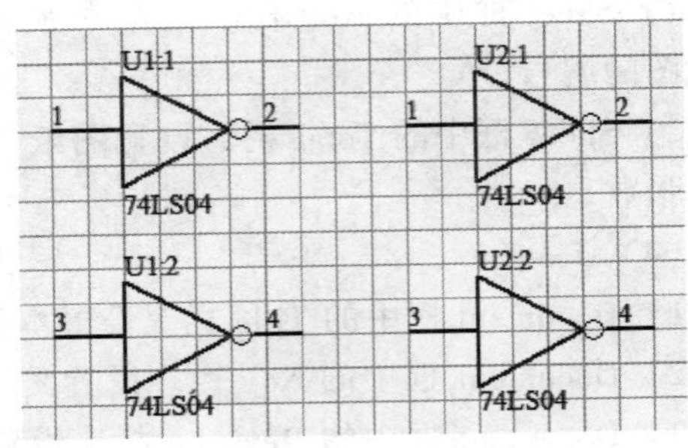

图7-35　数字显示后缀

（3）Orcad Load Options　该操作框设置Orcad加载项。设置了该项后，用户如使用Orcad软件加载该文件时，仅加载所设置域的引脚。该框包含以下两项：

1）Copy Footprint From/To。当读取OrCAD格式的文件时，将列表框中指定的数据项复制到Protel格式的Footprint栏中。其中的数据项包括Ignore以及Port Field 1 ~ Port Field 8九个选项；当选择Ignore选项时，表示不进行复制；而选择其他八个选项，则表示将相应的数据项复制到Footprint栏中。

2）OrCAD Ports。选中该复选框，表示绘制原理图时，手动拉长的I/O端口都会自动缩短到刚好能够容纳端口名称的长度。

（4）Options　该操作框有三个复选框：Auto-Junction复选框、Drag Orthogonal复选框、Enable In-Place Editing复选框。

1）Auto-Junction。选中该项，则用户在画导线时，就会在导线“T”字相接处自动产生节点，而“+”字相接处不会产生节点；如此项不选，则“T”字和“+”字相接处都不产生节点，用户需手动添加节点。

2）Drag Orthogonal。选中该项，在拖动元件时，与元件相连接的导线将保持直角；如不选中该复选框，则拖动元件时，与元件相接的导线可以呈现任意角度。

3）Enable In-Place Editing。选中该项，用户可以实现对嵌套对象进行编辑，即可以对插入的连接对象实现编辑。

（5）Default Power Object Names　该操作框用于设置默认电源接地名称，可以分别设置电源地、信号地、大地的默认名称。

1）Power Ground。该编辑框用来设置电源地名称，如 GND。

2）Signal Ground。该编辑框用来设置信号地名称，如 SGND。

3）Earth。该编辑框用来设置大地名称，如 EARTH。

(6) Default Template File 用户可以在该框中设置默认的模板文件，当设置了该文件后，下次进行新的原理图设计时，就会调用该模板文件来设置新文件的环境变量。通过右边 Browse 按钮可以查找自己需要的模板文件，单击 Clear 按钮则清除模板文件。

2. Graphical Editing（设置图形编辑环境）

图形编辑环境设置可以通过 Graphical Editing（图形编辑）选项卡来实现，该选项卡如图 7-36 所示。

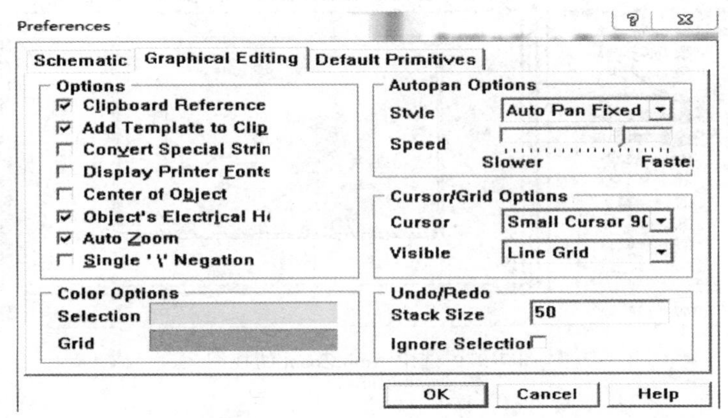

图 7-36 图形编辑选项卡

(1) Options 该选项操作框可以用于设置图形编辑环境的一些基本参数，共包括八个选项卡：

1）Clipboard Reference。用于设置剪贴板参考点。选中该选项后，当用户执行 Edit/Copy 或 Cut 命令时，将被要求选择一个参考点，这对于拷贝一个将要粘贴回原来位置的原理图则很重要。该参考点将是粘贴时被保留部分的点，即作为 Paste 命令的参考位置。

2）Add Template to Clipboard。选中该复选框，当用户执行 Edit/Copy 或 Cut 命令时，系统将选中的图纸及其模板文件一起添加到剪贴板中。建议用户选中该选项，以便保持环境一致性。

3）Convert Special Strings。该选项卡用于转换特殊字符串，选中该选项图纸上的特殊字符串会立即转换成实际字符串，用户可在屏幕上看到特殊字符串的内容。

4）Display Printer Fonts。该选项卡用于设置是否采用打印机的字体显示图纸中的字符。如选中该复选框，则表示按照打印机中的字体显示图纸中的字符，用户可看到哪些文本与打印出的文本一致，因为并不是所有文本都会被输出设备所支持。

5）Center of Object。用于确定移动没有参考点圆件时的光标所处位置。对于有参考点的图件，移动该元件时，光标将自动跳到元件的参考点上；而对于没有参考点的图件来说，如果选中这个复选框，移动图件时，光标会自动跳到图件的中心。

6）Objects Electrical Hot Spot。选中该复选框，移动或拖动元件时，光标会自动跳到最近的栅格点上。菜单中也提供了完成这项任务的相关命令，单击 View 菜单，然后选择 Electrical Grid 选项，就可以在光标是否位于电气栅格点处两种状态之间来回切换。

7）Auto Zoom。选中该选项后，当使用 Window 菜单中的 File 命令平铺窗口时，所有打开的窗口都会自动缩小各自的尺寸，将窗口中包含的视图完整地显示出来，如图 7-37 所示。如不选中该复选框，仍然执行平铺命令，则打开的窗口不会自动缩小尺寸，即按照原来的尺寸显示，而不管是否能全部显示窗口中包含的内容，如图 7-38 所示。

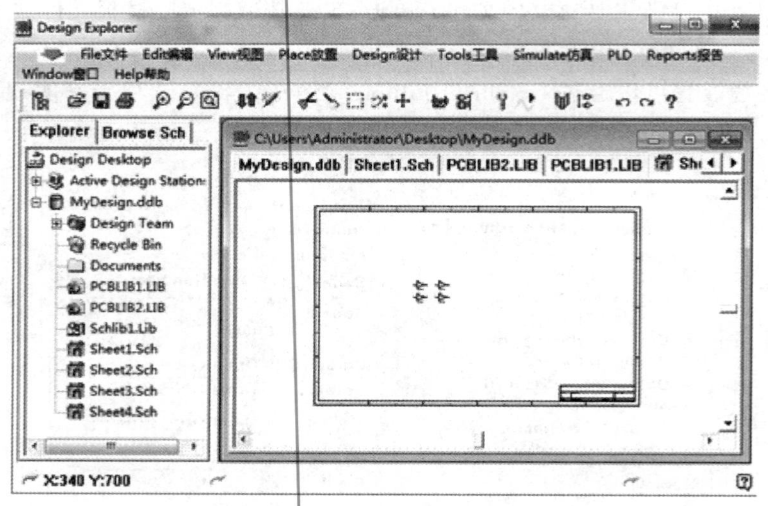

图 7-37　选中 Auto Zoom 的视图

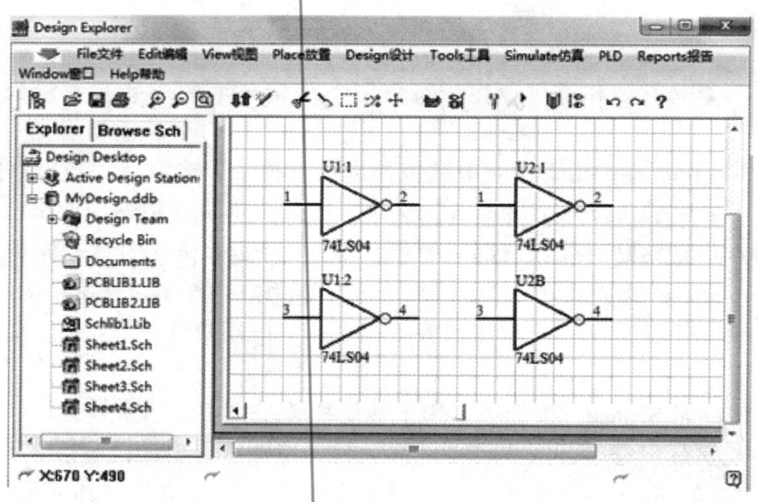

图 7-38　不选 Auto Zoom 的视图

8）Single ‘\’ Negation。选中该选项，则可以以‘\’表示某字符为非或负。

（2）Color Options（设置所选中的对象和栅格的颜色）　该操作框用于设置所选择的对象和栅格的颜色。

1）Selections。用于设置所选中图件的边框颜色，默认为黄色。

2）Grid Color。用于设置工作区栅格线的颜色，默认颜色为 213 号浅灰色。

（3）Autopan Options 该选项用于设置自动翻页，绘制原理图时，常要平移图形，该框设置图件的移动形式和速度。所谓自动翻页就是当光标移动工作区边缘时，图纸会自动向相反方向移动。它包含 Style 和 Speed 两个选项：

1）Style。该列表框包含三种样式类型：

① Auto Pan Off。禁止自动翻页。

② Auto Pan Fixed Jum。按照固定的长度翻页，翻页的长度由 Speed 栏中的设置值确定。

③ Auto Pan Recenter。自动翻页到中心位置，即每次翻页的长度是工作区长度的一半。

2）Speed。用于设置图件移动的速度，即设置自动翻页时每一步的长度。

（4）Cursor/Grid Options 用于设置光标形式和栅格的类型。它包含 Cursor Type 和 Visible Grid 两个选项。

1）Cursor Type。该选项包含三种光标类型：

① Large Cursor 90。光标呈“+”字形，而且光标横穿整个图纸。

② Small Cursor 90。光标仍然呈“+”字形，只是比前者小得多。

③ Small Cursor 45。光标就是 Small Cursor 90 中“+”字形旋转 45°后得到的。

2）Visible Grid。该选项用于设置栅格的显示类型，包含线状栅格（Line Grid）和点状栅格（Dot Grid）两个选项，默认情况下为线状栅格。

（5）Undo/Redo 该选项用于设置重复撤销操作的有效次数，默认次数为 50。

1）Stack Size。该选项设置用户希望操作数日。

2）Ignore Selections。选择此框，则会忽略选择对象的操作。

3. Default Primitives 选项卡

默认原始环境设置可通过 Default Primitives 选项卡实现，如图 7-39 所示。

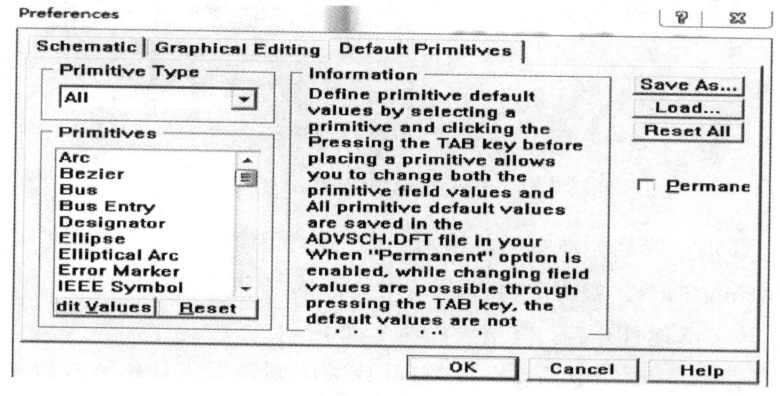

图 7-39 默认原始环境设置选项卡

用户可选中原始默认设置类型（Primitives Type），然后从 Primitives 列表框中选择相应的对象，使用鼠标双击选项或单击 Edit Values 按钮，屏幕上会弹出该对象属性对话框。单击 Reset 按钮可以恢复该对象的初始设置，单击 Reset All 即可使所有选项恢复至默认状态。当在对话框“Primitives Type”中选择非 All 选项时，单击 Reset All 即可使该项恢复至其默认状态。

7.1.5 画面的管理

1. 工具栏的打开与关闭

在原理图设计过程中，要用到 Protel 99 SE 所提供的各种工具和管理器。充分利用这些工具和管理器将会使操作更加简便，因此，了解这些工具栏和管理器的打开与关闭，可以极大地方便用户的设计。本软件提供了下列几种常用工具栏，如图 7-40 所示。

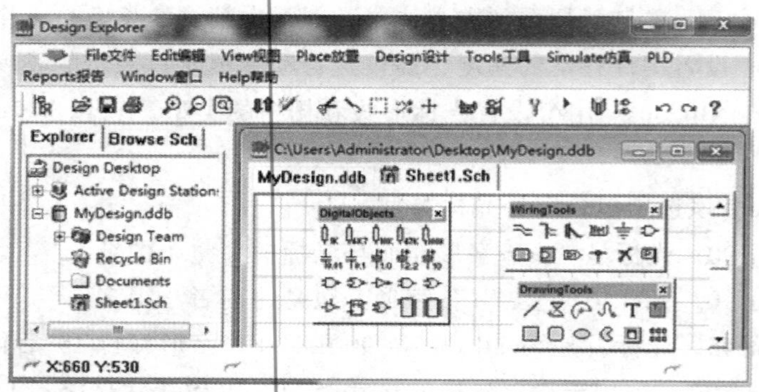

图 7-40　各种管理器及工具栏处于打开状态

（1）Main Tools（主工具栏）　打开或关闭主工具栏可执行菜单命令 View/Toolbars/Main Tools，如图 7-41 所示。

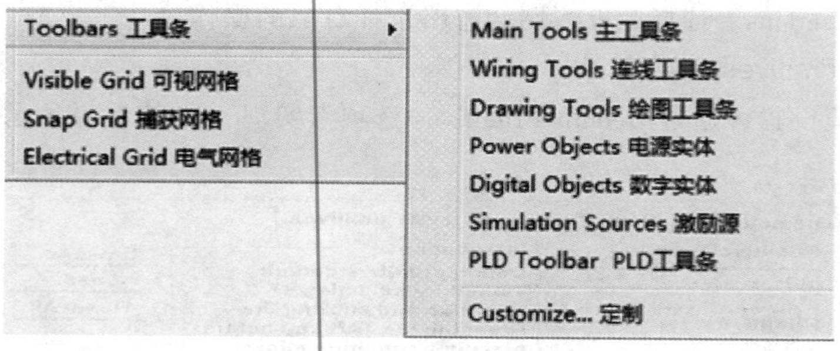

图 7-41　View 菜单中 Toolbars 子菜单

（2）Wiring Tools（绘制原理图工具栏）　打开或关闭绘制原理图工具栏可执行菜单命令 View/Toolbars/Wiring Tools，如图 7-41 所示。用鼠标单击主工具栏里的按钮即可打开或关闭此工具条，该工具栏打开后，其结果如图 7-40 所示。

（3）Drawing Tools（画图形工具栏）　打开或关闭画图形工具栏可执行菜单命令 View/Toolbars/Drawing Tools，如图 7-41 所示；或用鼠标单击主工具栏里的按钮，即可打开或关闭此工具条。打开的悬浮状态画图形工具栏，其结果如图 7-40 所示。

（4）Power Objects（电源及接地符号工具栏）　打开或关闭电源及接地符号工具栏可执行菜单命令 View/Toolbars/Power Objects，如图 7-41 所示。该工具栏打开后，其结果如图 7-40 所示。

（5）Digital Objects（常用器件工具栏）　打开或关闭常用器件工具栏可执行菜单命令 View/Toolbars/Digital Objects，如图 7-41 所示。该工具栏打开后，其结果如图 7-40 所示。

（6）Simulation Sources（激励源工具栏）　打开或关闭激励源工具栏可执行菜单命令 View/Toolbars/Simulation Sources，如图 7-41 所示。该工具栏打开后，其结果如图 7-40 所示。

（7）设计管理器和元件库管理浏览器的打开与关闭　打开或关闭设计管理器和元件库管理浏览器的方法就是执行菜单命令 View/Design Manager，也可用鼠标单击主工具栏里的按钮，即可将浏览器在打开与关闭之间进行切换。

（8）设计管理器与元件库管理器之间的切换　设计管理器与元件库管理浏览器是集成在一起的，如图 7-42 所示。在设计工作中，有时需要经常在设计管理器与元件库管理器之间切换，用户只需用鼠标单击设计管理器上端标签栏里的相应标签即可。

2. 工具条的显示形式

各种工具条显示的默认状态为悬浮状，也可将它们设置在设计窗口的上下左右位置。执行菜单 View/Toolbara/Customize 弹出如图 7-43 所示的对话框。

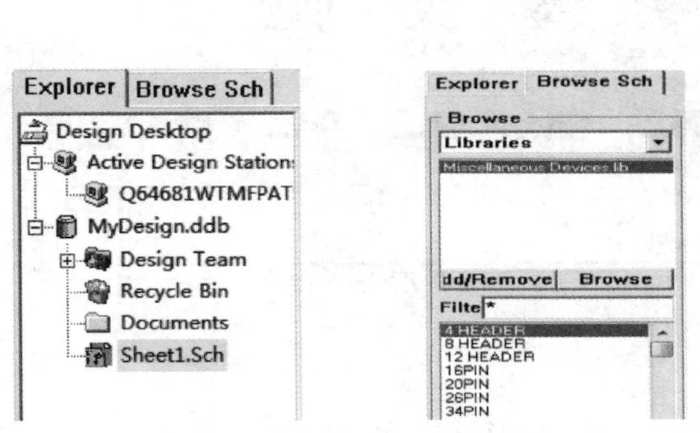

图 7-42　设计管理器与元件库管理浏览器

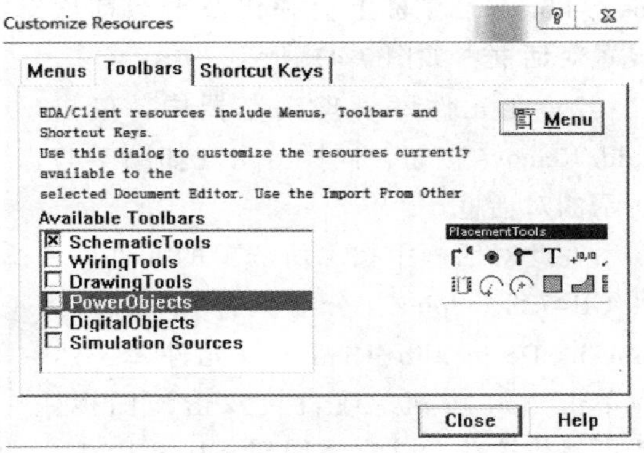

图 7-43　单击 Customize 后出现的对话框

在图 7-43 所示的对话框中选择需要打开的工具栏，使相应的工具栏复选框呈“X”字形，接着单击 Menu 按钮，屏幕上会弹出如图 7-44 所示的菜单。

从菜单中选择 Edit 命令，就会出现如图 7-45 所示的对话框；或者用户直接双击所选择的工具栏，屏幕上同样会出现该对话框。

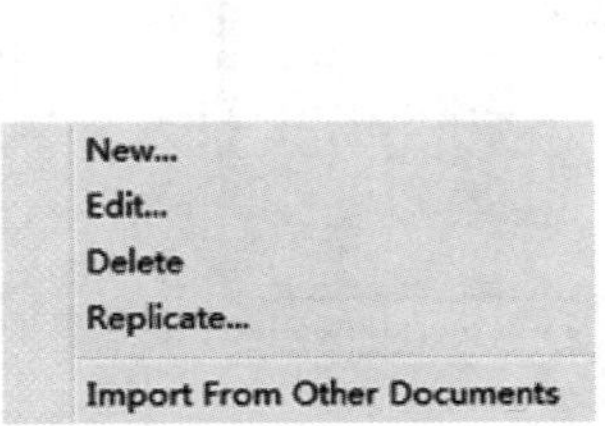

图 7-44　Menu 菜单

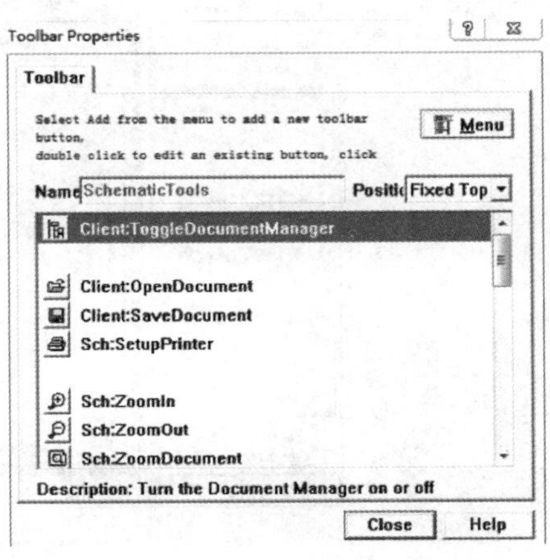

图 7-45　工具栏属性设置对话框

单击图 7-45 中的 Position 下拉列表框，如图 7-46 所示。从中用户可以选择任何一种固定放置方式，然后单击 Close 按钮关闭对话框，此时被选择的工具栏将被安置在设计面板上相应的位置。

Fixed Top
Floating
Fixed Top
Fixed Left
Fixed Right
Fixed Bottom
Always Float

图 7-46 Position 下拉列表框

7.1.6 装入元件库

绘制原理图时首先要进行元件的放置。要放置元件，就必须知道元件（如晶体管、电阻、电容等）所在库并从中取出。

Protel 99 SE 中有好多元件库，常用的有 GB4728、Spice（分立元件）、Smice、Miscellaneous Device. lib 等元件库。

1. 装入元件库的两种方法

1）执行菜单命令 Design/Add/remove library，屏幕上会弹出改变当前库设置对话框，如图 7-47 所示。

2）在元件库管理浏览器中，单击 Add/Remove 按钮，同样会出现如图 7-47 所示的对话框。

在此对话框中找出所需要的元件库，如 GB4728、Spice（分立元件）、Miscellaneous Device. lib、Smice 等元件库，然后单击 Add 按钮，或直接双击该图标，就可以将这些元件库添加到 Selected Files 列表框中，再单击 OK 按钮关闭该对话框。这时用户会发现元件库管理浏览器中出现了许多元件名，如图 7-48 所示。

图 7-47 改变当前库设置对话框

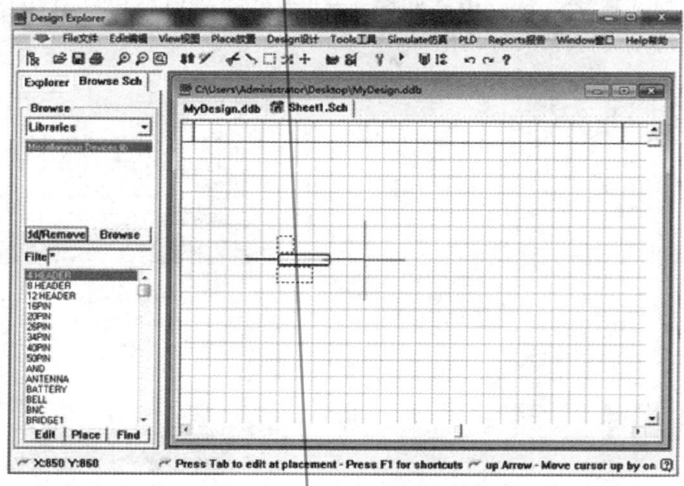

图 7-48 原理图设计界面

如果用户想要把当前状态的元件库移出或关闭，先单击 Remove，再单击 OK 按钮即可。

2. 放置元件的两种方法

1）利用元件库管理器浏览器来放置元件。在图 7-48 中，选择 Browse 框中的元件库，选定要放置的元件后，鼠标左键单击元件库浏览器中的 place 按钮或双击要放置的元件，移动光标到桌面，单击左键或按 Enter 键即可。

2）利用菜单命令放置元件。在图 7-48 中，执行菜单命令 Place/Part，屏幕上会出现如图 7-49 所示的元件名称设置对话框。在对话框中输入元件名，然后单击 OK 按钮，即可将元件放置到桌面。

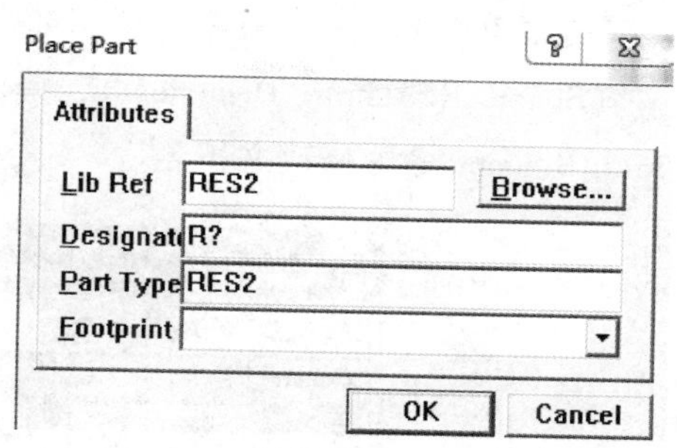

图 7-49 元件名称设置对话框

单击 Browse（浏览）按钮，系统将弹出如图 7-50 所示的“浏览元件库”对话框。在该对话框中，用户可以选择需要放置的元件库，也可以单击 Add/Remove 按钮来加载元件库，然后在 Components（元件）列表中选择自己需要的元件，在浏览框中可以查看元件图形。选择好元件后，单击 Close 按钮，系统返回到如图 7-49 所示的对话框，此时可以在 Designator 编辑框中输入当前元件的流水号（例如 R1）。

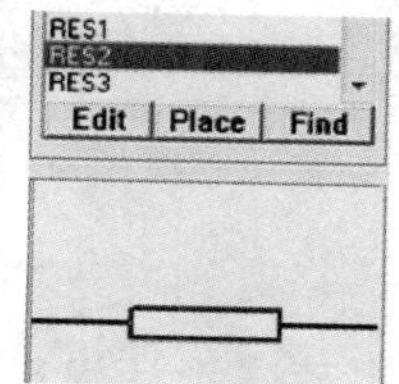

图 7-50 浏览元件库对话框

3. 常用元器件名称代号

常用元器件名称代号如图 7-51 所示。

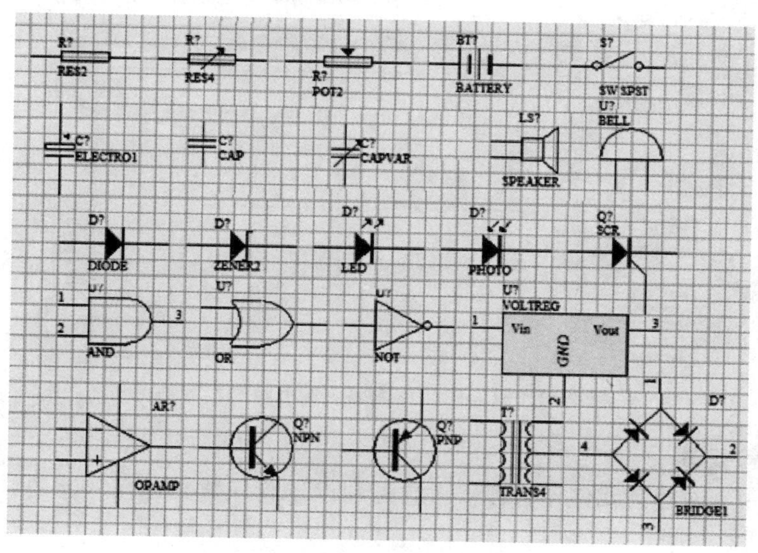

图 7-51 常用元器件名称代号

7.1.7 自制元器件

尽管 Protel 99 SE 提供的元件库非常丰富，但是随着科技的进步，不断研发出新型元件。因此在实际工作中，当在元件库中找不到需要的元件时，用户需利用 Protel 99 SE 的元件库编辑器，自己动手创建新元件。

1. 启动原理图元件库编辑服务器

单击菜单 File/New，屏幕上弹出如图 7-52 所示对话框，从中选择原理图设计服务器图标（Schematic Library Document），单击 OK 键即建立原理图元件库编辑文档。用户可以执行 Edit/Rename 命令修改文档名。

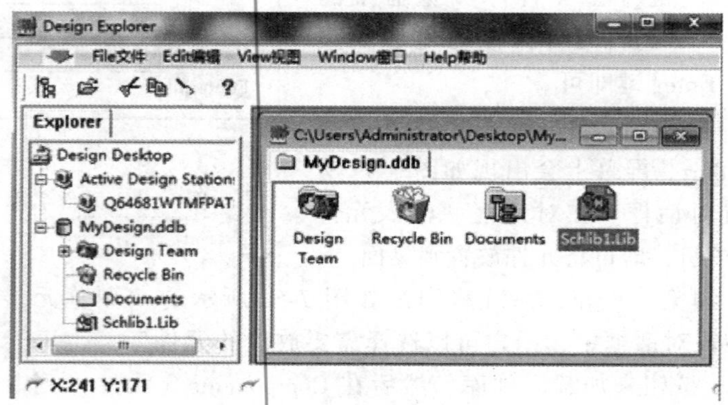

图 7-52　建立原理图元件库文档

双击设计管理器中原理图元件库文档图标，进入如图 7-53 所示的原理图元件库编辑服务器工作界面。

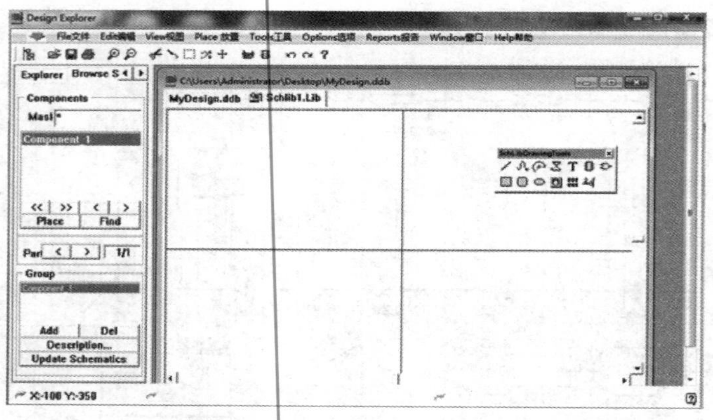

图 7-53　原理图元件库编辑服务器工作界面

2. 元件库管理器

在图 7-53 中，左边为元件库管理器，它是和设计管理器集成在一起的，打开和关闭的方法与设计管理器相同。

元件库管理器有 Components（元件）、Group（组）、Pins（引脚）、Mode（元件模式）四个区域。

工作平面区有一个“+”字坐标轴，将元件编辑区划分为四个象限。象限定义与数学上的定义相同。

（1）Components 区域　Components 的功能是选择所要编辑的元件。

1）Mask。设置项用于筛选元件。

2）元件名显示区。位于 Mask 设置项的下方，它的功能是显示元件库里的元件名。如要改变该元件的名称，先单击主菜单 Tools/Rename Component，屏幕上出现如图 7-54 所示对话框。如需在显示区内增加元件名，单击主菜单 Tools/New Component，同样会出现如图 7-54 所示对话框。单击对话框中的 OK 按钮，即可打开元件库编辑服务器的工作界面，在此界面上用户可再次创建一个新元件。

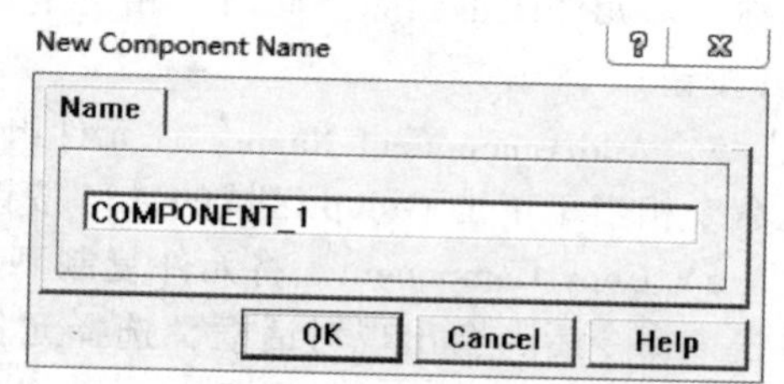

图 7-54 文件重命名或添加元件组对话框

3）“《”。此按钮的功能是选择元件库中的第一个元件，类同于菜单命令 Tools/First Component。

4）“》”。此按钮的功能是选择元件库中的最后一个元件，类同于菜单命令 Tools/Last Component。

5）“<”。此按钮的功能是选择前一个元件，类同于菜单命令 Tools/Pre Component。

6）“>”。此按钮的功能是选择下一个元件，类同于菜单命令 Tools/Next Component。

7）Place。将所选元件放置到电路中。单击该按钮后，系统自动切换到原理图设计界面，同时原理图元件编辑服务器退到后台运行。

8）Find。单击该按钮后系统将启动元件搜索工具。

9）Part。该选项是针对复合包装元件而设计。Part 右边有一个状态栏，显示当前的元件号。

（2）Group 区域　Group 区域的功能是在元件名显示区显示指定元件的元件组。元件组就是指共用元件图的元件，但是元件名不同。

1）Add。将指定的元件名称归入该元件库。单击该按钮后，会出现如图 7-54 所示的添加元件组对话框。输入指定的元件名称，单击 OK 按钮即可将指定元件添加至元件组。

2）Del。将元件组显示区内指定的元件从该元件组里删除。

3）Description。等同于菜单命令 Tools/Description。

4）Update Schematics。更新电路图中有关该元件的部分。单击该按钮，系统将该元件在元件编辑服务器所做的修改反映到原理图中。

（3）Pins 区域　引脚区域用于显示引脚信息。

1）Pins。显示元件引脚。

2）Sort by Name。指定名称排列。

3）Hidden Pins。用于设置是否在元件图中显示隐含引脚。

（4）Mode 区域　指定元件的模式，包括 Normal、De-Morgan 和 IEEE 三种模式。

3. 利用菜单管理元件

元件库管理器的功能也可以通过主菜单命令 Tools 来实现，Tools 菜单如图 7-55 所示。

1）New Component。新建元件。

2）Remove Component。删除元件库管理器 Component 区域中指定的元件。

3）Rename Component。修改元件库管理器 Component 区域指定元件的名称。

4）Remove Component Name。删除元件组里指定的元件名称。如果该元件仅有一个元件名称，则元件图也删除。此命令相当于单击 Group 区域的 Del 按钮。

5）Add Component Name。往元件组里添加元件名称，此命令相当于单击 Group 区域的 Add 按钮。

6）Copy Component。将元件复制到指定的元件库中，单击该命令后，会出现对话框，选择元件库后按 OK 即可将该元件复制到指定的元件库中。

7）Move Component。将该元件移到指定的元件库中，单击此命令后，会出现对话框，选择元件库后按 OK 即可将该元件移到指定的元件库中。

8）New Part。在复合元件中新增元件。

9）Remove Part。删除复合元件中的元件。

10）Next Part。切换到复合元件中的下一个元件。相当于 Component 区域中 part 右边的“>”按钮。

11）Prev part。切换到复合元件中的前一个元件。相当于 Component 区域中 part 右边的“<”按钮。

12）Next Component。切换到元件库中的下一个元件，相当于 Component 区域中 Part 右边的“>”按钮。

13）Prev Component。切换到元件库中的前一个元件，相当于 Component 区域中 Part 右边的“<”按钮。

New Component 新建元件
Remove Component 删除元件
Rename Component... 元件重命名
Remove Component Name 删除元件名
Add Component Name... 添加元件名
Copy Component... 复制元件
Move Component... 移动元件
New Part 新建子件
Remove Part 删除子件
Next Part 下一个子件
Prev Part 前一个子件
Next Component 下一个元件
Prev Component 前一个元件
First Component 第一个元件
Last Component 最后一个元件
Show Normal 显示常规方式
Show Demorgan 显示Demorgan方式
Show IEEE 显示IEEE方式
Find Component... 查找元件
Description... 描述
Remove Duplicates... 删除复制件
Update Schematics 更新原理图

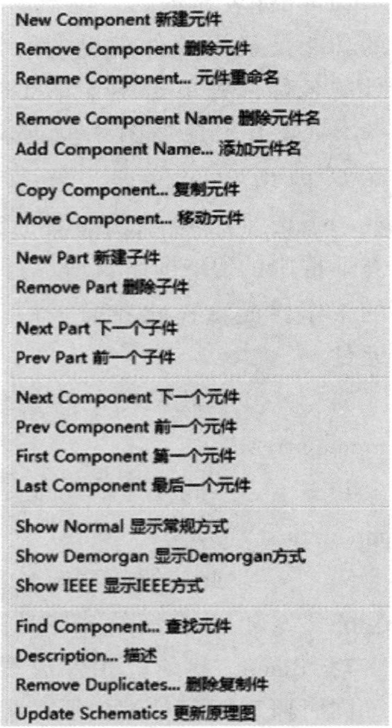

图 7-55 Tools 菜单

14）First Component。切换到元件库中的第一个元件，相当于 Component 区域中“《”按钮。

15）Last Component。切换到元件库中的最后一个元件，相当于 Component 区域中“》”按钮。

16）Show Normal。相当于 Mode 区域中的 Normal 选项。

17）Show Demorgan。相当于 Mode 区域中的 Demorgan 选项。

18）Show IEEE。相当于 Mode 区域中的 IEEE 选项。

19）Find Component。相当于 Component 区域中的 Find 按钮。

20）Description。启动元件描述对话框，相当于 Group 区域中的 Description 按钮。

21）Remove Duplicates。删除元件库中重复的元件名。

22）Update Schematics。将元件库编辑器中所做的修改更新到打开的原理图中，相当于 Group 区域中的 Update Schematics 按钮。

4. 制作实例

绘制一个数码显示管，并将它保存在 Schlibl. lib 元件库中。

1）在图 7-53 中，将鼠标移到文件库文件的坐标原点处，使用菜单命令 View/Zoom In 或按 Page Up 键，将元件绘图页拉近到满意为止，此时会发现工作区中黄色区域逐渐呈现出栅格，而且栅格逐渐放大。

2）使用菜单命令 Place/Rectangle 或单击绘图工具栏上的按钮，此时鼠标指针旁边会多出一个“+”字符号，将“+”字符号移动到坐标轴原点处（X：0；Y：0）单击鼠标左键，将它定为直角矩形的左上角。移动鼠标指针到矩形的右下角，再次单击鼠标左键，接着单击鼠标右键，结束该矩形的绘制过程，如图 7-56 所示。

3）双击矩形，打开如图 7-57 所示的“Rectangle”对话框，用户可在此对话框中设置一些直角矩形的属性，将 Fill Color（填充颜色）项改为白色。

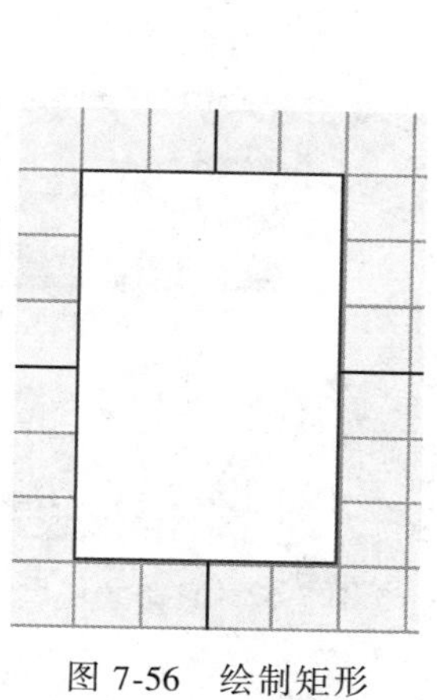

图 7-56 绘制矩形

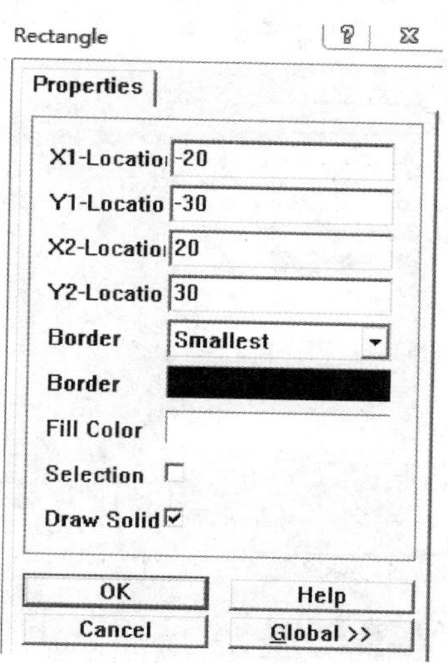

图 7-57 改变矩形属性

4）单击主菜单命令 Place/Line 或单击绘图工具栏上的“/”按钮，在矩形中，绘制数码管的“日”字形，在“日”字形的线条上双击鼠标左键，打开“PolyLine”对话框，如图 7-58 所示，将 LineWidth 栏中的 Small 改为 Large，改变线宽，颜色为绿色，如图 7-59 所示。

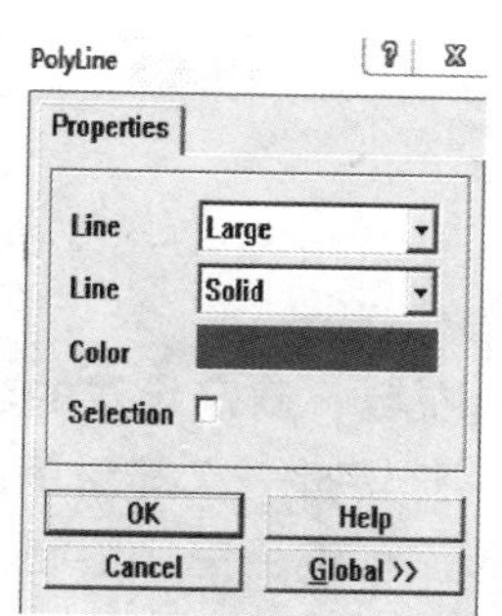

图 7-58 改变直线属性

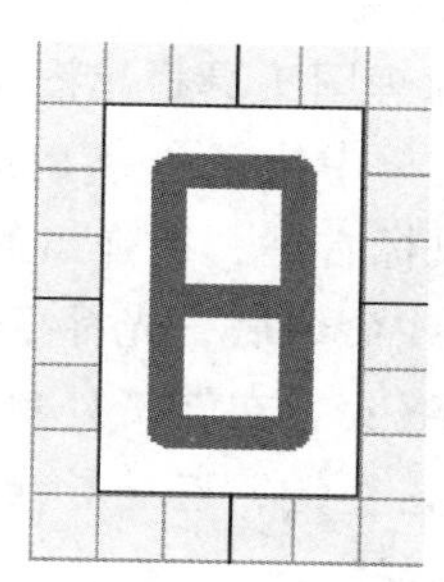

图 7-59 绘制日字

5）绘制元件的引脚。所谓引脚就是元件与导线或其他元件相接的地方，也是元件中唯一具有电气属性的图件。执行菜单命令 Place/Pins 或单击绘图工具栏上的按钮，这时光标呈“+”字形，并且还有一个引脚，引脚的外形取决于最后一次放置的引脚。当出现悬浮的引脚时，按下 Tab 键，打开如图 7-60 所示的“Pin”对话框。将对话框中的内容设置成需要的项目，单击 OK 按钮，关闭对话框。然后将引脚放置到合适的位置，如图 7-61 所示。

6）保存绘制好的元件。执行菜单命令 Tools/Rename Component，打开“New Component Name”对话框，如图 7-54 所示，更改元件名称，再执行菜单命令 File/Save，将元件保存到当前元件库文件中。

如果想在原理图设计时使用此元件，只需在图 7-62 元件库管理器中单击 Place 按钮，即可将此元件放置在设计的原理图中。另外，在现有的元件库中加入新设计的元件，只需进入元件库编辑服务器，选择现有的元件库文件，再执行菜单命令 Tools/New Component，然后按上面的步骤设计新元件。

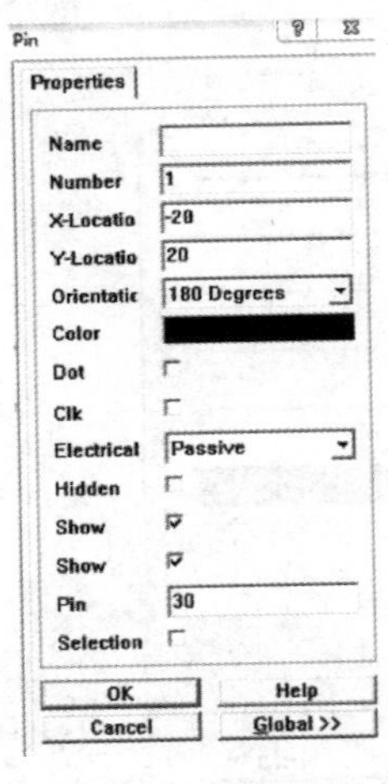

图 7-60　设置引脚

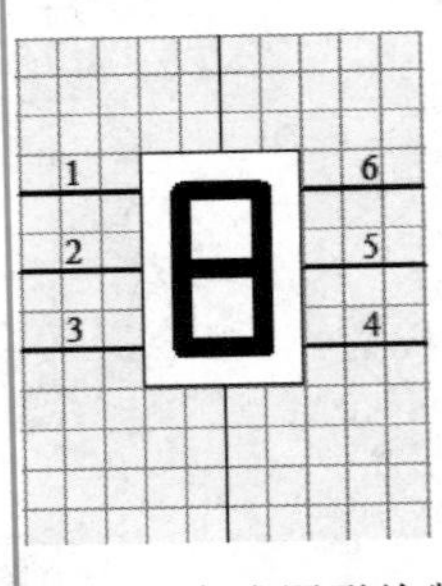

图 7-61　完成图形绘制

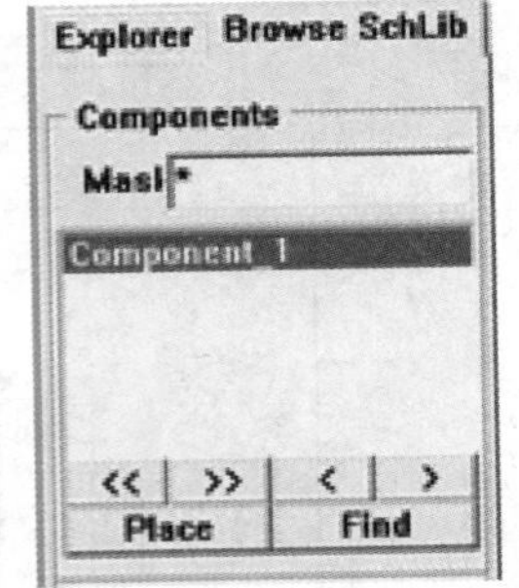

图 7-62　自制元件设置对话框

7.1.8　绘制原理图常用命令

无论在哪种工具或命令下，只要光标是“+”字形，就处于该命令状态，不能移出工作区。单击鼠标右键，光标变成箭头后，表示退出该命令状态，方可移出工作区。

1. 画导线

执行画导线命令的方法有三种：

1）点击原理图工具栏里图标≈。

2）在主菜单中执行命令 Place/Wire。

3）单击鼠标右键，在弹出的对话框中执行菜单命令 Place/Wire。

执行画导线命令后，光标变成了“+”字形，单击鼠标左键，确定导线的起点，移动鼠标的位置拖动线头，在转折处单击鼠标左键确定导线位置，每转折一次都要单击一次，到导线末端时，单击左键，确定导线的终点。单击鼠标右键或按 Esc 键，完成绘制。

2. 绘制直线

直线（Line）在功能上完全不同于元件之间的连线（Wire）。连线具有电气意义，通常用来表示元件间的物理连通性。而直线并不具备任何电气意义，只是用它来绘制说明性的图形。绘制直线方法有两种方式：

1）执行菜单命令 Place/Drawing Tools/Lines。

2）单击一般绘图工具栏上的“/”按钮。

执行绘制直线命令后，系统将编辑模式切换到画线模式，此时鼠标指针处多出了一个“+”字符号，在此状态下，将“+”字符号移到待绘直线的一端，单击鼠标左键，然后移动鼠标，屏幕上会出现一条随鼠标指针移动的预拉线。如果不满意这条预拉线，单击鼠标右键或按下 Esc 键取消这条直线绘制。如将指针移动到直线的另一端，再单击鼠标左键即可完成这条直线的绘制。

如果在绘制直线的过程中按下 Tab 键，或在已绘制好的直线上双击鼠标左键，即可打开如图 7-58 所示的 PolyLine 对话框，从中可以设置关于该直线的一些属性，包括线型、线宽、直线颜色和切换选取状态。

单击已绘制好的直线，可使其进入选取状态，此时直线的两端会各自出现一个四方形的小黑点，即所谓的控制点。用户可以通过拖动控制点来调整这条直线的起点与终点位置。另外，还可以直接拖动直线本身来改变其位置。

3. 放置文字说明

（1）放置注释文字　放置方式有两种：

1）执行菜单命令 Place/Annotation。

2）单击绘图工具条上的按钮 T。

此方法只适应于文字为一行的注释。启动此命令后，鼠标指针旁边出现“+”字和一个虚线框，在欲放置注释文字的位置上单击鼠标左键，绘图页中就会出现名为“Text”的字串。

如果要将编辑模式切换回到等待命令模式，可在此时单击鼠标右键或按下 Esc 键。

如果在完成放置动作之前按下 Tab 键，或者直接在“Text”字串上双击鼠标左键，即可打开 Annotation 对话框，如图 7-63 所示。

在此对话框中，Text 栏保存显示绘图页中的注释文字串，并且可以修改文字。此外还有其他几项属性：注释文字的坐标，字串的放置角度，字串的颜色，字体，切换选取状态。

如果直接在注释文字上单击鼠标左键，可使其进入选中状态（出现虚线边框），可以通过移动矩形框来调整注释文字的放置位置。

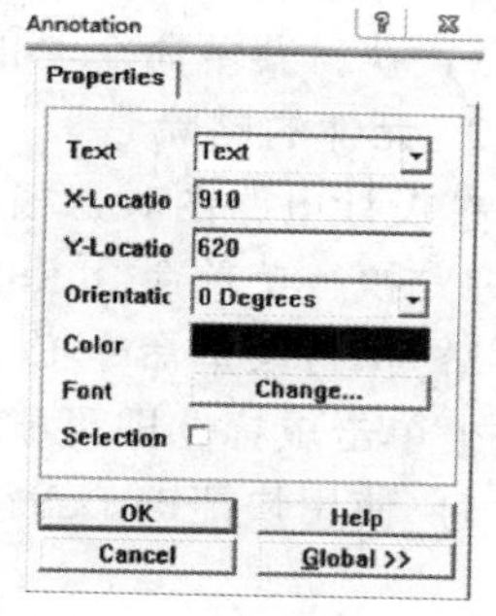

图 7-63　注释文字属性对话框

（2）放置文本框　放置方式有两种：

1）执行菜单命令 Place/Text Frame。

2）单击绘图工具条上的按钮。此方法适合输入多行的注释文字。

4. 元件自动编号

用户在放置元件时，可不必理会该元件的编号，如 R1、R2、C1、C2 等。待元件放置完毕，执行菜单命令 Tool/Annotae 后，系统会自动对电路图中的所有元件重新进行一次编号。既省时，又不容易出错。

5. 插入图片

插入图片的方式有两种：

1）执行菜单命令 place/Drawing Tools/Graphics。

2）单击绘图工具条上的按钮。

6. 多个元件的移动

执行菜单命令 Edit/Toggle Selection，逐次选中多个元件，或者先将鼠标光标移到目标元件组的左上角，按住鼠标左键，然后将光标拖到目标区的右下角，将要移动的元件组全部框起来，松开左键。另外也可用主工具栏里的按钮，同样可以选中多个元件。要移动被选中的多个元件，可用鼠标左键单击被选中的元件组中的任意一个元件不放，待“+”字光标出现时，可移动被选择的元件组到适当的位置，然后松开鼠标左键，即可完成任务。另外也可执行菜单命令 Edit/Move/Move Selection 完成此项功能。

7. 元件的旋转

元件有以下三种旋转方法：

1）Space 键：让元件做 90°旋转，以选择适当的方向。

2）X 键：使元件左右对调，即以“+”字光标为轴做水平调整。

3）Y 键：使元件上下对调，即以“+”字光标为轴做垂直调整。

先用鼠标单击目标元件，按住鼠标左键不放，用功能热键调整目标元件转成所需要的方向，再松开左键。

8. 元件选择的撤除

在设计电路图时，根据不同情况可用以下三种方法撤除元件的选择：

1）执行菜单命令 Edit/DeSelect/Inside Area。先将鼠标光标移到目标区域的左上角，单击鼠标左键，然后将光标移到目标区域的右下角，再单击鼠标左键，确定的选项框就会将所包含的元件选中状态撤除。

2）执行菜单命令 Edit/DeSelect/Outside Area 。操作同上，其结果是保留选框中状态，而将选框外所包含的元件选中状态撤除。

3）执行菜单命令 Edit/DeSelect/All。撤除工作平面上所有元件的选中状态。

9. 元件的删除

在设计电路图时，根据不同情况可用以下三种方法删除元件：

1）执行菜单命令 Edit/Clear。用于同时删除已被选中的一个或几个图件。

2）执行菜单命令 Edit/Delete。选中此命令后光标呈“+”字形，将光标移到要删除的元件上单击鼠标，即可删除元件。

3）使用快捷键 Delete。用鼠标点取元件，元件周围出现虚框，按此快捷键即可删除元件。

10. 阵列式粘贴

阵列式粘贴是一种特殊的方法，阵列粘贴一次可以按指定间距将同一个元件重复地粘贴到图纸上。先将某个或几个图件或一部分电路图选中并进行复制，然后：

1）执行菜单命令 Edit/Paste Array。

2）单击绘图工具条上阵列粘贴图标。

启动阵列式粘贴命令后，出现如图 7-64 所示对话框。

① Item Count。用于设置所要粘贴的元件个数。

② Text。用于设置所要粘贴元件的增量值。如将该值设定为 1，且元件序号为 R1，重复放置的元件中，序号分别为 R2、R3、R4。

③ Horizont。设置所要粘贴的元件之间的水平距离。

④ Vertical。设置所要粘贴的元件之间的垂直距离。

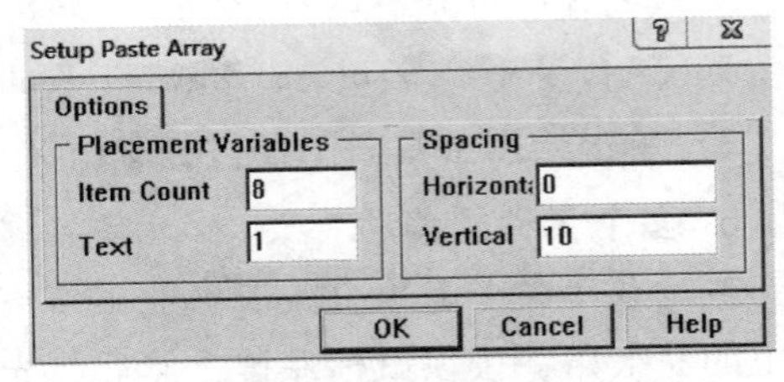

图 7-64　阵列式粘贴对话框

11. 图面的缩放

图面的缩放方法有以下三种：

1）按 Page Up 或执行菜单命令 Viwe/Zoom In 或单击按钮放大图面。

2）按 Page Down 或执行菜单命令 Viwe/Zoom Out 或单击按钮缩小图面。

3）按 End 或执行菜单命令 Viwe/Refresh 刷新图面。

注意：无论原理图或制作元器件库的放大或缩小，均可用鼠标左键点住所需放大或缩小的中心点，然后按 Page Up 或 Page Down 使图面放大或缩小。

12. 设置网络标号

网络标号实际上是一个电气节点，具有相同网络标号的电气连线表明是连在一起的。网络标号主要用于层次式电路或多重式电路中各个模块之间的连接，即网络标号的用途是将两个或两个以上没有相互连接的网络，命名相同的网络标号，使它们在电气含义上属于同一网络。设置方式有两种：①执行菜单命令 Place/Net Label。②利用画图工具栏里的网络标号 Net1 图标。

13. 元件属性的编辑

元件属性的编辑主要包括元件的封装、标号、管脚号定义等。

1）用鼠标单击元件并按住鼠标左键不放，同时按下功能键 Tab 。

2）用鼠标双击该元件，此时出现元件属性编辑对话框，如图 7-65 所示。

① Lib Ref：元件名称（不允许修改）。

② Footprint：器件封装。

③ Designator：元件标号。

④ Part Type：器件类别或标称值。

⑤ Selection：切换选取状态。

⑥ Hidden Pins：是否显示元件的隐藏引脚。

⑦ Hidden Fields：是否显示 Part Fields 选卡中的元件数据栏。

⑧ Field Names：是否显示元件数据栏名称。

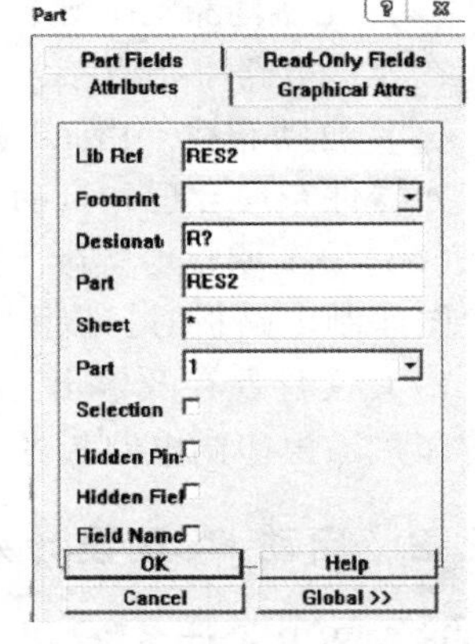

图 7-65 元件属性编辑对话框

14. 文档保存

原理图设计完毕后，可用两种方式对文档进行拷贝保存：

1）首先关闭原理图设计标签 Sheet1，在图 7-20 设计管理器中选择原理图设计服务器图标 Sheet1.Sch，单击鼠标右键，打开命令选择框，如图 7-66 所示。从中选择 Export…导出命令，在图 7-67 所示的 “Export Document” 对话框中选择存放路径，输入文件名，按 “保存（s）” 键。

图 7-66 命令选择框

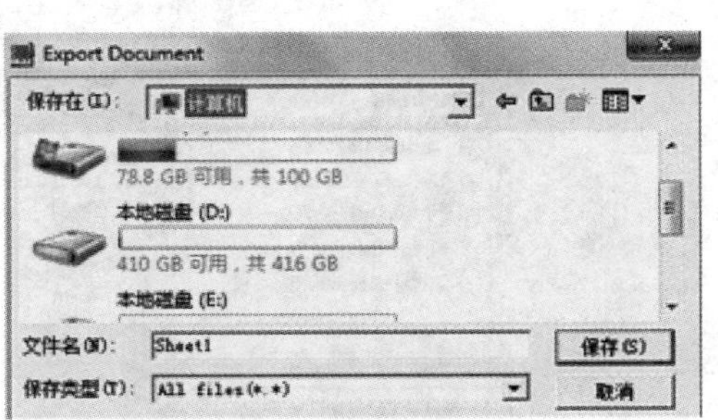

图 7-67 导出文档对话框

2）找到需要拷贝的设计文件所存放的路径，单击项目数据库文档图标，单击鼠标右键，按复制命令，选择存放路径，再单击鼠标右键，按粘贴即可。

7.2 Protel 99 SE（PCB）印制电路板设计

Protel 99 SE（PCB）印制电路板设计包括机械结构设计、元器件布局设计和电路布线设计，设计完成的印制电路板用光绘文件的形式输出。

7.2.1 印制电路板设计步骤

印制电路板设计是电原理图仿真成功后最关键的一步，通常情况下需要考虑电路板的大小、元器件的外形和布局等。具体步骤如下：

（1）规划电路板　根据电原理图的复杂程度，决定板的大小尺寸，采用单面板还是双面板、各元器件采用何种封装形式以及元器件的安放位置等。

（2）设置参数　主要考虑元器件安放位置的参数、板层参数和布线参数。

（3）网络表及元器件封装　网络表是印制电路板自动布线的关键所在，只有准确装入网络表、元器件的封装，才能保证印制电路板自动布线的顺利进行。

（4）元器件布局　元器件的位置布局直接影响到布线的质量，在数字电路中影响不明显，在模拟电路中将直接影响电路的质量。

（5）自动布线　Protel 99 SE（PCB）的自动布线是对角线布线技术，只要参数设置得当、元器件布局合理，自动布线的成功率就非常高。

（6）手工调整　实际上没有一种自动布线软件能不需要手工帮助调整。如果是手工直接绘图印制电路板时，以上第 3 条、第 5 条可省去。

（7）文件保存及输出　完成印制电路板的布线后，必须保存印制电路板图文件，并利用打印机输出印制电路板的布线图。

7.2.2 启动 PCB 设计系统

进入 PCB 设计系统，实际上就是启动 Protel 99 SE 的 PCB 设计服务器。启动方法与启动 Protel 99 SE 的 SCH 设计服务器类似。

进入 Protel 99 SE 主界面，用户以系统管理员的身份进入项目设计数据库出现 MyDesign. ddb 界面，如图 7-68 所示。

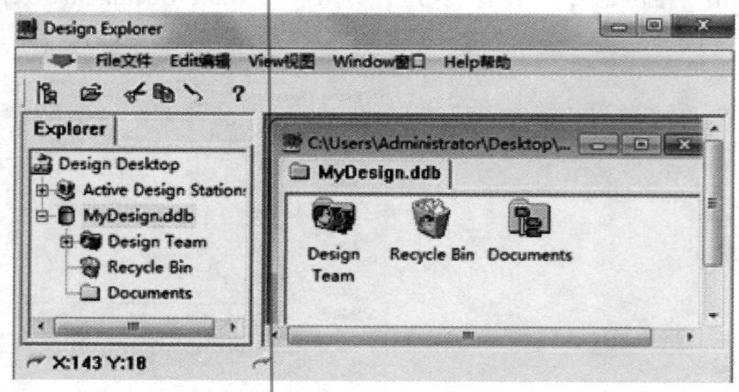

图 7-68　新建 MyDesign. ddb

然后执行 File/New 命令。此时，屏幕上会弹出如图 7-69 所示的设置文件对话框。

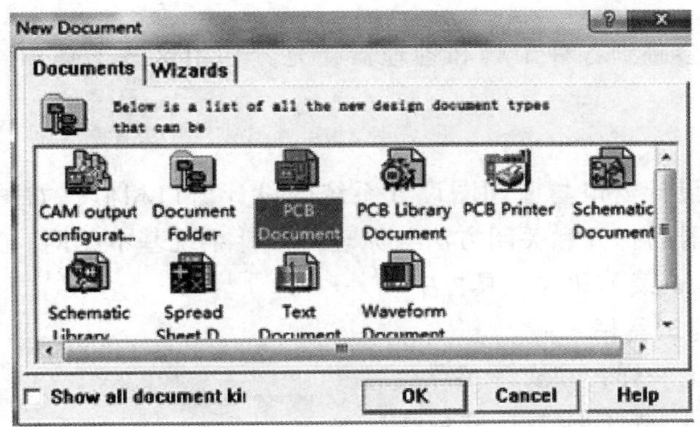

图 7-69 设置文件对话框

在设置文件对话框中，选择 PCB 设计服务器（PCB Document）图标，双击图标或单击 OK，即可建立 PCB 设计文档，如图 7-70 所示。用户可以修改其文档名。

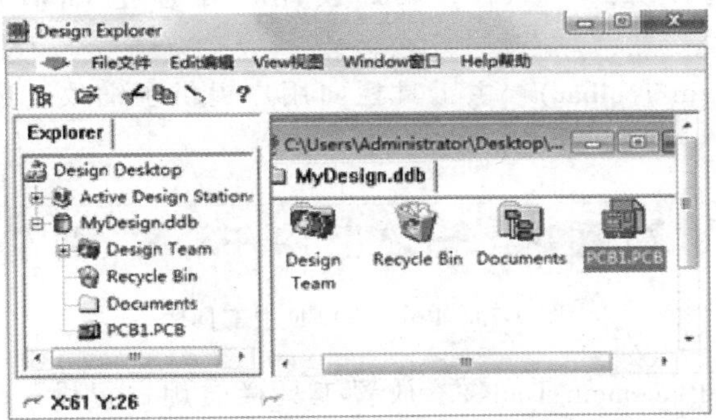

图 7-70 建立 PCB 文档

双击 PCB 文档图标，就会进入 PCB 设计服务器的界面，如图 7-71 所示，这界面就是用户用于 PCB 设计的工作环境。

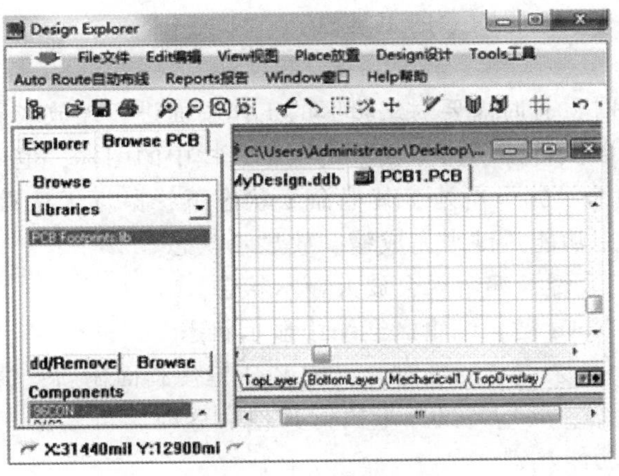

图 7-71 PCB 设计工作环境

7.2.3 画面管理

PCB 设计过程中会碰到各种工具和管理器，充分利用这些工具和管理器将有利于设计工作的顺利进行。

1. 窗口管理

PCB 设计系统的设计窗口与原理图设计系统的设计窗口相似，如图 7-72 所示。常用工具栏、状态栏、管理器的打开和关闭方法与原理图设计系统基本相同。这些工具栏的打开或关闭命令都集中在 View 菜单和主工具栏中。

2. PCB 设计系统工具栏

与原理图设计系统一样，在实际工作过程中往往根据需要将这些工具条打开或关闭，操作方法与 SCH 设计系统类似。Protel 99 SE 为 PCB 提供了 Main Toolbar（主工具栏）、Placement Tools（放置工具栏）、Component Placement（元器件位置调整工具栏）、Find Selections（查找选择工具）四种，用户设计时可通过 View/Toolbars 菜单选择，如图 7-72 所示。

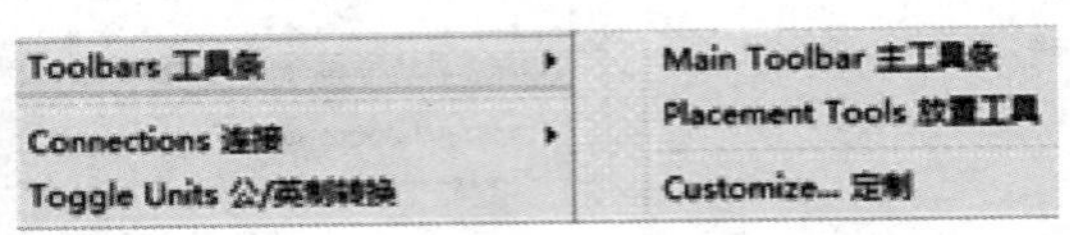

图 7-72　Toolbars 工具条

(1) 主工具栏（Main Toolbar）　主工具栏向用户提供了缩放、选取对象等命令，如图 7-73 所示。

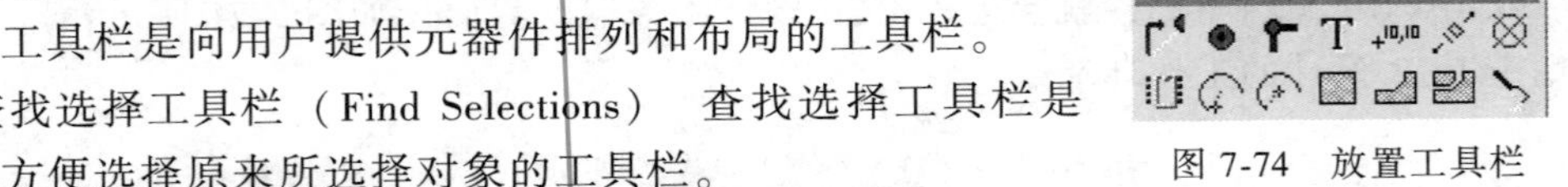

图 7-73　Protel 99 SE 主工具栏

(2) 放置工具栏（Placement Tools）　放置工具栏向用户提供了图形绘制及布线命令，如图 7-74 所示。

(3) 元器件位置调整工具栏（Component Placement）　元器件位置调整工具栏是向用户提供元器件排列和布局的工具栏。

(4) 查找选择工具栏（Find Selections）　查找选择工具栏是向用户提供方便选择原来所选择对象的工具栏。

图 7-74　放置工具栏

3. 编辑区的管理

在设计印制电路板时，有时需要对编辑区的工作画面进行缩放或局部显示，以方便设计者编辑和调整。用户可以执行菜单命令或单击主工具栏中的图标，也可使用功能热键。

(1) 命令状态下的缩、放　当处于其他命令状态下，鼠标无法移出工作区去执行一般的命令时，必须通过使用功能热键来完成缩、放显示状态。

1) 放大。按 Page Up 键，编辑区会放大显示状态。

2) 缩小。按 Page Down 键，编辑区会缩小显示状态。

3) 刷新。如画面出现杂点或变形时，可按 End 键使画面刷新，恢复正确的显示图形。

(2) 闲置状态下的缩、放　当鼠标未执行其他命令时，可用主工具栏里的按钮或菜单里的命令，也可以使用功能热键。

1) 放大。用鼠标单击主工具栏中按钮，或执行下拉菜单命令 View/Zoom In，如

图 7-75 所示。

2）缩小。鼠标单击主工具栏中按钮，或执行图 7-75 中菜单命令 View/Zoom Out。

3）采用上次显示比例显示。执行图 7-75 中下拉菜单命令 View/Zoom Last。

4）使整个图面置于编辑区中（边框外如有图件，一并显示于编辑区）。执行图 7-75 中下拉菜单命令 View/Fit Document。

5）使整个图面置于编辑区中（边框外如有图件，不显示于编辑区）。执行图 7-75 中下拉菜单命令 View/Fit Board。

6）移动显示位置。执行图 7-75 中的下拉菜单命令 View/Pan。先将光标移动到目标点，然后执行本命令，目标点位置就会移到工作区的中心，就是该目标点为屏幕中心，显示整个屏幕。

7）刷新画面。执行图 7-75 中的下拉菜单命令 View/Refresh 。在设计中由于移动元器件等操作，而使画面显示出现问题，它虽然不影响电路的准确性，但不美观，可通过刷新命令使画面得到改观。

8）放大显示用户设定选框区域。首先执行图 7-75 中的下拉式菜单命令 View/Area，然后将光标移到目标的左上角位置，接着拖动光标到目标的右下角适当位置，再单击鼠标左键确定区域，即可放大该区域（实际上是由对角线来控制区域）。

9）放大显示用户设定选框区域。首先执行图 7-75 中的下拉菜单命令 View/Around Point，其次将光标移到目标区的中心，单击鼠标左键定位，然后拖动光标到目标区右下角位置，再单击鼠标左键确定区域，即可放大该区域（实际上是由中心到边界来控制区域）。

7.2.4　设置电路板工作层面

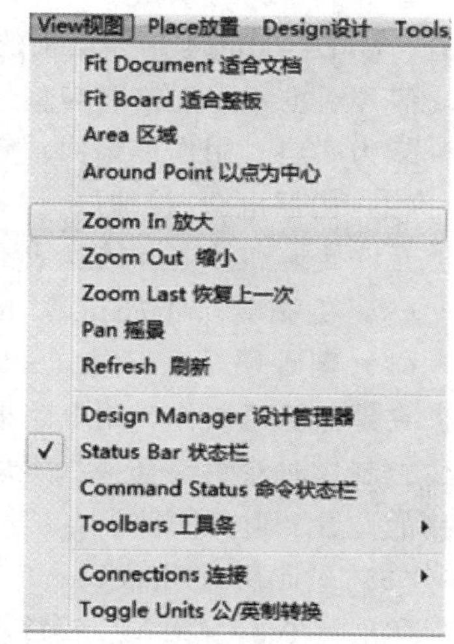

图 7-75　View 菜单

在使用 PCB 设计系统进行印制电路板设计前，首先要了解一下工作层面，而碰到的第一个问题就是印制电路板的结构。

1. 电路板的结构

印制电路板的结构有单面板、双面板和多层板三种。

（1）单面板　绝缘板材料的一面敷有铜箔，另一面没有敷铜箔的电路板，称为单面板。单面板电路走线只能在一面上进行，另一面放置元件，因此单面板设计比双面板要复杂。

（2）双面板　绝缘板材料的两面都敷有铜箔的板，称为双面板。双面板两面都可布线，顶层（Top Layer）为元件面，底层（Bottom Layer）为焊锡层面。双面板电路一般比单面板电路复杂，生产成本比单面板高，但布线比较容易，是制作电路板比较理想的选择。

（3）多层板　多层板是由多层薄的单面板和一层薄的双面板粘合组成。它是每一层加工完毕后粘合，最后加工过孔、沉积覆铜层，使各层电路板之间连通。

2. 工作层面类型

设计印制电路板时，首先考虑的是工作层面的设置。Protel 99 SE 提供了多个工作层面供用户选择，用户可以在不同的工作层面上进行不同的操作。当进行工作层面设置时，执行主菜单 Design/Options 命令，系统会弹出图 7-76 所示“Document Options”对话框。

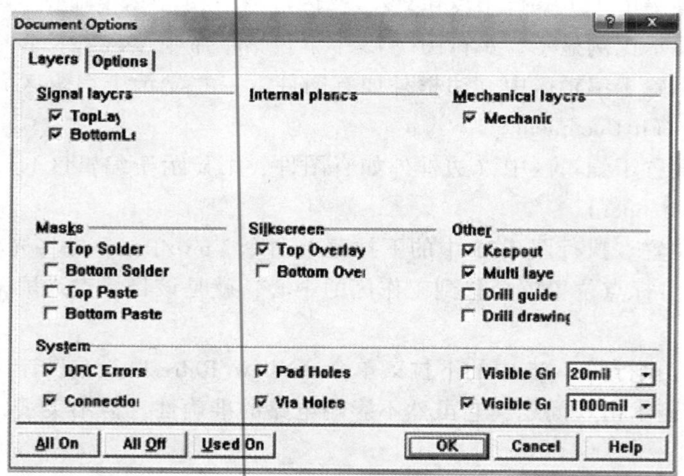

图 7-76 “Document Options”对话框

Protel 99 SE 提供的工作层面在图 7-76 的 Layers 选项卡中设置。

（1）信号层（Signal layers） Protel 99 SE 可以绘制多层板，最多可制作 16 层电路的印制电路板，实际上是 15 层板 16 层面（$N+1$），俗称 15 层。

主要有 Top、Bottom、Mid1、Mid2 … Mid14，Top、Bottom 是最常用的顶层和底层，Mid1、Mid2…Mid14 是多层板的中间层。制作双面板只需选择 Top、Bottom 为电路制作层。

信号层主要用于放置与信号有关的电气元素，如 Top Layer 为顶层，用于放置元件面；Bottom 为底层，用作焊锡面；Mid 层为中间工作层面，用于布置信号线。

（2）内层电源/接地层（Internal plane） 内层电源/接地层用于提供电源和接地点，它们使元件接地和接电源的管线不经过任何铜膜线，直接连接到电源和地线上。

（3）机械层（Mechanical layers） 机械层用于绘制各种指标和标识说明文字。

（4）阻焊层及助焊层（Solder Mask，Paste Mask） 助焊层及阻焊层是正好相反的一张图，它是计算机制作印制电路板时的两张模板。助焊层的图是裸露焊盘、过孔等需要焊接的部位，制作时涂锡镍合金。阻焊层是将不需要焊接的部位覆盖起来，用于防止焊锡走到不该焊接的位置，避免短路。

（5）丝印层（Silkscreen） 丝印层主要用于标识元器件的名称、参数、外形和序号，顶层丝印层（Top Overlay）较常用，底层丝印层（Bottom Overlay）主要用于贴片元器件。

（6）其他工作层（Other） Protel 99 SE 除了提供以上工作层面以外，还提供以下四个工作层面。

1）Keep Out。该层用于设置禁止布线层，即设置电路布线范围。

2）Multi Layer。该层用于设置是否显示复合层，即是否显示电路板上所有的穿透式焊盘和过孔的通孔（不选择，打印时通孔无法显示）。

3）Drill Guide。该层为钻孔指示图，用于标识钻孔的位置和尺寸类型。

4）Drill Drawing。该层为钻孔图层，用于计算机钻孔坐标定位。

（7）系统设置（System）

1）DRC Errors。用于设置是否显示自动布线检查错误信息。

2）Connections。用于设置是否显示网络飞线。

3）Pad Holes。用于设置是否显示焊盘的通孔。

4）Via Holes。用于设置是否显示过孔的通孔。

5）Visible Grid1。用于设置是否显示第一组可视栅格点。

6）Visible Grid2。用于设置是否显示第二组可视栅格点。

3. 工作层面的设置

在实际设计中，不需要打开所有的工作层面，打开所有工作层面会给打印带来麻烦。

（1）层面设置　执行主菜单命令 Design/Options，屏幕上弹出如图 7-76 所示的对话框。用鼠标单击 Layers 选项卡，即可进入工作层面设置对话框。如果工作层面的复选框中有符号✔，则表明工作层面被打开，否则该工作层面处于关闭状态。当单击按钮 All On 时，将打开所有的工作层面；当单击按钮 All Off 时，所有工作层面将处于关闭状态；当用户需要设定工作层面时，单击按钮 Used On 即可。

另外，工作层面的选择也直接使用鼠标单击图纸屏幕上的标签，如图 7-77 所示。

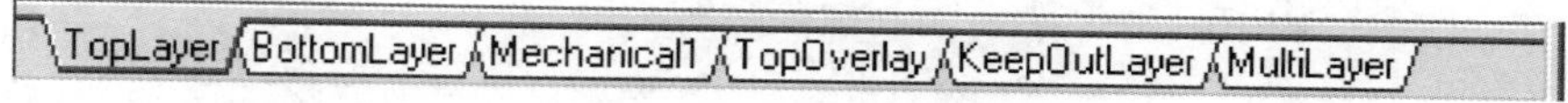

图 7-77　工作层面选择标签

（2）参数设置　用鼠标单击图 7-76 所示对话框中的 Options 选项卡，如图 7-78 所示。Options 选项包括格点设置（Grids）、电气栅格设置（Electrical Grid）、计量单位设置等相关参数设置。

1）Grids（格点设置）

① Snap X/Y。设置移动格点间距，光标移动的间距由在 Snap 右边的编辑选择框输入的尺寸确定，用户可以分别设置 *X*、*Y* 轴向的格点间距。

② Component X/Y。设置控制元器件移动的间距。

2）Electrical Grid（电气栅格设置）。用于设置电气格点的属性，选中 Electrical Grids 复选框表示具有自动捕捉焊盘的功能。

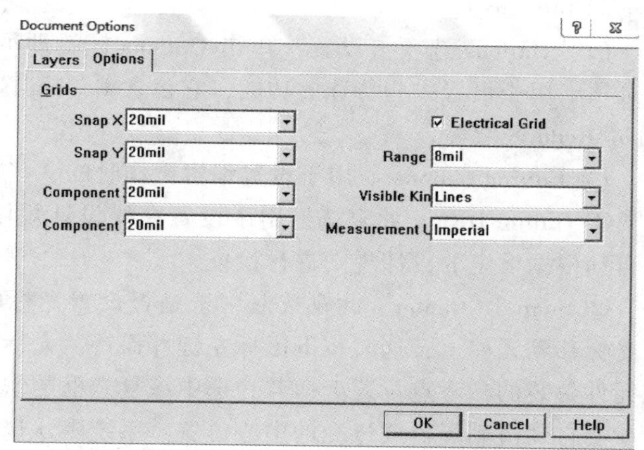

图 7-78　设置 Options 选项

① Range。用于设置捕捉半径。布线时，系统会以当前光标为中心，以 Grid 设置值为半径捕捉焊盘，一旦捕捉到焊盘，光标会自动加到该焊盘。

② Visible Kind。用于设置显示栅格点的类型。工作区底板显示栅格点的类型（点状 Dots、线状 Lines）。

③ Measurement Units。用于设置系统度量单位，系统默认为英制（英制 Imperial、公制

Metric)。

4. 其他环境的设置

设置系统参数是印制电路板设计过程中非常重要的一步。系统参数包括光标显示、板层颜色、系统默认设置、PCB 设置等。许多系统参数一旦按个人习惯设定完毕，将成为用户个性化的设计环境，以后无需再修改。

执行菜单命令 Tools/Preferences，屏幕上会弹出如图 7-79 所示的对话框。

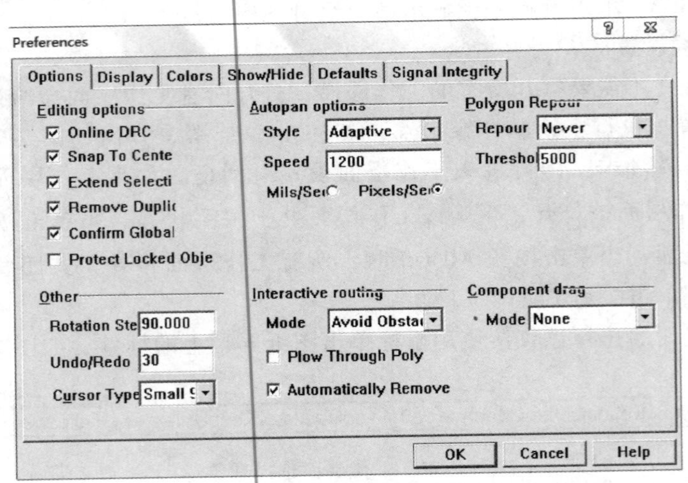

图 7-79　Preferences 对话框

从图 7-79 可以看出，该对话框包含六个选项卡：选择项（Options）、显示选择（Display）、颜色选择（Colors）、显示/隐含（Show/Hide）、默认缺省（Defaults）、信号完整选项（Signal Integrity）。

（1）Options 选项卡设置　单击 Options 标签即可进入 Options 选项卡，如图 7-79 所示。此选项卡用于设置一些特殊的功能，它包含 Editing 区域、Autopan 区域、Rotation Step 区域、Undo/Redo 区域等。

1）Editing options 。用于设置编辑操作时的一些特性。具体功能如下：

① Online DRC。此复选框用于设置在线设计规则检查。选中此项，在布线过程中，系统自动根据设定的设计规则进行检查。

② Snap To Center。此复选框用于是否设置光标的参考点位置，如果选中该复选框时，当光标移到元件上，这时按下鼠标左键并保持，光标就会变成“+”字形，随后会自动滑到该元件封装的参考点位置上；若在选中该复选框的情况下，用鼠标选择焊盘和过孔，那么光标就会自动滑到焊盘或过孔的中心位置。系统默认选中此项。

③ Extend Selection。此复选框用于设置当选取电路板图件时，是否撤销已被选取图件的选取状态。选中此项，表示不撤销已有的选取状态，连同新选取的图件一起处于选取状态；否则表示撤销已有的选取状态。系统默认选中此项。

④ Remove Duplicates。此复选框用于设置系统是否自动删除重复的图件。选中该项表示删除。系统默认选中此项。

⑤ Confirm Global Edit。此复选框用于设置在进行整体编辑图件时，系统是否出现整体

编辑结果提示对话框。系统默认选中此项。

⑥ Protect Locked Objects。此复选框用于保护锁定的对象。选中该框有效。

2）Autopan options。用于设置自动摇景模式，摇景就是指当“+”字形光标接触到工作区的边缘时，电路板图自动向未显示的区域移动。

① Style 下拉列表框用于设置移动模式。它是一个下拉列表框，如图 7-80 所示，系统提供了以下六种移动模式：

a. Disable。选择该选项表示不采用摇景功能，即当“+”字形光标接触到工作区的边缘时，电路板图不会自动向未显示的区域移动。

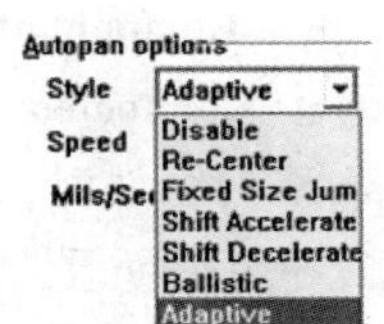

图 7-80 Style 下拉列表框

b. Re-Center。如果选中该选项，则表示当“+”字光标接触工作区边缘时，窗口以光标的位置为中心显示电路板图。

c. Fixed Size Jump。选中该选项，则当光标移到编辑区边缘时，电路板图将以“Step Size”栏中设置的值为移到量移到未显示的部分。当按住“Shift Step”键时，电路板图将以“Shift Step”栏中设置的值为移到量移到未显示的部分。

d. Shift Accelerate。选中该选项，当光标移到编辑区边缘时，如果“Shift Step”栏中设定值比“Step Size”栏中设定值大，则系统将以“Step Size”栏中设定值为移到量移到未显示的部分。按住“Shift Step”键，系统将以“Shift Step”栏中设定的值为移到量移到未显示的部分，如果“Shift Step”栏中设定值比“Step Size”栏中设定值小，不管是否按住“Shift Step”键，系统将以“Shift Step”栏中设置的值为移到量移到未显示的部分。

e. Shift Decelerate。选中该选项，当光标移到编辑区边缘时，如果“Shift Step”栏中设定值比“Step Size”栏中设定值大，则系统将以“Shift Sep”栏中设定值为移到量移到未显示的部分。按住“Shift Step”键，系统将以“Step Size”栏中设置的值为移到量移到未显示的部分，如果“Shift Step”栏中设定值比“Step Size”栏中设定值小，不管是否按住“Shift Step”键，系统将以“Shift Step”栏中设置的值为移到量移到未显示的部分。

f. Ballistic。当光标移到编辑区边缘时，越往编辑区边缘，移到速度越快。系统默认移到模式为 Fixed Size Jump 模式。

② Step Size。用于设置单步移到距离。

③ Shift Step Size。用于设置按下 Shift 键时每步移到距离。

3）Polygon Repour。用于设置交互布线中的避免障碍和推挤布线方式。如果 Polygon Repour 中选为 Always，则可以在已铺铜的 PCB 中修改走线，铺铜会自动重铺。

4）Rotation Step。用于设置旋转角度。用户在放置图件时，按一次空格键，图件会旋转一个角度，这个角度就由此编辑框设置。系统默认值为 90°。

5）Undo/Redo。用于设置撤销操作/重复操作的步数。

6）Cursor Types。用户设置光标类型，系统提供了三种光标类型，即 Small90（小“+”字 90°光标）、Large90（大“+”字 90°光标）、Small45（小“+”字 45° 光标）。

7）Interactive routing。用于设置手工布线时采用何种布线模式。

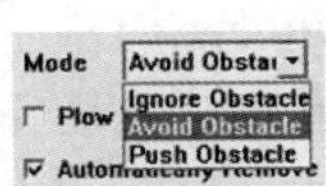

图 7-81 Mode 下拉列表框

① Mode。该下拉列表框如图 7-81 所示，用户可以选择以下三种方式：

a. Ignore Obstacle。手工布线时，可以忽略一切障碍物进行布线。

b. Avoid Obstacle。在不违反设计规则的条件下进行布线。

c. Push Obstacle。PCB 编辑器将尽可能扫除电路板图中的障碍物进行布线。

② Plow Through Polygon。选中此复选框，则布线时使用多边形来检测布线障碍。

③ Automatically Remove。用于设置自动回路删除。选中此项，在绘制一条导线后，如果发现存在另一条回路，则系统将自动删除原来的回路。

8）Component drag。这是一个下拉列表框，共有两个选项，如图 7-82 所示。

① Connected Tracks。选择该项，在使用菜单命令 Edit/Move/Drag 移到组件时，与组件连接的铜膜导线会随着组件一起伸缩，不会和组件断开。

Component drag
Mode None
None
Connected Tracks

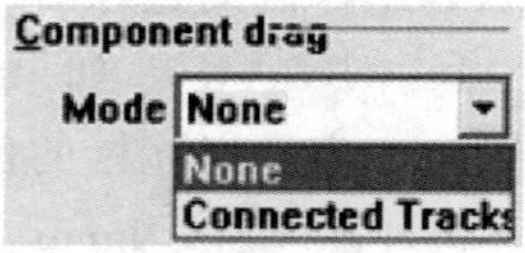

图 7-82 Mode 下拉列表框

② None。选择此项，在使用菜单命令 Edit/Move/Drag 移到组件时，与组件连接的铜膜导线会和组件断开，此时菜单命令 Edit/Move/Drag 和 Edit/Move/Move 没有区别。

（2）Display 选项卡设置　单击 Display 选项即可进入 Display 选项卡，如图 7-83 所示。此选项卡用于设置屏幕显示和元件显示模式。

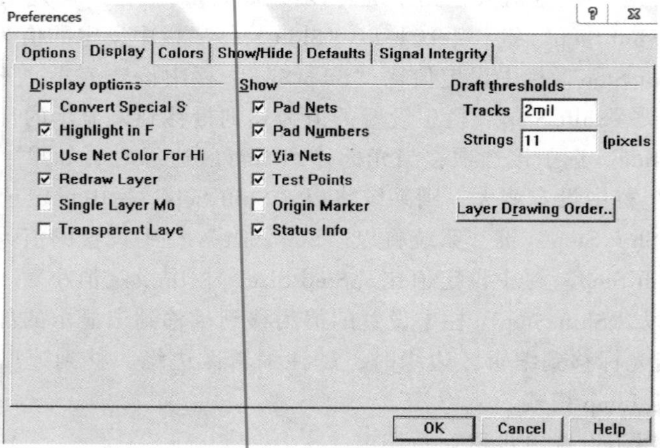

Preferences
Options | Display | Colors | Show/Hide | Defaults | Signal Integrity
Display options
Convert Special S
Highlight in F
Use Net Color For Hi
Redraw Layer
Single Layer Mo
Transparent Laye
Show
Pad Nets
Pad Numbers
Via Nets
Test Points
Origin Marker
Status Info
Draft thresholds
Tracks 2mil
Strings 11 (pixels
Layer Drawing Order..
OK Cancel Help

图 7-83 Display 选项卡

1）Display options。为屏幕显示设置。

① Convert Special String。用于设置是否显示特殊字符串代表的内容，如果选中该复选框，则表示相关的内容。

② Highlight in For Net。用于设置是否在选取某个图件时，高亮显示整个图件，否则高亮显示被选取图件的边沿。

③ Use Net Color For Highlight。用于设置是否在选取某个网络后，采用该网络的颜色作为高亮显示的颜色，如果不选中该复选框，则采用黄色进行高亮显示。

④ Redraw Layer Mode。如选中该复选框，则表示设置切换板层后，将重新绘制各层，但当前板层将在最后重新绘制，这样当前板层显示最清晰。

⑤ Single Layer Mode。如选中该框，则在工作窗口中只显示当前编辑的板层，其他板层不被显示，否则显示所有处于打开状态的板层。

⑥ Transparent Layer。用于设置所有的板层都为透明状，选择此项后，所有的导线、焊盘都变成了透明色。

2）Show。PCB板显示设置。

① Pad Nets。用于设置是否显示焊盘的网络名称。

② Pad Numbers。用于设置是否显示焊盘序号。

③ Via Nets。用于设置是否显示过孔的网络名称。

④ Test Points。选中该项后，可显示测试点。

⑤ Origin Marker。用于设置是否显示指示绝对坐标的黑色带叉圆圈。

3）Draft thresholds。用于设置显示图形显示极限。

① Tracks。设置的数目为导线显示极限。

② Strings。设置的数目为字符显示极限。

4）Layer Drawing Order。此按钮的功能是设定板层失效顺序。单击该按钮后，屏幕上会弹出如图7-84所示的板层顺序设置对话框。

选中一个板层，单击对话框中Promote按钮，该板层被上移一层；单击对话框中Demote按钮，该板层被下移一层；单击对话框中Default按钮，板层顺序设置为系统默认顺序。

（3）Colors选项卡　单击Colors标签即可进入Colors选项卡，如图7-85所示。用户可根据自己的喜好设置各层面的颜色。

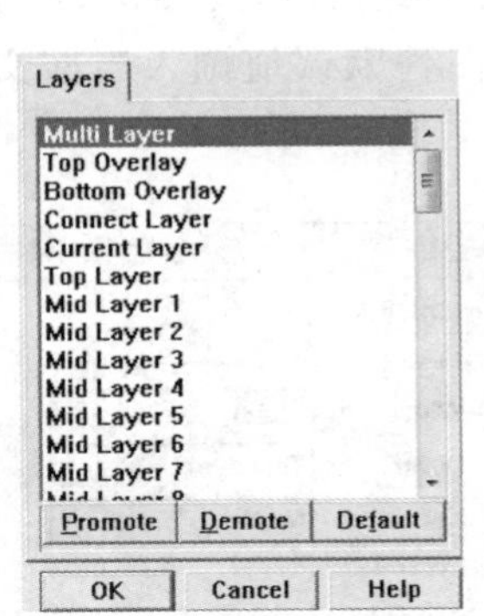

图7-84　板层顺序设置对话框

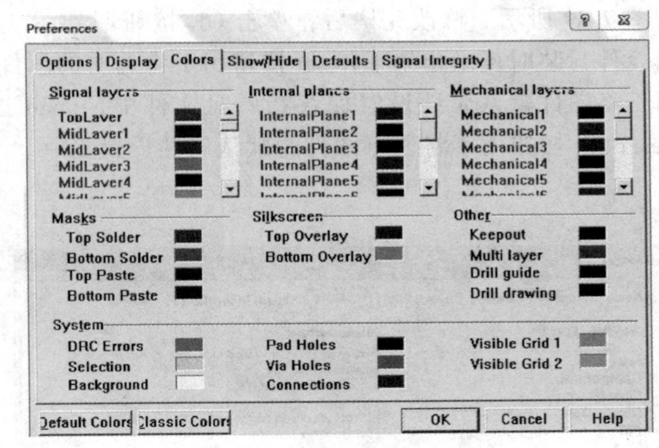

图7-85　Colors选项卡

设置板层颜色时，单击板层右边的颜色块，即可打开如图7-86所示的板层颜色选择对话框。在图7-85 Colors选项中，单击Default Colors按钮，板层颜色被恢复成系统默认的颜色。另外，单击Classic Colors按钮，系统将板层颜色指定为传统的设置颜色。

（4）Show/Hide选项卡　单击Show/Hide标签即可进入Show/Hide选项卡，如图7-87所示。此项选择用于设置各种图形的显示模式，选项卡中每一项都有相同的三种显示模式。

1）Final。详细显示。

2）Draft。简单显示，只显示轮廓。

3）Hidden。隐藏、不显示。

Protel 99 SE已设置Final为默认值。

（5）Defaults选项卡　单击Defaults标签即可进入Defaults选项卡，如图7-88所示。此

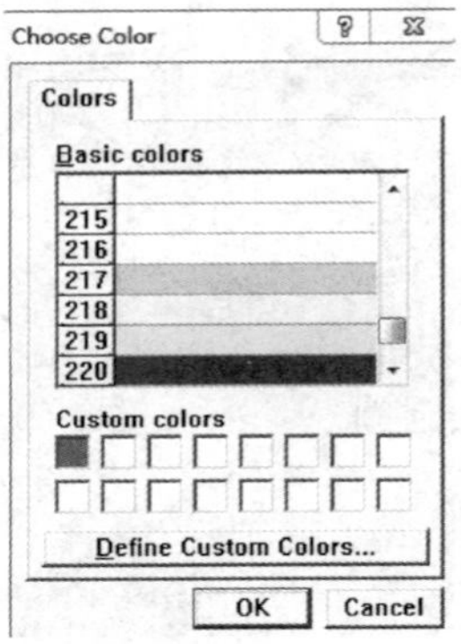

图 7-86　板层颜色选择对话框

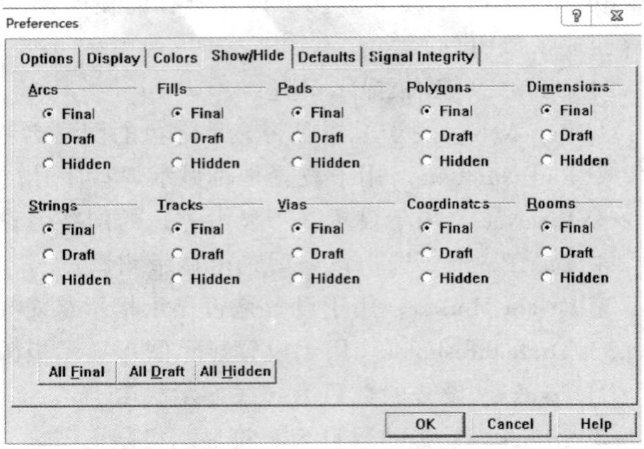

图 7-87　Show/Hide 选项卡

选项卡用于设置各组件的系统默认属性。

在图 7-88 所示的对话框中，各个组件包括 Are（圆弧）、Component（元件封装）、Coordinate（坐标）、Dimension（尺寸）、Fill（金属填充）、Pad（焊盘）、Polygon（敷铜）、String（字符串）、Track（铜膜导线）、Via（过孔）等。如要编辑系统设置的图件默认属性，只需先选中该图件选项，单击 Edit Values 按钮即可进入该图件的系统默认属性编辑对话框，如图 7-89 所示。修改完毕后，单击 OK 按钮回到图 7-88 所示的对话框，各项的修改会在取用元件封装时反映出来。Reset 按钮用于将选中的图件恢复到原有的默认设置，Save As 按钮用于将图件默认属性设置保存在磁盘文件中，Load 按钮用于将图件默认值调入当前文档，Reset All 按钮用于将所有图件的默认属性设置复原。

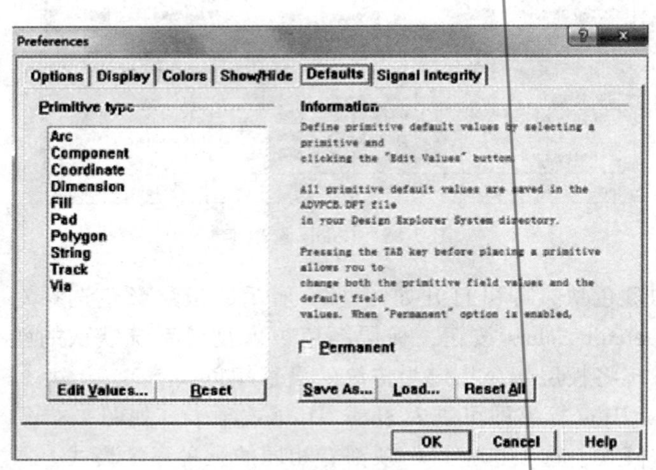

图 7-88　Defaults 选项卡

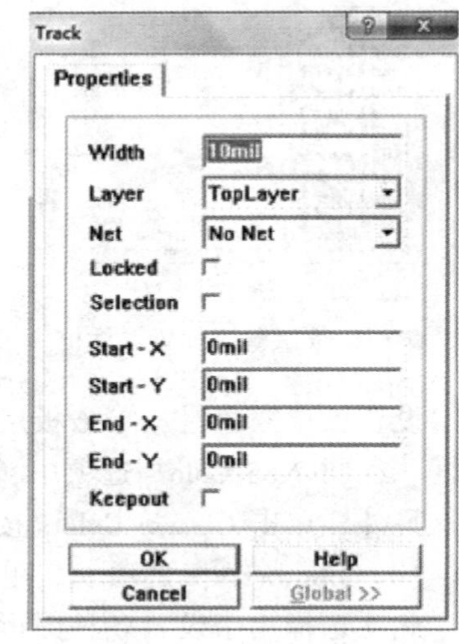

图 7-89　系统默认属性编辑对话框

（6）Signal Integrity 选项卡　该选项卡用于定义合适的元件类型，其目的是为了确保信号完整性分析正确，如图 7-90 所示。图中 Add 按钮用于添加一个元件类型，Remove 按钮用于删除 Designator Mapping 列表框中选取的元件，Edit 按钮用于对列表框中处于选中状态元件进行编辑。

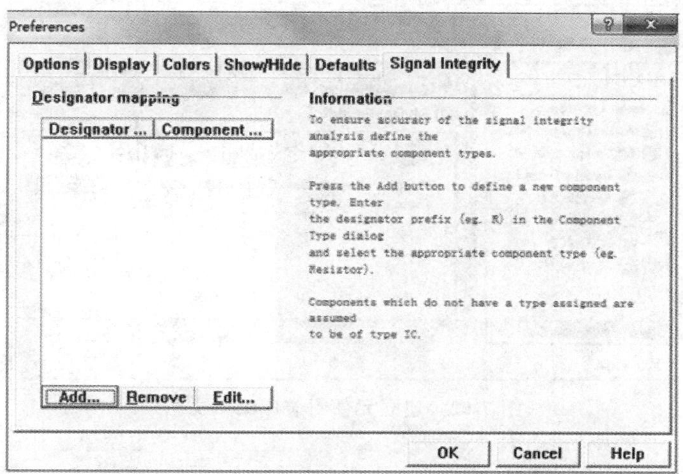

图 7-90 Signal Integrity 选项卡

5. 制作 PCB 元件

在实际的印制电路板设计过程中，经常会遇到比较特殊的元件，标准元件库里找不到与它相配的元件封装，虽然在 PCB 系统中可以直接修改元件封装，但通常用这种方法只是为了暂时得到不常用的元件封装。因此对于经常使用而在元件封装库里找不到的元件封装，用户就要使用元件封装编辑器来生成一个新的元件封装。

（1）启动元件封装库编辑服务器

1）执行下拉菜单 File/New 命令，屏幕上弹出如图 7-91 所示的新建文件对话框，从对话框中选择元件封装库编辑服务器（PCB Library Document）图标。

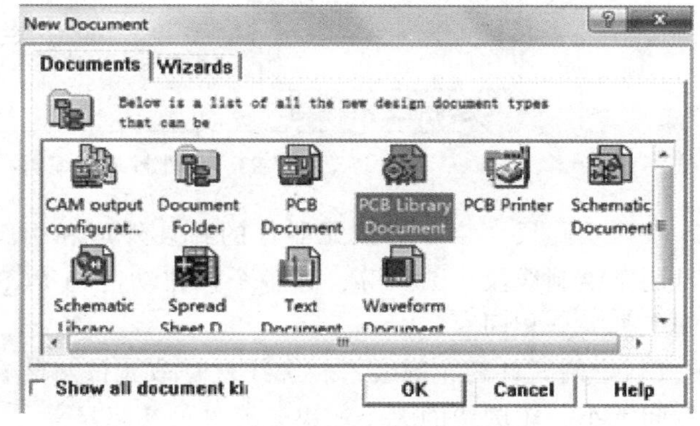

图 7-91 新建文件对话框

2）双击图标或单击 OK，系统就会建立元件封装库编辑文档，如图 7-92 所示。系统自动将该文件命名为“PCBLIB1. LIB”，用户也可以修改其文档名称。

3）双击设计管理器中的元件封装文档图标，就能进入元件封装库绘制工作界面，如图 7-93 所示。元件封装库编辑服务器与 PCB 设计服务器界面相似，主要有设计管理器、主工具栏、菜单、常用工具栏、编辑区等组成。在元件封装库管理器中，系统自动将新建的元件封装命名为“PCBCOMPONENT1”，用户可以更改其元件封装名称。单击 Tools 菜单，选择 Rename Component 命令或单击管理器中 Rename 命令，在随后出现的对话框中修改元件封装名称，再单击 OK 按钮。

（2）制作 PCB 元器件　利用 Protel 99 SE 提供的绘图工具，手工创建元器件封装，如图 7-94 所示。

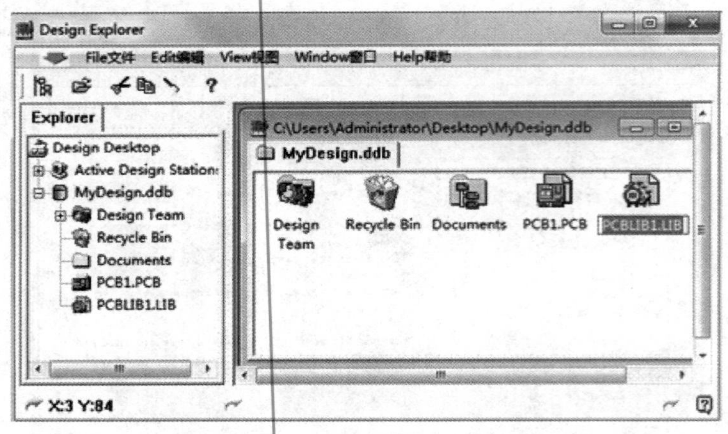

图 7-92　建立元件封装库编辑文档

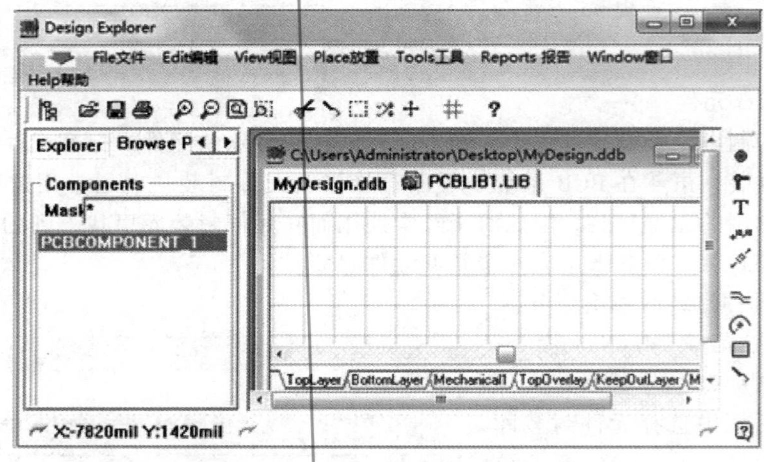

图 7-93　元件封装库编辑服务器界面

图 7-94　绘图工具

按照实际尺寸绘制出该元器件的封装外形和引脚的焊盘，绘图工具用于绘制线段、圆弧等，其各个按钮功能与 PCB 设计系统中的绘图工具完全相同。

1）绘制元件的轮廓线。轮廓线就是该元件封装在电路板上占据的空间大小，轮廓线的大小取决于元件的实际尺寸。

单击工作区窗口下方的板层标签栏中的 Top Overlay，将工作层面切换到丝印层。执行菜单命令 Place/Track 或用鼠标单击绘图工具栏中相应的按钮，此时光标呈“+”字悬浮状，单击鼠标左键确定元件封装外形轮廓线的起点，移动鼠标就可以拉出一条直线，将光标移到合适的位置后，再单击鼠标左键即可放置一条线段。接着向下移动鼠标到合适的位置，按照同样方法绘制剩下的线段，最后得到的轮廓线如图 7-95 所示。绘制结束后，单击鼠标右键，退出该命令状态。

2）绘制焊盘。执行主菜单命令 Place/Pad，或单击绘图工具栏中的按钮。此时光标呈“+”字悬浮状，中间拖动一个焊盘，如图 7-96 所示。如果看不清焊盘形状，可以不断按下 PageUp 键，直到满意为止。随着光标的移动，焊盘跟着移动，移动到适当的位置后，单击鼠标左键将其定位。

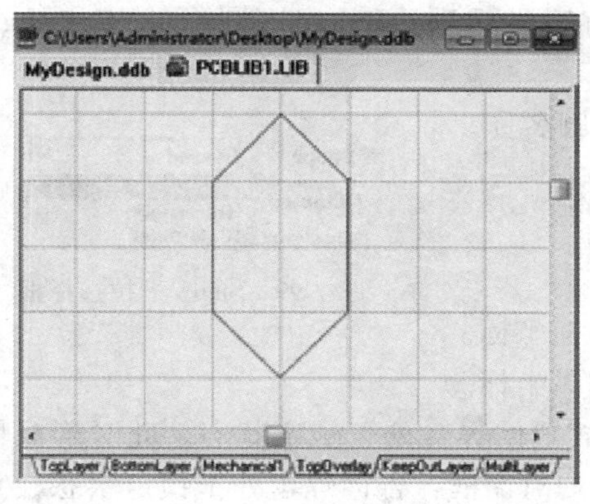

图 7-95 绘制元件的外形轮廓

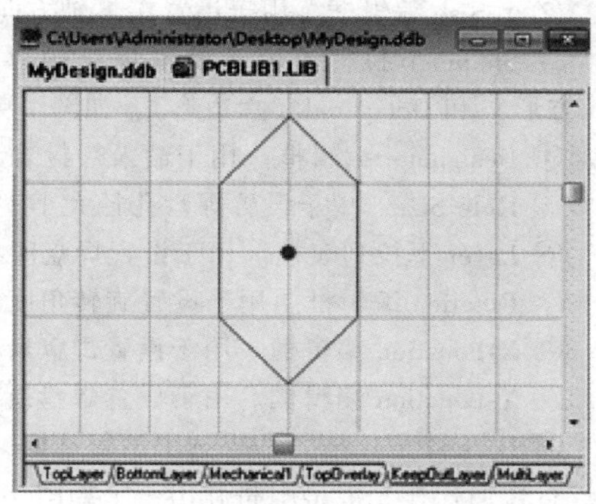

图 7-96 执行 Place/Pad 命令后状态

采用同样的方法，用户可以根据元件引脚之间的实际尺寸来确定焊盘间距，放置其他焊盘，如图 7-97 所示。图中的栅格间距以及栅格捕捉的大小，可以通过主菜单 Tools/Library 命令来设置。

选择 Top OverLayer 工作层，利用画线工具绘制元件封装的外形，根据元件引脚的粗细，决定焊盘和孔径的大小。可将光标选中要修改的焊盘，双击鼠标左键或在光标呈“+”字悬浮状时按 Tab 键，屏幕上会弹出如图 7-98 所示的焊盘属性设置对话框，通过修改其中的选择项来进行焊盘的参数设置。

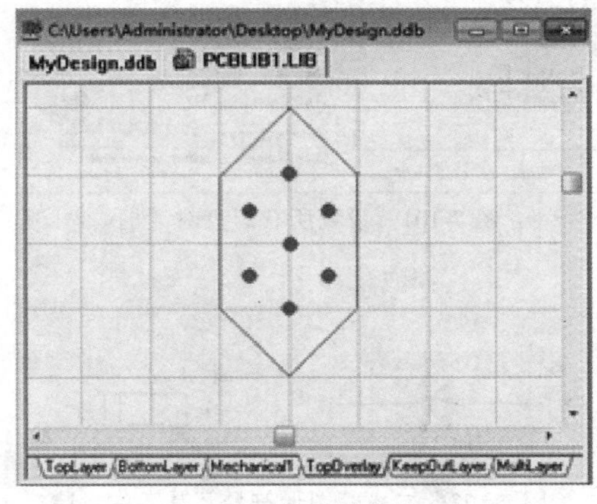

图 7-97 放置其他焊盘

Pad
Properties | Pad Stack | Advanced
Use Pad Stac
X-Size 6mm
Y-Size 6mm
Shape Round
Attributes
Designator 1
Hole Size 0.762mm
Layer MultiLayer
Rotation 0.000
X-Location -50.8mm
Y-Location 686.308mm
Locked
Selection
Testpoint Top Botto
OK Help
Cancel Global >>

图 7-98 焊盘属性设置对话框

各选项功能如下：

① X-Size 编辑框。用于设置在 X 轴方向的焊盘大小。

② Y-Size 编辑框。用于设置在 Y 轴方向的焊盘大小。

③ Shape 下拉框。用于设置焊盘的形状，共有三种选项：Round（圆形）、Rectangle（长方形）和 Octagonal（六边形），如图 7-99 所示。

④ Designator 编辑框。用于输入待封装元件的引脚名称。

⑤ Hole Size。用于设置焊盘孔径大小。

⑥ Layer 下拉列表框。用于设置焊盘所在层。

⑦ Rotation 编辑框。用于设置旋转角度。

⑧ X-Location 编辑框。用于设置焊盘所处位置的横坐标。

⑨ Y-Location 编辑框。用于设置焊盘所处位置的纵坐标。

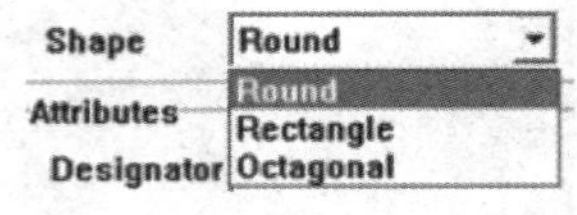

图 7-99　Sharp 下拉选择框

⑩ Locked 复选框。如果选中该复选框，则表示放置的焊盘处于锁定状态。此时若对焊盘进行任何操作，屏幕上将弹出一个如图 7-100 所示的对话框，告诉焊盘处于锁定状态，并询问是否真的进行该项操作。

⑪ Selection 复选框。选中该框，表示放置一个处于选中状态的焊盘，在默认情况下，放置的焊盘为黄色，以便和不选中该框时的灰色焊盘有所区别。

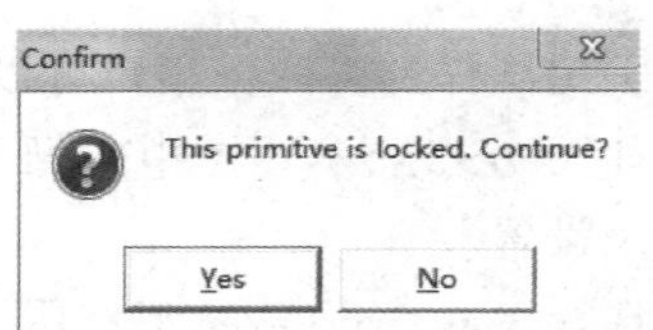

图 7-100　移动锁定焊盘确认对话框

⑫ Global 按钮。用于设置所有焊盘参数。鼠标单击 Global 按钮，出现如图 7-101 所示的设置所有焊盘对话框，用户可将所有的焊盘都设置为此参数。设置完毕后只需在如图 7-102 所示的对话框中确认即可。

3）设置元件封装的参考点。首先单击 Edit 菜单，接着执行 Set Reference 菜单中的 Location 命令，此时光标呈“+”字悬浮状，单击标记为 A 的焊盘，然后双击 A 焊盘，会发现焊盘属性设置对话框中的 X-Location 和 Y- Location 编辑框均为 0，即表示它是参考点。

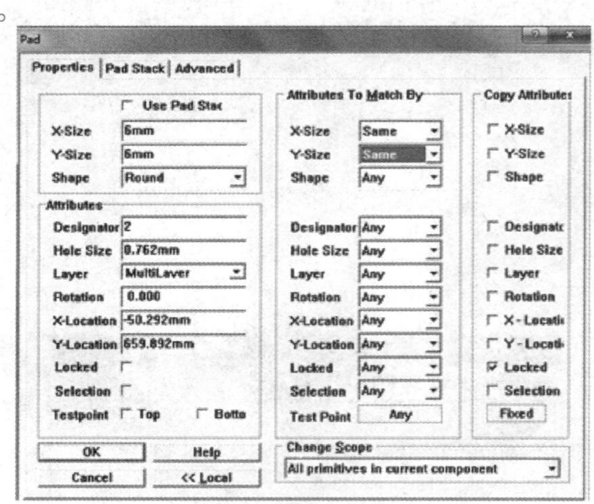

图 7-101　设置所有焊盘对话框

4）常用元件封装含义。元件封装指的是元件的外形，即元件在印制电路板图中的表示形式，一般由轮廓线和焊盘组成。图 7-103 所示的是二极管图形符号及其元件封装。

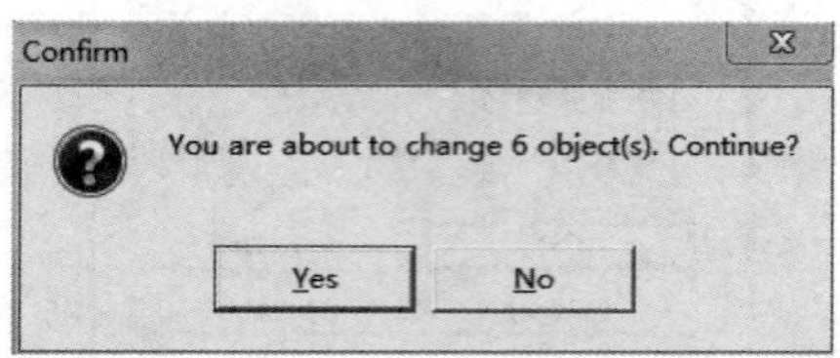

图 7-102　确认对话框

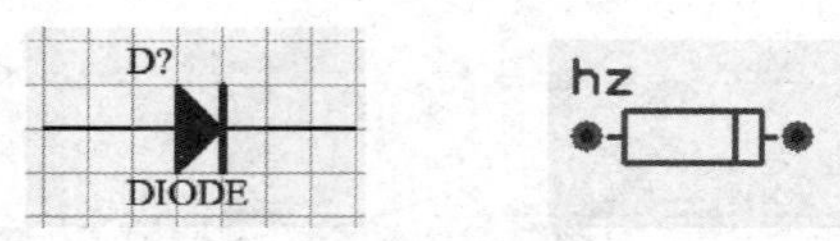

图 7-103　二极管图形符号及其元件封装

① DIP 类型。表示双列直插元件，其后常带有一个代表引脚数目的数字。例如 DIP8 代表有 8 引脚的双列直插元件。

② AXIAL。表示管状元件，其后的数字代表两个焊盘的间距。例如 AXIAL0. 4 代表焊盘间距为 400mil 的管状元件。

③ RB。表示电解电容元件，其后两个数字分别代表电解电容两个引脚间距和电容的直径。例如 RB. 4/. 8 代表焊盘间距为 400mil ，电容外围直径为 800mil 的电解电容。

④ DIODE。表示二极管器件。例如 DIODE 0. 4 代表焊盘间距 400mil 的元件封装。

常用元器件封装如图 7-104 所示。

6. 印制板的制作

（1）准备原理图和网络表 要自动生成印制板，先要有原理图和网络表，这是制作电路板的前提。网络表是根据相应的原理图生成的，是原理图设计系统与印制电路板设计系统的接口，也是电路板自动布线的关键所在。

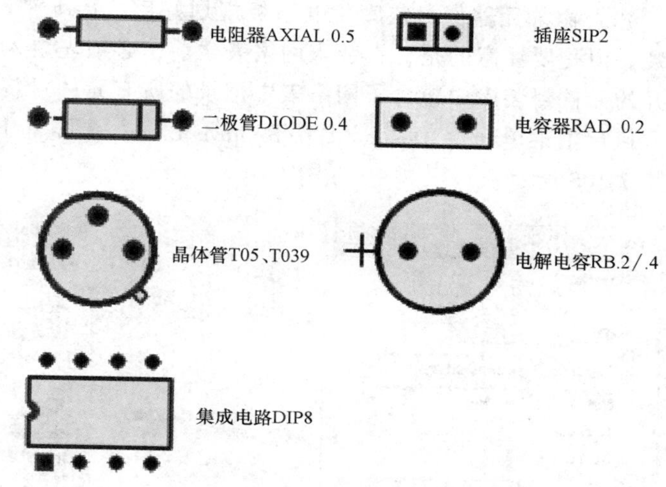

图 7-104 常用元器件封装

网络表的获取可以直接从电路原理图转化而来，打开电路原理图，执行菜单命令 Design/Create Netlist，屏幕上出现如图 7-105 所示的创建网络表对话框。

该对话框中有两个选项卡：Prefreences 选项卡和 Trace Options 选项卡。按 OK 键确定对话框中各参数的设定，即可生成网络表，并且系统会自动进入文本编辑器，装入网络表文件，如图 7-106 所示。

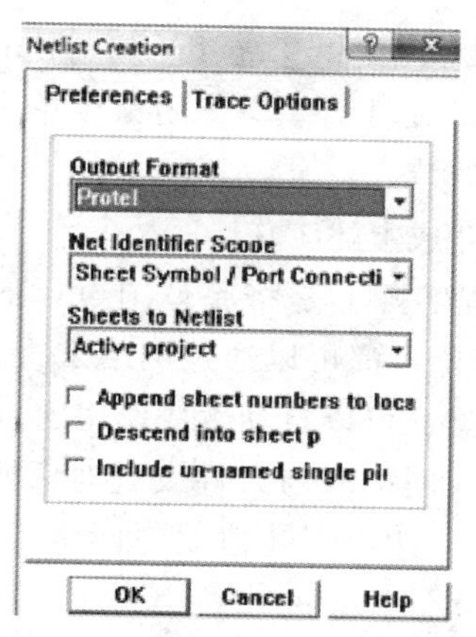

图 7-105 创建网络表对话框

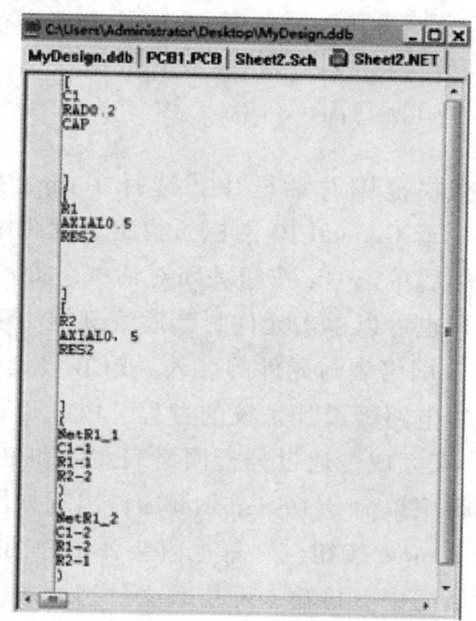

图 7-106 生成网络表

（2）电路板的规划　鼠标单击编辑区下方的标签栏 Keep Out Layer，将当前的工作层面设置为 Keep Out Layer，即该层为禁止布线层，常用于设置电路板的尺寸。

执行菜单命令 Place/Track，或用鼠标单击 Placement Tools 工具栏中的按钮，此时光标呈“+”字悬浮状，单击鼠标左键即可确定第一条电路板边的起点。然后拖动鼠标，将光标移动到合适的位置，再单击鼠标左键，确定第一条电路板边的终点。用同样方法绘制其他三条电路板边，最后单击鼠标右键退出该命令状态。

在退出该命令状态时，双击边框线，即可进入 Track 对话框，如图 7-107 所示。在此对话框中用户可以设置工作层面和线宽。

（3）添加元器件封装库　电路板规划好后，接下来的任务就是装入网络表并进行元件封装。但是要注意的是，在装入网络表之前，必须先装入所用的元件封装库。因为只有保证打开的元件封装库中包含了网络表中记录的所有元件封装，网络表的装入才能成功。

执行主菜单命令 Design/Add/Remove Library，屏幕上会出现添加/删除元件库对话框，如图 7-108 所示。

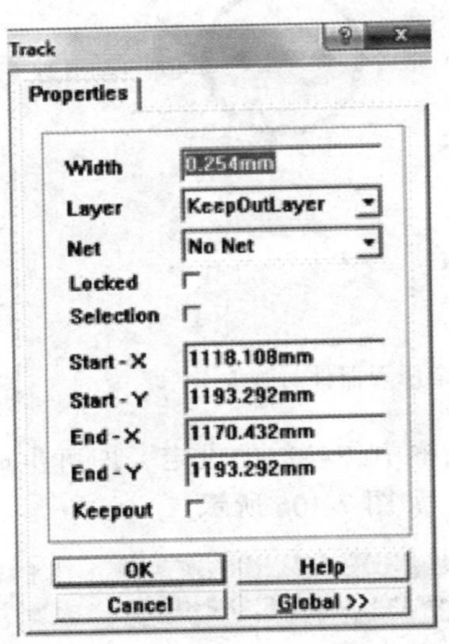

图 7-107　Track 对话框

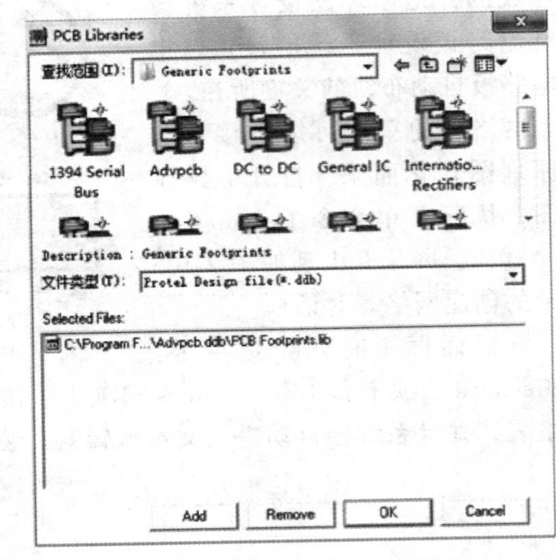

图 7-108　元件封装库对话框

在查找范围对话框中，选择 Design/Explorer 99 SE/Library/Pcb/Generic Footprints/Advpcb 图标或 General IC 图标，找出原理图中所有元件所对应的元件封装库。用鼠标单击 Add 按钮，然后单击 OK 按钮关闭对话框，即可完成元件封装库的装入。

用户也可以单击元件封装库管理器中 Add/Remove 按钮完成上述工作。

（4）网络表与元件的装入　PCB 设计系统中的装入过程实际上是将原理图设计的数据装入印制电路板设计系统的过程。PCB 设计系统中的数据变化，都可以通过网络宏（Netlist Macro）来完成。通过分析网络表文件和 PCB 系统内部的数据，可以自动生成网络宏。

执行菜单命令 Design/Netlist，出现如图 7-109 所示的装入网络表与元件设置对话框。然后单击 Browse 按钮，屏幕上就会弹出如图 7-110 所示对话框，选中刚才建立的网络表文件，或在对话框中直接输入网络表文件名，单击 OK 键，即可装入该网络表。

装入网络表后，屏幕上出现如图 7-111 所示对话框。再单击 Execute 键，系统自动装入

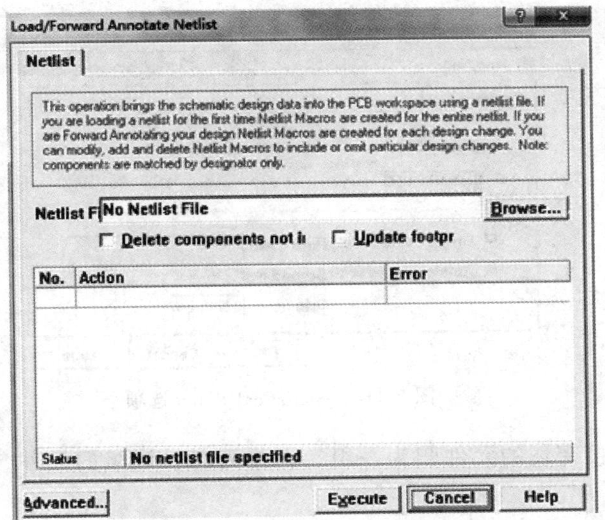

图 7-109　装入网络表与元件设置对话框

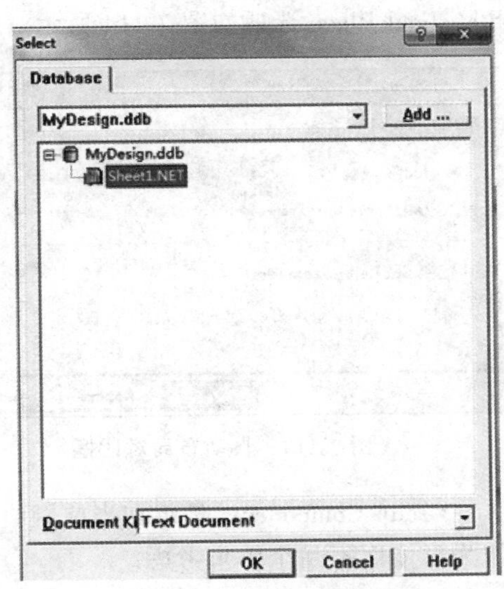

图 7-110　网络表选择对话框

元件封装，如图 7-112 所示。

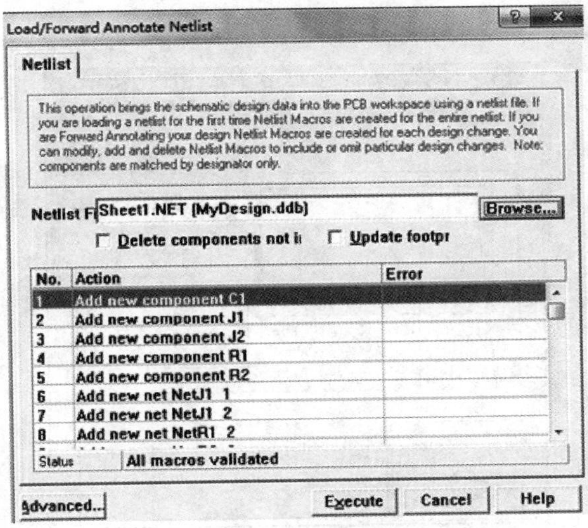

图 7-111　装入网络表后的对话框

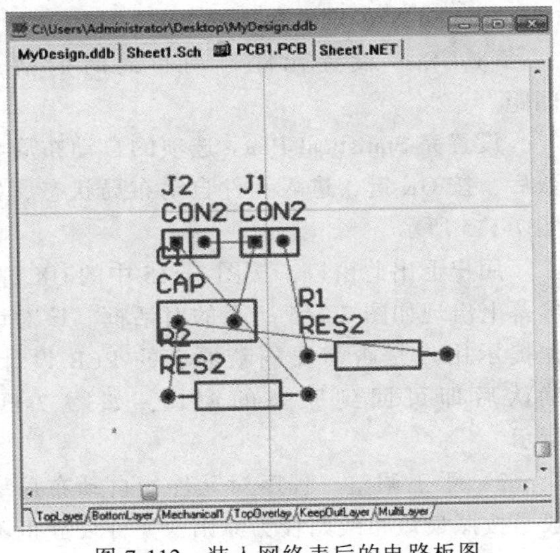

图 7-112　装入网络表后的电路板图

（5）元件的布局

1）元件的自动布局。装入网络表和元件封装后，还必须把元件封装放入工作区，这就需要对元件封装进行布局。元件布局用两种方法：自动布局和手工调整。

Protel 99 SE 提供了强大的自动布局功能，用户只要定义好规划，Protel 99 SE 可以将重叠的元件分离出来。

执行菜单命令 Tools/Auto Place，系统弹出如图 7-113 所示的自动布局对话框。

在图中可以看到系统提供了两种自动布局的方式：Cluster Placer 和 Statistical Place。其中 Cluster Placer 一般适用于元件比较少的情况，这种情况下元件被分为组来布局；而 Statistical Place 则适合元件比较多的情况，它使用了统计的方法，使元件间用最短的导线来连接。

Statistical Place 选项如图 7-114 所示。

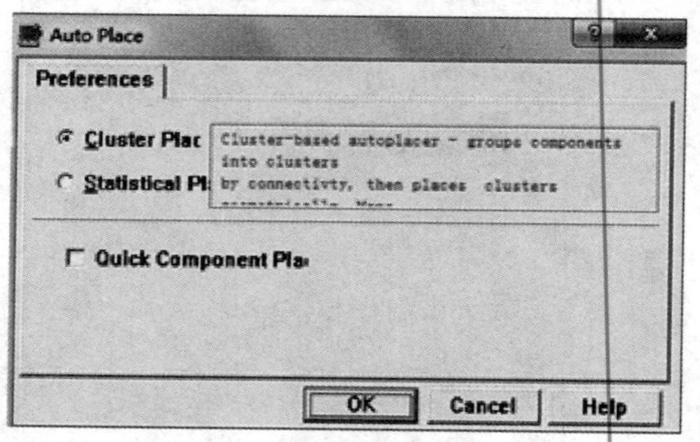

图 7-113　自动布局对话框

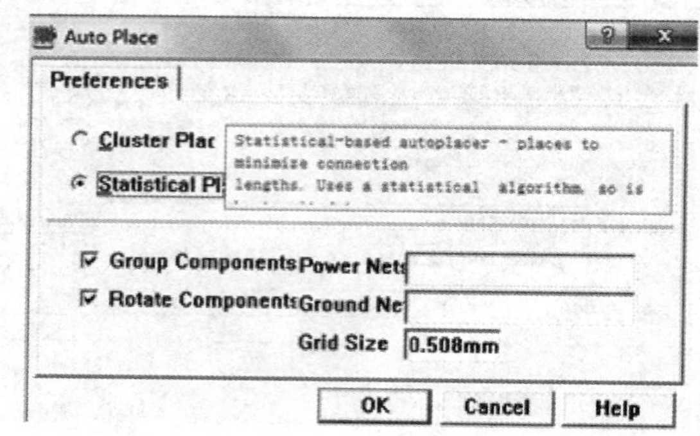

图 7-114　Statistical Place 选项

Group Components 是将在当前网络中连接密切的元件归为一组，在排列时，该组的元件作为群体而不是个体来考虑。

Rotate Components 是依据当前网络连接与排列的需要，使元件重新转向。如果不选该项，则元件将按原始位置布置，不进行元件的转向动作。

Power Nets 定义电源网络名称。

Ground Nets 定义接地网络名称。

Grid Size 设置元件自动布局时的格点间距。

设置完 Statistical Place 选项的自动布局参数后，按 OK 键，进入元件自动布局状态。如图 7-115 所示。

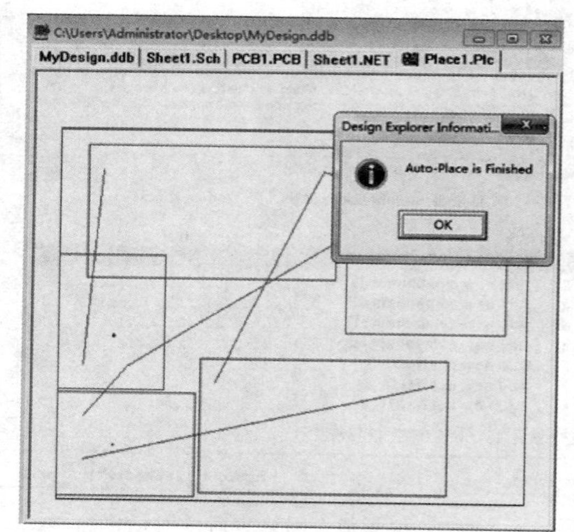

图 7-115　元件自动布局完成后的状态

用户退出此窗口，按图 7-115 中的 OK 键，屏幕上出现如图 7-116 所示的对话框。该对话框提示用户是否需要刷新原有的 PCB 设计，确认后即可回到原来的窗口，如图 7-117 所示。

2）手工调整。程序对元件的自动布局一般是按照最短布线路径为原则，元件安放也不分先后，只是同类在一起。因此元件的布局和电路的布线多是不理想的，必须经过手工调整才能满足要求。手工调整实际上就是对元件重新进行排列、移动和转向等操作，手工调整和手工绘制印制电路板的方法其实是一样的。

① 排列元件。排列元件可通过执行 Tools/Align Components 子菜单的相关命令来实现。该菜单有多种排列方式，如图 7-118 所示。

系统自动装入元件封装后，所有的元件封装都重叠在一起，这时用户可以执行 Tools/Align Components/Shove 命令来推挤元件。在执行命令前，可先设置推挤深度，单击 Tools 菜单，从中选择 Components/Set Shove Depth 命令，屏幕上出现如图 7-119 所示的对话框。

保持图中设置不变，单击 OK 按钮关闭对话框。接着再次单击主菜单命令 Tools/Align

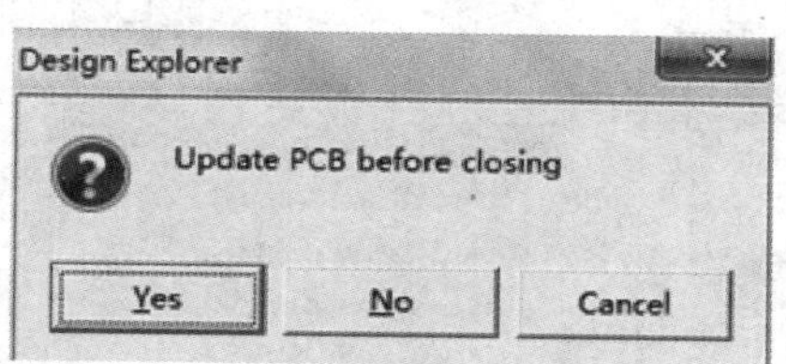

图 7-116 提示窗口

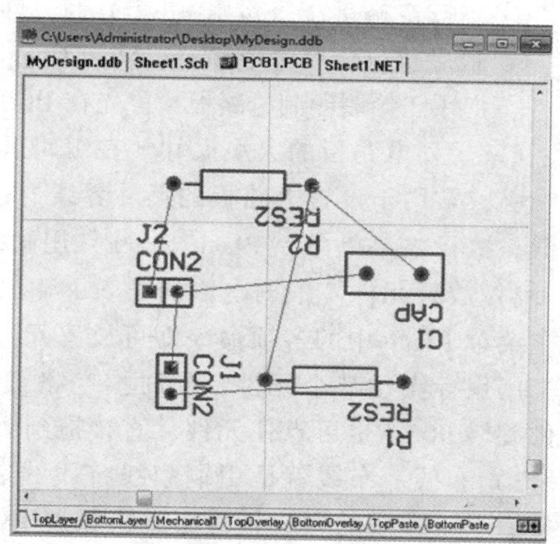

图 7-117 元件布局自动完成

图 7-118 菜单排列方式

Components/Shove，这时光标呈“+”字形，单击电路板图中的元件封装，屏幕上弹出一个菜单，列出了光标所在位置的所有元件封装名称，如图 7-120 所示。

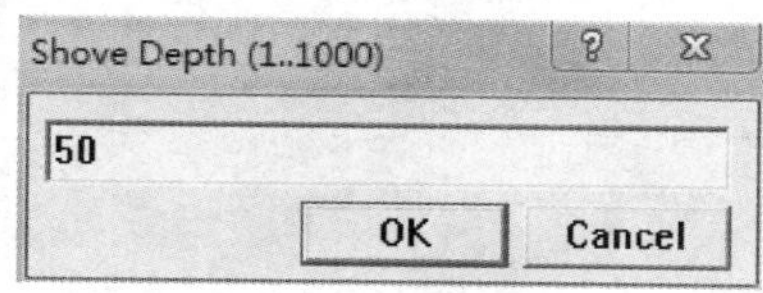

图 7-119 设置推挤深度对话框

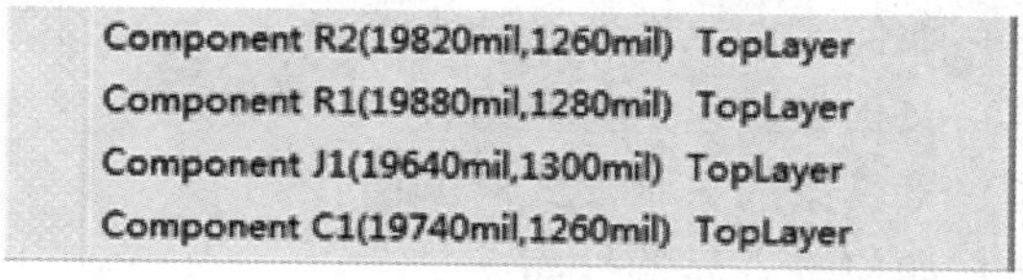

Component R2(19820mil,1260mil) TopLayer
Component R1(19880mil,1280mil) TopLayer
Component J1(19640mil,1300mil) TopLayer
Component C1(19740mil,1260mil) TopLayer

图 7-120 元件封装列表

从弹出菜单中任选一个，然后单击鼠标左键，就可以开始推挤元件封装，将重叠在一起的元件自动向外推开。

另外，用户还可以执行 Tools/Align Components/Sort And Arrange Components 菜单命令来排列元件，方法同上。

② 元件的移动。用鼠标左键单击需要移动的元件，并按住左键不放，此时光标变为“+”字，表明已选中要移动的元件，然后拖动鼠标，则“+”字光标会带动被选中元件进行移动，将元件移动到适当的位置后，松开左键即可。

③ 元件的旋转。用鼠标左键单击需要旋转的元件，并按住左键不放，此时光标变为

“+”字，按空格键、字母 X 键或 Y 键，即可调整元件的方向。

④ 最后执行菜单命令 Tools/Align Components/Move To Grid，所有元件将被移动到栅格上。

（6）手工绘制印制电路板　首先在 PCB 工作界面将工作层面切换到底层（Bottom Layer）。

1）规划电路板的大小尺寸。在编辑区的下方标签栏里单击 Keep Out Layer，该层为禁止布线层，常用于设置电路板的尺寸界线。在不受条件件影响的情况下，电路板的尺寸越小成本越低。执行主菜单命令 Place/Track，用画线条的方法，绘制印制电路板的外形。

2）放置元件。根据电路的输入、输出，并考虑走线的简洁来确定元件的安放位置。执行主菜单 Place 中的各项命令即可放置元件，如图 7-121 所示。

用鼠标点住某个元件，同时按空格键，每按一次空格键，元件旋转 90°。也可点住元件，直接拖到要安放的位置。

图 7-121　Place 菜单

3）布线。布线就是用铜膜线将飞线表示的逻辑变成物理连接。手工布线的方法是将相通的焊盘用铜膜线连通，布线时尽量使走线设置在焊接面（Bottom Layer）上。

4）全部布线完成后，需要设定焊盘、过孔的直径尺寸和导线的宽度，这些可视具体情况而定。

5）文件保存。印制电路板绘制工作结束后，需要对其进行保存。首先将光标移到编辑区上方标签栏 PCB1 处，单击鼠标右键，选择关闭 Close 命令。在 MyDesign. ddb 界面中选择文档图标 PCB1.PCB，再执行菜单命令 File/Export（导出），在弹出的对话框中输入文件存放路径，按保存按钮即可将当前文件保存。

7.3　思考题

1）Protel 99 SE 系统菜单有哪些功能？
2）如何创建项目数据库？
3）如何建立原理图设计文档？
4）文档设置包括哪些内容？
5）工具条的显示形式有哪些？
6）如何装入元器件库？
7）放置元件有哪两种方法？
8）如何自制元器件？
9）印制电路板设计过程可分哪几个步骤？
10）印制电路板常见结构有哪些？
11）如何设置印制电路板工作层面？
12）PCB 系统参数设置包括哪几个方面？
13）什么是元器件封装？
14）简述制作 PCB 元器件封装的主要步骤。
15）简述自动生成印制电路板的操作步骤。

第8章

PLC的简介和应用

8.1 可编程控制器概述

随着现代社会的飞速发展，计算机控制系统已经广泛应用于所有的工业领域。现代社会对制造业的需求越来越多，要求也越来越高。在满足质量的前提下，还要生产出能够满足多规格和低成本的产品。在这样的大背景下，生产设备和自动化流水线的控制需要随时根据项目来进行更改，并且还要能够保证足够的运行稳定。因此，兼具“可靠性”和“灵活性”的可编程控制器出现了，它应用于众多工业环境之中，是最基本也是最重要的控制设备之一。

8.1.1 了解可编程控制器——PLC

可编程控制器（Programmable Controller）于20世纪60年代诞生，最早的可编程控制器只能进行逻辑控制，因此也将其称为PLC（Programmable Logic Controller）。

现在，为了避免和个人计算机（Personal Computer）的简称PC重复，仍将它简称为PLC。

国际电工委员会（IEC）官方对PLC有着这样的定义：可编程控制器是一种数字运算操作的电子系统，是专为在工业环境下应用而设计的。它采用可编程序的存储器，用于其内部存储和执行逻辑运算、顺序控制、定时、计数和算数运算等操作指令，并通过数字的、模拟的输入和输出，控制各种类型的机械或生产过程。可编程控制器及相关设备，都应该易于与工业控制系统形成一个整体易于扩充其功能的原则设计。

8.1.2 PLC的应用

PLC在当今的自动控制系统中应用广泛，民用领域和工业领域均有它的身影。其发展已经从单一的逻辑控制发展到了现如今综合全面控制，PLC应用领域见表8-1。

表8-1 PLC的应用领域

应用领域	场景举例	应用领域	场景举例
开关量控制	流水灯、交通信号灯	过程控制	冶金、化工、热处理
模拟量控制	A/D、D/A转换	数据处理	无人控制的柔性制造系统
运动控制	数控车\铣\刨\磨床、加工中心、厢式电梯	通信联网	物联网

当今世界的自动控制领域，各种类型、品牌的 PLC 被应用在汽车（23%）、粮食加工（16.4%）、化学/制药（14.6%）、金属/矿山（11.5%）、纸浆/造纸（11.3%）等行业。

同时，在离散制造行业，机器人仍然是 PLC 发展最快的领域。目前机器人广泛应用于汽车制造、电气电子工业等快速增长的工业生产行业。作为机器人的核心部件，PLC 在全球机器人热潮中受益匪浅。食品、饮料和烟草机械将是 2015~2020 年增长速度第二快的行业。在过程制造行业，水处理、制药和发电行业增长最快。

PLC 集三电（电控装置、电仪装置、电气传动控制装置）于一体，成为工业领域中应用最广泛的设备，也成为现代工业自动化的三大支柱（PLC、机器人、CAD/CAM）之一。

8.1.3 PLC 的分类

20 世纪 60 年代末期“诞生”的 PLC PDP-14 到如今已经走过半个世纪，PLC 的发展经历了四代，其中第四代的发展使得 PLC 成为真正名副其实的多功能、多用途控制器，形式多样，功能也不尽相同。

在分类上，我们习惯将 PLC 按照 I/O（输入/输出）点数和结构分类。

1. 根据输出点位分类

（1）I/O 点数少于 256 点的称为微型 PLC　代表产品为西门子公司生产的 SIEMENS S7-200 系列和三菱的 FX 系列等。

（2）I/O 点数在 256~2048 点之间的称为中型 PLC　代表产品为西门子公司生产的 SIEMENS S7-300 系列，欧姆龙公司生产的 OMRON C200H 系列等。

（3）I/O 点数多于 2048 点的称为大型 PLC　代表产品为西门子公司生产的 SIEMENS S7-400 系列和 GE 公司生产的 RX7i 系列。

2. 根据结构形式分类

（1）单元式结构　单元式也叫整体式、箱体式或者固定式，如图 8-1 所示。这一类结构的主要优点是体积小、采购成本低，常见于微型和小型 PLC 当中。单元式结构的特点是将 CPU 板、I/O 板、显示面板、内存块、电源等紧凑地安装在一个不可拆卸的机壳内，组成 PLC 的基本单元或扩展单元。采用单元式结构的 PLC 基本单元和扩展单元之间需通过扁平电缆进行连接。

（2）模块式结构　模块式结构通过把 PLC 的各个部分制成独立的标准尺寸模块，包括 CPU 模块、I/O 模块、电源模块等其他功能模块，如图 8-2 所示。通过底板机架安装，形式较为灵活，可以随时根据需求达到“按需配置”的目的，大中型 PLC 多数采用此种形式。

图 8-1　单元式 PLC

图 8-2　模块式 PLC

8.1.4 PLC 的特点

1）通用灵活。PLC 采用了标准化的硬件，各家公司的产品已经形成标准化、系列化，功能模块涵盖各个领域、各行各业，可以根据项目的要求，灵活组合不同规模、不同功能的控制系统。

2）可靠性高、抗干扰能力强。PLC 是专门服务于工业领域的设备，采取了一系列硬件和软件抗干扰措施，能适应存在各种强烈干扰的工业现场，市面上常见的 PLC 均能抵抗 1000V、1ms 脉冲的干扰。从实际使用情况看，PLC 控制系统的平均无故障时间一般超过 20000h，是业内用户公认的最可靠的工业设备之一。

3）接口简单、维护方便。PLC 的 I/O 端口均按工业控制的要求设计，有很强的带负载能力，I/O 能直接与交流 220V、直流 24V 等强电相连。在维护时，PLC 拥有很强的自诊断能力，通过组态软件能随时反映当前信息，方便维护人员查看。在维修时，如果是 PLC 自身的问题，只需要更换插入式模块或者其他易损件即可迅速排故。

4）体积小、功耗低、成本低、部署时间快。与传统继电器控制系统相比，PLC 通过“软接线”的方式减少了大量的中间继电器和时间继电器，减少了相关的配线，缩小了电工柜的体积，节省了大量的费用和时间。

5）编程简单易学。梯形图作为主要的 PLC 编程语言，其表达形式与继电器电路原理图相似，直观易学，面向现场用户，具有电工知识的从业人员可以在短时间迅速掌握并用其编写控制程序。

8.1.5 PLC 的硬件组成

PLC 的基本结构如图 8-3 所示，硬件部分主要由电源模块、中央处理器（CPU）模块、存储器、输入输出（I/O）接口模块、扩展模块和通信模块等组成。

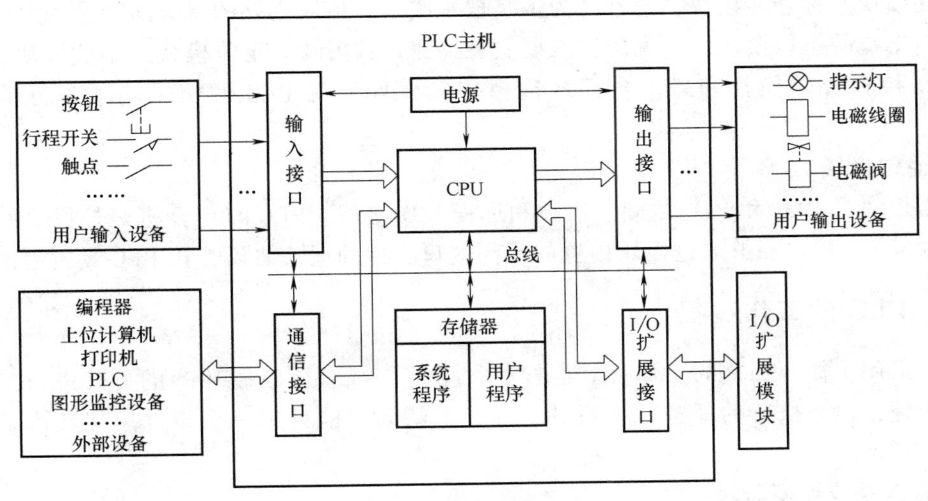

图 8-3 PLC 的基本结构图

1. 电源模块

电源模块是 PLC 控制系统稳定运行的关键，一般来说，PLC 使用的电源为 220V 交流电源或24V直流电源。其主要作用是为PLC各模块的集成电路提供工作电源。

2. 中央处理器（CPU）模块

CPU模块是PLC硬件的核心，是PLC的控制中枢。它的主要作用有：

1）按照PLC系统程序赋予的功能接收并存储从编程器键入的程序和数据，接收并存储I/O口送来的各类现场数据。

2）检查电源、存储器、I/O以及警戒定时器的状态，并能诊断用户程序中的语法错误。

3）在PLC投入运行状态后，以扫描的方式接收现场各个输入装置的状态及数据，分别存入I/O映像区，然后通过存储器逐条读取用户程序，解释并按指令的规定任务执行逻辑或数据传递，并根据运算结果更新输出映像存储器。

3. 存储器

存储器主要分为系统程序存储器和用户程序存储器。

系统程序存储器用于存放系统工作程序、模块化应用功能子程序、命令解释、功能子程序的调用管理程序和系统参数等。

用户程序存储器用于存放用户程序。用户程序通过用户编写，经编程器输入。用户通过编写用户程序，达到控制的目的。

4. 输入输出（I/O）接口模块

输入输出接口模块一般简称为I/O模块，主要分为DI/DO模块（离散量输入输出模块）和AI/AO模块（模拟量输入输出模块）。

与微型计算机的I/O接口不同，PLC的I/O接口的设计均按照强电要求设计，其输入接口可接收强电信号，输出接口可以直接和强电设备连接。因此I/O接口模块除起到连接系统内、外部的作用之外，输入接口起到对输入信号进行滤波、隔离、电平转换的作用；输出接口则起到隔离和功率放大的作用。

5. 扩展模块

扩展模块又称功能模块，通常是为了实现一些基本控制之外的特殊功能，各大厂家均提供了种类丰富的扩展模块。常见的扩展模块有高速计数模块、定位模块、温度模块、PID模块、A/D和D/A转换模块等。合理地选择扩展模块使得PLC的使用场景和范围进一步扩大。

6. 通信模块

通信模块是PLC和PLC之间、PLC和远程I/O之间、PLC与计算机等外设之间建立沟通的“桥梁”。用户能够通过模块内置的不同端口支持的通信协议，让PLC具备组网能力。

8.1.6 PLC的工作过程

PLC采用了循环扫描的工作方式，按照“顺序扫描，不断循环”的方式进行工作。值得注意的是，PLC执行的任务是串行的，即某个瞬间只能处理一个事件。其具体工作流程如图8-4所示。

1. 输入采样刷新阶段

在输入采样刷新阶段，PLC会依次读取所有输入状态和数据，并将它们存往输入状态映像寄存区，随后关闭输入端口，进入用户程序执行阶段。当用户程序执行过程中输入状态有所变化，输入状态映像寄存区的内容也不会改变，只能等待下一个扫描周期的输入刷新阶

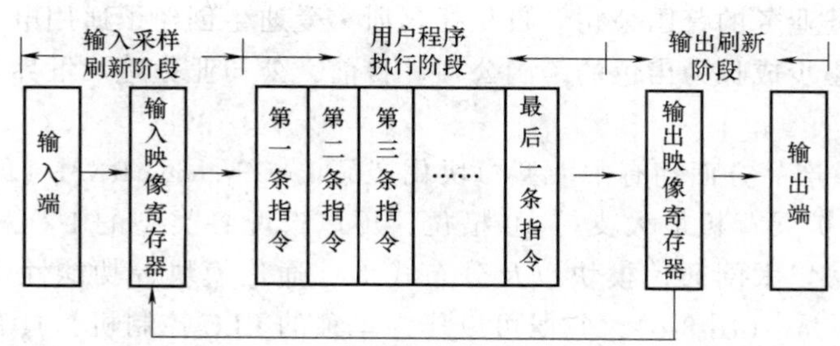

图 8-4 PLC 的工作流程

段读取，以更新输入状态映像寄存区。

因此，如果输入的是脉冲信号，则需要注意脉冲信号的宽度是否大于一个扫描周期，这样才能保证每一个脉冲信号的输入均能被 PLC 读取。

2. 用户程序执行阶段

在用户程序（梯形图）执行阶段，PLC 总是按照自上而下的顺序依次扫描。在每一个梯级内，又会按照先左后右、先上后下的顺序扫描用户程序。在用户程序执行阶段，根据输入状态映像寄存区中的信号状态，经过相应的运算和处理后，将结果写入输出状态映像寄存区。

3. 输出刷新阶段

和输入状态映像寄存区相同，PLC 内存中有一块区域称为输出状态映像寄存区。CPU 通过将输出状态映像寄存区中的输出状态和数据传送到输出锁存器中，再通过电路的隔离和功率放大，转换成适合被控对象的电压或电流或脉冲信号，用以驱动各种类型的设备、器件以及执行装置，此时才是真正的输出。

综上所述，我们将 PLC 执行一轮上述过程的时间称为一个扫描周期。根据 PLC 的工作过程，输入状态的扫描只在输入采样阶段进行，输出状态的刷新将输出赋值送出，而在用户程序的执行阶段，PLC 的输入/输出都被封锁。我们也可以用“集中采样，集中输出”来总结 PLC 的工作过程。

在 PLC 实际运行中，用户程序将直接影响扫描周期的长短、指令的种类、该 PLC 的 CPU 运行速度和硬件配置等因素。

除此以外，每个扫描周期除了上述三个阶段外，还要进行自诊断、与外设（如编程器、上位计算机）通信等处理，即一个扫描周期还应包含自诊断及与外设通信等时间。

一般同型号 PLC 的自诊断所需的时间相同，如三菱 FX2 系列机自诊断时间均为 0.96ms。而通信时间的长短与连接的外设多少有直接关系，如果没有连接外设，则通信时间为 0。最后，输入采样与输出刷新时间取决于其 I/O 点数。

因此，忽略通信时间长短的情况下，PLC 的扫描周期 T 为：

$$T=(\text{读入 1 点的时间}\times\text{输入的点数})+(\text{运算速度}\times\text{程序步数})+(\text{输出 1 点的时间}\times\text{输出的点数})+\text{监视服务时间}$$

8.2 GE-RX3I 简介

美国通用电气公司（General Electric Company，简称 GE），创立于 1892 年，是世界上最大的提供技术和服务业务的跨国公司。自从托马斯·爱迪生创建了通用电气公司以来，在公司多元化发展当中逐步成长为出色的跨国公司。目前，公司业务遍及世界100多个国家，拥有员工315000人。

GE公司在PLC产品方面拥有中大型模块化产品PACSystems RX3I（图8-5），通用背板最大支持16槽位，扩展背板最大支持10槽位，可以选配各类型的I/O模块、高速计数模块、伺服控制模块、以太网通信模块以及分布式I/O通信模块等功能性模块。在小型PLC产品方面拥有VersaMax（图8-6），它既可以作为单独的PLC控制机，具有可接受的价格和优越的性能，又可以作为I/O子站，通过现场总线受控于其他主控设备，还可以构成由多台PLC组成的分布式大型控制系统。VersaMax产品为模块化和可扩展结构，构成的系统可大可小，为现代开放式控制系统提供了一套通用的、便于实施应用的、经济的解决方案。

图8-5　PACSystems RX3I

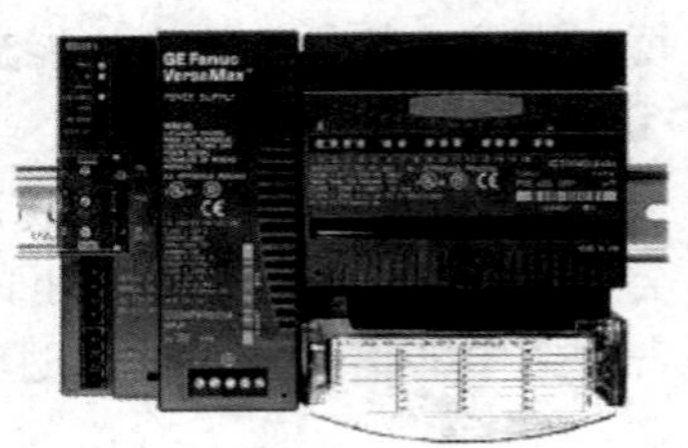

图8-6　VersaMax

本书将以GE公司的PACSystems RX3I为例了解其硬件组成，结合GE公司的Proficy Machine Edition组态软件，了解并学会如何将软件与硬件相结合，通过组态软件达成控制的目的。

8.2.1　RX3I系列PLC的硬件组成

RX3I是一款模块化设计的PLC，在用户使用前需要对硬件进行了解，并根据用户的项目需求进行硬件的选型。在教学过程中，假设已经完成了硬件的选型，读者只需根据本书中的硬件型号逐步学习了解即可（表8-2）。在实际操作过程中，如果需要使用其他型号的硬件，可以参考GE中国官方网站，翻阅相关技术手册及选型手册。

表8-2　RX3I硬件清单

模块型号	模块功能	模块型号	模块功能
IC695CHS012	背板	IC695HSC304	高速计数器
IC695PSD040	电源	IC695ALG600	模拟量输入模块
IC695CPU310	中央处理器	IC695ALG704	模拟量输出模块
IC695ETM001	以太网通信	IC695CMM002	串行通信模块
IC694ACC300	数字量输入模拟模块	LRE001	扩展模块
IC695MDL754	数字量输出模块		

1. 背板（机架）

背板（机架）是各个模块的载体，提供了若干插槽以供用户使用。

在GE PACSystems RX3I中，其背板（机架）提供了7槽、12槽以及16槽三种规格供用户选择，其支持带电插拔以减少停机的时间。

IC695CHS012 的 12 槽底板（图 8-7）从最左的 0 号槽位开始，到最右的 12 号槽位结束。其中 12 槽位为扩展机架连接口。它是一块双总线背板（支持 PCI 总线/串行总线），背板上包含了 PCI 接口槽和 90-30 接口槽，以接入对应的模块。

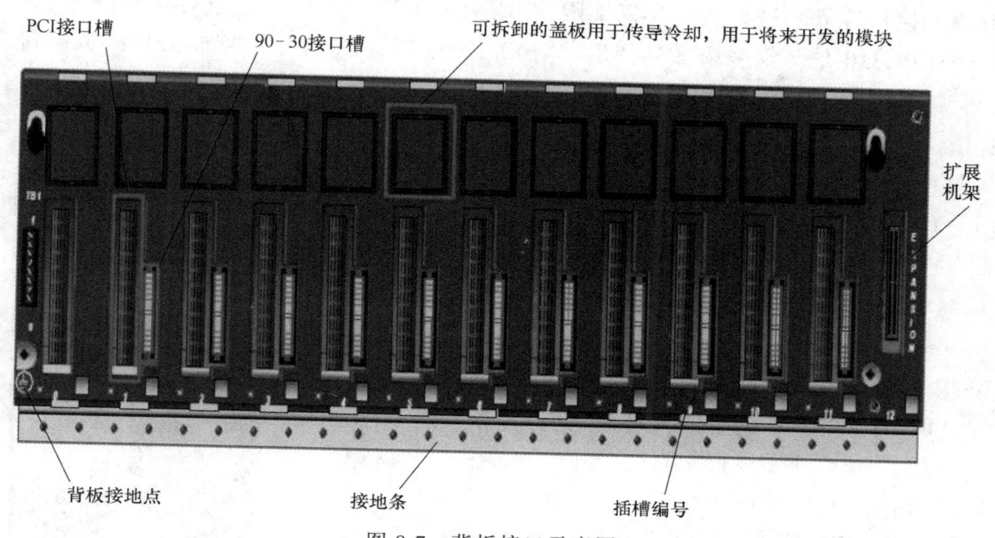

图 8-7 背板接口示意图

需要注意的是，模块安装在背板上需要遵循安装规则，在 CHS012 的背板上，电源模块、CPU 模块能够安装在除了扩展机架连接口的任意位置；I/O 和功能模块则需要安装在除了 0 号插槽和 12 号插槽的其余位置。

2. 电源

RX3i 的电源模块能够支持和任意标准型号的 RX3I 中央处理器协同工作。其模块都拥有自适应电压及限流功能，在发生短路时，电源模块能够自动关断，避免硬件损坏。

IC695PSD040（图 8-8）是一款使用 PCI 总线的 24V DC 输入，最大功率为 40W 的电源，占用背板的一个槽位。

其外壳设有 4 个指示灯，从上至下分别为：

（1）POWER 外部电源指示灯。

① 绿色：外部供电正常。

② 琥珀色：电源模块开关处于关闭状态。

③ 熄灭：外部供电异常。

（2）P/S FAULT 供电输出指示灯。

① 红色：供电输出失败或供给背板电压不足。

② 熄灭：供电输出正常。

（3）OVERTEMP 过热指示灯。

① 琥珀色：电源模块接近或超过最大工作温度。

② 熄灭：正常。

（4）OVERLOAD 过载指示灯。

① 琥珀色：电源模块接近或超过最大输出能力。

图 8-8 IC695PSD040 电源模块

② 熄灭：正常。

3. 中央处理器

RX3I 提供了多种规格的 CPU 供用户选择，用户可以根据自己编程的习惯、项目的点数、通用的接口等需求进行选择。以下围绕 IC695CPU310（图 8-9）进行了解。

IC695CPU310 是一款采用了英特尔“奔腾 3”处理器的 CPU，拥有 32K 的数字量输入/输出，支持 RS232 及 RS485 串口通信，支持 Modbus RTU 以及 GE 专用的通信协议。占用背板两个槽位。

其外壳上设有 6 个指示灯，从上至下分别为：

(1) CPU OK　CPU 自诊断状态指示灯。

① 绿色：表示 CPU 通过上电自诊断状态，功能正常。

② 绿色并闪烁：CPU 处于启动模式，等待串口固件更新信号。

③ 熄灭：CPU 出现问题。

(2) RUN　运行状态指示灯。

① 绿色：CPU 处于运行状态。

② 熄灭：CPU 处于停止状态。

(3) OUTPUTS ENABLED　扫描输出指示灯。

① 绿色：扫描输出有效。

② 熄灭：扫描输出无效。

(4) I/O FORCE　输入/输出强制状态。

① 琥珀色：CPU 数据有强制值。

② 熄灭：CPU 数据无强制值。

(5) BATTERY　电池状态。

① 红色：CPU 电池电量耗尽。

② 红色并闪烁：CPU 电池电量低。

(6) SYSTEM FAULT　CPU 故障指示灯。

① 红色：CPU 故障或处于停止状态。

② 熄灭：正常。

打开其外部的塑料防尘盖，其内部包含了一组转换开关，从左至右的状态为：

(1) STOP　停止。当前禁止 CPU 进入运行状态，可以向用户程序存储器写入数据。

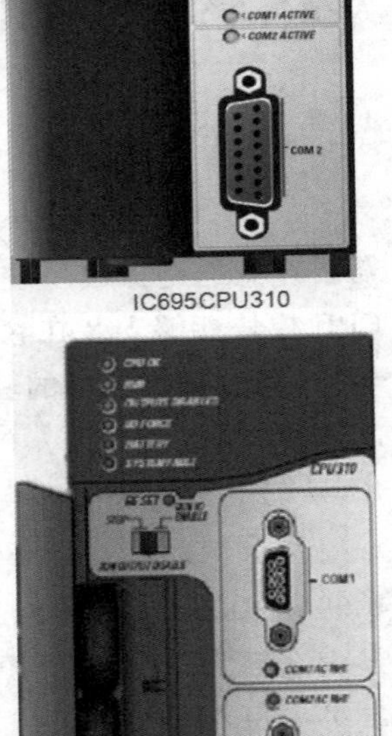

图 8-9　IC695CPU310 中央处理器

(2) RUN DISENABLE　运行不使能。CPU 运行 I/O 不使能，用户程序存储器为只读状态。

(3) RUN ENABLE　运行势能。CPU 运行 I/O 使能，用户程序存储器为只读状态。

4. 以太网通信模块

IC695ETM001（图 8-10）为以太网通信模块，其支持 EGD、Modbus TCP 通用协议以及 SRTP 专有协议，提供了与其他 PLC 通信的能力。其使用 PCI 总线，占用背板一个槽位。

其外壳上设有 3 个指示灯，从上至下分别为：

（1）ETHRNET OK　以太网模块工作状态。

① 绿色：工作正常。

② 绿色并闪烁：快速闪烁，自诊断；慢速闪烁，等待来自CPU 的以太网配置。

③ 熄灭：工作异常。

（2）LAN OK　以太网线缆工作状态。

① 绿色：以太网线缆连接正常，网络可用。

② 绿色并闪烁：正在收发数据。

③ 熄灭：以太网线缆连接故障。

（3）LOG EMPTY　异常日志提示。

① 绿色：没有异常事件。

② 熄灭：有事件进入异常日志当中。

其指示灯下方设有 1 个按钮：ETHERNET RESTART，为以太网重启按钮，按下用以手动启动以太网固件。

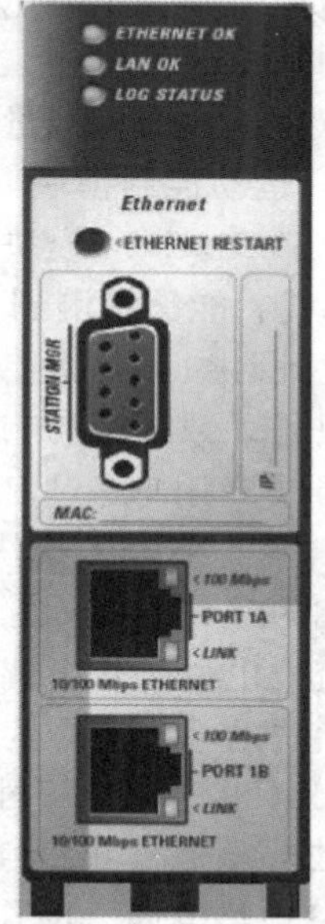

图 8-10　IC695ETM001 以太网模块

5. 数字量输入模拟模块

IC694ACC300（图 8-11）为数字量输入模拟器/仿真器，主要用于教学和调试现场，其提供了 16 点的仿真输入。

其模块分为两部分，分别为：

（1）点位状态指示灯　指示灯位于模块上半部分的透明塑料壳内，当点位模拟开关位于“ON”的状态时，对应的指示灯就会亮起，点亮当前点位的序号。序号从 1 号开始，到 16 号结束。

（2）模拟点位开关　模拟点位开关位于模块下半部分，当点位处于左边时，当前输出为“OFF”状态；当点位处于右边时，当前输出为“ON”状态。当模拟点位开关为“ON”状态时，对应的序号会亮起，以提醒用户当前点位有输入。

以上构成与模拟量输入模块基本一致，只在输入点位/通道上有所差别。

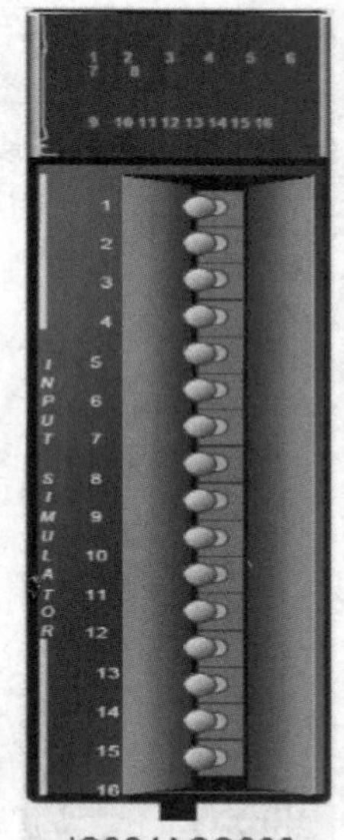

图 8-11　IC694ACC300 数字量输入仿真器

6. 数字量输出模块

IC694MDL754（图 8-12）是一款晶体管类型的数字量输出模块，其输出电压为直流 12~24V，拥有 32 个输出点位，每点负载电流为 0.75A，占用背板一个槽位。

在这里需要注意的是，晶体管输出模块和继电器输出模块的特性：它们的区别主要在于负载和响应速度。晶体管模块的负载能力小于继电器输出模块；而晶体管模块的响应速度远快于继电器输出模块。尤其在涉及运动控制层面，晶体管输出模块能够发出脉冲信号，而继电器则不能。

其模块分为两部分，分别为：

（1）点位状态指示灯　指示灯位于模块上半部分的透明塑料壳内，当端子有数字量输出时，对应的指示灯就会亮起，点亮当前输出点位的序号。序号从 1 号开始，到 32 号结束。

（2）数字量接线端子　数字量接线端子位于模块下方，打开防尘盖即可进行接线。其输出电压范围为直流 12～24V。当接线端子有数字量输出时，对应的序号会亮起，以提醒用户当前输出。

以上构成与模拟量输出模块基本一致，只在输出点位/通道上有所差别。

7. 运动控制模块（高速计数器）

IC695HSC304 模块是一款高速计数器，包含了 8 个输入、7 个输出和 4 个寄存器，使用 PCI 总线，能够检测到 1.5MHz 的高速脉冲，占用背板的一个槽位。

高速计数器是指能计算比普通扫描频率更快的脉冲信号，它的工作原理与普通计数器类似，只是计数通道的响应时间更短。

当被测脉冲超过 PLC 的扫描频率时，必须使用高速计数器。

8. 模拟量输入模块

IC695ALG600（图 8-13）是一款模拟量输入模块，包含了 8 个通道，可为每个通道配置为电流、电压、热电偶或者热电阻，使用 PCI 总线，占用背板的一个槽位。

模块的输入范围为：

（1）电压（单极性输入）　+50mV/+150mV/(0～5)V/(1～5)V/(0～10)V/+10V。

（2）电流（单极性输入）　(0～20)mA/(4～20)mA/+20mA。

（3）热电偶　B/C/E/J/K/N/R/S/T。

（4）RTD（热电阻）　PT385/3916、N618/672、NiFe518、CU426。

（5）电阻　0～250/500/1000/2000/3000/4000Ω。

模块的分辨率为：ALG600 模拟量输入模块支持 11～16 位的输入，具体视配置范围和 A/D 滤波器为定。

9. 模拟量输出模块

IC695ALG708（图 8-14）是一款模拟量输出模块，包含 4 个通道，可以输出电压/电流使用 PCI 总线，占用背板一个槽位。

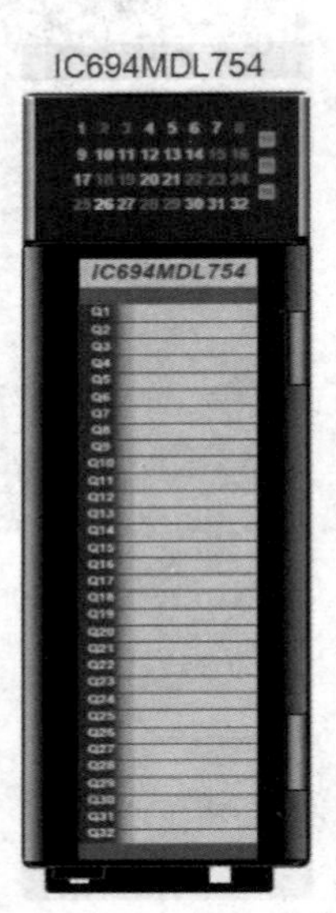

图 8-12　IC694MDL754 数字量输出模块

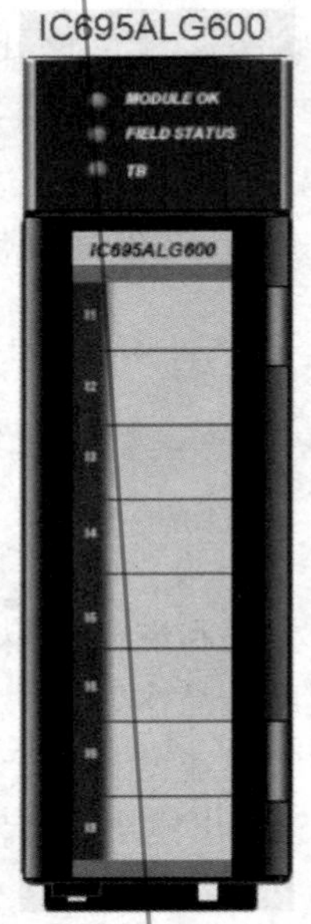

图 8-13　IC695ALG600 模拟量输入模块

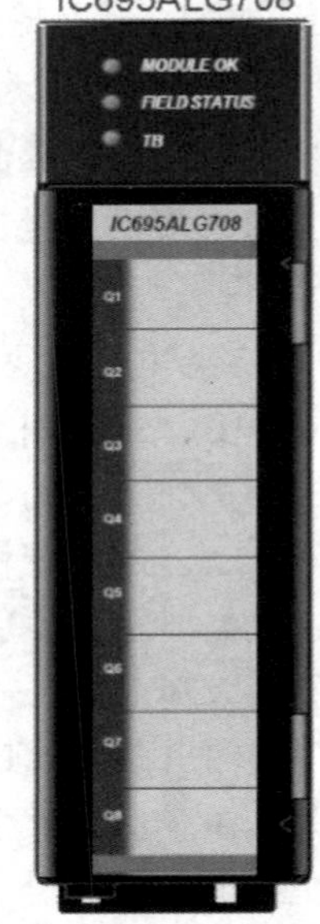

图 8-14　IC695ALG708 模拟量输出模块

模块输出范围如下：

（1）电压（单/双极性输出）　(-10~10)V/(0~10)V。

（2）电流（单极性输出）　(0~20)mA/(4~20)mA。

模块的分辨率为：ALG704 模拟量输出模块在输出-10~10V，0~20mA 时为 15.9 位；在输出 0~10V 时为 14.9 位；在输出 4~20mA 时为 15.6 位。

10. 串行通信模块

IC695CMM002 是一款两端口的串行通信模块，最大支持 115200 的波特率，支持自由口以及 Modbus 主/从站的通信协议，使用 PCI 总线，占用背板的一个槽位。

11. 串行扩展模块

IC695LRE001 是一款高速串行扩展模块，有专门的槽位，不占用底板的任何槽位，只能和扩展插槽进行对接，最多支持 7 个本地扩展背板。数字量 I/O 支持最大 320 点的输入和输出，模拟量 I/O 支持最大 160 点的输入，80 点的输出/每背板。

8.2.2 Proficy Machine Edition 组态软件

Proficy Machine Edition（以下简称 ME）是一款可以通过编程人员实现诸如人机交互界面、运动控制以及逻辑指令的开发、维护工作。它整合了多种工业标准技术，也包括了基于网络的诸多功能，并且采用了标准、统一以及自由度高的用户界面，符合从业人员的习惯，大大降低了从业人员的学习成本。

ME 组态软件主要包含 4 个组件，涵盖了 HMI 人机界面、PLC 控制器、S2K 运动控制等方面。

1. Proficy Machine Edition 组态软件基本操作

以 ME 组态的 Proficy 逻辑开发器——PLC 组件（以下简称 PLC 组件）为例，本书针对一些常见操作做简单的介绍。在用户打开 ME 软件之后将看到如图 8-15 所示的基本界面，

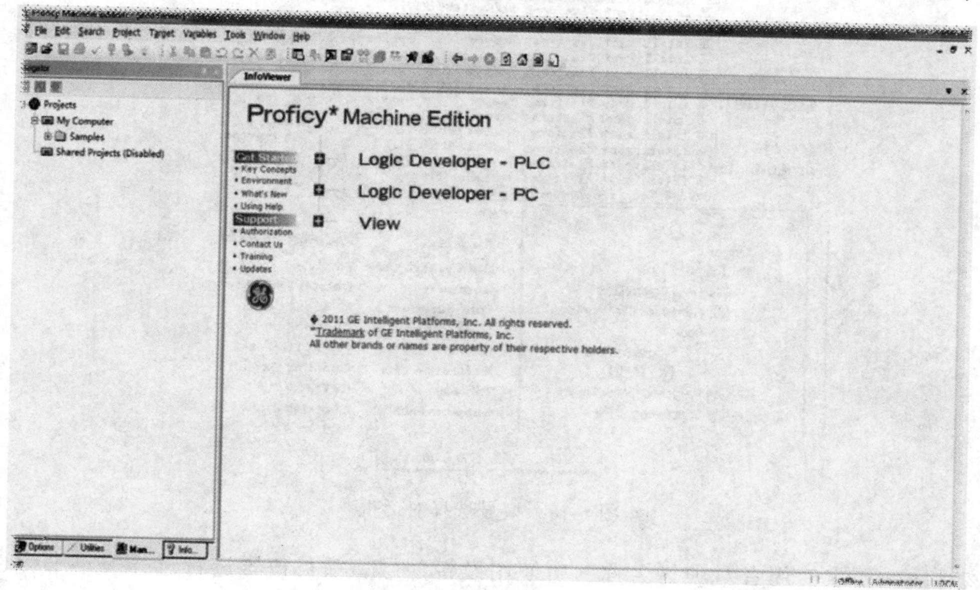

图 8-15　ME 软件主界面

当前界面没有在项目位置 My Computer 下建立任何新的项目，只能通过点选 Sample 位置下的默认案例来进行参考。

（1）新建项目操作　新建项目的操作可以通过 3 个途径去完成。

第一种方法：如图 8-16 所示，通过点选左上角“File”菜单，在列表中选择“New Project”选项。

第二种方法：直接点选左上角图符，完成新建。

第三种方法：如图 8-17 所示右键 My Computer，在二级菜单中选择“New Project”选项。

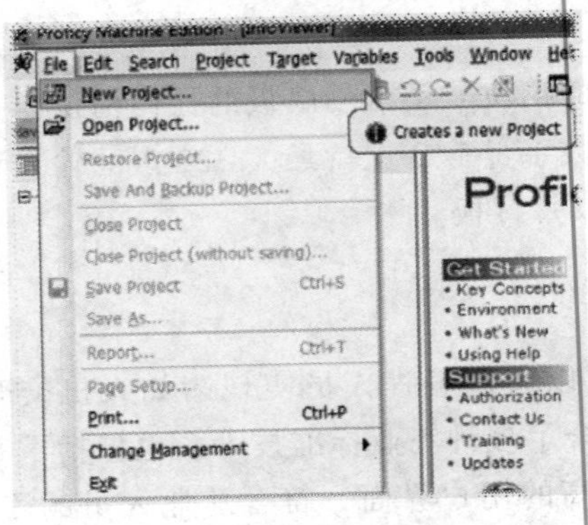

图 8-16　新建文件第一种方法

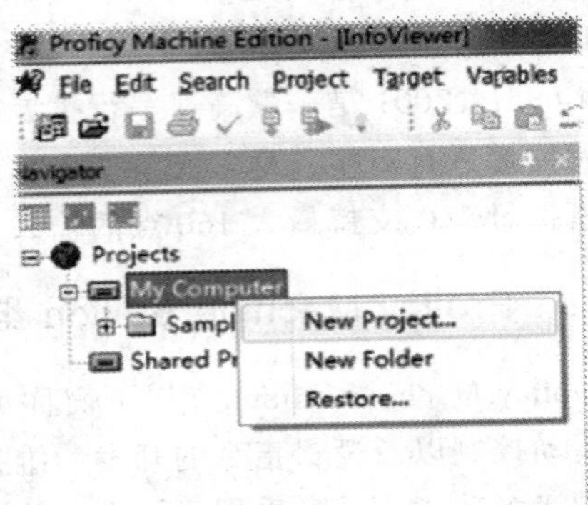

图 8-17　新建文件第三种方法

新建项目操作完成之后，可以看到图 8-18 所示的型号选择对话框。

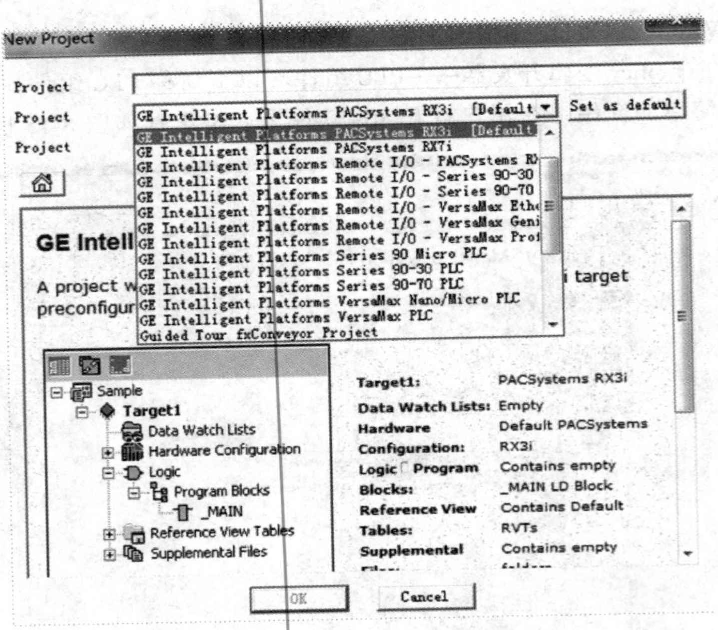

图 8-18　型号选择对话框

该对话框要求使用者对项目名称、所使用设备型号、项目位置进行选择。本书中，我们将设备“GE Intelligent Platforms PACSystems RX3I”设置成默认设备。

（2）PLC 组件主界面　新建项目完成后，软件将自动生成 PLC 组件的主界面，如图 8-19 所示。各个区域块均在顶端设置有快捷图符供用户快速直达，可根据表 8-3 查看。图中各个区域块的功能和作用，可根据表 8-4 查看。

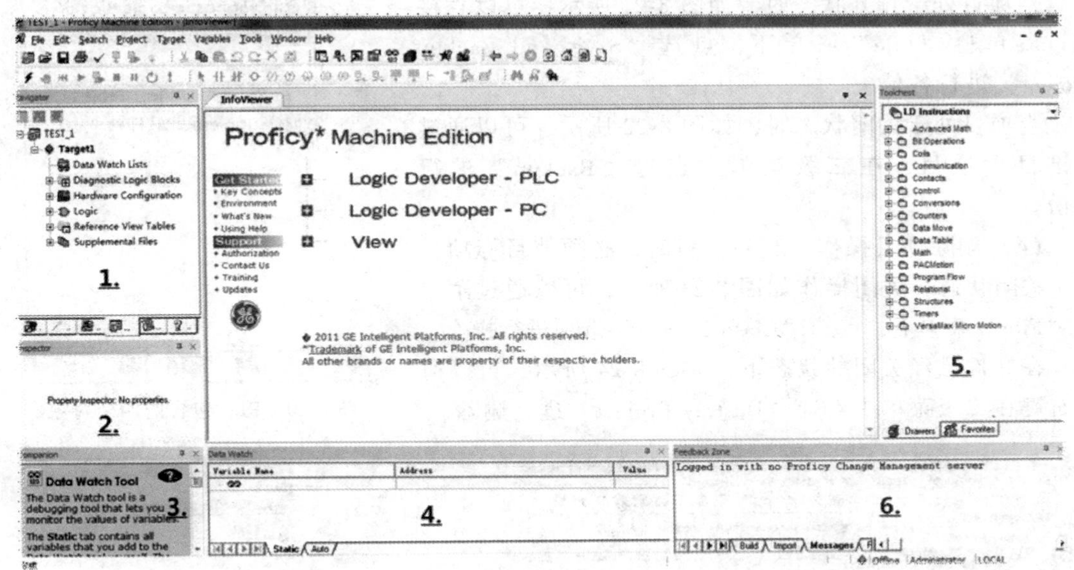

图 8-19　PLC 组件主界面及功能区域

表 8-3　各区域块对应的快捷图符

图符					
对应区域	反馈信息窗口	属性窗口	数据监视窗口	工具箱窗口	在线帮助窗口

表 8-4　各区域、功能块作用

序号	名称	作　　用
1	浏览工具窗口	可以对项目的硬件、程序、变量及文档进行查看和设置
2	属性窗口	可以对硬件、程序等当前属性进行修改
3	在线帮助窗口	可以对任何对象生成帮助信息
4	数据监视窗口	可以查看相关数据的地址、数值等参数
5	工具箱窗口	可以从工具箱窗口选择指令、拖曳指令
6	反馈信息窗口	可以反馈当前设备、程序的状态，并指出当前错误代码

在 PLC 组件的主界面下，一个 PLC 项目主要包含 4 部分，如图 8-20 所示。

根据浏览工具窗口的反馈，从上往下，PLC 包含的 4 部分分别为：

1）硬件配置信息（Hardware Configuration）。根据背板槽位，依次配置所需硬件。

2）程序（Logic）。梯形图程序界面，用来编写项目所需的梯形图。

3）变量查看表（Reference View Tables）。查看各个变量的当前输入输出状态。

4）补充文档（Supplemental Files）。补充与对象相关联的附加文件。

（3）备份项目操作　执行备份操作时，既可以在项目打开的状态下进行，也可以在项目关闭的状态下进行。

当项目处于打开状态时，如图 8-21 所示，可以直接通过菜单栏“File”菜单下，点选“Save And Backup Project”进行备份。

当项目处于关闭状态时，如图 8-22 所示，可以通过右键目标项目，在二级菜单中点选“Backup”进行备份。

（4）删除项目操作　删除项目时，必须使目标项目处于关闭状态，关闭操作如图 8-23 所示，可以通过菜单栏“File”菜单下，点选“Close Project”选项进行操作。

在文件已经关闭的状态下，如图 8-24 所示，可以通过右键在二级菜单中点选“Destroy Project”进行删除。

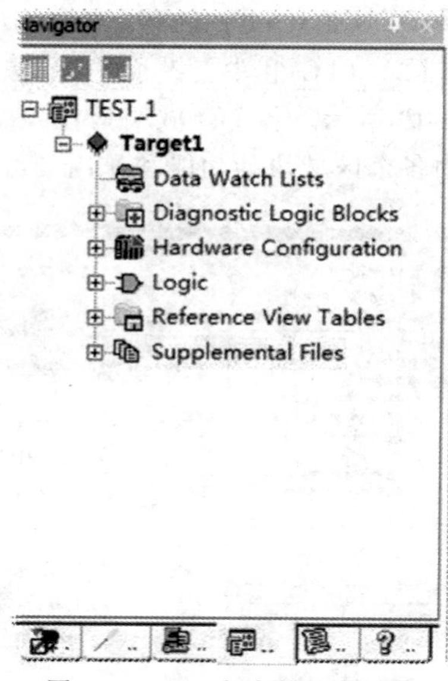

图 8-20　PLC 包含的四个对象

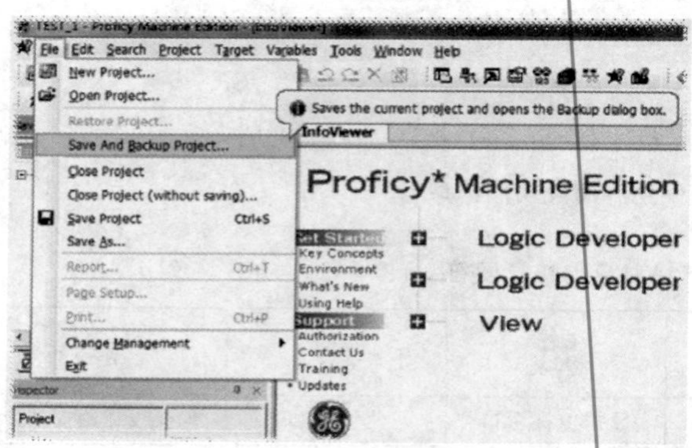

图 8-21　打开状态下备份

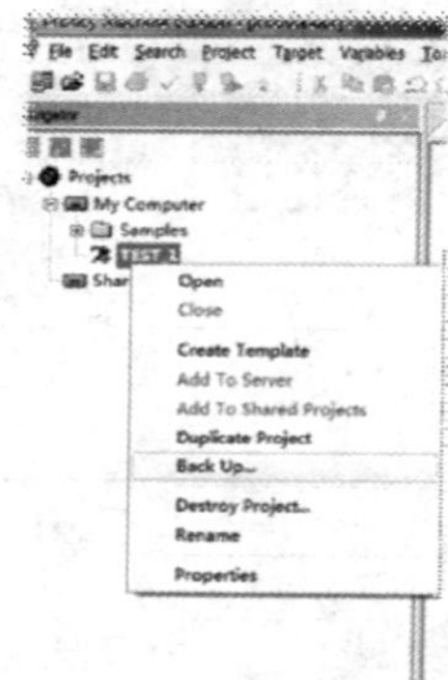

图 8-22　关闭状态下备份

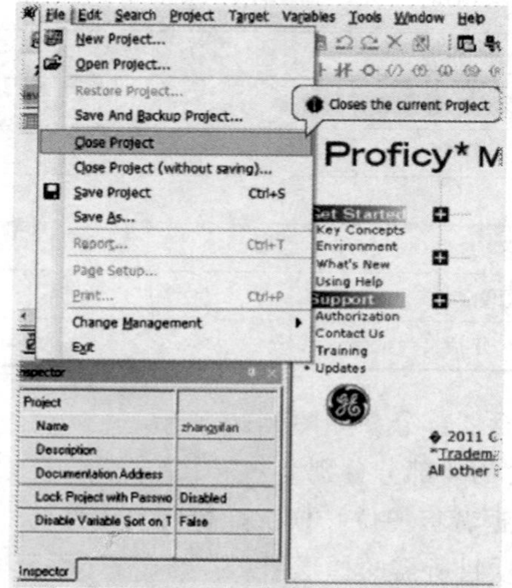

图 8-23　项目关闭操作

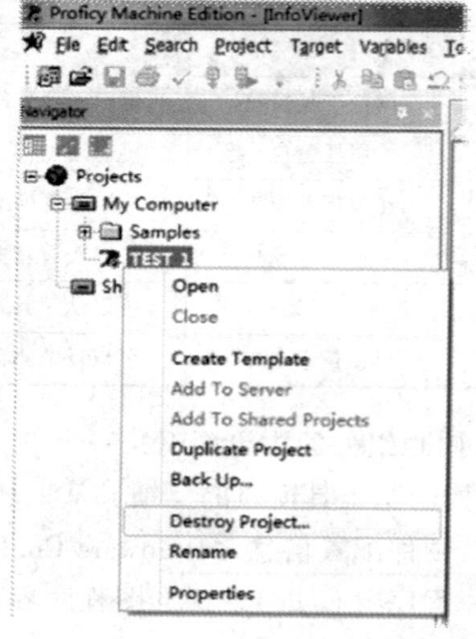

图 8-24　项目删除操作

（5）恢复项目操作　恢复项目时，如图 8-25 所示，可以通过右键单击想要恢复的目标位置。本书设目标位置为“My Computer”，单击右键，点选“Restore”，在对话框中选择需要恢复的 .zip 压缩文件即可，如图 8-26 所示。

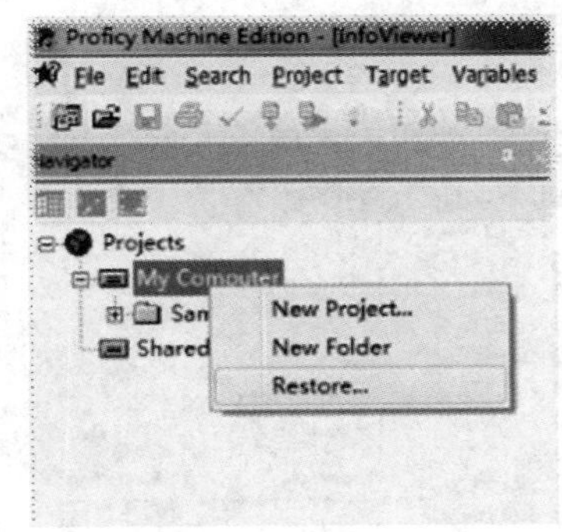

图 8-25　恢复项目操作

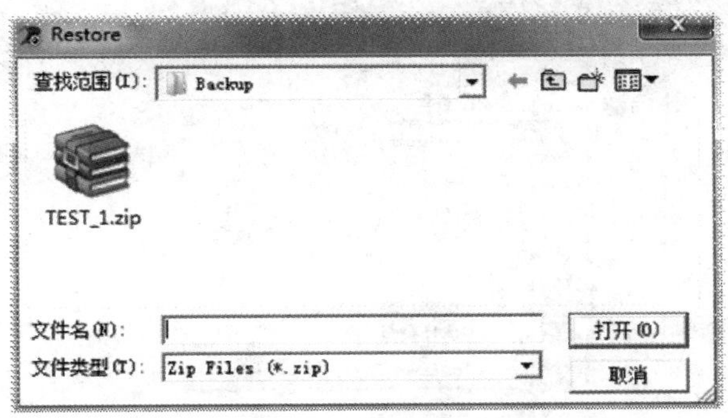

图 8-26　恢复文件对话框

2. 硬件配置

在浏览工具窗口下，通过双击硬件配置（Hardware Configuration）选项，进入硬件配置状态，默认状态如图 8-27 所示。其中，“Rack”代表背板序号，从 0 开始计数；“Slot”代表背板槽位，从 0 开始计数。

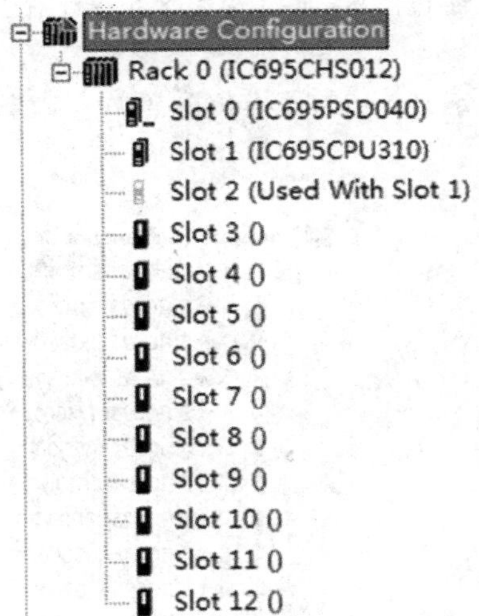

图 8-27　硬件配置默认状态

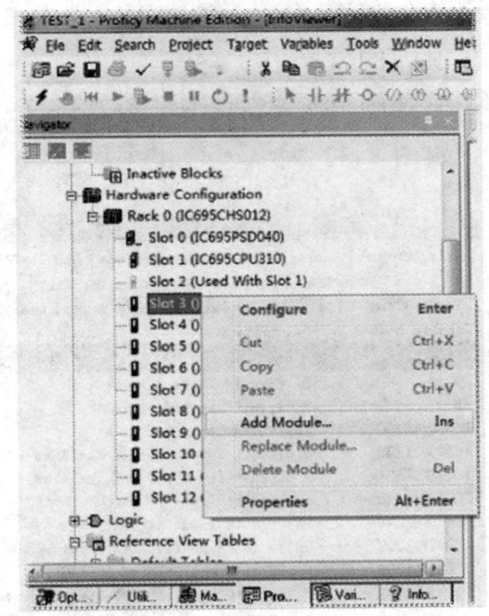

图 8-28　添加模块操作

此外，在上一节已经确定了配套使用的各个模块，因此，一切硬件配置都以上一节所介绍的模块为准。

针对模块的配置，槽位“Slot”的右键选择菜单，除了常规的复制、剪切、粘贴以外，主要还提供 3 种操作，分别是“添加模块（Add Module）”“更换模块（Replace Module）”及“删除模块（Delete Module）”，分别如图 8-28、图 8-29 和图 8-30 所示。

在进行硬件配置时，需要与背板上的模块进行确认和核对，以防止组态软件和具体硬件之间出现不相符的状态。

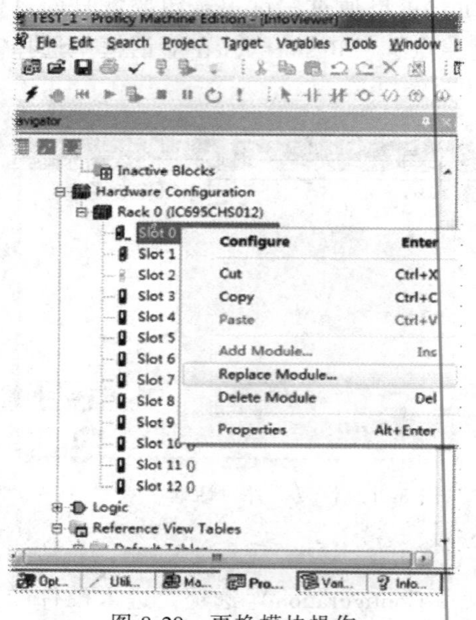

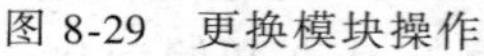

图 8-29　更换模块操作

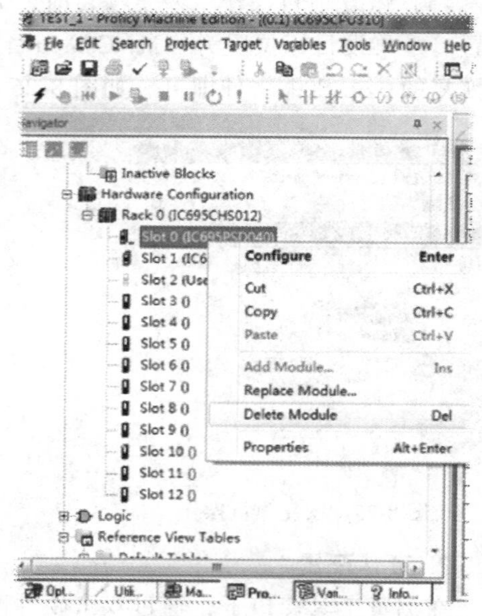

图 8-30　删除模块操作

在执行添加硬件时，对话框“Catlog”跳出以供用户选择所需硬件，其中每一个选项卡对应一个大类，每一个大类下为该类型模块的具体型号。通过图 8-31 以及表 8-5，清晰了解各选项卡的含义。

配置硬件完成后，所有“Slot”应处于没有错误的状态，0~12 号槽位配置均与背板相同，如图 8-32 所示。

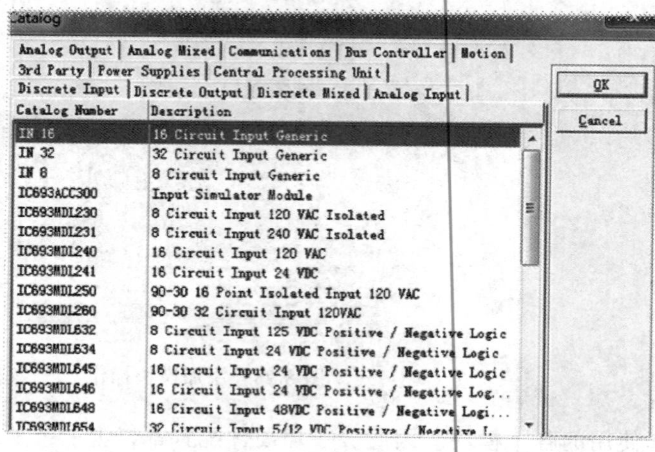

图 8-31　硬件选择目录

Hardware Configuration *
Rack 0 (IC695CHS012) *
Slot 0 (IC695PSD040)
Slot 1 (IC695CPU310) *
Slot 2 (Used With Slot 1)
Slot 3 (IC695ETM001) *
Slot 4 (IC694ACC300) *
Slot 5 (IC694MDL754) *
Slot 6 (IC695HSC304) *
Slot 7 (IC695ALG600) *
Slot 8 (IC695ALG704) *
Slot 9 (IC695CMM002) *
Slot 10 ()
Slot 11 ()
Slot 12 (IC695LRE001) *

图 8-32　硬件配置完成状态

表 8-5　硬件选项目录中各选项卡的含义

选项卡名称	选项卡内容	选项卡名称	选项卡内容
Analog Output	模拟量输出模块	Communications	通信类模块
Analog Mixed	模拟量输入/输出混合模块	Bus Controller	总线控制器

（续）

选项卡名称	选项卡内容	选项卡名称	选项卡内容
Motion	运动模块	Discrete Input	离散量输入模块
3rd Party	第三方模块	Discrete Output	离散量输出模块
Power Supplies	供电模块	Discrete Mixed	离散量输入/输出混合模块
Central Processing Unit	中央处理器	Analog Input	模拟量输入模块

同时，通过双击已经配置的模块，可以看到当前模块的各种参数、属性等，修改各类参数及属性，以达到使用者的需求。以电源模块 IC695PSD040 的参数表为例（图 8-33），以便更加了解参数表的含义。在之后指令学习章节中，我们还将对数字量的 I/O 模块和 CPU 模块的参数表做具体分析。

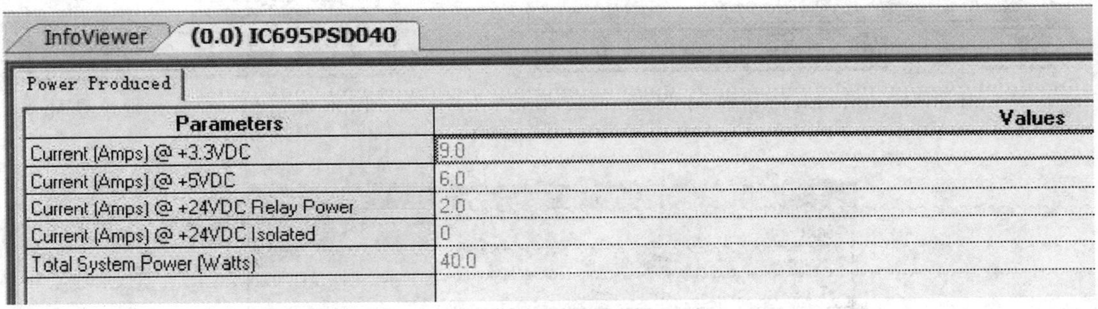

InfoViewer　(0.0) IC695PSD040

Power Produced

Parameters	Values
Current (Amps) @ +3.3VDC	9.0
Current (Amps) @ +5VDC	6.0
Current (Amps) @ +24VDC Relay Power	2.0
Current (Amps) @ +24VDC Isolated	0
Total System Power (Watts)	40.0

图 8-33　电源模块参数表

如图 8-33 所示，对于电源模块 IC695PSD040，其参数表内的主要参数主要和电流与功率相关，例如该模块在 3.3V 输出时的电流为 9A，总功率为 40W 等。

3. 与计算机建立通信

根据 PAC 的实际情况，可以使用串行口、以太网或 Modem 来建立编程软件 ME 和 PAC 之间的连接。本节主要介绍如何通过以太网，建立 PAC 和编程软件之间的通信。通常来说，要成功建立以太网通信，需要经过设置临时 IP、配置以太网连接和在线联机。

（1）设置临时 IP　Rx3i 在首次使用、更换工程或丢失配置信息后，以太网通信模块的配置信息需重设，即设置临时 IP，并将此 IP 写入 Rx3i，供临时通信使用。

在“Navigator”窗口下选择“Utilities”工具选项卡 **Utilities**（图 8-34），选择设置临时 IP 选项 **Set Temporary IP Address**，在弹出的对话框（图 8-35）中分别键入以太网通信模块 ETM001 的 12 位“MAC Address”物理地址以及临时 IP 地址（计算机的 IP 地址与通信模块 ETM001 的 IP 地址在同一个网段内），并单击“Set IP”按钮确认。

如果设置正确无误，将跳出对话框提示临时 IP 设置成功“IP change SUCCESSFUL”。

（2）配置以太网连接　在“Navigator”导航窗口下选择“Project”项目选项卡 **Project**，右键单击所需配置以太网连接的目标对象 Target，选择“Properties”选项。在跳出的“Inspector”窗口（图 8-36）中找到“Physical Port”物理端口选项，左键单击，在下拉菜单中找到“ETHERNET”选项，并在下方“IP Address”IP 地址中键入所设置的 IP，该 IP 地址对应 ETM001 以太网通信模块的临时 IP 地址。

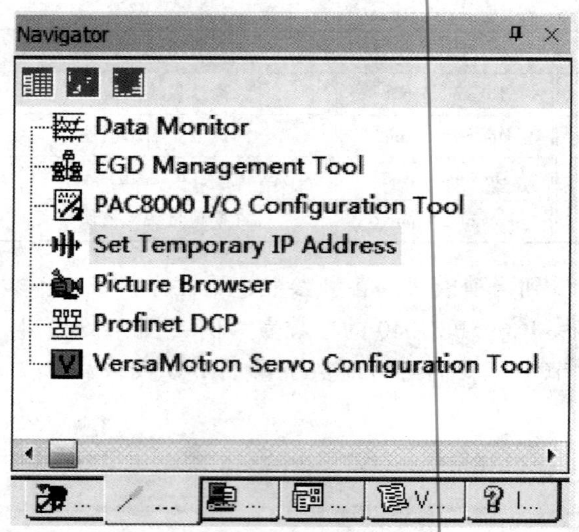

图 8-34　Utilities 工具选项卡界面

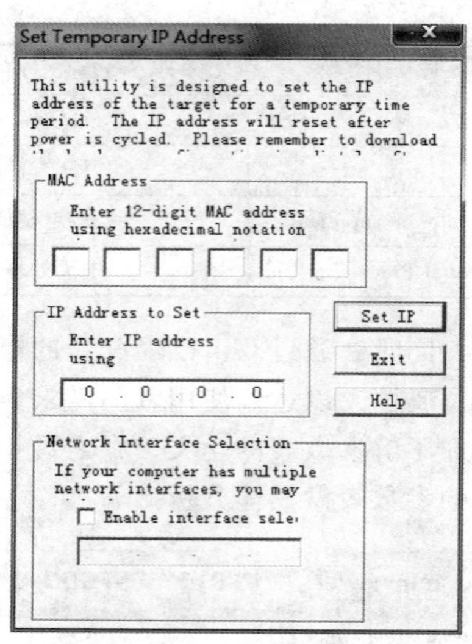

图 8-35　设置临时 IP 地址界面

Inspector

Target	
Name	Target1
Type	GE IP Controller
Description	
Documentation Addres	
Family	PACSystems RX3i
Controller Target Name	zhangyifan1
Update Rate (ms)	250
Sweep Time (ms)	Offline
Controller Status	Offline
Scheduling Mode	Normal
Force Compact PVT	True
Enable Shared Variable	False
DLB Heartbeat (ms)	1000
Physical Port	ETHERNET
IP Address	

图 8-36　属性窗口界面

（3）在线联机　通过设置临时 IP 和配置以太网连接建立 PAC 和计算机之间的通信，在“Navigator”窗口下选择“Project”项目选项卡 **Project**，右键单击目标对象 Target，选择“Go Online”选项即可上线。或者左键单击“Online/Offline”模式转换按钮图符完成在线联机。

（4）下载文件　当处于在线模式的情况下，通过单击“Toggle Online Mode”在线模式切换按钮，完成从“监视模式”到“编程模式”的切换。当处于编程模式时，“Download and Start Active Target”下载并运行图符亮起，单击此图符会弹出“Download to Controller”对话框，让用户按需勾选下载内容，从上往下依次为硬件配置，程序，初始/强制数据，帮助文档等，对于本书所述内容，使用默认状态即可，最后单击 OK 按钮。

在完成相关内容的下载之后，“Start Controller”对话框弹出，该对话框让用户根据需要选择控制器在“Outputs Enable”输出使能或“Outputs Disable”输出不使能下开始运行。单击 OK 按钮，下载文件完成。

4. 状态栏与故障表

(1) 状态栏　状态栏位于 ME 组态软件的右下角，用一种简洁的方式提示当前项目的运行状态，一个完整的状态栏主要包含三大内容，分别是在线/离线图符、PLC 状态和等同性状态。如图 8-37 所示，用户通过状态栏的反馈，可以快速掌握当前设备的运行情况和项目的运行状态，辅助用户进行判断和识别。

图 8-37　ME 组态软件状态栏

在线/离线图符的当前状态、PLC 状态和等同性状态见表 8-6~表 8-8。

表 8-6　在线/离线图符的当前状态

图符	颜色	当前状态		
	灰色	Offline	离线模式	
	蓝色	Monitor	监视模式	硬件配置匹配，内部逻辑匹配
				硬件配置或内部逻辑不匹配
				因故障停止
	绿色	Programmable	编程模式	硬件配置匹配，内部逻辑匹配
				硬件配置或内部逻辑不匹配
				因故障停止

表 8-7　PLC 的当前状态

名称	当前 PLC 状态	名称	当前 PLC 状态
Offline	对象离线	Stop Disabled	停止不使能
Run Enable	运行使能	Stop Faulted	因故停止
Run Disable	运行不使能	CPU Halted	CPU 被挂起(清除故障)
Stop Enabled	停止使能	CPU Suspended	CPU 运行被暂停(重新上电)

表 8-8 等同性状态

名称	当前等同性状态	名称	当前等同性状态
Config EQ	硬件与组态软件配置相等	Logic EQ	内部逻辑与程序逻辑相等
Config NE	硬件与组态软件配置不相等	Logic NE	内部逻辑与程序逻辑不相等

（2）故障表　目标处于在线模式下，可以对在线目标双击进入故障表。故障表是显示系统各个错误信息的集合，一张完整的故障表如图 8-38 所示，主要包含以下几部分用来提示用户相关信息：LOC（错误位置）、Fault Description（错误描述）以及 Date/Time（故障日期及具体时间）。

1）LOC（错误位置）。错误位置提示的是发生故障的硬件位置或者是硬件与组态中不匹配的位置信息。其构成主要分为两部分，图 8-38 中的 0.1 分别代表的是 Rack0（0 号背板）和 Slot1（1 号槽位），根据相关的位置信息即可确定发生故障的具体位置。

2）Fault Description（错误描述）。错误描述是针对发生错误位置的详细描述。如图 8-38 所示在 0 号背板的 1 号槽位处发现了“电池信号失效”的具体故障，根据故障的描述可以解决具体的问题。在将问题解决之后，可以通过表格左下角的“Clear Controller Fault Table”清除故障表将故障信息清除，以便再次通过下载文件检查系统错误。

3）Date/Time（故障日期及具体时间）。在通过故障表查看发生故障的日期和时间之前，首先要确认 RX3I 的 CPU 时间是否和 PC 端时间一致。如果不一致，则可以通过目标对象“Target”右键的选择菜单，选择“Online Command”在线命令选项，再通过单击“Show Status”显示状态，在弹出的对话框中选择“Date”日期选项卡，点选“Synchronized CPU to Host”同步 RX3I 与计算机的时间日期信息，待故障表更新之后，即可看到控制器的日期与计算机保持一致。

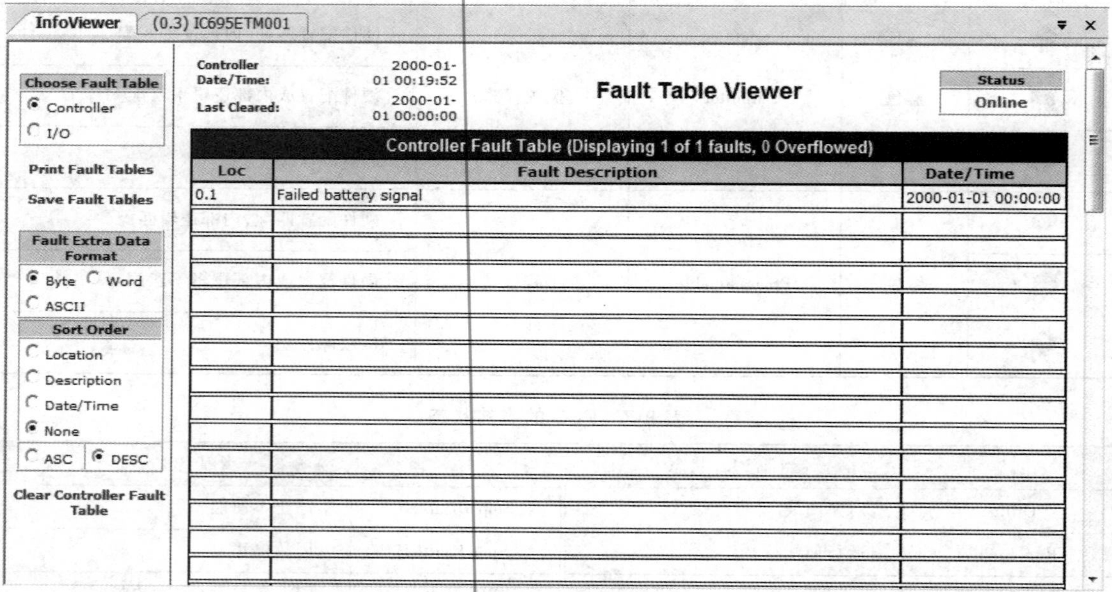

InfoViewer　(0.3) IC695ETM001

Controller Date/Time: 2000-01-01 00:19:52
Last Cleared: 2000-01-01 00:00:00

Fault Table Viewer

Status: Online

Choose Fault Table: Controller / I/O
Print Fault Tables
Save Fault Tables
Fault Extra Data Format: Byte / Word / ASCII
Sort Order: Location / Description / Date/Time / None
ASC / DESC
Clear Controller Fault Table

Controller Fault Table (Displaying 1 of 1 faults, 0 Overflowed)

Loc	Fault Description	Date/Time
0.1	Failed battery signal	2000-01-01 00:00:00

图 8-38　故障表

8.3 RX3I 系列 PLC 的指令系统

IEC（国际电工委员会）制定的标准 IEC61131 规定了 5 种针对 PLC 的编程语言：指令表 IL（Instruction List）、结构文本 ST（Structured Text）、梯形图 LAD（Ladder Diagram）、功能块图 FBD（Function Block Diagram）以及顺序功能图 SFC（Sequential Function Chart）。

本节结合实训内容和需要，针对 PLC 中的梯形图 LAD 指令进行重点介绍，根据 IEC 1131-3 标准，梯形图中所使用的指令基于图形表示继电器逻辑，主要图形符号包括触点类、线圈类以及各种功能块。

在实际运行中，左母线名义上为功率流从左向右沿着水平梯级通过各个触点、功能、功能块、线圈等提供能量，功率流的终点是右母线。每一个触点代表了一个布尔变量的状态，每一个线圈代表了一个实际设备的状态，功能或功能块与 IEC 1131-3 中的标准库或用户创建的功能或功能块相对应，图 8-39 展示了一个包含触点、线圈和功能块指令的梯形图，实现了延时接通的功能。

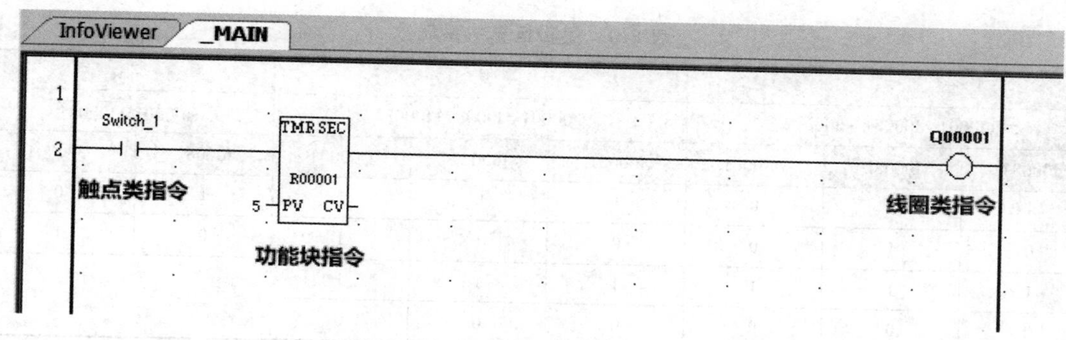

图 8-39 基本梯形图指令（1）

8.3.1 梯形图的基本逻辑关系

在了解了梯形图的基本构成后，将对可编程控制器的逻辑运算进行简单的阐述，了解数字量控制系统中，PLC 如何实现数字量的逻辑运算。

对于数字量控制系统，我们所用的变量只有两种工作状态，例如高电平和低电平，可以对应按钮的按下和松开，触点的接通和断开等。这样的工作状态分别可以用“1”和“0”来表示，高电平对应“1”，低电平对应“0”。图 8-40 所示为最基本的逻辑运算与数字门电路的对应关系。

如图 8-40 所示的 I00081、I00082 均为数字量输入变量（触点），Q00001 为数字量输出变量（线圈）。在梯形图中，实现基本逻辑运算的方式均为通过触点和线圈之间的连接形成。

触点的串联形成“与”逻辑，触点的并联形成“或”逻辑，使用常闭触点为“非”逻辑。同时，通过增加触点的串并联，以实现复杂的逻辑运算，完成控制的目的。表 8-9 所示为变量的逻辑运算关系表。

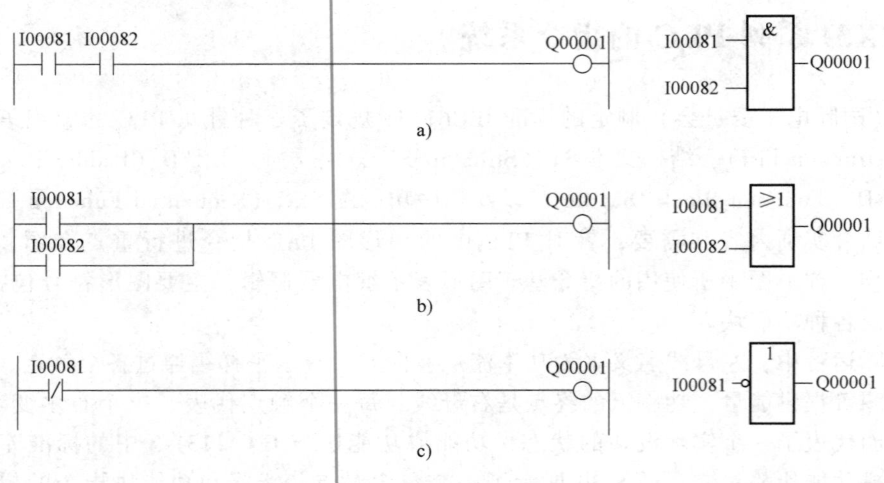

图 8-40　基本梯形图指令（2）

a）与门　b）或门　c）非门

表 8-9　逻辑运算关系表

与			或			非	
Q00001 = I00081 · I00082			Q00001 = I00081+I00082			$Q00001=\overline{I00081}$	
I00081	I00082	Q00001	I00081	I00082	Q00001	I00081	Q00001
1	0	0	1	0	1	1	0
0	1	0	0	1	1	0	1
1	1	1	1	1	1		
0	0	0	0	0	0		

8.3.2　ME 梯形图的选址和变量名

1. 地址

地址是用来指定用户访问数据的目的地，以“存储区域+编号”的形式出现在程序中。以位逻辑指令中的触点为例，RX3I 指令的地址由以下几部分构成：

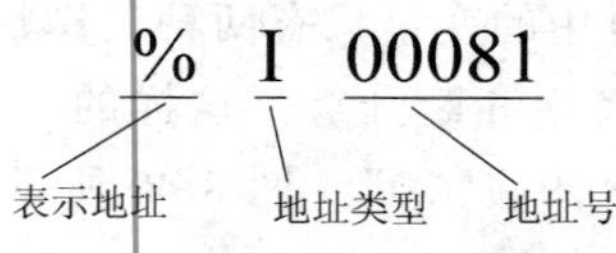

其中地址号的“起始地址”通过各个硬件模块的参数表进行查看，以 IC694ACC300 数字量输入模拟模块为例，在图 8-41 中查阅“Reference Address”选项进行查看。

根据类型来分，地址主要分为外部地址和内部地址两类，所谓的外部地址是指模块或者 PLC 本身有对应的接线端子存在，而内部地址则是指 PLC 内部的特定位置。

根据存储大小来分，还可分为位地址和字地址，当数据超出寄存器上限时，还可以使用双字地址。表 8-10 列举了 ME 组态软件中常用的地址，供读者参考。

通过右键指令，选择“Properties”选项，在“Inspector”窗口对“Ref Address”地址进

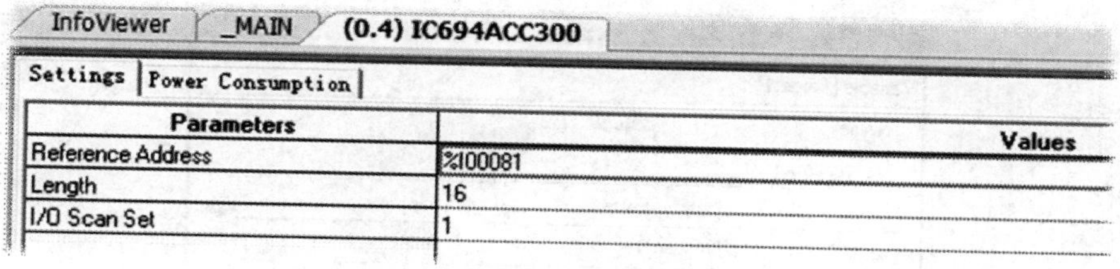

图 8-41　地址号的查看

行修改，如图 8-42 所示。

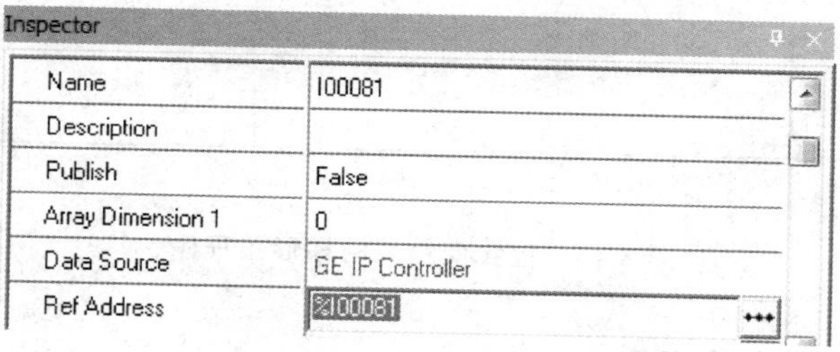

图 8-42　属性界面下修改指令地址

表 8-10　ME 组态软件中常用地址

内/外部地址	地址类型	类型含义	存储大小
外部地址	%I	数字量输入地址	位地址
	%Q	数字量输出地址	
	%AI	模拟量输入地址	字地址
	%AQ	模拟量输出地址	
内部地址	%M	中间继电器	位地址
	%G		
	%T		
	%R	寄存器	字地址
	%S	系统标志	位地址

2. 变量名

变量是地址的名称，用于指定一个特定的输入或者输出的位逻辑，以方便编程人员在项目中快速进行查看、标记和定位。ME 组态软件中规定输入和输出使用唯一的变量，并且变量名可以同时包含字母（Aa~Zz）和数字（0~9），但是变量名的开头必须以 S 符号或字母开头，字母可以是大写、小写或者两者混合，不允许使用“空格”，允许使用“_”下划线。

用户通过对梯形图指令右键，选择“Properties”属性选项，在“Inspector”窗口中对“Name”变量名进行修改，如图 8-43 所示。

图 8-44 所示为一个对输入和输出对象使用了变量名的梯形图程序，其中“Switch_1”以及“SLamp”是触点和线圈的变量名。

Inspector

Variable [Target1]	
Name	I00081
Description	
Publish	False
Array Dimension 1	0
Data Source	GE IP Controller
Ref Address	%I00081

General

图 8-43　属性界面下修改变量名

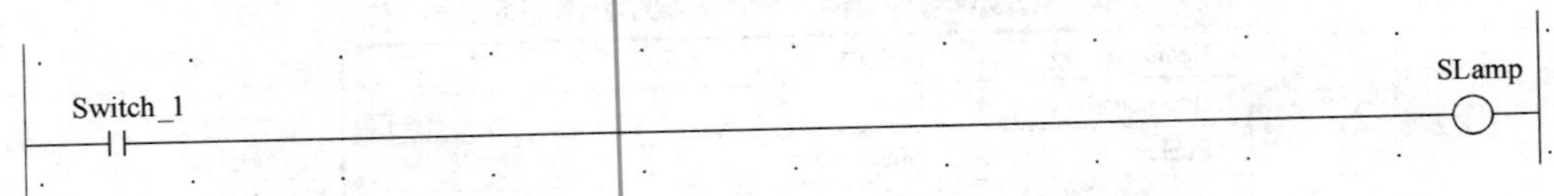

图 8-44　包含变量名的梯形图程序

8.3.3　ME 梯形图的指令系统

ME 组态软件的梯形图 LD（Ladder Diagram）编辑器用于创建梯形图语言的程序，提供了基本上符合 PLC 编程语言国际标准 IEC 61131-3 的指令集。

在 ME 组态软件下，通过双击浏览工具窗口的“Logic”—“Program Blocks”—“_ MAIN”即可进入编程界面，如图 8-45 所示。编程界面中有两条垂直的电源轨线，称为母线，所有指令均在左母线和右母线之间编写。

左、右母线类似于继电器与接触器控制电源线，输出线圈类似于负载，输入触点类似于按钮。梯形图由若干阶梯构成，自上而下排列，每个阶梯起于左母线，经过触点与线圈，止于右母线。

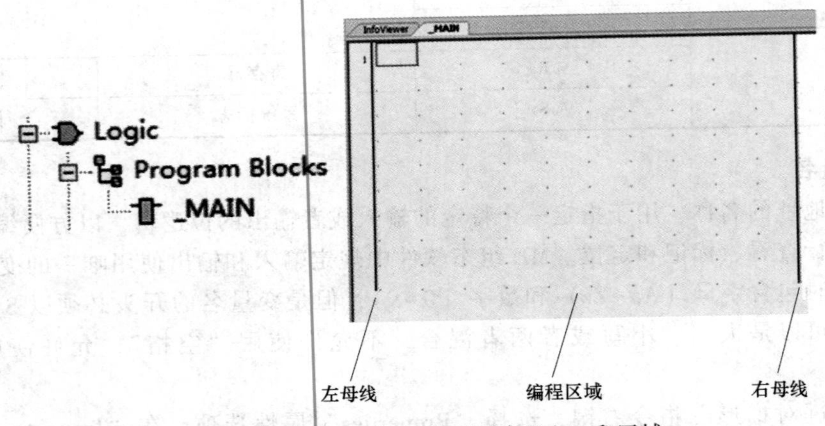

图 8-45　ME 组态软件的梯形图编程入口和区域

打开 ME 软件，通过单击“工具栏”图符，从下拉菜单中选择“LD Instructions”，在右方选择 ME 组态的梯形图指令，对大类进行双击，可以打开二级菜单，按住鼠标左键，即可拖动对应指令至编程区域使用，如图 8-46 所示。

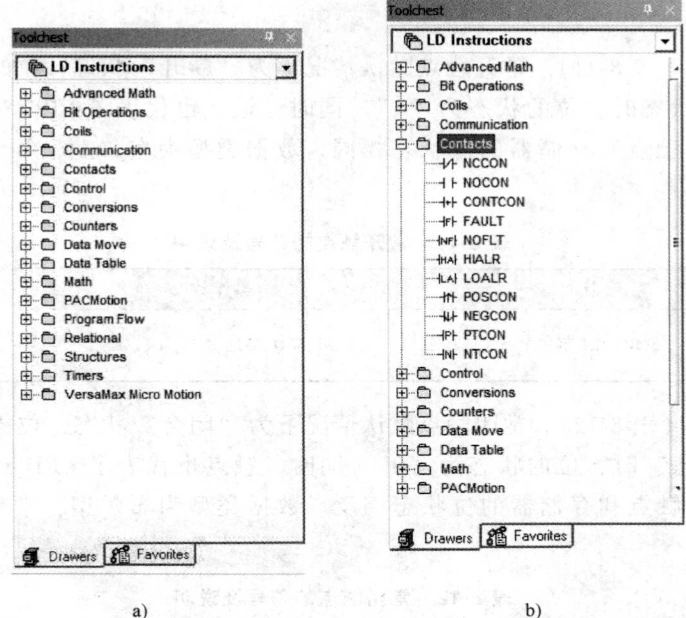

图 8-46 梯形图指令选择界面

a）LD 指令选择界面 b）LD 指令二级菜单

在编程界面中，将鼠标悬置于触点类指令和线圈类指令之上，通过标签阅读当前触点和线圈的相关信息，图 8-47 所示从上至下分别是变量名信息、地址信息和数据类型信息；在使用需要地址的功能块指令时，只显示地址信息和数据类型信息；在使用即时类功能块指令时，无显示。

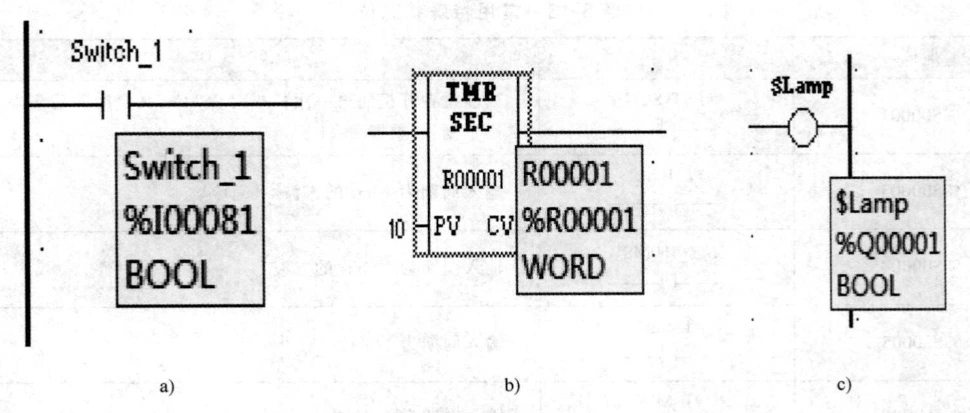

图 8-47 指令块信息标签

a）触点指令 b）功能块指令 c）线圈指令

在下文中，将对一些常用的指令进行具体讲解和示范，涵盖了基本的位逻辑指令、定时器指令、计数器指令、数学运算指令、比较指令以及数据操作指令。在掌握基本的指令之后，如需要进一步学习，可以参阅 GE 官方的指令手册。

1. 位逻辑指令

（1）标准触点

1）常开触点（表 8-11）。常开触点默认情况下为“断开”状态，位的状态为“0”。当触点为“闭合”状态时，位的状态为“1”。同时，触点也代表了 CPU 对存储器某个位的“读”操作，常开触点和存储器的位状态相同。数据类型为布尔型，常见的操作数有%I、%Q、%M、%T 等。

表 8-11 常开触点的符号及说明

输入/输出	数据类型	操作数	图符
位	BOOL(布尔)	%I、%Q、%M、%G、%T、%S	I00081 —| |—

2）常闭触点（表 8-12）。常闭触点默认情况下为“闭合”状态，位的状态为“1”。当触点为“断开状态”时，位的状态为“0”。同时，触点也代表了 CPU 对存储器某个位的“读”操作，常闭触点和存储器的位状态相反。数据类型为布尔型，常见的操作数有%I、%Q、%M、%T 等。

表 8-12 常闭触点的符号及说明

输入/输出	数据类型	操作数	图符
位	BOOL(布尔)	%I、%Q、%M、%G、%T、%S	I00081 —|/|—

3）常用特殊状态位。在 ME 组态软件中，特殊状态位提供了各种状态和控制功能，需要注意的是，特殊状态位只能用于触点，无法用于线圈。表 8-13 列举了几个常用的特殊状态位，供读者参考，如果需要使用其他的特殊状态位，可以参考 GE 官方手册。

表 8-13 常用特殊状态位

地址	指令	说明
%S00001	#FST_SCN —| |—	当前位在开机的第一次扫描时置“1”，其余时间位置“0”。通常用于复位、重置。
%S00003	#T_10MS —| |—	输入周期为 10ms 的方波
%S00004	#T_100MS —| |—	输入周期为 100ms 的方波
%S00005	#T_SEC —| |—	输入周期为 1s 的方波
%S00006	#T_MIN —| |—	输入周期为 1min 的方波
%S00007	#ALW_ON —| |—	当前位始终置“ON”，不能被置“OFF”以及强制置“OFF”
%S00008	#ALW_OFF —|/|—	当前位始终是“OFF”，不能被置“ON”以及强制置“ON”

（2）沿触发触点

1）上升沿（表8-14）。上升沿触发指的是位的状态由“0”至“1”发生变化的瞬间的触发，只产生一个脉冲，当位的状态置“1”时，不再产生脉冲，直至下一个“0”至“1”变化的瞬间。

表8-14 上升沿触点的符号及说明

输入/输出	数据类型	内存区域	图符
位	BOOL(布尔)	%I、%Q、%M、%G、%T、%S	I00081 ─┤P├─

2）下降沿（表8-15）。下降沿触发指的是位的状态由“1”至“0”发生变化的瞬间的触发，只产生一个脉冲，当位的状态置“0”时，不再产生脉冲，直至下一个“1”至“0”变化的瞬间。

表8-15 下降沿触点的符号及说明

输入/输出	数据类型	内存区域	图符
位	BOOL(布尔)	%I、%Q、%M、%G、%T、%S	I00081 ─┤N├─

（3）延续触点 延续触点（表8-16）/线圈在当前行的触点/指令超过限制数量时，要通过延续线圈和延续触点对当前行进行延续。延续触点通过上一个延续线圈来完成延续触点的状态变化。延续触点没有地址、变量名等参数设置。

表8-16 延续触点的符号及说明

输入/输出	数据类型	内存区域	图符
/	/	/	─┤+├─

（4）标准线圈

1）常开输出线圈（表8-17）。线圈代表了CPU对存储器某个位的“写”操作，常开输出线圈和存储器的位状态相同，若当前行的逻辑运算结果为“1”，CPU会将该线圈对应的存储器的位置“1”。

表8-17 常开输出线圈的符号及说明

输入/输出	数据类型	内存区域	图符
位	BOOL(布尔)	%Q、%M、%T	Q00001 ─( )─

2）常闭输出线圈（表8-18）。线圈代表了CPU对存储器某个位的“写”操作，常闭输出线圈和存储器的位状态相反，若当前行的逻辑运算结果为“1”，CPU会将该线圈对应的存储器的位置“0”。

表 8-18　常闭输出线圈的符号及说明

输入/输出	数据类型	内存区域	图符
位	BOOL(布尔)	%Q、%M、%T	Q00001 —(/)—

（5）功能性线圈

1）复位线圈（表 8-19）。从指定的位地址开始的 *N* 个连续位都置“0”，并保持位的状态。默认为 1 个连续位，通过“Properties”中的“Array Dimension”选项可以设置连续位的长度。

表 8-19　复位线圈的符号及说明

输入/输出	数据类型	内存区域	图符
位	BOOL(布尔)	%Q、%M、%T	Q00001 —(R)—

2）置位线圈（表 8-20）。从指定的位地址开始的 *N* 个连续位都置“1”，并保持位的状态。默认为 1 个连续位，通过“Properties”中的“Array Dimension”选项可以设置连续位的长度。

表 8-20　置位线圈的符号及说明

输入/输出	数据类型	内存区域	图符
位	BOOL(布尔)	%Q、%M、%T	Q00001 —(S)—

3）延续线圈（表 8-21）。延续触点/线圈在当前行的触点/指令超过限制数量时，要通过延续线圈和延续触点对当前行进行延续。延续线圈用来触发梯形图中下一行的延续触点。延续线圈没有地址、变量名等参数设置。

表 8-21　延续线圈的符号及说明

输入/输出	数据类型	内存区域	图符
/	/	/	—(+)—

2. 定时器指令

定时器指令相当于继电器电路中的时间继电器，在 ME 组态软件中，一共为定时器提供了四种不同的分辨率，最小分辨率分别为 1/1000s、1/100s、1/10s 和 1s，通过不同项目的要求选择对应的分辨率。

需要注意的是，所有的定时器均使用一个一维的、由三个字数组排列而成的%R 存储器，分别存储当前值 CV、预置值 PV 以及控制字。下面将对各个类型的定时器做详细介绍。

（1）接通延迟定时器　其助记符为 TMR。在使能端保持接通的情况下，当前值 CV 根据接通延迟定时器分辨率持续向上增加。当当前值 CV 大于等于预置值 PV 时，接通延迟定时器输出端向右持续输出。当使能端断开，接通延迟定时器当前值复位置“0”，计时范围为 0~32767。

如图 8-48 所示，常开触点 I00081 与接通延迟定时器 TMR 使能端连接，常开线圈 Q00001 与接通延迟定时器 TMR 输出端连接；接通延迟定时器 TMR 的分辨率为 1s，起始地址为%R00001，当前值 CV 占用%R00001，预置值 PV 占用%R00002，控制字占用%R00003；预置值 PV 处输入预置值为 15。

当 I00081 接通时，接通延迟定时器开始工作，当前值持续向上计时，当当前值大于等于 15 时，输出端将 Q00001 的位的状态置“1”；当 I00081 断开时，定时器当前值复位置“0”，Q00001 的位的状态置“0”。

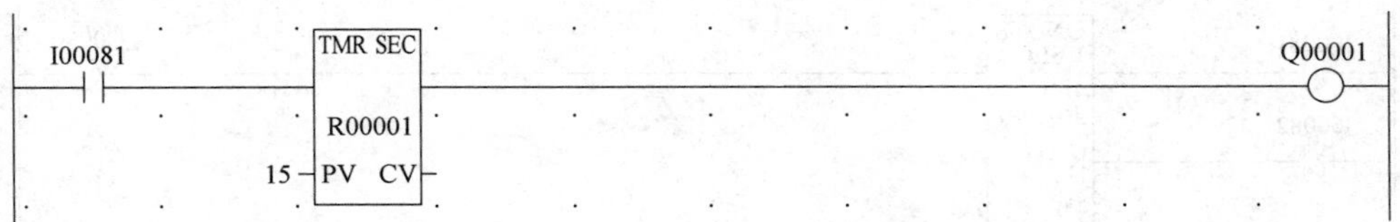

图 8-48 接通延迟定时器的使用

（2）断开延迟定时器 其助记符为 OFDT。使能端接通时，输出端向右持续输出，当前值 CV 为 0。在使能端由接通变为断开时，当前值 CV 根据断开延迟定时器分辨率持续向上增加。当当前值 CV 等于预置值 PV 时，输出端断开，计时范围为 0~32767。

如图 8-49 所示，常开触点 I00081 与断开延迟定时器 OFDT 使能端连接，常开线圈 Q00001 与断开延迟定时器 OFDT 输出端连接；断开延迟定时器 OFDT 的分辨率为 1s，起始地址为% R00004，当前值 CV 占用% R00004，预置值 PV 占用% R00005，控制字占用% R00006；预置值 PV 处输入预置值为 15。

当 I00081 接通时，断开延迟定时器 OFDT 的输出端向右将 Q00001 的位的状态置“1”；当 I00081 由接通变为断开时，断开延迟定时器 OFDT 的输出端仍然向右保持 Q00001 的位的状态；同时，当前值 CV 持续向上计时，当当前值 CV 等于预置值 PV 时，断开延迟定时器 OFDT 输出端将 Q00001 的位的状态置“0”。

在断开延迟定时器 OFDT 运行过程中，I00081 由断开变为接通，当前值 CV 复位置“0”。

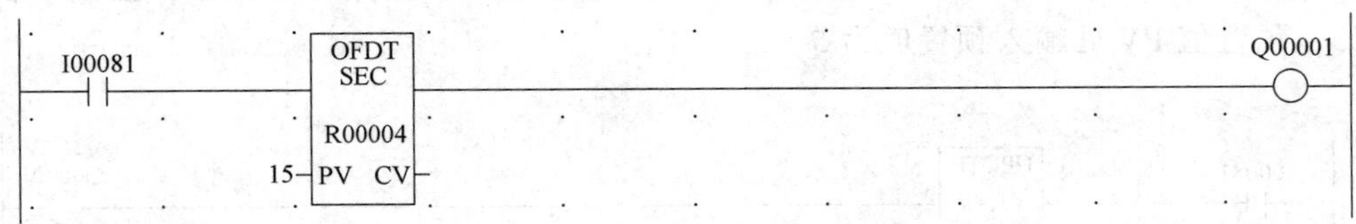

图 8-49 断开延迟定时器的使用

（3）接通延迟秒表定时器 其基本功能与接通延迟定时器相同，有所区别的是，接通延迟秒表定时器在使能端断开时会保持当前数值，在使能端重新被接通时，从断点继续向上增加。同时，当接通延迟秒表定时器的复位端 R 被接通时，当前值 CV 为 0。计时范围为 0~32767。

如图 8-50 所示，常开触点 I00081 与接通延迟秒表定时器 ONDTR 使能端连接，常开触点 I00082 与复位端 R 连接，常开线圈 Q00001 与接通延迟秒表定时器 ONDTR 输出端连接；接通延迟秒表定时器 ONDTR 的分辨率为 1s，起始地址为%R00007，当前值 CV 占用%R00007，预置值 PV 占用%R00008，控制字占用%R00009；预置值 PV 处输入预置值为 15。

当 I00081 接通时，接通延迟秒表定时器 ONDTR 开始工作，当前值持续向上计时，当当前值大于等于 15 时，输出端将 Q00001 的位的状态置“1”；当 I00081 断开时，定时器当前值保持当前计时；当 I00082 接通时，定时器当前值复位置“0”，Q00001 的位的状态置“0”。

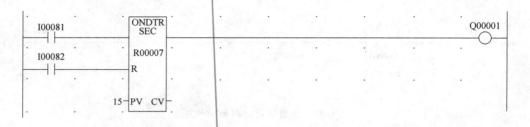

图 8-50　接通延迟定时器的使用

3. 计数器指令

计数器指令主要用来累计输入脉冲的次数，分为加（向上）计数器以及减（向下）计数器两种。在具体使用中，计数器的用法与定时器基本一致，地址同为一个一维的、由三个字数组组成的%R 存储器，同样存储包括当前值 CV、预置值 PV 以及控制字。

需要注意的是，计数器累计脉冲输入端的上升沿个数，根据预置值及计数器类型完成计数器的应用。

（1）加法计数器　加法计数器又称向上计数器，助记符为 UPCTR，计数范围为 0~32767。它根据输入端的脉冲上升沿累计数值并向上计数，当当前值 CV 大于等于预置值 PV 时，加法计数器输出端向右输出，计数范围为 0~32767。

如图 8-51 所示，常开触点 I00081 与加法计数器 UPCTR 使能端连接，常开触点 I00082 与复位端 R 连接，常开线圈 Q00001 与加法计数器 UPCTR 输出端连接；加法计数器 UPCTR 起始地址为%R00001，当前值 CV 占用%R00001，预置值 PV 占用%R00002，控制字占用%R00003；预置值 PV 处输入预置值为 5。

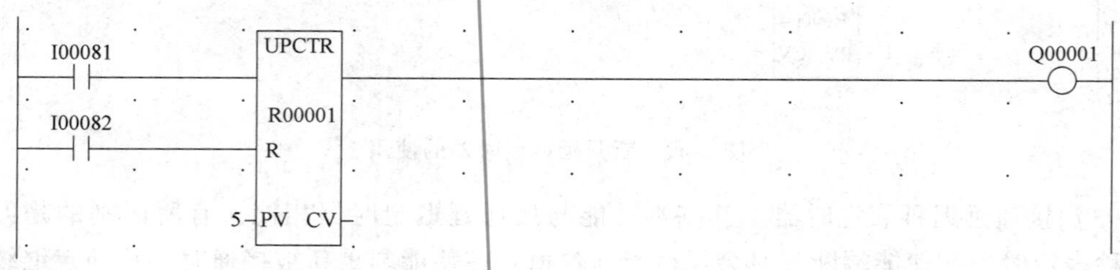

图 8-51　向上计数器的使用

当使能端 I00081 位的状态每次由“0”至“1”时，当前值向上计数加 1，当当前值大于等于 5 时，输出端将 Q00001 的位的状态置“1”；当复位端 I00082 接通时，计数器当前值复位置“0”，Q00001 的位的状态置“0”。

（2）减法计数器　减法计数器又叫向下计数器，助记符为 DNCTR，计数范围为 -32768~+32767。它根据输入端的脉冲上升沿累计数值并向下计数，当当前值 CV 小于等于 0 时，减法计数器输出端向右输出。

如图 8-52 所示，常开触点 I00081 与减法计数器 DNCTR 使能端连接，常开触点 I00082 与复位端 R 连接，常开线圈 Q00001 与减法计数器 DNCTR 输出端连接；减法计数器 UPCTR 起始地址为%R00001，当前值 CV 占用%R00001，预置值 PV 占用%R00002，控制字占用%R00003；预置值 PV 处输入预置值为 5。

当使能端 I00081 位的状态每次由“0”至“1”时，当前值向下计数减 1，当当前值小于等于 0 时，输出端将 Q00001 的位的状态置“1”；当复位端 I00082 接通时，计数器当前值复位置预置值，Q00001 的位的状态置“0”。

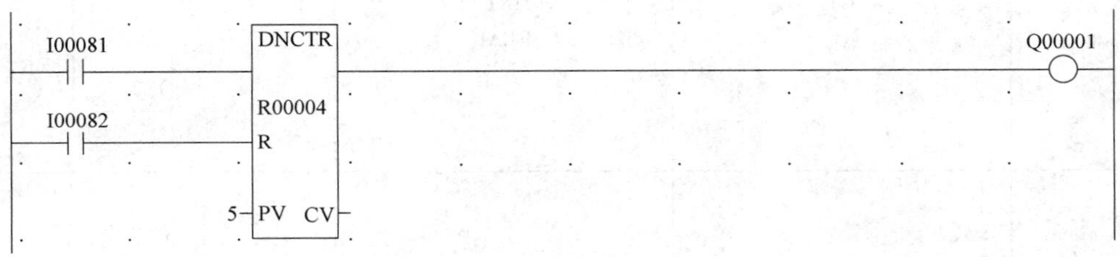

图 8-52　减法计数器的使用

4. 比较指令

比较指令主要用于条件判断，其比较两个相同数据类型的值，或者确定一个数是否在指定范围内，数据类型则涵盖了整型、双整型、字型及浮点数。比较指令包含了类似于大于、小于、相等、不相等、范围等关系，见表 8-22。

值得注意的是，在比较指令中，均是由输入端 1（IN1）与输入端 2（IN2）进行比较，在条件满足的情况下，由输出端（Q）向右输出；对于范围（RANGE）指令而言，L1 与 L2 为数据的上限和下限，当输入端（IN）的数据在上下限之间时，输出端（Q）向右输出。

表 8-22　比较指令的功能说明

功能	助记符	数据类型	图符（以整形数为例）
等于	EQ	DINT INT REAL	EQ INT IN1　Q IN2

（续）

功能	助记符	数据类型	图符（以整形数为例）
大于等于	GE	DINT INT REAL	GE INT IN1 Q IN2
大于	GT	DINT INT REAL	GT INT IN1 Q IN2
小于等于	LE	DINT INT REAL	LE INT IN1 Q IN2
小于	LT	DINT INT REAL	LT INT IN1 Q IN2
不相等	NE	DINT INT REAL	NE INT IN1 Q IN2

（续）

功能	助记符	数据类型	图符（以整形数为例）
范围	RANGE	DINT INT WORD	RANGE INT L1 Q L2 IN

5. **数学运算指令**

数学运算指令主要为数据提供加减乘除四则运算，用于按数据的运算结果进行对应控制的场合，数据类型可以是整型、双整形或浮点数，见表 8-23。

其中，输入端 1（IN1）和输入端 2（IN2）为需要进行运算的数据，当数据运算完成时，通过输出端（Q）将运算结果写入指定存储单元。存储单元类型需与输入端的数据类型相对应。

表 8-23 数学运算指令的功能说明

名称	助记符	数据类型	图符
加法运算	ADD	DINT INT REAL	ADD INT IN1 Q IN2
减法运算	SUB	DINT INT REAL	SUB INT IN1 Q IN2
乘法运算	MUL	DINT INT REAL	MUL INT IN1 Q IN2

（续）

名称	助记符	数据类型	图符
取商运算	DIV	DINT INT REAL	DIV INT IN1 Q IN2
取余运算	MOD	DINT INT REAL	MOD INT IN1 Q IN2

6. 数据移动/操作指令

数据移动/操作指令提供了将数值或存储器中的数据传送到另一存储器中的功能。主要包含了单一数据的传送以及由多个数据组成的数据块的传送，还包含了数据块的清除、数据移位等指令。

（1）数据类型　使用数据移动/操作指令之前，用户需对 PLC 支持的数据类型有清晰的认知，常见的数据类型主要有：布尔（BOOL）、字节（BYTE）、字（WORD）、双字（DWORD）、整型（INT）和浮点（REAL）。

1）布尔（BOOL）。布尔为存储器的最小单位，只有两种状态，1 或者 0，布尔数列的长度为 N。

2）字节（BYTE）。字节分为带符号的字节和不带符号的字节两种，它是一个 8 位的二进制数据。不带符号的字节取值范围为 0~255；带符号的字节取值范围为-127~+128，其中最高位为符号位，1 代表负值，0 代表正值。

3）字（WORD）。字为 16 个连续的数据位。取值范围是 16 进制的 0000~FFFF，10 进制的 0~65535。

4）双字（DWORD）。双字是字的扩展，为 32 个连续的数据位。取值范围是 16 进制的 00000000~FFFFFFFF，10 进制的 0~4294967295。

5）整型（INT）。整型数分为带符号的整型数和不带符号的整型数，以补码的形式表示。不带符号的整型数取值范围为 0~65535；带符号的整型数取值范围为-32768~+32767，其中最高位为符号位，1 代表负值，0 代表正值。

6）浮点（REAL）。浮点数也称为实数，为 32 个连续的数据位，按照 IEEE-754 标准来规定浮点数的存储格式，其由三部分组成：符号位（S）+阶（E）+尾数（M）。其第 31 位为符号位，为 0 表示正数，反之为负数，其读数值用 s 表示；第 30~23 位为幂数，其读数值用 e 表示；第 22~0 位共 23 位作为系数，视为二进制纯小数。

32 位的浮点数为单精度浮点，取值范围为±($1.175\,495\times10^{38} \sim 3.402\,823\times10^{38}$)。

（2）数据移动　数据移动指令的功能说明见表 8-24，根据数据类型区分，可以将单一数据的移动指令分为位移动、字移动、整型数移动以及浮点数移动。数据是以位的格式复制的，无需预先转换。

数据移动 MOVE 指令在使能端触发时，通过输入端（IN）输入，在确定数据长度之后，经由输出端（Q）放置到指定的位存储单元。

对于“位”移动 MOVE_ BOOL 而言，一个位对应一个数据长度；对于“字”移动 MOVE_ WORD（INT）而言，一个字对应一个数据长度。

表 8-24　数据移动指令的功能说明

名称	助记符	取值范围	图符	示例
位移动	MOVE_BOOL	N	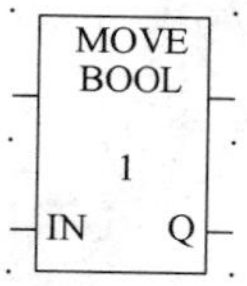 MOVE BOOL 1 IN　Q	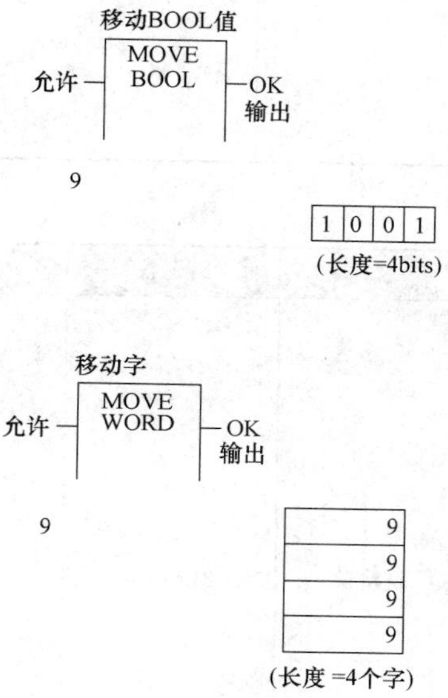 移动BOOL值 允许 — MOVE BOOL — OK 输出 9
字移动	MOVE_WORD	0000～FFFF	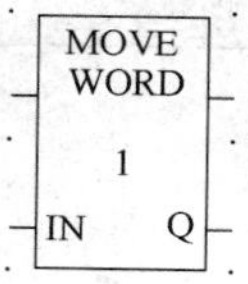 MOVE WORD 1 IN　Q	1 0 0 1 (长度=4bits) 移动字 允许 — MOVE WORD — OK 输出 9
整型数移动	MOVE_INT	-32768～+32767	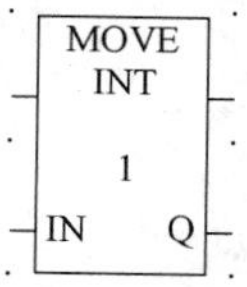 MOVE INT 1 IN　Q	9 9 9 9 (长度 =4个字)

（3）块移动　块移动的功能说明见表 8-25，块移动 BLKMOVE 在使能端为“1”时，通过输出端（Q），将输入端（IN1～IN7）最多 7 个的常数块复制到连续的存储单元中。可用数据类型与数据移动指令一致，此处不再赘述。

（4）块清除　除了上述将数据复制、传送到指定存储单元的移动行为，指令还提供了清除行为对指定的连续存储单元做清零处理，见表 8-26。

块清除 BLKCLR 指令在使能端为“1”时，会将输入端（IN）设定的存储单元作起始地址，根据指令中用户设定的清零存储单元的长度，来执行清零动作。

需要注意的是，当要被清除的数据是位（离散量）内存时（%I、%Q、%M、%G、%T），引用相关的转移数据也会被清除。

表 8-25　块移动的功能说明

名称	助记符	图符
块移动	BLKMOVE	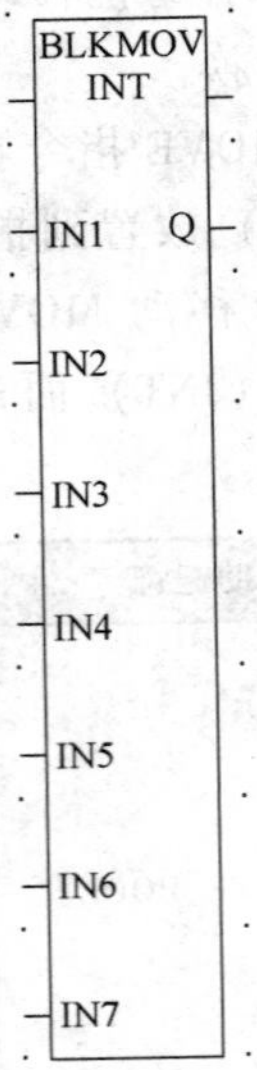 BLKMOV INT IN1 Q IN2 IN3 IN4 IN5 IN6 IN7

表 8-26　块清除的功能说明

名称	助记符	图符	示例
块清除	BLKCLR	 BLK CLR WORD 1 IN	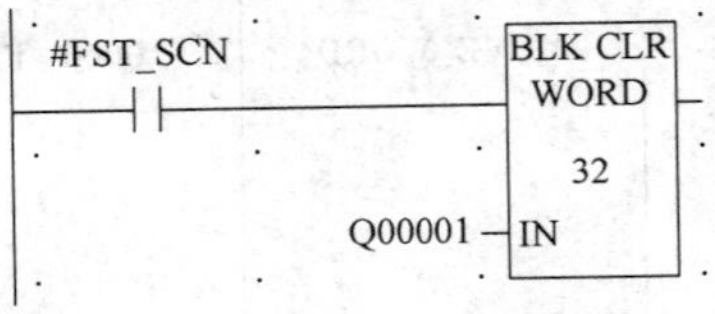 #FST_SCN BLK CLR WORD 32 Q00001 — IN （存储单元中从%Q00001 开始的 32 个字（512 位）被清零） #FST_SCN BLK CLR WORD 30 R00030 — IN （存储单元中从%R00030 开始的 30 个字被清零）

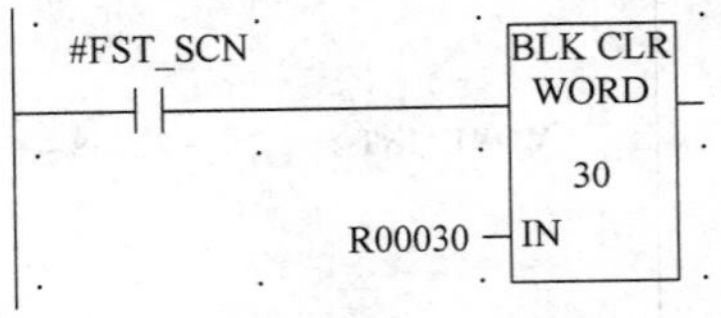

第9章

电子系统设计

系统是由两个以上各不相同且互相联系、互相制约的单元组成，在给定的环境下能够完成一定功能的综合体，在功能与结构上具有综合性、层次性和复杂性。电子系统则是指由电子元器件或部件组成的能够产生、传输或处理电信号及信息的客观实体。测量系统、控制系统、通信系统、雷达系统、计算机系统等都属于电子系统范畴。电子系统的元件众多，结构复杂，功能各异，所涉及知识涵盖了电工学、模电、数电、通信、微型计算机与接口、传感与执行、程序语言等课程。

9.1　电子系统组成

电子系统有大有小，有简单有复杂，通常由信号获取、预处理、信号处理、控制电路等组成，归纳为输入、控制（处理）和输出三个部分，如图 9-1 所示。

图 9-1　电子系统组成

信号获取电路主要是通过传感或输入电路，将外界信息转换为电信号或实现系统与信号源间的耦合匹配。

预处理电路主要是解决信号的放大、衰减、滤波等，经预处理的信号在幅度和其他诸多方面都比较适合进一步的分析和处理。

信号处理电路主要完成信号和信息的采集、分析、计算、变换、传输和决策等。信号执行部分主要处理信号显示负载的驱动及输出电路等。

控制电路主要完成对各部分动作的控制，使各部分能协调有序地工作。电源是电子系统中必不可少的部分，目前电源基本上都采用标准化电路，有许多成品可供选择。

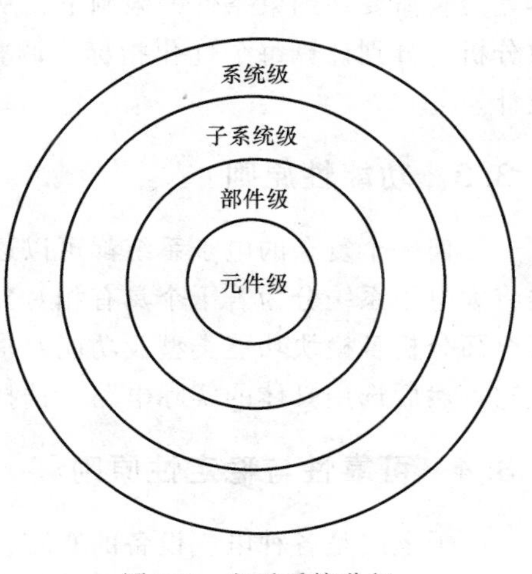

图 9-2　电子系统分级

一个复杂的电子系统可以分成若干个子系统，其中每个子系统又由若干个单元电路（功能模块）

组成，而单元电路由若干电子元器件组成，其分级如图 9-2 所示。

9.2 电子系统特点

电子系统一般由模拟、数字和 CPU 控制三个部分构成。

模拟电路和数字电路并存。由于自然界的物理量大多以模拟量的形式存在，所以电子系统中一般都有模拟电路，特别是输入电路部分、信号处理部分和输出电路部分。数字化具有诸多优点，故数字电路在电子系统中占有极为重要的地位。从模拟量到数字量，或从数字量重新回到模拟量，A/D 和 D/A 转换作为两者的桥梁已成为电子系统的重要环节。微处理技术和软件所占的分量越来越重，嵌入式系统、微处理器和 DSP 已成为系统中控制和信号处理的核心。软件设计可使系统的自动化、智能化和多功能化变得容易实现，软件可使硬件简化，成本降低。

9.3 电子系统设计的基本原则

9.3.1 整体性原则

在设计电子系统时，应从整体出发，从分析电子电路整体内部各组成元件的关系以及电路整体与外部环境之间的关系入手，去揭示与掌握电子系统整体性质，判断电子系统类型，明确所要设计的电子系统应具有哪些功能、相互信号与控制关系如何、参数在哪个功能模块实现等，从而确定总体设计方案。整体性原则强调以综合为基础，在综合的控制与指导下进行分析，并对分析的结果进行恰当的综合。

9.3.2 最优化原则

最优化原则是对一个基本达到设计性能指标的电子系统而言的，由于元件自身或相互配合、功能模块的相互配合或耦合还存在一些缺陷，使电子系统对信号的传送、处理等方面不尽完美，需要在约束条件的限制下，从电路中每个待调整的元器件或功能模块入手，进行参数分析，分别计算每个优化指标，调整元器件或功能模块的参数，完成这个系统的最优化设计。

9.3.3 功能性原则

任何一个复杂的电子系统都可以逐步划分成不同层次较小的子系统。电子系统设计一般先将大电子系统分为若干个具有相对独立的功能部分，并将其作为独立电子系统功能模块；再全面分析各模块功能类型及功能要求，考虑如何实现这些技术功能，即采用哪些电路来完成它；然后选用具体的实际电路，选择合适的元器件，计算元器件参数并设计单元电路。

9.3.4 可靠性与稳定性原则

电子电路是各种电气设备的心脏，它决定着电气设备的功能和用途，尤其是电气设备性能的可靠性更是由其电子电路的可靠性来决定的。电路形式及元器件选用等的设计工作、设计方案在很大程度上也就决定了可靠性。在电子电路设计时应遵循如下原则：只要能满足系统的功能和性能指标，就尽可能简化电子电路结构，避免片面追求高性能指标和过多的功能；合理划分软硬件功能，贯彻以软代硬的原则，使软件和硬件相辅相成；尽可能用数字电路代替模拟电路。影响电子电路可靠性的因素有很多，随机性也很大，在设计时对易遭受不可靠因素干扰的薄弱环节应主动采取可靠性保障措施，使电子电路遭受不可靠因素干扰时能保持稳定。

9.3.5 性能与价格比原则

在当今竞争激烈的市场，产品必须具有较短的开发设计周期，以及出色的性能和可靠性。为了占领市场，提高竞争力，所设计的产品应当成本低、性能好、易操作、具有先进性。

9.4 电子系统设计的基本方法

电子系统设计有以下几种常用设计方法。

9.4.1 自底向上设计方法

传统的系统设计常用自底向上的设计方法。这种设计方法采用“分而治之”的思想，在系统功能划分完成后，利用所选择的元器件进行逻辑电路设计，完成系统各独立功能模块设计，然后将各功能模块按搭积木的方式连接起来构成更大的功能模块，直到构成整个系统，完成系统的硬件设计。这个过程从系统最底层开始设计，直至完成顶层设计。用自底向上的设计方法进行系统设计时，整个系统的功能验证要在所有底层模块设计完成后才能进行，一旦不满足设计要求，所有底层模块可能需要重新设计，延长了设计时间。

9.4.2 自顶向下设计方法

目前 VLSI 系统设计中主要采用的方法是自顶向下设计方法，其主要特征是采用综合技术和硬件描述语言，让设计人员用正向思维方式重点考虑求解的目标问题。这种采用概念和规则驱动的设计思想是从高层次的系统级入手，从最抽象的行为描述开始，把设计的主要精力放在系统的构成、功能、验证直至底层的设计上，从而实现设计、测试、工艺的一体化。当前 EDA 工具与算法把逻辑综合和物理设计过程结合起来的方式，有高层工具的前向预测能力，较好地支持了自顶向下设计方法在电子系统设计中的应用。

9.4.3 层次式设计方法

层次式设计方法的基本策略是将一个复杂系统按功能分解成可以独立设计的子系统，子系统设计完成后，将各子系统拼接在一起完成整个系统的设计。一个复杂的系统分解成子系统进行设计可大大降低设计的复杂度，由于各子系统可以单独设计，因此具有局部性，即各子系统的设计与修改只影响子系统本身，而不会影响其他子系统。

模块化是实现层次式设计方法的重要技术途径，模块化是将一个系统划分成一系列的子模块，再对这些子模块的功能和物理界面明确地加以定义。模块化可以帮助设计人员阐明或明确解决问题的方法，还可以在模块建立时检查其属性的正确性，因而使系统设计更加简单明了。将一个系统的设计划分成一系列已定义的模块还有助于进行集体共同设计，使设计工作能够并行开展，缩短设计时间。

9.4.4 嵌入式设计方法

现代的电子系统越来越复杂，而产品的上市时间却要求越来越短，即使采用自顶向下设计方法和更好的计算机辅助设计技术，对于一个百万门级规模的应用电子系统，完全从零开始自主设计是难以满足上市时间要求的，嵌入式设计方法在这种背景下应运而生。嵌入式设计方法除继续采用自顶向下设计方法和计算机综合技术外，最主要的特点是大量知识产权模块的复用，从而简化设计，缩短设计时间。

一个复杂的系统通常既包含硬件，又有软件，因此需要考虑哪些功能用硬件实现，哪些功能用软件实现，这就是硬件/软件协同设计的问题。硬件/软件协同设计要求硬件和软件同时进行，并在设计的各个阶段进行模拟验证，减少设计的反复，缩短设计时间。

嵌入式系统的规模和复杂程度逐渐增加，其发展的趋势是系统中软件实现功能增加，并用软件区分不同的产品，增加灵活性，降低升级费用并缩短产品上市时间。

9.4.5 基于 IP 的系统芯片设计方法

IP 的基本定义是知识产权模块。IP 是可以完成特定电路功能的模块，在设计电路时可以将 IP 看成黑匣子，只需保证 IP 模块与外部电路的接口，无需关心其内部操作，可以大幅度降低电路设计的工作量。

9.5 电子系统设计步骤

9.5.1 模拟电路系统的设计步骤

1. 课题分析

根据技术指标的要求，弄清楚系统所要求的功能和性能指标以及目前该领域中类似系统所达到的水平；有没有能完成技术指标所要求功能的类似电路可以借鉴。要做到心中有数，从而对课题的可行性做出判断。

2. 总体方案确定

在全面分析将要设计的系统功能和技术指标的前提下，根据已掌握的知识和资料，将总体系统功能合理地分解成若干个子系统，并画出各个单元电路框图和相互连接而形成的系统电路框图。因为电路系统总体方案的选择会直接决定电路系统设计的质量，所以在进行总体方案设计时，要多思考、多分析、多比较。要从性能稳定、工作可靠、电路简单、成本低、功耗小、调试维修方便等方面，选择出最佳方案。

3. 单元电路设计

在进行单元电路设计时，必须明确各单元电路的具体要求，详细拟定出单元电路的性能指标，认真考虑各单元电路之间的联系，注意前后级单元之间信号的传递方式和匹配，尽量少用或不用电平转换之类的接口电路，并要考虑到各单元电路的供电电源应尽可能统一，以使整个电子系统更加简单可靠。另外，尽量选择现有的、成熟的电路来实现单元电路的功能。为了使电路系统的体积小、可靠性高，电路单元尽可能用集成电路组成。

4. 元器件选择

电路的设计就是选择最合适的元器件并把它们有机组合起来，在确定电子元器件时，应根据电路处理信号的频率范围、环境温度、空间大小和成本高低等诸多因素全面考虑，一般优先考虑集成电路。

5. 计算机模拟仿真

目前，EDA 技术已成为现代电子系统设计的必要手段。在计算机工作平台上，利用 EDA 软件可对各种电子电路进行调试、测量和修改，大大提高了电路设计的效率和精确度，同时也节约了设计费用。常用的电子电路辅助设计、分析软件有 Multisim、Protel99 SE 等。

6. 实验

电子设计要考虑的因素和问题相当多，由于电路在计算机上进行模拟时采用元器件的参数和模型与实际元器件有所差别，所以对经计算机仿真过的电路，还要进行实际实验，以发现在仿真环境下不能发现的问题并寻求解决问题的方法。

7. 绘制电路总图

电路总图是在总框图、单元电路设计、参数计算和元器件选择的基础上绘制的，它是印制电路板设计、组装、调试和维修的依据。

8. 电路安装与调试

安装与调试是保证设计是否成功的重要环节，也是产品开发的必须步骤。

电路设计完成后要进行电路的安装，一般采用印制电路板、通用电路板和面包板，在进行安装时应注意以下方面：有极性的电子元器件其标志最好方向一致，以便检查和更换；为了便于查线，可根据连线的不同作用选择不同颜色的导线，如正电源采用红色导线，负电源采用蓝色导线，信号线采用黄色导线，地线采用黑色导线。

电路安装完毕后，不要急于通电，首先要根据电路图认真检查电路接线是否正确、有无接触不良，主要直观检查电源、地线、信号线和元器件引脚之间有无短路；元器件有无漏焊、虚焊；二极管、晶体管和电解电容极性有无错误。

对于电路系统的调试一般采用化整为零、分块调试的方法。

（1）通电观察　在确认没有错误的情况下，接通电源，仔细观察电路有无异常现象，如有异常，应立即关断电源，待故障排除后方可重新通电。

（2）分块调试　把电路按功能分成不同的模块，分别对各模块进行调试。通常调试顺序是按照信号的流向进行，这样可把前一级测试过的输出作为后一级的输入信号，为最后联调创造条件。分块调试包括静态和动态调试，静态测试是在没有外加信号的条件下测量电路各点的电位，通过静态测试可以及时发现已经损坏的元器件或其他故障。动态测试是在信号源的作用下，借助示波器观察各点波形，进行波形分析，测量动态指标。把静态和动态测试的结果与设计指标加以比较，经深入分析后对电路提出合理的修改。

（3）整机联调　各单元调试好以后，还要将它们连接成整机进行统调。整机统调主要观察和测量动态特性，把测量结果与设计指标逐一对比，找出问题及解决办法，然后对电路进行修正，直到整机的性能完全符合设计要求。

9.5.2 数字电路系统的设计步骤

1. 分析系统功能要求

数字电路系统设计首先要做的是明确系统的任务、所要达到的技术性能、精度指标、输入输出设备应用环境以及有哪些特殊要求等。

2. 总体方案确定

明确系统性能要求以后，应考虑如何实现这些技术功能，即采用哪种电路来完成。对于比较简单的系统，可采用中、小规模集成电路来实现；对于输入逻辑变量比较多、逻辑表达式比较复杂的系统，可采用大规模可编程逻辑器件完成；对于需要完成复杂的算术运算、进行多路数据采集、处理、控制的系统，可采用单片机系统实现。

3. 逻辑功能划分

任何一个复杂的大系统都可以逐步划分成不同层次的较小的子系统。一般先将系统划分为信息处理和控制电路两部分，然后根据信息处理电路的功能要求将其分成若干个功能模块。控制电路是整个数字电路系统的核心，它根据外部输入信号及受控制的信息处理电路的状态信号，产生受控电路的控制信号。常见的控制电路有如下三种：移位型控制器、计数型控制器和微处理器控制器。根据完成控制对象的复杂程度，可灵活选择控制器形式。

4. 单元电路设计

在全面分析各模块功能类型后，应选择合适的元器件并充分考虑能否用 ASIC 器件实现某些逻辑单元电路，这样可大大简化逻辑设计，提高系统的可靠性并减少 PCB 体积。

5. 电路安装与调试

数字电路的安装方法与模拟电路的安装方法相同。

数字电路系统的调试可分为两步进行。首先调试单元电路，然后在各单元电路模块和控制电路达到预期要求后，可把各个部分电路连接起来，构成整个电路系统并对该系统进行功能测试。测试主要包含三部分工作：系统故障诊断与排除、系统功能测试和系统性能指标测试。

在对电路进行调试时，肯定会存在诸多问题，为了尽快找出故障所在，通常可用“替代法”“对比法”“对分检测法”等。所谓“替代法”就是把已调整好的单元电路代替有故障的相同电路，这样可很快判断出故障原因是在单元电路本身，还是在其他的单元或连线上。“对比法”是将有问题电路的状态、参数与相同的正常电路进行逐项对比，可很快从异常的参数中找出故障的原因。“对分检测法”是把有故障的电路对分为两部分，先检测这两部分究竟是哪一个部分有故障，然后再对有故障的部分进行对分检测，一直到找出故障点。

6. 撰写设计报告

在整个系统实验完成后，应整理出如下设计文件：完整的电路图、详细的原程序清单、所用元器件清单、功能与性能测试结果、使用说明书等。

9.5.3 电子系统设计步骤小结

电子系统的设计步骤不是一成不变的，它往往与设计者的经验、兴趣、爱好密切相关，但从总的设计过程来讲，可以归纳成四个步骤，即课题分析，方案论证，方案实现，撰写设计报告。

9.6 电子电路的设计工艺

影响电路系统可靠、安全运行的因素主要来自系统内部和外部的各种电气干扰，并受系统结构设计、元器件选择、安装、制造工艺影响，这些干扰因素轻则影响产品质量和产量，重则导致事故发生，造成重大经济损失。形成干扰的基本因素有以下三个。

1）干扰源。干扰源是指产生干扰的元器件、设备或信号。如雷电、继电器、晶闸管、电机、高频时钟等。

2）传播路径。传播路径是指干扰从干扰源传播到敏感器件的通路或媒介。典型的干扰传播路径是通过导线的传导和空间的辐射。

3）敏感器件。敏感器件是指容易被干扰的对象。如 A/D（D/A）变换器、单片机、数字 IC、弱信号放大器等。

9.6.1 干扰的分类

干扰的分类有多种，通常可以按照噪声产生的原因、传导方式、波形特性等进行不同的分类。

1）按产生的原因可分为放电噪声、高频振荡噪声和浪涌噪声。

2）按传导方式可分为共模噪声和串模噪声。

3）按波形特性可分为正弦波、脉冲电压和脉冲序列。

9.6.2 干扰的耦合方式

干扰源产生的干扰信号是通过一定的耦合通道对测控系统产生作用的，因此有必要看看干扰源和被干扰对象之间的传递方式。干扰的耦合方式主要有以下几种。

（1）直接耦合　这是最直接的方式，也是系统中存在最普遍的一种方式。如干扰信号通过电源线侵入系统，对于这种形式，最有效的方法就是加入去耦电路。

（2）公共阻抗耦合　这也是常见的耦合方式，这种形式常发生在两个电路电流有共同通路的情况。为了防止这种耦合，通常在电路设计上就要考虑使干扰源和被干扰对象间没有公共阻抗。

（3）电容耦合　电容耦合又称电场耦合或静电耦合，是由于分布电容的存在而产生的耦合。

（4）电磁感应耦合　电磁感应耦合又称磁场耦合，是由于分布电磁感应而产生的耦合。

（5）漏电耦合　这种耦合是纯电阻性的，绝缘不好时会发生。

9.6.3 硬件抗干扰技术

针对形成干扰的三要素，采取的抗干扰措施主要有以下方面。

1. 抑制干扰源

抑制干扰源的常用措施主要有以下几种。

1）继电器线圈增加续流二极管，消除断开线圈时产生的反电动势干扰，仅加续流二极管会使继电器的断开时间滞后，增加稳压二极管后继电器在单位时间内可动作更多的次数。

2）在继电器触点两端并接火花抑制电路，减小电火花的影响。

3）给电动机加滤波电路，注意电容、电感引线要尽量短。

4）电路板上每个 IC 要并接一个高频电容，以减小 IC 对电源的影响。

5）布线时避免直角折线，减小高频噪声发射。

6）晶闸管两端并接 RC 抑制电路，减小晶闸管产生的噪声。

2. 切断干扰传播路径

按干扰的传播路径可分为传导干扰和辐射干扰两类。

所谓传导干扰是指通过导线传播到敏感器件的干扰。可以通过在导线上增加滤波器的方法切断高频干扰噪声的传播，有时也可加隔离光耦来解决。电源噪声的危害最大，要特别注意。

所谓辐射干扰是指通过空间辐射到敏感器件的干扰。一般的解决方法是增加干扰源与敏感器件的距离，用地线把它们隔离和在敏感器件上加屏蔽罩。

切断干扰传播路径的常用措施有以下几种。

（1）充分考虑电源对单片机的影响　电源做得好，整个电路的抗干扰就解决了一大半。许多单片机对电源噪声很敏感，要给单片机电源加滤波电路或稳压器，以减小电源噪声对单片机的干扰。

（2）如果单片机的 I/O 口用来控制电动机等噪声器件，在 I/O 口与噪声源之间应加隔离。

（3）注意晶振布线　晶振与单片机引脚应尽量靠近，用地线把时钟区隔离，晶振外壳接地并固定。

（4）电路板合理分区　如对强、弱信号分区，对数字、模拟信号分区，尽可能使干扰源远离敏感器件。

（5）单片机和大功率器件的地线要单独接地，以减小相互干扰，大功率器件尽可能放在电路板边缘。

3. 提高敏感器件抗干扰措施

1）布线时尽量减少回路环的面积，以降低感应噪声。

2）布线时，电源线和地线要尽量粗，除减小压降外，更重要的是降低耦合噪声。

3）在速度能满足要求的前提下，尽量降低单片机的晶振频率和选用低速数字电路。

4）IC 器件尽量直接焊在电路板上，少用 IC 座。

5）对于单片机闲置的 I/O 口，不要悬空，要接地或接电源。

4. 其他常用抗干扰措施

1）交流端用电感电容滤波，去除高频低频干扰脉冲。

2）变压器双隔离措施，变压器一次输入端串接电容，二次加低通滤波器以吸收变压器产生的浪涌电压，一、二次外屏蔽层接印制电路板地。

3）采用集成式直流稳压电源，有过电流、过电压、过热等保护作用。

4）I/O 口采用光电、磁电、继电器隔离。

5）通信线用双绞线，排除平行互感。

6）防雷电用光纤隔离最为有效。

7）外壳接大地，解决人身安全及防外界电磁场干扰。

8）印制电路板工艺抗干扰。

9.6.4 软件抗干扰方法

在提高硬件系统抗干扰能力的同时，软件抗干扰以其设计灵活、节省硬件资源、可靠性好等优势越来越受到重视。软件抗干扰方法有以下几种。

1. 指令冗余

CPU 取指令过程是先取操作码，再取操作数。当 PC 受干扰出现错误，程序便脱离正常轨道“乱飞”，当乱飞到某双字节指令时，若取指令时刻落在操作数上，误将操作数当作操作码，程序将会出错。若“飞”到了三字节指令，出错概率更大。

在关键地方人为插入一些单字节指令，或将有效单字节指令重写称为指令冗余。通常是在双字节指令和三字节指令后插入两个字节以上的 NOP。这样即使乱飞程序飞到操作数上，由于空操作指令 NOP 的存在，避免了后面的指令被当作操作数来执行，程序自动纳入正轨。

2. 拦截技术

所谓拦截，是指将乱飞的程序引向指定位置，再进行出错处理。通常用软件陷阱来拦截乱飞的程序，因此先要合理设计陷阱，其次要将陷阱安排在适当的位置。

（1）软件陷阱的设计　当乱飞程序进入非程序区，冗余指令便无法起作用。于是需通过软件陷阱，拦截乱飞程序，将其引向指定位置，再进行出错处理。软件陷阱是指用来将捕获的乱飞程序引向复位入口地址 0000H 的指令。通常在 EPROM 中非程序区填入以下指令作为软件陷阱：

```
NOP
NOP
LJMP 000H
```

其机器码为 0000020000。

（2）陷阱的安排　通常在程序中未使用的 EPROM 空间填 0000020000。最后一条应填入 020000，当乱飞程序落到此区时，即可自动入轨。在用户程序区各模块之间的空余单元也可填入陷阱指令。

（3）软件“看门狗”技术　若失控的程序进入“死循环”，通常采用“看门狗”技术使程序脱离“死循环”。通过不断检测程序循环运行时间，若发现程序循环时间超过最大循环运行时间，则认为系统陷入“死循环”，需进行出错处理。

“看门狗”技术可由硬件实现，也可由软件实现。在工业应用中，有时也将这两者相结合，可获得更高的可靠性。

在实际应用中，以环形中断监视系统为例。用定时器 T0 监视定时器 T1，用定时器 T1 监视主程序，主程序监视定时器 T0。采用这种环形结构的软件“看门狗”具有良好的抗干扰性能，大大提高了系统可靠性。

9.7 电子设计报告的撰写

9.7.1 电子设计报告的评分标准

电子设计报告的评分项目由方案设计与论证、理论计算、电路图及设计文件、测试方法与数据、结果分析、设计报告的工整性六个方面组成。

9.7.2 电子设计报告的内容要求及注意问题

设计总结报告中应包含以下内容。

(1) 题目名称 题目名称是选择的设计作品名称。

(2) 摘要 摘要是设计报告的总结，一般为300字左右。其内容应包括设计目的、方法、结果和结论，即应包含设计的主要内容、主要方法和主要创新点。

摘要中不应出现“我们、作者、本文”之类的词语；英文摘要内容应与中文摘要相对应；一般用第三人称被动式。中文摘要前加“摘要:”，英文摘要前加“Abstract:”。

关键词按GB/T 3860的原则和方法选取，一般选3~6个关键词。中英文关键词要一一对应。中文前冠以“关键词:”，英文前冠以“Key word:”。

(3) 目录 目录包括设计报告的章节标题、附录的内容，以及它们所对应的页码。应注意的是：虽然目录放在设计报告的前面，但其形成和整理却是在设计报告完成之后进行的。章节标题排列建议按照以下格式：

1. .... (第一级)
  1.1. .... (第二级)
    1.1.1. .... (第三级)
      1) .... (第四级)
        (1) .... (第五级)
          ①. .... (第六级)
            a. .... (第七级)

(4) 正文 正文是设计报告的核心。设计报告正文的主要内容包含：系统设计、单元电路设计、软件设计、系统测试、结论。

1) 系统设计。在系统设计中，主要介绍系统设计的思路与总体方案的可行性论证，各功能模块的划分与组成，介绍系统的工作原理或工作过程。

需注意的是：在总体方案的可行性论证中，应提出2~3种总体设计方案进行分析与比较，总体方案的选择既要考虑其先进性，又要考虑其实现的可能性。

对每一个方案应仔细介绍系统设计思路和系统的工作原理，对各方案进行分析比较。对选定方案中的各功能模块工作原理也应进行介绍。

2) 单元电路设计。在单元电路设计中不需要进行多个方案的比较与论证，只需要对已确定的各单元电路工作原理进行介绍，对各单元电路进行分析和设计，并对电路中的有关参数进行计算及其元器件的选择等。

应注意的是：理论分析和计算是必不可少的。在理论计算时，要注意公式的完整性、参数和单位的匹配以及计算的正确性，注意计算值与实际选择的元器件参数值的差别。电路图可以采用手工画，也可以采用EDA绘制，应注意元器件符号、参数标注、图纸页面规范化。如果采用仿真工具进行分析，可以将仿真分析结果表示出来。

3) 软件设计。在许多竞赛设计作品中，会使用单片机、DSP、FPGA等需要编程的器件，应注意介绍软件设计的平台、开发工具和实现方法，应详细介绍程序的流程框图、实现的功能及程序清单等。如果程序很长，可将程序清单在附录中列出。

4）系统测试。详细介绍系统的性能指标或功能的测试方法、步骤，所用仪器设备名称、型号，记录测试的数据和绘制图表、曲线。

5）结论。对作品测试的结果和数据进行分析和计算，也可以利用 MATLAB 等软件工具制作一些图表，必须对整个作品进行一个完整的、结论性的评价。

(5) 参考文献　参考文献部分应列出在设计过程中参考的主要书籍、刊物等。参考文献为图书的格式为［序号］主要责任者．文献题名［M］．出版地：出版者，出版年．

参考文献中的作者用英语拼写时，应是姓在前，名在后。参考文献在正文中应标注相应的引用位置，在引文后的右上角用方括号标出。

(6) 附录　附录包括元器件明细表、仪器设备清单、电路图图纸、设计的程序清单、系统使用说明等。

元器件明细表的栏目应包含：序号；名称、型号及规格；数量；备注。

仪器设备清单的栏目应包含：序号；名称、型号及规格；主要技术指标；数量；备注。

电路图图纸要注意选择合适的图幅大小和标注栏。程序清单要有注释、总的和分段的功能说明等。

(7) 字体要求

一级标题：小二号黑体，居中占五行，标题与题目之间空一个汉字的空。

二级标题：三号宋体，居中占三行，标题与题目之间空一个汉字的空。

三级标题：四号黑体，顶格占二行，标题与题目之间空一个汉字的空。

四级标题：小四号粗楷体，顶格占一行，标题与题目之间空一个汉字的空。

标题中的英文均采用 Times New Roman 字体，字号同标题字号。

四级标题下的分级标题均为五号宋体。

所有中文图、表要先说明再有图、表。图要清晰，并与中文叙述一致，对图中内容的说明尽量放在文中。图序、图题为小五号宋体，居中排于图的正下方。表序、表题为小五号黑体，居中排于表的正上方；图和表中的文字为六号宋体；表格四周封闭，表跨页时另起表头。图和表中的注释、注脚为六号宋体。

数学公式居中排，公式中字母的正斜体和大小写前后要统一。公式另行居中，公式末不加标点，有编号时可靠右侧顶边线；若公式前有文字，如例、解等，则文字顶格写，公式仍居中；公式中的外文字母之间、运算符号与各量符合之间应空半个数字的间距；若对公式有说明，可接排，如：式中，A——XX（双字线）；B——XX；当说明较多时则另起行顶格写“式中 A——XX”；回行与 A 对齐写“B——XX”；公式中矩阵要居中且行列上下左右对齐。

一般物理量符号用斜体；矢量、张量、矩阵符号一律用黑斜体；计量单位符号、三角函数、公式中的缩写字符、温标符号、数值等一律用正体；下角标若为物理量一律用斜体，若是拉丁文、希腊文或人名缩写则用正体。

物理量及技术术语全文统一，采用当前国家标准。

9.8 电子系统设计实例

基于 Arduino 避障无碳小车

摘要：根据工程中大学生综合能力培养的要求，一种用 Arduino 控制功能的重力势能驱动无碳小车的开发。该小车可以实现自动行走并避过场地上的障碍物，还能通过改变程序中的参数达到应对不同间距障碍物的简单调节效果，适应障碍物的变化。通过对小车的机构设计优化、通过赛道模型建立、通过使用算法实现避障的功能。通过使用编码器实现小车制动功能。

关键词：无碳小车　重力势能驱动　编码器　避障

9.8.1 设计任务

设计一种小车，驱动行走及转向的能量是根据能量转换原理，由重力势能转换得到的。该重力势能有给定的质量为 1kg 标准砝码获得，要求砝码下降高度为（400±2） mm 。小车应具有跟踪障碍物识别、轨迹判断、自动转向和制动功能。

越障的难点在于障碍物检测的传感器选择以及避障方式的实现，并要保证其避障的稳定性，以避过更多的障碍物。

赛道：

轨道宽度为 1.2m，圆形轨道约为 2.4m，直线轨道为 13m，两端半径的曲率半径约为 1.2m，总长约为中心线的长度。

轨道的边缘设有高度为 80mm 的限制板，追踪间隔交错的多重障碍，障碍墙高度为 80mm，相邻墙之间的最小距离是 1m，每个障碍物从赛道一侧边缘延伸至超过中心线 100~150mm。

在直赛道设置 1 段坡道，坡道由上坡道、坡顶和下坡道组成，上坡道的坡度为 3°±1°，下坡道的坡度为 1.5°±0.5°，坡顶高度为（40±2） mm，坡顶长度为（250±2） mm。

9.8.2 电控部分设计方案

为实现智能避障无碳小车设计要求，电控部分分为 Arduino 控制模块、舵机模块、电源模块和测距模块四个模块，其电路框图如图 9-3 所示。

(1) 单片机控制模块　控制模块采用具有知识共享开放源代码的电路图设计和程式开发环境的 Arduino 单片机，主要是处理编码器、超声波的数据，并根据编写的程序通过控制舵机转向来控制小车转向。微处理控制器可以采用 USB 接口供电，也可以用外部电源输入。Arduino 可以使用现有的开关、传感器、LED、电动机和其他控制器件。Arduino 具有编程语言简单和开放性强的特点，并可以通过需求增加拓展板以获取更多的功能。

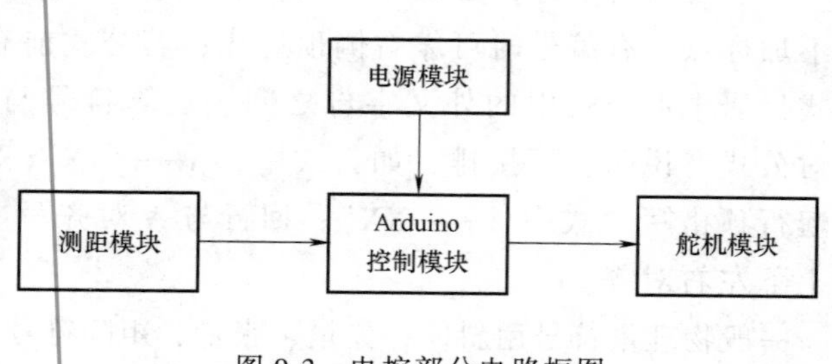

图 9-3　电控部分电路框图

（2）舵机模块　使用MG995舵机，该舵机具有质量轻、响应速度快、扭矩大的特点，其工作电压为3~7.2V，工作电流100mA，最大转动角度为180°，最小分辨角可达到0.5°，通过调用Arduino编程语言库函数控制舵机转动角度。

（3）电源模块　采用6节1.5V，共9V的干电池作为电源给单片机供电。

（4）测距模块　在小车的前、左、右部位安装三个SR04超声波作为距离检测模块，可以实时检测小车前方、左侧、右侧离障碍物的距离，从而更好地实现避障。SR04超声波模块可提供2~400cm的距离感测功能，测距精度可达到3mm。模块包括超声波发射器、接收器和控制电路，工作电压为+5V。

9.8.3 工作原理

程序的主体框架为直行，超声波检测到障碍物时实施避障程序。当小车左侧的超声波检测距离大于右侧超声波检测距离时，执行右避障程序；当小车左侧的超声波检测距离小于右侧超声波检测距离时，执行左避障程序。主要是向左右相对开阔的方向进行转向避障。当小车运动中左侧超声波检测的数据小于警戒值或右侧超声波检测的数据小于警戒值时，开启中断执行微调程序，使小车向较小距离的反方向转动小角度后回复至中位，避免撞到侧板。程序流程图如图9-4所示。

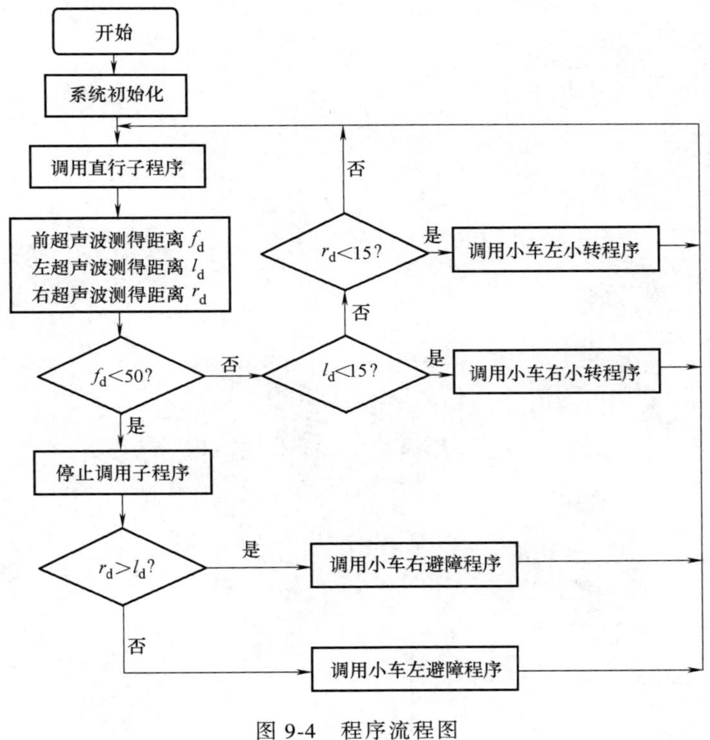

图9-4　程序流程图

9.8.4 结论

设计的基于Arduino智能无碳小车避障系统，采用了超声波避障方式，使小车在行走过程中对障碍物的探测更加精确。实验结果表明，设计的全方位避障系统较大地提高了避障效率和成功率，可有效地实现全方位避障。

思考题

1）电子系统的定义。
2）电子系统一般有哪几个部分组成？
3）电子系统设计的基本原则有哪些？
4）电子系统设计的基本方法有哪些？
5）自顶向下设计有何优点？
6）电子系统设计步骤有哪些？
7）形成干扰的因素有哪三个？
8）电子系统设计报告一般包含哪些内容？

附录

常用电子仪器仪表及实践报告

附录A 常用电子仪器仪表

附录A.1 万用表

万用表是一种使用广泛的仪表（图A-1），它具有多用途、多量程、售价低、使用和携带方便等优点，是电工和电子专业人员必备的测量工具。

万用表可分为指针式和数字式两类。指针式万用表属于模拟指示电测量仪表，它显示直观，易于反映信号变化情况，其测量结果一般表现为指针沿刻度尺的位移。数字式万用表则在准确度、分辨力、测量速度和耐负载能力等方面具有极大的优越性。

万用表实际上是一种三用表，它可测量交直流电压、直流电流和电阻。一般普通万用表的电流挡量程仅能测量直流电流，而有些较高级的万用表还有交流电流挡，可用来检测交流电流。

检测电阻值时，应将万用表的量程档放在电阻挡，比如说检查电阻值小于10Ω、100Ω、1kΩ、100kΩ和1MΩ的电阻时，应当分别将量程放在R×1、R×10、R×100、R×1k和R×10k挡，这样才能精确测量。

检测直流电压时，应将万用表的量程档放在直流电压挡，比如说检查电压值小于0.1V、0.5V、2.5V、10V、50V、250V和1kV的电压时，应分别将量程放在0.1V、0.5V、2.5V、10V、50V、250V和1kV进行测量。

检测直流电流时，应将万用表的量程档放在直流电流挡，比如说检查电流值小于5mA、50mA、500mA和10A的电流时，应分别将量程放在5mA、50mA、500mA和10A进行测量。

检测交流电压时，应将万用表的量程档放在交流电压挡，如检查交流电压值小于10V、50V、250V和1kV的电压时，应当分别将量程放在10V、50V、250V和1kV档进行测量。

以上是使用中必须严格要求的，否则会损坏万用表。

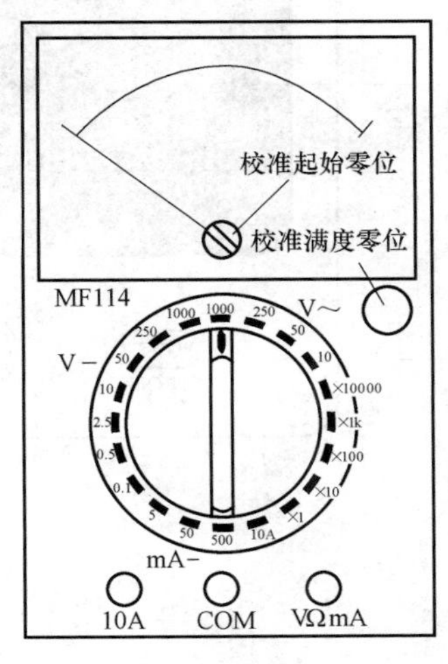

图A-1 万用表

表中的 COM 插座是公共端，应插入黑表棒，即负极。表中的 VΩmA 插座是测量正极，应插入红表棒，即正极。表中的 10A 插座是直流电流 10A 档的专用端。

由于万用表的表头是利用电磁偏转原理，因此它的显示是非线性的。为此我们人为地利用标准表头进行对照，而后画出各档的刻度。为了减小非线性误差，我们将表头的刻度中心作为基准点来校准，尽可能使用万用表面板刻度的中间 1/3 进行检测，以便能更好地达到精确测量。

附录 A.2　直流稳压电源

直流稳压电源是能为负载提供稳定直流电的电子装置。图 A-2 是优利德 UTP3303 线性直流稳压电源，它的主要特点如下：

1）双通道，两路可变输出电压 0~32V 和一路固定电压 5V。

2）具有主从跟踪功能，恒压、恒流功能，Ⅰ、Ⅱ路可主从跟踪、可并联或串联使用。

3）强制通风，温控散热系统，温度到 65℃ 自动散热。

4）显示方式：LED 数码管显示，同时显示电压和电流值。

5）低纹波、低噪声。

6）高调整率：0.01%。

7）输出 ON/OFF 控制。

8）定电压及定电流操作。

9）可选配欧规输出端子。

10）过载保护，反极性保护。

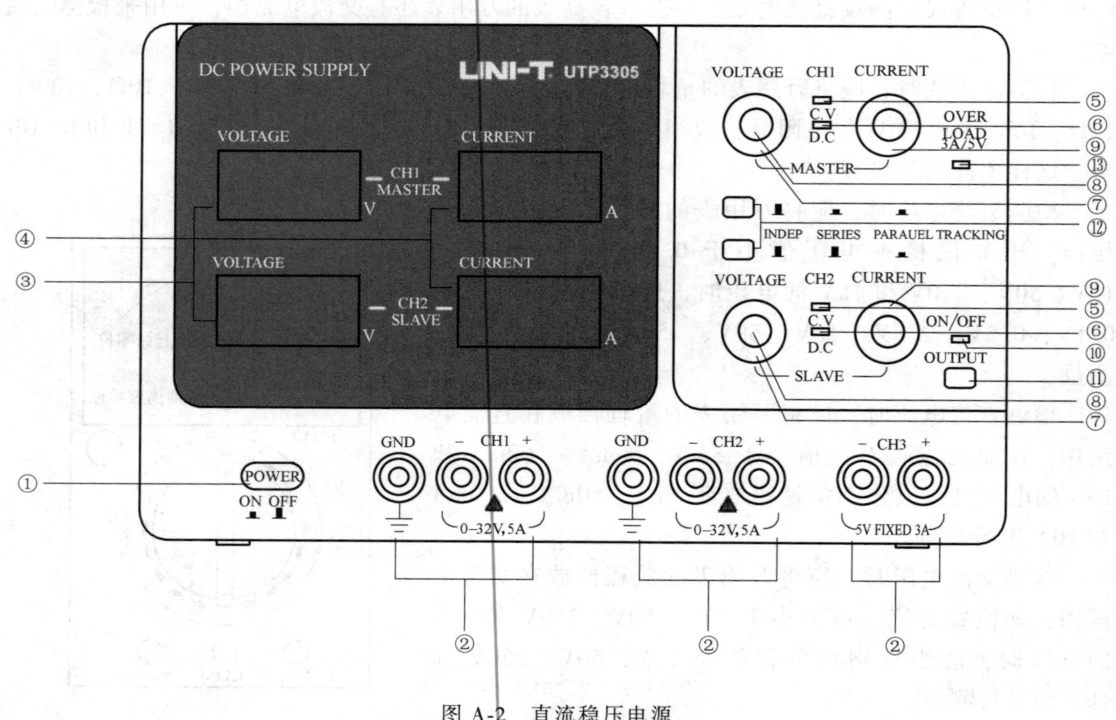

图 A-2　直流稳压电源

附录 B.2 第三章 电子产品常用元器件实践报告

组号		学号		姓名		成绩	

一、填空题（每题 2 分，共计 10 分）

1. 电阻器阻值标志方法有__________、__________、__________和__________。
2. 选用电容器应注意__________和__________。
3. 低频变压器的主要作用有__________、__________和__________。
4. 导电能力介于__________和__________之间的物体称为半导体。
5. 按信号类型分，半导体集成电路分为__________、__________和__________。

二、判断题（每题 2 分，共计 20 分）（正确的打“√”，错误的打“×”）

1. 电子元器件在检验时，只要外观 OK，功能无关紧要。(　　)
2. 色环电阻的体积越大功率越大。(　　)
3. 对数式电位器一般用于收音机低放电路中的音量调节。(　　)
4. 电感器又称电感线圈为无极性元件。(　　)
5. 变压器高压侧一定是输入端，低压侧一定是输出端。(　　)
6. 扬声器是一种把电信号转变为声信号的换能器件。(　　)
7. 普通晶体二极管的正向伏安特性也具有稳压作用。(　　)
8. 晶体二极管可以往两个方向传递电流。(　　)
9. 有三只引脚的电子元器件都名叫晶体管。(　　)
10. 大功率晶体管工作时应具有良好的散热条件。(　　)

三、选择题（每题 2 分，共计 10 分）（将正确选项序号填入题后括号内）

1. 贴片电阻的封装是（　　）。
   A. 0805　　B. SOT-23　　C. T0-92
2. 电容器上面标示为 107，容量应该是（　　）。
   A. 10μF　　B. 100μF　　C. 1000μF
3. 变压器的损耗包括铜损和（　　）。
   A. 线损　　B. 铁损　　C. 磁损
4. 晶体二极管的主要特点是具有（　　）。
   A. 电压放大作用　　B. 电流放大作用　　C. 单向导电性
5. 当晶体管的两个 PN 结都反偏时，则晶体管处于（　　）。
   A. 截止状态　　B. 饱和状态　　C. 放大状态

四、简答题（每题 15 分，共计 60 分）
1. 画出可变电阻器、半可变电容、磁心可调变压器、耳机、稳压二极管的图形符号。 答： 2. 列举三个常用电子元器件并简述用万用表的检测方法。 答： 3. 简述变压器工作原理。 答： 4. 如何判断晶体管的类型和引脚？ 答：

指导教师（签名）：

报告日期： 年 月 日

附录 B.3 第四章 收音机的安装与调试实践报告

组号		学号		姓名		成绩	

一、填空题（每空 1 分，共计 30 分）

1. 传统的广播制式有________和________两种。

2. 调幅是指高频载波的________随着音频调制信号的变化而变化。

3. 超外差式调幅收音机频率覆盖系数是________。

4. 我国规定调频收音机的中频放大器工作频率为________，调幅收音机的中频放大器工作频率为________。

5. 中频变压器在电路中的作用是________，功率放大电路中的输入变压器在电路中的作用是________。

6. 自动增益控制电路简称______电路，它是一种________________电路，主要作用是________________________。

7. B123 调幅收音机中频调试就是对中周磁心调节，调整________________元件的线圈电感量，最终改变了中频选频回路的________________。

8. B123 调幅收音机原理图中，Q1 是__________管、Q2 是__________管、Q3 是__________管、Q4 是________管、Q5 是____________管、Q6 是____________管、Q7 和 Q8 是____________管。

9. B123 调幅收音机共测试________级静态电流，变频级偏流电阻是________，第一级中放偏流电阻是________，第二级中放偏流电阻是________，低放级偏流电阻是________，功放级偏流电阻是________。

10. B123 调幅收音机覆盖和平衡调试中，________元件可调整低频 530kHz 光标位置，__________元件可改变低频端增益，__________元件可调整高频端 1635kHz 光标位置，__________元件可改变高频端增益。

二、判断题（每题 1 分，共计 10 分）（在括号内正确打“√”，错误打“×”）

1. 无线电波是电磁波中的一种，无线电波在空中传播的速度与超光速相同，约为 30 万 km/s。（　　）

2. 人耳能听到的声音频率为 20Hz～20kHz。而声波在空气中的传播速度为 350m/s。（　　）

3. 调幅收音机调试完毕后，应该能够接收到从 535～1605kHz 频率范围之内的所有电台信号。（　　）

4. 我国调频收音机接收频率范围是 88kHz～108MHz 。（　　）

5. 超外差收音机中的本机振荡电路需要满足两个条件：相位条件和振幅条件，即：保证是正反馈并且反馈环路总增益要大于 2。（　　）

6. 本机震荡器震荡频率范围是 1000～2070kHz。（　　）

7. 超外差收音机中变频器电路由混频管、本机振荡器和选频器组成。（　　）

8. B123 调幅收音机检波电路中 C8、C9、R9、电位器构成 π 形滤波电路。(　　)

9. 对低频放大级进行通频带测试，就是检测低放电路的频率特性，其频响曲线反映了收音机在音频范围内，对不同频率的信号有无均匀放大的能力。(　　)

10. B123 调幅收音机功率放大电路中，如果两只功率管参数特性不一致，那么两个半周的放大量不一致，输出合成的波形会不一致，导致输入信号与输出信号有差异，出现线性失真。(　　)

三、选择题（每题 1 分，共计 20 分）（将正确选项序号填入题后括号内）

1. 频率为 1000kHz 的无线电波，其波长为（　　）。

A. 3000m　　B. 300m　　C. 30m　　D. 3m

2. 收音机天线接收到的无线电波是（　　）。

A. 载波信号　　B. 调制信号　　C. 音频信号　　D. 已调信号

3. 调幅收音机中，输入回路的谐振频率 f_0 =（　　）。

A. $\dfrac{1}{2\pi\sqrt{LC}}$　　B. $\dfrac{1}{\pi\sqrt{LC}}$　　C. $\dfrac{1}{2\pi LC}$

4. 某电台节目的发射频率为 792kHz，此频率是指它的（　　）。

A. 调制信号频率　　B. 音频频率　　C. 中频频率　　D. 载波频率

5. 当调幅收音机接收 990kHz 电台时，其输入回路的谐振频率应为（　　）。

A. 525kHz　　B. 465kHz　　C. 990kHz　　D. 1455kHz

6. 某超外差式调幅广播收音机调谐于 1450kHz 时，其本机振荡频率应为（　　）。

A. 465kHz　　B. 1915kHz　　C. 535kHz　　D. 1605kHz

7. 变频器所变换的是（　　）频率。

A. 音频　　B. 中频　　C. 载波　　D. 调制

8. 超外差式收音机的本机振荡电路实际上是（　　）。

A. 正反馈电路　　B. 负反馈电路　　C. LC 谐振电路

9. 中频变压器也称（　　）。

A. 中振　　B. 短振　　C. 中周　　D. 谐波线圈

10. 检波器的主要作用是从载波信号中拾取出（　　）。

A. 中频信号　　B. 高频信号　　C. 直流信号　　D. 原调制信号

11. 超外差式调幅收音机中，输出等幅信号的电路是（　　）。

A. 变频器　　B. 本机振荡器　　C. 混频器

12. 无线电通信采用三种调制方式（　　）。

A. 地波、天波、空间波　B. 近程、中程、远程　C. 调幅、调频、调相

13. 超外差式调幅收音机的主要缺点是（　　）。

A. 结构复杂　　B. 抗干扰性差　　C. 产生中频干扰　　D. 灵敏度低

14. 调节收音机的调台和音量旋钮，随之改变的是（　　）。

A. 可变电容的容量和电位器的阻值　B. 输入回路中电容容量和电感量

C. 本机震荡回路中电容容量和变频器偏置电阻的阻值

附录 B.7 第八章 PLC 简介和应用实践报告

组号		学号		姓名		成绩	

一、填空题（每空 1 分，共计 10 分）

1. 可编程控制器简称为________。根据结构类型可以分为__________和__________。
2. 可编程控制器的编程语言必须符合__________标准。
3. ME 组态软件中的状态栏由__________、__________和__________组成。
4. 梯形图编程中，一个地址由__________、__________和__________组成。

二、判断题（每题 2.5 分，共计 10 分）（正确的打“√”，错误的打“×”）

1. RX3I 控制器的中央处理器模块上的“I/O Force”指示灯亮起的时候程序不能运行。(　　)
2. RX3I 控制器的底板机架上，I/O 和选项模块能够安装在 0 号槽位。(　　)
3. 可编程控制器的开关量输入输出分为继电器型和晶体管型。(　　)
4. RX3I 控制器中，能够通过 RS485 接口进行自由口通信。(　　)

三、简答题（每题 10 分，共计 20 分）

1. 简述 RX3I 控制器和编程器（计算机）进行以太网通信的过程。（注：需写出详细步骤）

答：

2. 利用梯形图画出基本“启保停”电路，并附上 I/O 表。

答：

四、操作题（每题 20 分，共计 60 分）

1. 操作台上共有三盏灯。起动按钮、停止按钮各一个。要求在只使用定时器指令的情况下，完成以下控制。

① 灯 1 亮 5s 之后灯 2 亮，灯 2 亮 10s 后灯 3 亮，灯 3 亮 15s 后三盏灯全灭 5s 后按上述循环重复。

② 只有按下起动按钮后才执行上述循环。

③ 按下停止按钮后，所有灯灭，循环停止。

2. 只利用三个计数器完成如下要求。按下按钮后：

① 当计数器为 1 时，灯 1、2 亮；

② 当计数器为 2 时，灯 2、3 亮；

③ 当计数器为 3 时，灯 1、3 亮；

④ 当计数器为 0 时，所有灯灭。

3. 利用 MOVE（数据移动）指令完成数码管的控制（数据类型不限），按要求完成 15~0 的倒计时。

指导教师（签名）：

报告日期：　　年　　月　　日

参 考 文 献

[1] 胡庆夕，张海光，徐新成. 机械制造实践教程［M］. 北京：科学出版社，2017.
[2] 吴懿平，鲜飞. 电子组装技术［M］. 武汉：华中科技大学出版社，2006.
[3] 王卫平. 电子产品制造技术［M］. 北京：清华大学出版社，2005.
[4] 单海校. 电子综合实训［M］. 北京：北京大学出版社，2008.
[5] 严一白，王家伟. 电子技术实习教程［M］. 上海：上海交通大学出版社，2006.
[6] 王艳春，程美玲. 万用表使用与维修速成图解［M］. 南京：江苏科学技术出版社，2008.
[7] 吴兆华，周德俭. 表面组装技术基础［M］. 北京：国防工业出版社，2002.
[8] 周春阳. 电子工艺实习［M］. 北京：北京大学出版社，2006.
[9] 周旭. 电子设备结构与工艺［M］. 北京：北京航空航天大学出版社，2004.
[10] 殷志坚. 电子技能训练机电类［M］. 长沙：中南大学出版社，2013.
[11] 王天曦，李鸿儒. 电子技术工艺基础［M］. 北京：清华大学出版社，2000.
[12] 陈庆礼. 电子技术［M］. 北京：机械工业出版社，2000.
[13] 姜威. 实用电子系统设计基础［M］. 北京：北京理工大学出版社，2008.
[14] 王冠华. Multisim10 电路设计及应用［M］. 北京：国防工业出版社，2008.
[15] 张新喜，许军. Multisim10 电路仿真及应用［M］. 北京：机械工业出版社，2010.
[16] 孙燕，刘爱民. Protel 99 设计与实例［M］. 北京：机械工业出版社，2000.
[17] 清源计算机工作室. Protel 99 SE 电路设计与仿真［M］. 北京：机械工业出版社，2002.
[18] 沈建华，等. Arm cortex-m4 微控制器原理与实践［M］. 北京：北京航空航天大学出版社，2017.
[19] 马维华，等. 嵌入式系统原理及应用［M］. 北京：北京邮电大学出版社，2017.
[20] 王兆滨，马义德，孙文恒，等. Msp430 单片机原理与应用［M］. 北京：清华大学出版社，2017.
[21] 戴梅萼，等. 微型计算机技术与应用［M］. 北京：清华大学出版社，2008.
[22] 王红，迟恩先，等. PLC 系统设计与调试［M］. 北京：中国水利水电出版社，2015.
[23] 孙蓉，等. 可编程控制器实验技术［M］. 北京：清华大学出版社，2016.